신판 관광사업경영론

김상무 · 서철현 · 김인호
신정식 · 장경수 · 박순영

Tourism Business Management

머리말

관광산업은 단일산업으로는 세계최대의 산업이며, 성장잠재력이 가장 높은 미래산업으로 21세기의 주요전략산업으로 인식되고 있다. 이에 세계 각국은 자국의 관광산업을 육성하기 위해 소리 없는 전쟁을 치르고 있다.

과학기술의 발전과 관광객 욕구변화에 따라 관광시장에는 새로운 형태의 관광사업들이 등장하고 소비자들의 관심을 끌던 기존의 사업들이 사라지는 등 관광사업은 생존을 위한 치열한 경쟁을 벌이고 있다.

이처럼 나날이 치열해지고 있는 경쟁시대에서 관광사업의 미래를 정확히 예측하고 그에 대응하는 전략을 강구하기 위해서는 관광사업에 대한 새로운 지식과 전문성을 필요로 한다.

이러한 관점에서 이 책은 관광분야 전공 학생들이 관광사업을 이해하는데 도움이 될 수 있도록 우리나라 관광사업의 현황과 관련법규를 소개하고, 관광사업의 미래를 예측할 수 있도록 최신 동향과 유망관광사업 등을 제시하였다. 또한 관광사업에 관심이 있는 관광사업자, 연구원, 일반인들도 이해할 수 있도록 쉽게 쓰려고 노력하였다.

이 책은 크게 4편으로 나누어져 총 15장으로 구성되어 있다.

제1편 관광사업의 이해에서는 관광사업 전반에 관한 이해를 돕기 위해 제1장 관광사업의 이해, 제2장 관광사업의 발전, 제3장 관광상품 등으로 구성하였다.

제2편 관광사업 I에서는 제4장 여행업, 제5장 관광숙박업, 제6장 국제회의업, 제7장 카지노업, 제8장 관광객이용시설업, 유원시설업, 관광편의시설업 등 현행 관광진흥법에 규정된 관광사업들을 다루었다.

제3편 관광사업 II에서는 제9장 외식산업, 제10장 관광교통업, 제11장 테마파크, 제12장 리조트, 제13장 관광쇼핑업, 제14장 관광농업 등 관광진흥법상 관광사업으로 분류되지는 않았지만 현실적으로 관광사업의 중요한 부분을 차지하고 있는 사업들을 포함하였다.

제4편 관광사업의 미래에서는 제15장 관광사업의 미래로 구성되었으며, 세계관광시장의 현황과 미래를 전망하고, 새로운 관광현상과 미래 유망 관광사업을 제시하였다.

가능한 한 현재 운영 중인 다양한 관광사업들을 다루려는 욕심이 앞서, 범위 및 내용면에서 다소 방대한 감이 없지 않으나, 이것이 또한 이 책의 특징이라 할 수 있다.

아무쪼록 이 책이 관광학을 전공하는 학생들과 관광사업에 관심을 가지고 계시는 모든 분들의 여망에 부응할 수 있기를 바라면서, 미흡한 점은 차후 보완될 수 있도록 많은 조언과 격려를 부탁드린다.

끝으로 공동 저자와 관련된 많은 분들에게 깊은 감사를 드리며, 언제나 관광학의 발전에 물심양면의 도움을 주시고 노고를 아끼지 않는 진욱상 사장님과 편집부 여러분의 노고에 깊은 감사의 말씀을 드린다.

2014년 2월 20일

저자 일동

차 례

제 1 편 관광사업의 이해

제 2 편 관광사업(I)

제 3 편 관광사업(II)

제 1 편 관광사업의 이해

Tourism Business Management

제 1 장 관광사업의 이해

제1절 관광사업의 정의 및 구성

1. 관광사업의 정의

관광사업이란 관광객의 관광활동 과정에 직접 또는 간접적으로 관련된 모든 사업을 총칭한다. 〈그림 1-1〉에서와 같이 관광의 3요소 중 관광주체(관광객)와 관광객체 사이에서 관광객의 필요와 요구를 충족시켜 주기 위한 시설과 제품 및 서비스를 제공하는 관광매체에 그 기본을 두고 있다.

〈그림 1-1〉 관광의 3요소와 관광사업

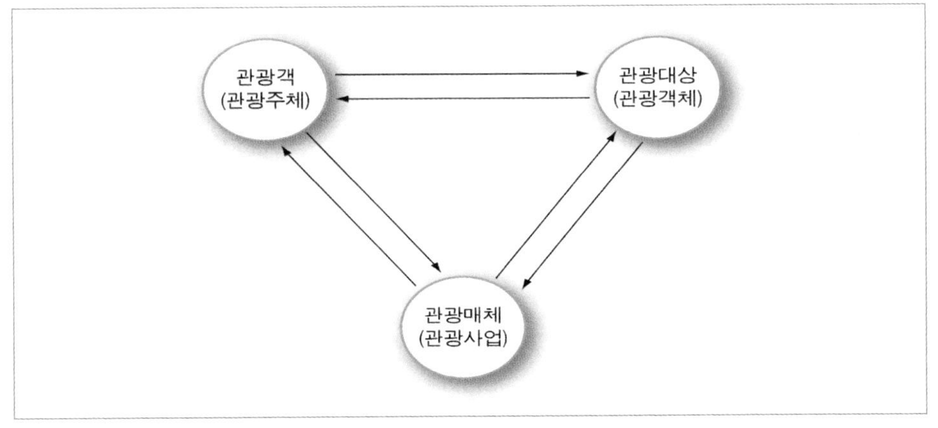

- 시간적 매체 : 숙박시설, 식음시설, 오락시설
- 공간적 매체 : 교통기관(항공, 철도, 관광버스, 선박)
- 기능적 매체 : 여행업, 관광정보, 관광광고

오늘날 관광이 일반화되면서 관광객의 다양한 욕구를 충족시키기 위한 새로운 형태의 사업들이 등장하고 있다. 따라서 관광사업의 범위는 점차 확대되고 있으며, 국가나 지역에 따라 관광사업의 발전 속도가 다르게 나타나기 때문에 관광사업의 개념도 다양하게 제시되고 있다.

독일 베를린대학의 그뤽스만(Glüksman)은 관광사업이란 "일시적 체재지에 있어서 외래관광객들과 그 지역주민들과 제관계의 총체"라고 하였으며, 일본의 이노우에(井上万壽藏)는 "관광왕래에 대처하고 이것을 수용 또는 촉진하기 위해 행하는 모든 인간활동"이라고 정의함으로써 관광사업의 구체적인 정의보다는 개념적인 정의를 내리고 있다. 미국의 지(Gee)는 관광사업을 "관광객의 욕구를 충족시켜 줄 수 있는 상품과 서비스의 개발, 생산 그리고 마케팅 활동을 하는 공적조직과 사적조직의 혼합"이라고 정의를 내리고 있다. 일본의 아시바 히로야스(足羽洋保)는 관광사업을 거시적 시각과 미시적 시각으로 보았다. 미시적 시각에는 관광객의 관광행위에 따른 관광현상에 대해서 각 관광기업들이 취하는 영리목적의 사업만을 지칭하며, 거시적 시각은 지역 전체의 관광진흥을 위한 관광정책적 입장에서 국가나 지방정부도 포함시키는 종합적인 관광사업을 지칭한다.

일반적으로 행정기관 등은 미시적 관점을 가지고 있으며, 학자들은 거시적인 관점에서 관광사업을 정의하고 있다. 실제로 우리나라 「관광진흥법」은 제2조 제1호에서 관광사업이란 "관광객을 위하여 운송 · 숙박 · 음식 · 운동 · 오락 · 휴양 또는 용역을 제공하거나 그 밖에 관광에 딸린 시설을 갖추어 이를 이용하게 하는 업(業)을 말한다"고 정의를 내리고 있다.

본서에서는 이상의 정의들을 종합하여, 관광사업은 "관광객의 관광활동과 직접 또는 간접적으로 관련이 있는 모든 사업들로서, 관광객의 욕구를 충족시켜 줄 수 있는 제품 또는 서비스를 제공하는 영리목적의 사적기업과 관광을 촉진하고 관광의 공익성을 추구하는 공공기관, 공공법인과 공익단체로 구성된 공적기업으로 구성된다"고 정의를 내린다.

참고 관광사업? 관광산업?

관광사업과 관광산업이라는 용어를 동일하게 사용하는 경우가 많으나 명확하게 구분한다면, 관광사업(tourism business)은 사기업뿐만 아니라 국가나 공공단체 및 사업단체 등이 시설과 행위를 같이할 때 사용하며, 관광산업(tourism industry)은 영리를 추구하는 관광기업들을 총칭할 때 사용할 수 있다. 그러나 구미권에서는 관광산업과 구분없이 tourism industry, tourist industry, travel industry라는 용어를 쓰고 있다.

그러면 관광산업은 존재하는가?

관광산업(travel industry)이 철강산업 · 자동차산업 · 전자산업과 같이 공식적으로 존재하는가에 대해 종종 의문을 갖는다. 이러한 이유는 첫째, 산업은 기업에 기초한 제조 또는 생산과 관련된 용어로 수출입 할당량, 관세, 고용 등을 결정하는 공공부문을 전혀 고려하지 않는다는 것이다. 두번째 문제는 이는 관광산업이 하나의 산업이 아니라 여행과 관련된 서비스를 판매하는 모든 기업들의 집합이라는 것이다. 즉 우리가 일반적으로 관광산업이라고 알고 있는 호텔, 모텔, 음식점, 항공사, 철도 등은 개별적으로 숙박산업(또는 호텔산업, 모텔산업), 외식산업, 교통산업 등으로 분류될 수 있기 때문이다. 이들 개별산업은 통합된 집단으로 같이 활동하지도 않으며, 가끔은 서로 충돌하기도 한다. 심지어 어떤 산업들은 먹고, 쇼핑하고, 레크리에이션 그리고 오락과 관련하여 관광객과 지역주민 모두에게 서비스를 제공하고 있다. 과거에는 관광산업은 거주하거나 근무하는 지역을 벗어나서 해당지역을 방문하고 있는 관광객에게 봉사하는 국가경제의 한 부분이라고 정의하였다. 이러한 정의는 관광산업을 하나의 산업으로서가 아니라 공통적으로 연계하여 관광객에게 서비스를 제공하는 기업들의 집합으로 규정하는 것이다(Gee 등, 1997). 관광산업의 존재는 학문적으로나 현실에서도 점차 사실로 인정되고 있다. 관광관련기업들 간의 공통성이 확인되고 통신과 실무를 통해 관광기업들 간의 연계가 수립되고 있다. 결론적으로 관광산업은 사업의 대상이 관광객이 되는 모든 산업들이 포함되며 이들은 개별적으로 독자적인 산업을 형성하기도 하지만 전체적인 수준에서 관광산업을 형성하고 있다고 볼 수 있다.

2. 관광사업의 구성 및 범위

관광사업의 정의가 다양한 만큼 사업의 주체, 제공되는 서비스와 상품의 종류, 관광객과의 접촉의 정도에 따라 관광사업의 구성 및 범위도 매우 다양하고 광범위하다. 할러웨이(Holloway)는 관광수요가 광범위한 관광서비스업체들의 마케팅 노력의 결집에 의해 결정된다는 점을 강조하고 직접 관련업체는 관광수요의 창출과 관광객의 욕구를 만족시키는데 결정적인 역할을 하며, 다른 업체는 간접적인 관계로 지원적 역할만을 감당하기 때문에 관광사업 구성업체를 명확히 하기란 어려움이 따른다고 했다. 대부분의 교통업과 식음료업체는 관광객 이외의 다른 고객에게도 제품과 서비스를 판매하고 있기 때문에 명확성이 더욱 애매하지만, 〈그림 1-2〉와 같이 관광사업구조 및 조직을 제시하고 있다.

지(Gee) 등은 관광사업의 범위와 관광사업 내의 하부사업들이 관광객에게 어떻게 관련되어 있는가를 설명하기 위하여 〈그림 1-3〉과 같은 연결개념(linking concept)을 제시하고 있다.

연결개념하에서는 하부사업들이 관광사업의 구성부문으로 생각되어지고, 직접 공급자(direct provider), 지원서비스(support services), 개발조직(developmental organizations)으로 범주화될 수 있다.

〈그림 1-2〉 관광사업의 구조

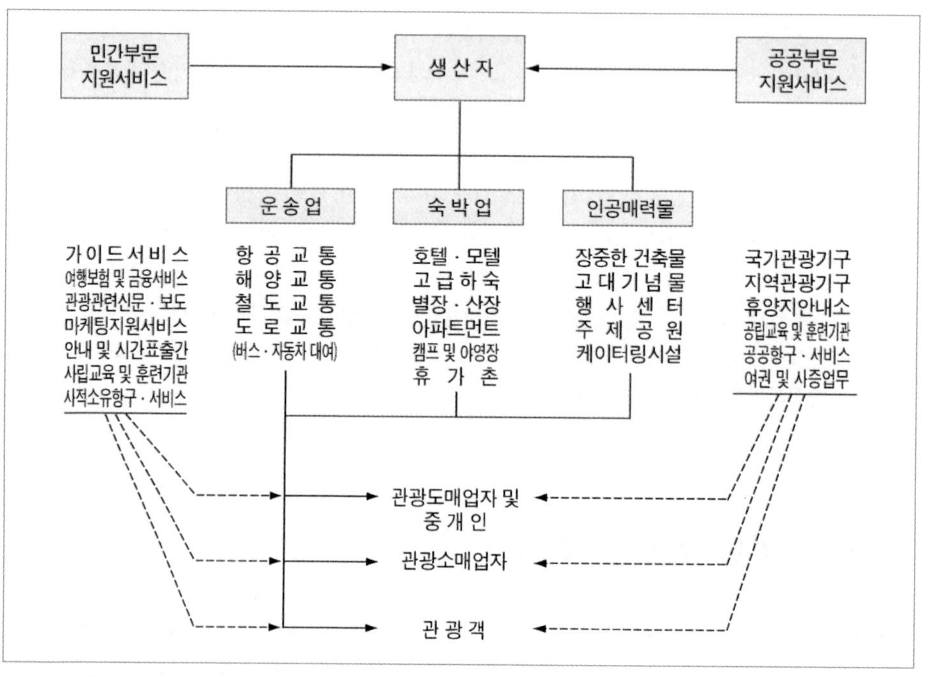

자료 : J. C. Holloway, *The Business of Tourism*, 1998.

〈그림 1-3〉 관광사업의 연결개념

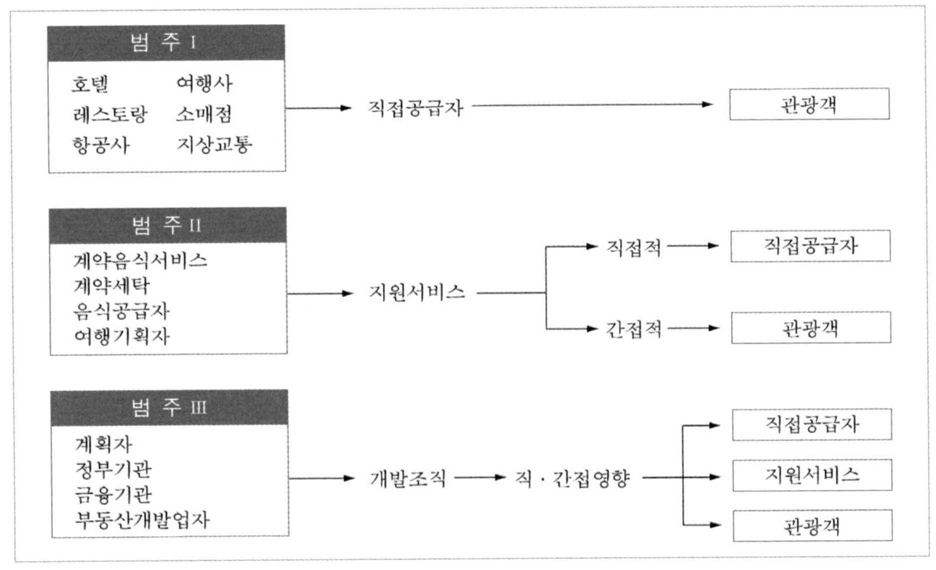

자료 : Chuck Y. Gee, James C. Makens and Dexter J. L. Choy, *The Travel Industry*, 1997.

(1) 직접공급자

직접공급자는 항공사, 호텔, 지상교통, 여행사, 레스토랑, 소매점과 같이 전형적으로 관광과 관련된 기업들이 포함된다. 이런 기업들은 관광객들이 소비하고 구매하는 서비스, 활동, 제품을 제공한다. 그러나 빙산처럼 직접공급자들은 관광객들에게 아주 작은 일부분의 산업부문들만 나타낼 뿐이다.

(2) 지원 서비스

지원 서비스는 여행기획자, 여행과 무역출판업, 호텔경영회사, 여행조사회사와 같이 전문화된 서비스를 포함한다. 또한 계약세탁과 계약음식 서비스와 같은 기본공급과 서비스를 포함한다. 위에서 제시된 것처럼 전문화된 서비스를 제공하는 기업들은 자신들의 거의 모든 사업들을 여행시장에 의존한다. 직접공급자에게 기본적인 것을 제공하는 기업들은 자신들의 존재를 그들에게 전적으로 의존하지는 않는다. 비록 여행과 관광이 경제의 기간이 되는 지역일지라도, 기본공급품과 서비스의 공급자를 위한 기업들의 규모는 리조트 지역의 경우처럼 여행객으로 직접 기인하게 된다.

(3) 개발조직

개발조직들은 계획가, 정부기관, 금융기관, 부동산개발업자, 교육과 직업훈련 기관들을 포함하면서 첫번째 두 개와 명백하게 구분된다. 이런 조직들은 관광개발을 다루고 있으며, 일상적인 관광서비스의 생산 이상으로 더욱 복잡해지고 범위가 넓어지는 경향이 있다. 주요 리조트지역을 위한 개발과정은 완공하는데 15~20년 정도 걸리게 된다. 지역의 환경, 사람과 문화에 관련된 민감한 문제들과 관련될 것이다. 컨설턴트, 금융, 부동산, 건축, 엔지니어링, 환경과학 등처럼 이런 직업에서 숙련된 개인들은 전형적으로 관광 프로젝트에서 일하기 위해 개발조직들에 고용된다. 관광개발의 결정과 결과는 운영에 중점을 둔 앞의 두 범주보다 더 장기적이다. 연결개념의 3가지 범주들(직접공급자, 지원서비스들, 개발조직들) 간의 상호관계를 호텔의 개발의 예에서 설명하면 다음과 같다.

① 호텔은 여행객에서 서비스의 직접공급자가 될 것이다.
② 호텔기업의 지원서비스는 기본상품의 지역공급자와 마케팅과 경영지원을 제공하는 전문회사들이 포함된다. 공급물, 직원 그리고 자원의 형태는 호텔이 충족시키고자 하는 기준에 의해 결정된다.
③ 개발조직들에는 일반적으로 호텔을 건축할 것인지에 대한 허가권을 가진 정부기관과 영향조사와 타당성 조사를 수행하는 컨설팅회사들이 포함된다.

따라서 여행객에게 직·간접적으로 제공되는 서비스에 의해 분리되었지만, 세 가지 범주 모두는 여행객의 요구에 부응을 통해서 상호관계를 맺고 있다.

제2절 관광사업의 분류

1. 사업주체의 의한 분류

관광사업은 사업주체에 의해서 공적관광기업과 사적관광기업으로 나눌 수 있다. 〈그림 1-4〉에서 보듯이 공적관광기업은 다시 정부나 지방자치단체 등의 행정기관과 관광협회나 업종별협회 등 공익단체로 나누어지며, 영리목적인 사적관광기업들은 전문적 관광사업체인 관광기업과 비전문적 관광관련기업으로 나누어 볼 수 있다.

〈그림 1-4〉 주체에 의한 관광사업의 분류

(1) 관광기업

관광객과 직접적으로 관계되어 영리를 목적으로 하는 기업들, 즉 관광객의 소비활동이 주수입원인 기업들을 말한다. 여기에는 여행업, 숙박업, 교통업, 쇼핑업, 관광정보제공업, 관광개발업 등 대부분의 관광사업이 포함되며, 다음에 설명되고 있는 「관광진흥법」에 의한 분류에 속하는 업종들도 여기에 포함된다.

(2) 관광관련기업

관광객과 직접적인 관계는 없으나 관광기업과 직접적인 관계를 가짐으로써 관광객과는 간접적(2차적)으로 관계를 가져 간접관광사업 또는 2차 관광사업으로 불린다.

주요 업종으로는 호텔에 각종 서비스를 제공해주는 세탁업자, 식품업자, 청소용역업자와 같은 납품업자와 관광출판물업자 등이 포함되며, 일반적인 소매상점 · 요식업체 · 오락업체 · 숙박업체 등도 관광객이 이용할 때에는 여기에 해당된다.

(3) 관광행정기관

공적관광사업으로 관광정책 · 행정기구를 의미하며, 국가 · 정부 · 지방자치단체 등 관광행정기관으로 관광객 · 관광기업 · 관광관련기업과 직 · 간접으로 영향을 주고받으며 관광개발과 진흥업무를 행한다.

관광행정기관으로는 주무부서인 문화체육관광부와 지방자치단체의 문화관광국 또는 관광과 등이 있다.

(4) 관광공익단체

공적관광사업으로 관광공사 · 관광협회 등 공익법인과 관광인력을 양성하는 교육기관, 관광관련연구소 등이 있다. 대표적인 공익단체로는 우리나라의 관광홍보, 관광교육과 관광자원개발을 위해 설립한 한국관광공사, 정부의 관광정책활동과 관광업계의 육성을 효율적으로 지원할 수 있는 정책대안 제시와 이와 관련한 조사 · 연구를 수행하기 위하여 설립된 한국문화관광연구원, 관광사업자단체로 설립된 한국관광협회중앙회, 업종별 관광협회인 한국관광호텔업협회, 한국일반여행업협회, 한국카지노업관광협회, 한국휴양콘도미니엄경영협회, 한국종합유원시설업협회 등이 있다.

2. 관광진흥법에 의한 분류

「관광진흥법」에서는 관광사업을 여행업, 관광숙박업, 관광객이용시설업, 국제회의업, 카지노업, 유원시설업과 관광편의시설업으로 분류하고 있다.

(1) 여행업

여행자 또는 운송시설 · 숙박시설, 그 밖에 여행에 딸리는 시설의 경영자 등을 위하여 그 시설 이용 알선이나 계약체결의 대리, 여행에 관한 안내, 그 밖의 여행 편의를 제공하는 업으로 일반여행업, 국외여행업, 국내여행업으로 구분된다.

(2) 관광숙박업

현행 「관광진흥법」은 관광숙박업을 호텔업과 휴양콘도미니엄업으로 나누고,

호텔업을 다시 세분하고 있다.

① 호텔업

관광객의 숙박에 적합한 시설을 갖추어 이를 관광객에게 제공하거나 숙박에 딸리는 음식·운동·오락·휴양·공연 또는 연수에 적합한 시설 등을 함께 갖추어 이를 이용하게 하는 업으로 관광호텔업, 수상관광호텔업, 한국전통호텔업, 가족호텔업, 호스텔업, 소형호텔업, 의료관광호텔업 등으로 세분하고 있다.

② 휴양콘도미니엄업

관광객의 숙박과 취사에 적합한 시설을 갖추어 이를 그 시설의 회원이나 공유자, 그 밖의 관광객에게 제공하거나 숙박에 딸리는 음식·운동·오락·휴양·공연 또는 연수에 적합한 시설 등을 함께 갖추어 이를 이용하게 하는 업이다.

(3) 관광객이용시설업

① 관광객을 위하여 음식·운동·오락·휴양·문화·예술 또는 레저 등에 적합한 시설을 갖추어 이를 관광객에게 이용하게 하는 업 또는 ② 대통령령으로 정하는 2종 이상의 시설과 관광숙박업의 시설(이하 "관광숙박시설"이라 한다) 등을 함께 갖추어 이를 회원이나 그 밖의 관광객에게 이용하게 하는 업을 말하는데, 전문휴양업과 종합휴양업(제1종·제2종), 자동차야영장업, 관광유람선업(일반관광유람선업, 크루즈업), 관광공연장업, 외국인전용 관광기념품판매업 등으로 구분하고 있다.

(4) 국제회의업

국제회의업은 대규모 관광수요를 유발하는 국제회의(세미나·토론회·전시회 등을 포함)를 개최할 수 있는 시설을 설치·운영하거나 국제회의의 계획·준비·진행 등의 업무를 위탁받아 대행하는 업을 말하는데, 국제회의시설업과 국제회의기획업으로 구분하고 있다.

(5) 카지노업

전문영업장을 갖추고 주사위 · 트럼프 · 슬롯머신 등 특정한 기구(機具) 등을 이용하여 우연의 결과에 따라 특정인에게 재산상의 이익을 주고 다른 참가자에게 손실을 주는 행위 등을 하는 업이다.

(6) 유원시설업

유기시설(遊技施設)이나 유기기구(遊技機具)를 갖추어 이를 관광객에게 이용하게 하는 업으로서 여기에는 다른 영업을 경영하면서 관광객의 유치 또는 광고 등을 목적으로 유기시설이나 유기기구를 설치하여 이를 이용하게 하는 경우를 포함한다.

유원시설업은 안전성검사 대상 유기시설 또는 유기기구의 수에 따라 종합유원시설업, 일반유원시설업, 기타유원시설업으로 구분된다.

(7) 관광편의시설업

위의 관광사업(여행업, 관광숙박업, 관광객이용시설업, 국제회의업, 카지노업, 유원시설업) 외에 관광진흥에 이바지할 수 있다고 인정되는 사업이나 시설 등을 운영하는 업을 말하는데, 관광유흥음식점업, 관광극장유흥업, 외국인전용 유흥음식점업, 관광식당업, 시내순환관광업, 관광사진업, 여객자동차터미널시설업, 관광펜션업, 관광궤도업, 한옥체험업, 외국인관광 도시민박업 등으로 구분하고 있다.

3. 표준산업분류에 의한 분류

미국에서는 관광산업이 생산할 상품서비스의 양과 내용, 그리고 수행하는 활동을 정확히 파악하기 위해 표준산업분류시스템(Standard Industrial Classification System)을 도입 · 활용하고 있다. 〈표 1-1〉은 미국 상무성(U.S. Department of Commerce)이 제시하는 관광사업에 대한 표준산업분류표이다.

미국의 관광사업은 항공운송업이 포함된 교통업, 호텔업 등이 포함된 숙박업, 그리고 여행업과 외식업, 오락업 등으로 구성되어 있다.

〈표 1-1〉 미국 상무성 표준산업분류표상의 관광사업

SIC 코드	관광사업
4011	철도
4111	공항수송과 지역 버스 운영을 포함하는 지역과 교외 운송
4119	관광버스와 리무진 대여 등 지역 승객 수송
4121	택시
4131	도시간 그리고 지방고속도로 승객 수송
4142	지역을 제외한 여객운송 전세 서비스
4173	버스 터미널과 서비스시설
4431	5대호-세인트로렌스 해상 수송
4459	관광선, 수상 택시, 소택지용 자동차, 유람선
4481	페리를 제외한 원양 승객 수송
4489	수상 승객 수송
4493	마리나
4511	항공교통(보증된 수송업자)
4512	항공교통(정기편)
4521	항공교통(부정기편)
4581	항공교통과 관련된 서비스들
4724	여행업
4725	투어 오퍼레이터
4729	다른 곳에 분류되지 않은 여객수송 수배업
5541	주유소
5561	레저용 차량 거래업자
5812	식음료업
5813	식음료업(주로 마시는 시설)
5946	카메라와 필름판매업
5947	선물, 기념품점
6052	환전업
7011	호텔, 모텔 등 관광숙박업
7032	스포츠와 레크리에이션 캠프
7033	트레일러 주차장과 캠프장
7514	운전자 없는 여객용 렌터카 대여점
7922	연극 제작자
7929	밴드, 오케스트라 그리고 다른 오락 그룹
7948	경마
7993	동전 오락기
7996	오락 공원
7999	기타 오락과 레크리에이션 서비스
8412	박물관과 미술관
8422	식물원과 동물원
8941	전문 스포츠 클럽

자료 : Chuck Y. Gee, James C. Makens and Dexter J. L. Choy, *The Travel Industry*, 1997.

우리나라도 통계청에서 한국표준산업분류를 도입하고 있으나 관광사업을 독립적으로 분류하고 있지 않다.

제3절 관광사업의 특성

1. 복합성

관광사업의 복합성은 사업주체의 복합성과 사업내용의 복합성으로 나누어 볼 수 있다.

(1) 사업주체의 복합성

관광사업은 공적기관 및 민간기업 등 그 사업의 주체가 매우 다양하다. 뿐만 아니라, 공적기관 및 민간기업이 역할을 분담하여 공동으로 추진하는 현상이 타 산업분야보다 현저하게 두드러진다. 예를 들면 공원의 유지·관리, 도로건설 등은 공공기관에서, 여행업이나 숙박업은 거의 민간기업의 역할로 되어 있다.

이와 같이 관광사업의 기본성격으로서 복합성이란 공적기관과 민간기업이 역할을 분담하면서 전개하는 사업이라는 뜻이다. 최근에 와서 소셜투어리즘(social tourism)이 강조되면서 공적기관의 역할이 늘어나는 경향을 보이고 있다.

(2) 사업내용의 복합성

사업내용의 복합성이란 관광사업 자체의 내용이 여러 가지로 분화되어 있다는 것을 말한다. 관광의 출발부터 도착까지 관광이 완결되는 전 과정에서 관광사업의 개입을 생각해 보면, 여러 관련업종이 모여서 하나의 통합된 사업활동으로서 관광사업을 성립시키고 있다. 그러나 각각의 사업활동은 관광사업의 일익을 담당하고 있으면서 동시에 각각 개별적 사업주체로서의 고유의 존재의의를 가진다.

이처럼 대부분의 사업활동이 부분적으로는 관광이라는 현상에 관여하고 있는 것이며, 완전한 관광사업이란 표현할 수 있는 경우는 거의 존재하지 않는다고 해야 할 것이다. 예를 들면, 교통업의 경우 관광객을 수송하는 부분은 관광사업이나, 일반인의 통근이나 화물운송의 부분은 관광사업이 아니며, 여행업의 경우는 관광사업의 주종을 이루는 사업이지만 해외이민자가 이용할 때에는 관광사업이 아니다. 숙박업도 이와 같다.

2. 입지의존성

모든 관광지는 유형 · 무형의 관광자원을 소재로 각기 특색있는 관광지를 형성하고 있다. 즉 온천관광지, 산악관광지 등인데, 이러한 관광지는 대개 상호 치열한 경쟁상태에 놓이게 된다. 그러므로 관광사업은 관광지의 유형, 기후조건 및 관광자원의 우열, 개발추진상황, 교통사정 등 입지적 요인의 의존이라는 제약을 받게 된다. 동시에 시장의 규모, 체재여부, 현지조달가능재료, 인력공급 등의 경영적 환경과 관광객의 계층이나 소비성향 등의 수요의 질에도 큰 영향을 받게 된다.

관광사업의 경영적 · 산업적 성격이 불연속 생산활동형, 생산 · 소비의 동시성, 노동장비율의 상승이라는 특성을 가지고 있기 때문에 입지의존성은 높아지는 것이다.

3. 변동성

관광욕구의 충동은 생활필수적인 것이 아니고 임의적인 성격을 갖고 있기 때문에 관광여행은 외부사정의 변동에 매우 민감한 영향을 받는다. 관광사업이 변동성을 가지고 있는 요인 중 대표적인 것은 사회적 · 경제적 · 자연적 요인을 들 수 있다.

첫째, 사회적 요인은 사회정세의 변화, 국제정세의 변화, 정치불안, 폭동, 질병발생 등과 기타 안전에 불안감을 주는 요인들이다.

둘째, 경제적 요인은 경제불황, 소득의 불안정, 환율변동, 운임변동과 외화사용제한 조치 등의 요인들이다.

셋째, 자연적 요인은 기후, 지진, 태풍 등 파괴적인 자연현상 등을 들 수 있다.

또한 관광행위는 계절적 변동(성수기 · 비수기)이 두드러지게 나타나므로 관광사업경영의 여러 문제를 야기시키는 요인이 되기도 한다.

4. 공익성

관광사업은 공적인 것과 사적인 여러 관련산업으로 이루어진 복합체라는 점에서 기업이라도 영리추구에만 전념하는 경영은 허용되지 않는다. 관광사업에 있어서 공익적 측면은 사회 · 문화적 측면과 경제적 측면으로 분류해 지적할 수 있다.

첫째, 사회 · 문화적 측면은 국위선양, 상호 이해를 통한 국제친선 증진, 국제문화의 교류, 세계평화에의 기여 등의 국제관광부문과 국민보건 향상, 근로의욕 고취 및 교양향상 등의 국민관광부문 측면을 기대할 수 있다.

둘째, 경제적 측면은 외화획득과 경제발전, 기술협력과 국제무역증진효과 등의 국민경제측면과 소득효과, 고용효과, 산업연관효과, 국민후생복지 증진, 생활환경 개선 및 지역개발효과 등의 지역경제측면을 기대할 수 있다.

따라서 관광사업의 내용은 점차 공익적인 면의 인식이 높아져 가고 있으며, 관련분야도 자연, 문화, 경제, 종교, 정치 등 전분야로 확대되어가고 있다. 그러므로 관광사업은 개별기업활동의 특징을 살려 가면서 공익적 효과를 높여가야 할 것이다.

5. 서비스성

관광사업을 서비스사업이라 하는 것은 관광사업이 생산 · 판매하는 상품의 대부분이 눈에 보이지 않는 서비스이기 때문이다. 관광사업에서 생산은 경험의 생산이라고 볼 수 있기 때문에, 관광사업을 '꿈을 파는(selling dreams)' 사업이라고 부르기도 한다.

서비스는 관광객의 심리에 지대한 영향을 미치고 있으므로 관광사업에 있어 서비스의 품질(service quality)은 기업 자체는 물론 관광지 전체, 국가 전체의 관광사업 성패에 중대한 영향을 미치게 된다.

이러한 서비스 제공은 관광사업 종사자뿐만 아니라 지역주민이나 국민전체의

친절한 서비스 제공이 더욱 필요하기 때문에 관광인식의 보급 등 일반국민에게 계몽운동을 전개할 필요가 있다.

제4절 관광사업환경

관광사업은 다양한 환경요인들로부터 둘러싸여 있으며, 이들과 직·간접적인 상호작용을 통하여 성장하고 발전한다. 일반적으로 환경의 변화는 기업에게 기회와 위협을 동시에 제공하기 때문에, 기회를 포착하고 위협을 감소시키거나 이를 활용하는 경영전략이 요구된다.

이런 관광사업환경은 거시적 환경과 미시적 환경으로 대별할 수 있으며, 거시적 환경은 정치, 경제, 사회, 문화, 기술, 환경, 기타로 구성되며, 미시적 환경은 정부, 소비자, 종사원, 언론, 기타로 구성된다(이연택, 1993). 각 환경요인들의 구체적인 내용을 살펴보면 다음과 같다.

〈그림 1-5〉 관광사업환경의 체계

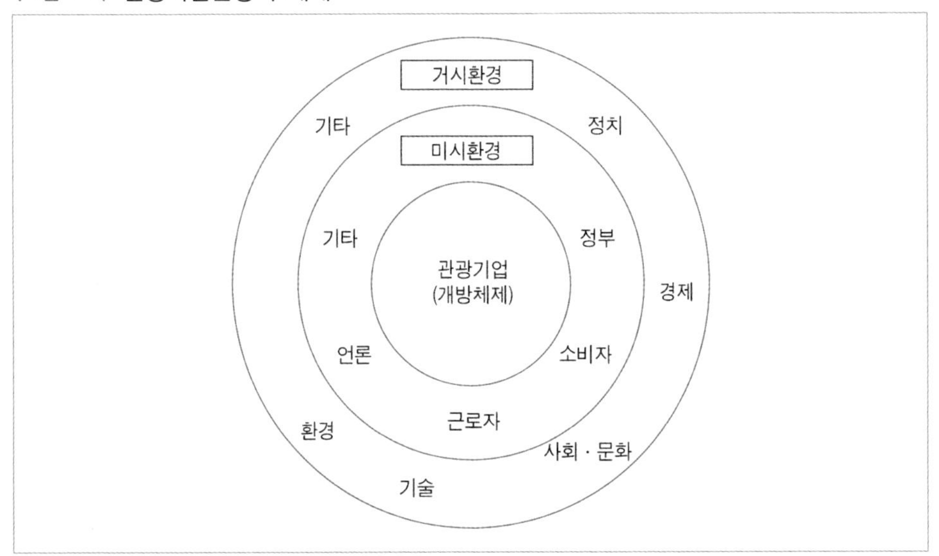

자료 : 이연택, 관광기업환경론, 법문사, 1993.

1. 미시환경요인

(1) 정 부

넓은 의미에서 정부도 관광사업 중의 한 부문이지만, 동시에 관광사업의 외부 환경으로서 관광사업의 활동에 지대한 영향을 미치게 된다. 정부는 관광기업과 다른 이해관계자들과의 관계에서 발생하는 문제를 해결하고 그 결과에 따라 관광기업을 지도하고 규제하는 통제적 역할을 수행한다.

관광기업의 활동과 관련하여 정부의 개입은 크게 두 가지 형태로 나누어 볼 수 있다. 하나는 관광사업의 외화획득과 경제적 효과에 대한 기대로 관광기업활동에 지원적 입장을 취하는 경우이다. 최근 정부에서는 관광을 미래육성산업으로 제시하면서 대통령이 외국인 관광객의 한국방문을 유치하기 위해 TV에 출연하고 관광산업의 육성을 국정지표로 삼는 것이 이러한 경우다.

다른 하나는 관광기업에 대한 정부의 규범적 개입이다. 이는 얼마 전 우리나라 관광기업들이 직접 경험했던 '사치성소비산업'으로의 규정과 같은 경우이다. 이외에도 환경공해문제라든지 소비자보호문제와 같은 사회문제들이 관광기업활동에 대한 정부의 규제적 개입을 정당화해 준다. 따라서 관광사업체들은 관광협회 등을 통해 정부의 정책과정에 적극 참여해서 바람직한 정책들이 입안될 수 있도록 적극 대응해야 한다.

(2) 소비자(관광객)

관광시장의 규모가 확대되면서 관광기업과 소비자의 관계 또한 크게 변화하고 있다. 최근 들어 전개되고 있는 소비자주의나 소비자운동은 관광기업이 대응해야만 할 미시환경의 또하나의 변화이다. 관광사업은 관광상품의 특성상 무형성, 사전평가의 불가능성으로 인해 관광기업과 소비자간의 신뢰가 가장 중요한 사업이다. 신뢰를 잃으면 사업의 존속이 어렵다고 할 수 있다. 관광사업은 이제 관광의 대중화 시대를 맞이하여 사회의 중추적 기관으로서 기능이 새롭게 부각되고 있다. 소비자의 불만을 줄이려는 소극적인 노력보다는 소비자의 만족과 나아가서는 사회복지의 구현이라는 적극적인 자세가 필요하며, 소비자의 요구나 정부의 규제 이전에 관광기업 스스로의 능동적인 실천이 절실히 요구된다(이연택, 1993).

(3) 종사원

관광산업을 흔히 인간산업(people industry)이라고 한다. 그만큼 인적자원이 중요하다는 말일 것이다. 물론 관광기업을 성공적으로 운영하기 위해서는 우수한 제품, 우수한 시설들이 복합적으로 필요하다. 하지만 서비스산업으로서 관광기업이 창조하는 인적서비스는 관광기업의 핵심을 이룬다.

잘 운영되고 있는 관광사업체는 2명의 고객을 가지는데, 하나는 대금을 지급하는 고객이고 다른 하나는 종사원이라는 말이 있듯이, 최근에는 훌륭한 서비스를 제공하기 위해서는 종사원을 훈련하고 동기를 부여해야 한다는 내부마케팅(internal marketing)이 중시되고 있다.

이러한 종사원과 관련된 또하나의 미시적 요인은 노사문제이다. 노사문제가 전면으로 드러나게 되면 관광기업은 인적자원에 심각한 손상을 받게 될 수 있다. 오늘날 관광사업이 해결해야 할 중요한 과제 중 하나는 노사화합이다.

(4) 언 론

언론매체가 관광기업에서 갖는 중요성은 크게 두 가지로 정리된다(이연택, 1993). 하나는 언론매체를 통해 관광기업은 새로운 이미지를 창출할 수 있다는 점이다. 언론매체가 관광사업에 대해 편향적이거나 왜곡된 보도가 나오지 않도록 관광사업에 대하여 정확한 이해를 가지도록 해야 한다.

다른 하나는 언론매체를 통해 관광기업의 사회적 위상을 파악할 수 있다는 점이다. 관광기업은 스스로 가지고 있는 의도와는 전혀 다른 모습으로 사회에서 인식되는 경우가 많다. 이러한 잘못된 인식은 관광기업 경영에 커다란 위협이 된다. 언론에 보도된 내용을 통해 관광기업은 자신의 사회적 위상을 파악할 수 있으며, 그로부터 문제점을 찾아낼 수 있다.

최근 언론은 관광기업이 대응해야 할 새로운 이해관계자로 부상하고 있다. 언론과의 바람직한 관계는 분명히 오늘의 관광기업이 풀어 나가야 할 새로운 과제이다.

(5) 기 타

지금까지 관광기업이 대응해야 할 이해관계자집단으로 정부, 소비자, 노동자 그리고 언론에 대해서 살펴보았다. 이들 외에도 새롭게 부상하고 있는 주요 미시환경요인으로는 지역사회, 주주, 경쟁사, 금융기관, 학교 등을 들 수 있다(이연택, 1993).

지역사회는 지방자치제도가 정착되면서 더욱 그 활동이 활발해지고 있다. 또한 기업이 점차 대규모화하고 주식회사화하면서 기업의 소유자의 위치에 있는 주주는 관광기업에 직접적인 영향을 미칠 수 있다(김원인, 1995). 한편, 기업환경이 점차 다변화하면서 개별기업으로는 해결하기 어려운 사회문제에 봉착하는 경우가 많다. 이 경우 경쟁사는 경쟁자라기보다는 동종기업으로서의 협력이 필요하다. 금융기관은 기업을 운영하는데 소요되는 자금확보의 가장 중요한 원천이다. 영세업체가 많은 관광사업의 경우 필요한 자금을 원활히 조달하고 이를 효율적으로 운용하기 위해서는 금융기관과 긴밀한 관계를 확립하는 것이 중요하다. 또한 관광기업과 학교와의 관계도 새로운 관심의 대상이 된다. 소위 산학협동을 위한 관광기업의 대응전략이 절실히 요구되는 것이다.

2. 거시환경요인

(1) 정치환경

정치환경의 변화는 관광기업의 존립에까지 심대한 영향을 끼친다. 특히 법과 정부의 정책은 관광기업의 입장에서 볼 때, 지원적 성격과 규제적 성격의 양면성을 갖는다. 그러므로 관광기업들이 처한 입장을 올바로 전달해서 관광사업에 지원적인 정책들이 입안될 수 있도록 적극 대응해야 한다. 미국식당업협회(National Restaurant Association)와 미국호텔 · 모텔협회(American Hotel & Motel Association)는 워싱턴에 로비스트를 상주시키고 있다(박호표, 1998).

(2) 경제환경

관광기업은 경제활동의 한 부문으로서 재화와 용역을 제공하고, 그 대가로 이윤을 획득한다. 경제환경의 변화는 이같은 관광기업의 경제활동에 지대한 영향을 미친다.

관광사업에 영향을 미치는 경제환경은 환율, 경기후퇴, 인플레이션, 고용수준, 임금, GDP, 통화량, 개인소득, 저축률 등의 경제적 요소뿐만 아니라, 넓게는 경제블록으로 인한 보호무역주의와 경제체제의 변화까지를 포함한다. 관광기업들은 이런 경제적 환경변화에 지속적인 관심을 가지고 적절한 거시적 대응전략을 수립하여야 한다.

(3) 사회 · 문화환경

사회 · 문화환경은 너무나 광범위하고, 비교적 변화가 완만하기 때문에 간과하기 쉽다. 하지만 관광사업의 특성상 다른 사업보다 사회 · 문화적 환경의 변화에 영향을 받을 가능성이 높다. 관광사업은 사람에 관련된 사업이며 상품을 구매하는 모든 사람들에 대한 개인적 속성 때문에 사회 · 문화적 변화에 가장 민감하다(박호표, 1998). 핵가족화, 맞벌이 부부, 만혼, 높은 이혼율, 자녀수의 감소, 여성취업의 증가, 건강의 향상, 권태의 단조로움으로부터의 도피, 자연으로의 회귀, 단순화, 쾌락주의화 등과 같은 많은 사회적 변화는 관광사업에 많은 영향을 미치고 있다. 관광사업자는 이런 경향들을 정확하게 파악하여 신속하고 적절하게 대응해야 한다.

(4) 기술환경

과거 교통기술의 발달이 관광사업의 발전에 지대한 영향을 미쳤으며, 최근에는 컴퓨터와 통신기술의 발달이 관광사업에 지대한 영향을 미치고 있다. 통신기술의 발달은 소비자와 관광사업자와 유통경로를 직접적이고 다양하게 하고 있으며, 컴퓨터는 소비자에 대한 더 많은 정보를 제공함으로써 관광기업들이 더 나은 서비스를 제공할 수 있도록 하고 있다.

전산화 · 기계화는 노동력 절감, 생산성의 향상 등을 가능하게 하여 경영의 효율성을 증가시켰을 뿐만 아니라, 인터넷 여행사나 인터넷 카지노, 우주관광과 같은 새로운 형태의 관광사업을 등장시켰다.

그러나 이와 같은 기술환경의 발달은 관광객과 관광공급업자(항공사, 호텔 등)

와 직접적인 접촉으로 인한 여행사의 기능약화, 인터넷 카지노로 인한 기존 카지노사업의 위축, 전자오락으로 인한 관광활동의 감소와 같은 위협적인 요인이 되기도 한다. 관광기업은 이런 기술환경의 변화에 적극 대처해서 경영효율성의 제고와 새로운 사업의 기회를 창출해야 한다.

(5) 환경문제

환경문제는 관광사업에 있어 크게 두 가지의 의미를 갖는다(이연택, 1993). 그것은 바로 위협과 기회를 말한다. 우선 환경문제는 관광사업에 있어 커다란 위협이 될 수 있다. 환경오염으로 자연관광자원이 계속해서 황폐화되어가고, 또한 관광개발과 관광행위에 대한 정부의 규제도 심화되고 있다. 시민운동으로서의 관광환경운동 또한 관광사업에 압력요인이 된다.

하지만 환경문제는 관광사업에 새로운 기회를 제공할 수도 있다. 도시화 · 산업화로 인해 찌든 사람들의 마음에 자연은 큰 동경의 대상이 된다. 이들의 욕구는 분명히 관광사업자에게는 새로운 사업기회를 제공한다. 관광사업은 자연적 환경에 크게 의존하는 경우가 많기 때문에, 이러한 자연환경을 보호하지 않는다면 관광사업의 미래를 포기하는 것이다. 최근 관광기업에서는 환경에 대한 관심을 가지면서 환경친화적인 상품을 개발하고, 그린 마케팅(green marketing)을 도입해 환경보호운동에 앞장서고 있는 것은 바람직한 일이라고 할 수 있다.

일반적인 관광현상에 있어서도 환경에 미치는 영향을 최소화하면서 관광을 통해서 자연을 이해하고 보호 · 보전하려는 생태관광(eco-tourism), 녹색관광(green tourism), 지속가능한 관광(sustainable tourism) 등과 같은 새로운 형태의 대안관광(alternative tourism)이 제시되고 있다.

(6) 기 타

지금까지 관광사업을 둘러싸고 있는 거시환경요인으로 정치환경, 경제환경, 사회 · 문화환경, 기술환경 그리고 환경문제에 대해서 살펴보았다. 이들 외에도 국제기업환경, 통일환경 등 새롭게 부상하고 있는 거시환경요인들을 들 수 있다.

관광기업이 점차 대규모화·국제화되면서 다국적관광기업이 증가하고 있다. 이들 다국적기업들의 환경은 국내기업들의 환경과는 다른 특징을 갖는다. 차후에는 이에 대한 충분한 고려가 있어야 할 것으로 보인다. 또한 다가오는 통일시대에는 현재의 상황과는 다른 많은 차이점을 보여줄 것이다. 이에 대한 관광기업의 사전 대비책이 필요하다고 본다(이연택 1993).

Tourism Business Management

제 2 장 관광사업의 발전

제1절 관광사업의 발전요인

과거 소수 특권층의 전유물이던 관광이 현대사회에서는 인간의 기본적 권리로 인식되어 모든 국민들이 관광을 즐길 수 있는 시대가 되면서, 관광사업도 비약적으로 발전하여 양적 · 질적 성장을 하게 되었다. 이러한 관광사업의 성장요인들을 살펴보면 다음과 같다.

(1) 라이프 스타일의 변화

라이프 스타일(life style)이란 전체 사회 또는 그 사회의 특정 집단이 가지고 있는 독특하고 특징적인 생활방식으로 항상 고정된 것은 아니고 개인들의 가치, 태도, 신념 및 외부의 사회 · 문화적 환경변화로 인해서 변경될 수 있는 하나의 생활양식을 의미한다. 현대인은 생활의 질을 중요시하면서, 관광을 생활의 필수품으로 보고 생활 속에서 관광을 계획하고 있다.

(2) 가계소득의 증대

산업기술의 발달과 기계화로 인한 대량생산과 대량소비가 이루어지면서 생활수준은 질적 · 양적 측면에서 높아졌으며, 국민소득의 향상으로 개인의 가처분소득(disposable income) 또한 증대되었다.

경제적 생활수준의 향상과 더불어 가처분소득 중에서 의·식·주(衣·食·住)를 위한 비용에 비해 여행비용을 포함하는 이른바 문화성비용(cultural expense)이 증대되었는데, 그중 특히 관광소비가 현저히 증가하여 여행수요를 확대하는 요인으로 작용하였다.

(3) 여가시간의 증대

산업혁명 이후 과학기술의 발달로 인한 기계화, 자동화는 근로시간의 대폭적인 감소를 가져와 여가시간을 비약적으로 증대시켰다. 대부분의 선진국에서는 이미 주5일 근무제가 일반화되어 있고, 우리나라도 현재 일부 기업에서 이 제도를 시행하고 있으며, 머지않아 전국적으로 이 제도의 정착이 전망되고 있다.

이처럼 증대된 여가시간은 선진국에서는 관광대중화현상으로 발현되었으며, 특히 해외여행에 대한 욕구가 일반대중 모두에게 널리 확산되고 있다.

(4) 교육수준의 향상

교육수준의 향상과 국민소득의 증대에 따라 사람들은 부(富)로부터 얻게 되는 만족에 그치지 않고 간접적으로 인식하고 있던 역사와 문화에 관한 지식을 직접 그 현장에서 확인하고 재인식하려고 하는 욕구가 강렬해진다. 이러한 지식욕구는 해외관광의 경우 더욱 현저해진다.

이러한 욕구들이 현실화되어 관광행동으로 나타나면서, 관광객에게 서비스와 상품을 제공하는 관광사업은 자연히 발전하게 되는 것이다.

(5) 관광계층의 확대

의료기술의 발달로 인간의 평균수명이 연장되고 연금제도와 같은 사회복지제도의 정착과 확대, 여성들의 사회적 지위향상과 취업기회의 증대, 가전제품의 이용확대로 가사노동으로부터 해방된 여성들, 노인층, 청소년층 등이 여가시간을 관광의 기회로 이용하려는 추세가 증가해 가고 있다.

(6) 교통운송수단의 발달

오늘날과 같이 교통수단이 제공되지 못했을 시기에는 관광은 많은 위험이 뒤따르는 것이었고, 이 때문에 사실상 관광에 많은 제약이 있었다. 그러나 제2차 세계대전후부터 발달하기 시작한 각종 교통수단의 등장은 여행시간은 물론 여행거리까지도 단축시켜 놓았다. 특히 항공교통수단의 비약적인 발달은 고속성 · 쾌적성 · 안정성 · 경제성을 향상시키는 한편, 대량운송능력의 보유 및 고속운항에 의한 시간절약과 운임의 저렴화를 가능하게 만들었다.

한편, 육상교통수단과 해상교통수단도 자동차의 보급, 도로의 정비뿐만 아니라 고속화의 추진, 객차 및 객선설비의 개선, 그리고 세련되고 다양한 서비스를 추가함으로써 승객들의 욕구를 만족시켜, 관광의 저변확대가 실현되었다.

(7) 관광촉진활동의 강화

관광사업자들에 의해 수행되는 관광과 관련한 광고, 판매촉진, 홍보 및 인적판매와 같은 상업적인 촉진활동의 전개는 관광소비 확대에 커다란 영향을 미친다.

(8) 관광사업의 확충

호텔객실수의 증대와 대규모 항공사의 등장 및 유람선회사의 참여 그리고 수십만명의 종사원이 이들 관광사업에 종사하므로 관광사업의 규모가 확충되었다. 이러한 확충은 관광사업체들 간의 경쟁을 심화시켜 촉진활동의 강화, 서비스품질의 향상, 가격인하 등으로 관광이 수요를 확대시키는 요인이 되었다.

(9) 세계의 교역량 확대

국제간의 교역량 및 정보통신의 발달은 인적 교류의 확대를 수반하기 마련이다. 국가간에는 자원과 기술보유의 정도가 상이하므로 세계경제가 원활하게 운용되려면 국가간의 거래는 필수적인 것이 된다. 그렇게 되면 상담을 위한 비즈니스 여행자의 왕래가 빈번해지기 마련이고, 세계가 마치 하나의 좁은 시장으로 간주되는데, 이는 관광을 증대시키는 요인으로 작용하게 되며 관광사업의 발전을 유도하게 된다.

이외에도 관광사업의 발전요인들은 다음과 같은 것들이 있다(정익준, 1997).

① 관광에 대한 사회의 긍정적인 가치관의 보급
② 도시화 및 공업화 진전에 의한 공해 발생
③ 긴장과 스트레스의 누적
④ 매스컴과 인터넷에 의한 관광여행정보의 획득 용이
⑤ 여행자수표 등 여행금융제도의 실시와 적용 확대
⑥ 후불여행제도의 발달과 보급 확대
⑦ 출입국절차의 완화
⑧ 항공규제의 완화

제2절 관광사업의 발전단계

관광사업은 시대적 변천에 따라 커다란 변화를 거쳐 왔다. 즉 교통기관 · 숙박시설 · 관광조직과 같은 관광사업 등 여러 가지 관광현상에 근거하여 발전하였는데, 그 단계는 자연발생적 단계, 매개서비스적 단계, 개발 · 조직적 단계 등으로 나눌 수 있다.

〈표 2-1〉 관광사업의 발전단계

단 계	시 기	사업주체	주요기업	관광계층
자연발생적 단계	고대부터 1830년대 말까지	기업	우마차, 노새, 당나귀, 목조선, 주막	귀족 · 승려 · 무사 등 특권계급과 일부 평민
매개서비스적 단계	1840년대 초부터 제2차 세계대전까지	기업 국가	철도, 증기기기, 호텔, 여관, 여행업체	특권계급과 대지주 및 일부 부유한 평민
개발 · 조직적 단계	제2차 세계대전 이후	기업 국가 공공단체	철도, 선박, 항공기, 자동차, 호텔, 여관, 여행업체, 관광관련업체, 관광개발 추진 기관	일반대중(전국민)

(1) 자연발생적 단계

이 단계는 고대부터 1830년대 말까지로 주로 귀족 · 승려 · 무사 등 일부 특권층에 의해서 성지순례, 참배, 요양, 행사(고대 그리스의 올림픽, 축제 등) 참가를 위한 개인위주의 여행이 존재했을 뿐이었다.

여행에 대한 정보제공 및 여행주선 등은 사실상 없었으며, 관광객을 유치하려는 사업활동이 이익을 창출한다는 것을 일부 관광사업자가 인식하여 사업을 영위하였으나, 관광객의 증가에 따라 자연발생적으로 생겨난 것이 대부분이었다.

18세기를 전후하여 유럽의 상류계층에서는 관광이 보편화되어 귀족자제들의 현장교육프로그램에서 출발한 그랜드투어(Grand tour)의 시대가 있었다. 이 시기의 관광은 기존의 관광동기와는 달리 교육, 문화, 건강, 즐거움, 호기심 그리고 과학적 탐구를 위한 동기에서 시작한 것으로 현대적 의미에서 관광의 시초로 볼 수 있다.

(2) 매개서비스적 단계

1840년대 초부터 제2차 세계대전까지의 시대로 산업혁명으로 인해 발달한 교통업 · 여행업 · 숙박업 등이 관광사업의 핵심적인 위치를 차지하게 되었고, 이들 관광사업이 적극적인 서비스의 제공에 노력함과 동시에 관광왕래의 촉진을 도모하였다. 또한 제1차 세계대전 이후에는 각국이 관광기관의 육성을 적극적으로 추진하여 국제관광의 진흥을 도모하였다.

19세기의 산업혁명은 전통적인 봉건사회구조의 붕괴와 자본주의 사회체제의 기틀을 다지는데 계기가 되었을 뿐 아니라 레저부문에도 일대 변화와 혁신을 가져왔다. 증기기관차와 증기선의 발명, 철도의 부설은 장소간의 이동을 용이하게 하였고, 많은 사람을 동시에 대량 수송할 수 있게 되어 관광산업에도 크게 발전할 수 있도록 하는 계기를 마련해 주었으며, 또한 자동차의 발명은 무한한 여행의 가능성을 인류에게 가져다 주었다. 그러나 대부분의 노동자와 농민들은 소득수준이 낮고 사용자의 혹사로 인해 여가를 즐길 경제적 · 시간적 여유가 없었으며 단지 특권층과 부유층의 향락위주 관광, 수렵 · 요양관광 등이 주류를 이루고 있었다.

이 시기 유럽에서는 철도교통의 발달과 더불어 토마스 쿡(Thomas Cook)이 최초로 여행업을, 세자르 리츠(Cesar Ritz)가 그랜드호텔의 시대를 열었으며, 미국에서는 스타틀러(Ellsworth Melton Statler)와 힐튼(Cornard N. Hilton)에 의해서 상용호텔의 시대가 개막되는 등 관광사업이 본격적으로 발전한 시기이다.

(3) 개발 · 조직적 단계

이 단계는 제2차 세계대전 이후로부터 현대까지의 시대로 국가적 · 민간적 차원에서 괄목할 만한 변화를 보이기 시작하였다. 즉 관광왕래의 촉진을 위해서 종래의 수동적 입장을 버리고 적극적인 수요개발에 나서는 한편, 관광객의 조직화와 관광지의 개발에 비중을 둠으로써 관광사업을 국민복지라는 입장에서 국가적 시책으로 촉진하려는 인식이 높아졌으며, 따라서 관광의 대중화가 정착하기에 이르렀다.

제2차 세계대전 이후 경제부흥, 교통수단 발달, 국민소득 증가는 세계 각국에서 중산층의 관광여행을 촉진하는 요소가 되었다. 따라서 노동자의 사회적 지위향상, 여가증가, 문화생활 추구, 가처분소득 증대, 교통수단 발달, 매스컴을 통한 다양하고 신속한 정보전달, 도시 과밀화 현상, 공해문제 등은 필연적으로 건강회복, 여가선용, 인간다운 생활을 추구하게 하는 요인이 되었다.

특히 20세기 기계문명시대에 들어오면서 항공산업의 획기적인 발전과 교육수준 향상에서 오는 취미와 기호의 다양화 등은 오늘날과 같은 대중관광(mass tourism)을 낳는 원동력이 되었다.

대중관광(mass tourism)은 제2차 세계대전후 현대까지의 관광으로 중산층 서민대중을 포함하는 전국민 전계층이 여가선용과 자기창조의 활동으로 폭넓은 동기에 의해서 이루어지는 사회현상이다. 따라서 기업은 물론 공공단체나 국가가 관광소외계층까지도 관광을 즐길 수 있도록 적극 지원함으로써 이윤의 추구와 동시에 국민복지증진 목적의 소셜투어리즘(social tourism)의 출현을 가능케 하였으며, 이는 영리성과 공익성을 동시에 충족하는 종합관광형태의 특징을 갖추게 되었다.

최근에는 이러한 양적인 성장을 바탕으로 관광은 질적인 전환을 요구하고 있다. 즉 관광경험이 풍부하고 관광을 통한 자기표현을 추구하는 개성이 강한 계층이 주도하는 새로운 흐름의 관광형태가 등장하였다. 더 이상 값싼 관광상품, 표준화된 패키지여행을 원하지 않고 부단히 새로운 관광지, 색다른 관광상품을 탐색하며 개성을 추구하는 질적인 관광을 선호하는 관광객이 점증하는 추세를 신관광시대(new tourism)라고 한다(임주환 외, 1998). 대중관광이 양적인 관광을 뜻한다면 신관광은 질적인 관광을 뜻한다. 질적인 관광은 대중관광 속에서 나만의 개성을 추구하는 '탈대중화시대'를 의미하는데, 특징은 관광의 다양성과 개성추구에 따라 특별관심관광(special interest tour)이 많이 생긴다는 것이다. 문화관광, 종교관광, 민족관광, 생태관광, 문화유적관광, 요양관광 등 보다 차원이 높으면서 다양한 형태의 관광을 추구하게 됨으로써 관광사업도 이런 다양한 욕구의 충족을 위해 새로운 업종들이 생성·발전하고 있다.

제3절 우리나라 관광사업의 발전

우리나라는 구미제국이나 일본에 비해서 관광부문의 발전이 상당히 늦었다. 그것은 유럽처럼 이웃나라 간에 각종 명목의 여행이 이루어지지 못했을 뿐만 아니라 관광발전의 초석이 되는 교통수단과 대중숙박시설의 발달 그리고 국민의 시간적·경제적 여유가 1970년대까지 뒤따르지 못한 데에 그 주된 요인이 있다.

1. 해방 이전까지의 관광

근세 조선 이전까지 관광성격을 띤 여행은 종교적·민속적인 내용이 많았다. 불교가 우리나라에 들어와 정착하면서 전국 각지에 많은 사찰을 건립하였고 국민의 대부분이 신도들로 연중 각종 불교 봉축행사에 참가하였다. 사찰이 거의 도심지에 있지 않았기 때문에 참배자는 산중의 사찰을 찾게 되었는데, 여기서 우리는 서구식 순례여행과 흡사한 점을 발견할 수 있다.

그리고 전국 명산대천을 찾아 낭만을 즐기던 시인·묵객들의 풍류여행, 신라 화랑도의 심신수양을 위한 전국 명소 순례여행, 부산에서 신의주까지의 국도를 따라 설치 운영되었던 역참을 이용한 관민의 여행, 지방마다 매년 정기적으로 개최되는 그 지방 특유의 민속행사(씨름대회, 줄다리기 등) 참가, 천렵, 뱃놀이 등은 우리 고유의 여행이면서 관광이라고 할 수 있다.

〈표 2-2〉 해방 이전까지 주요 관광사업사

연 도	내 용
1884	인천~상하이(上海)간 기선항로 시작
1888	대불호텔 개관
1899	경인선(서울~인천) 철도 개통
1902	손탁호텔 개관
1905	경부선 개통
1912	부산, 신의주 철도호텔 건립
1912	일본여행협회 한국지사 건립
1914	조선호텔 건립
1915	금강산호텔 건립
1918	장안사호텔 건립
1919	서울에서 택시영업 개시
1925	평양 철도호텔 건립
1926	국제항공노선 개설(오사카~서울-다리옌)
1928	서울 시내버스 운행
1936	반도호텔 건립

일제치하 시기인 20세기 초에는 한국관광에 큰 변화가 있었다. 일본이 만주대륙 진출을 위해 병참지원 목적으로 한반도에 철도를 부설하였고 여행형태가 철도여행이 대종을 이루게 되었으며, 철도여객을 숙박시키기 위해 주요 철도역에 철도호텔을 세웠다(1912년 부산, 신의주에 철도호텔 건립). 그리고 1912년 일본여행협회 한국지사가 개설되어 일본인의 여행편의를 제공하였다. 그 당시 관광업무를 주관하던 철도국(운수과 여객계)에는 영어 · 프랑스어에 능한 한국인 · 러시아인 직원을 두어 관광선전업무를 수행토록 하였고, 일본의 도쿄, 오사까, 아하다, 시모노세키, 스루가에 선전사무소를 운영하였으며, 일본의 극장에서 한국관광 소개프로그램인 "한국의 저녁"을 일본인들에게 선전 · 안내하였다.

여객투숙 호텔로서 부산, 신의주에 이어 1914년 서울에 조선호텔(4층 65실)이 세워지고, 1915년 금강산에 금강산호텔, 1918년 장안사호텔, 1925년 평양 철도호텔, 1936년에 당시 최대규모이고 서구식 호텔인 반도호텔(8층 111실)이 건립되었다.

그러나 일제치하에서는 일본인을 위한 관광이었을 뿐 우리 민족관광으로서는 암흑기였다.

2. 해방 이후에서 1960년대 말까지의 관광

일본 식민통치가 종식되고 우리 정부가 수립되면서 일본과의 국교가 사실상 단절되고, 미국을 비롯한 구미제국과 외교관계를 맺으면서 구미인들의 한국여행이 시작되었다. 그러나 관광부문의 수용태세가 갖추어지지 않아 관광객 유치를 할 수 있는 단계에는 이르지 못했다.

1949년에는 대한민국항공사(KNA)를 설립하여 국내항공운송업이 개시되었으며, 미국 노스웨스트(NWA)가 시애틀~도쿄~서울노선에 취항하여 국내에 취항한 최초의 외국민간항공사가 되었다.

1950년에는 온양, 대구, 설악산, 서귀포, 무등산에 관광호텔이 개업하였으나 6·25 전쟁으로 인해 사실상 관광은 중단되었다. 휴전으로 일단 전쟁이 멎게 되면서 전 산업의 복구와 안정을 되찾게 되었다.

1954년 2월 17일 교통부 육운국에 관광과가 설치됨으로써 처음으로 한국관광을 육성 지도하는 기능을 수행하여 한국관광의 산실 역할을 하였으며, 1957년 교통부가 현재 세계관광기구(UNWTO)[1)]의 전신인 국제관설관광기구(IUOTO)에 정회원으로 가입하게 됨으로써 우리나라도 세계관광의 흐름에 편승하는 계기가 되었다.

1958년 대통령령 제1850호에 따라 중앙에는 교통부장관 자문기관으로 중앙관광위원회, 지방에는 도지사 자문기관으로 지방관광위원회가 각각 설치 운영되고, 1961년에는 우리나라 최초의 관광법규인 「관광사업진흥법」이 제정·공포되었다.

1959년에는 처음으로 외국인관광단(Royal Asiatic Society 70명)이 한국을 찾아 2박3일 일정으로 경주, 제주도 등 주요 관광지를 여행하였다.

1) 세계관광기구(World Tourism Organization)는 1975년 설립된 이래 줄곧 WTO라는 명칭을 사용하고 있었으나, 1995년 1월 1일 세계무역기구(World Trade Organization)가 출범함에 따라 두 기구간에 혼란이 빈번하게 발생하게 되었다. 유엔총회는 이러한 혼란을 피하고 유엔 전문기구로서 세계관광기구의 위상을 높이기 위해 2006년 1월부터 WTO라는 명칭을 UNWTO라는 명칭으로 변경하였다.

〈표 2-3〉 1950년대와 1960년대 주요 관광사업사

연 도	내 용
1946	조선여행사 개업
1947	대한민국항공사(KNA) 창설
1949	미국 노스트웨스트(NWA) 시애틀~도쿄~서울 노선 취항
1954	교통부 육운국에 관광과 설치
1957	김포국제공항 개항
1958	온양, 해운대, 불국사 등에 호텔 개설
1959	Royal Asiatic Society 한국 방문
1960	한국항공(Air Korea) 창립
1961	관광사업진흥법 제정 · 공포
1962	국제관광공사(현 한국관광공사) 창립, 통역안내원 자격시험 실시
1963	대한관광협회중앙회 설립, 경희대 및 경기대 초급대에 관광과 개설
1963	교통부 관광과 → 관광국 승격
1965	PATA 제14차 총회개최, 관광정책심의위원회 규정 공포
1966	관광공사, 관광협회, 대한항공 EATA 창설회원으로 가입
1967	UN이 1967년을 '세계관광의 해'로 지정 지리산을 한국최초의 국립공원으로 지정
1968	관광우표 최초발행 및 기준객실제도 시행
1969	교통부 전국 20개 지역을 지정관광지로 지정
1969	대한항공 민영화

1962년 6월 26일 국제관광공사(한국관광공사 전신)가 설립되어 한국관광의 해외선전, 관광객 편의제공, 관광객 유치업무를 수행하기 시작했고, 1963년 교통부 육운국 관광과가 관광국으로 독립 · 승격되어 독자적인 관광행정을 수행하게 되었다. 같은 해 대한관광협회(한국관광협회중앙회 전신)가 설립되면서 뉴욕에 최초의 한국해외선전사무소를 설치하였다. 또한 1964년에는 일본이 해외여행자유화 시책을 실시함에 따라 한국의 주요 관광시장이 미국에서 일본으로 바뀌는 전환점을 맞이하였다.

1965년에는 관광부문의 국제회의인 제14차 태평양 · 아시아관광협회(PATA) 총회를 한국에 유치하여 각국 관광업계 대표들에게 한국관광 전반에 대해 알릴 수 있었으며, 관광업계 종사원의 양성 · 배출을 위해 1962년 통역안내원시험 실시에 이

어 1965년부터 관광호텔종사원 자격시험제도를 실시하였다.

1966년에는 외국관광전문가에 의한 한국관광지 전반에 관한 연구보고서(일명 Kauffman 보고서)는 한국 관광사업의 밝은 전망을 제시하였다.

1967년은 세계관광기구(WTO)가 지정한 "세계관광의 해"였으며, 이 해 3월에 「공원법」이 제정됨에 따라 지리산이 국내 최초로 국립공원으로 지정되었다.

1950년대는 6·25전쟁으로 국토공간의 파괴 그리고 정치·경제적 악순환으로 인하여 관광은 국가적으로 중요한 정책사항이 되지 못하였으며, 1960년대는 한국 관광산업의 기반조성과 국제관광객 유치를 위한 체제정비시기였다고 볼 수 있다.

3. 1970년대

1970년대에 들어서면서 국립공원과 도립공원이 지정되고, 교통부와 한국관광공사의 관광진흥 및 개발활동이 본격적으로 전개되었으며 세계관광기구(UN World Tourism Organization), 태평양·아시아관광협회(Pacific Asia Travel Association), 미주여행업협회(American Society of Travel Agents), 아시아관광마케팅협회(Asia Travel Marketing Association) 등 국제관광기구에 가입하여 국제협력의 기반을 다지기 시작하였다.

1970년에 경부고속도로가 개통됨으로써 수도권 중심의 관광이 지방으로 확산되었고 외국관광객의 체재기간 연장에 기여하였다.

1972년 관광진흥개발기금 설립을 하였으며, 1974년에는 미국 보잉(Boeing)사와 계약을 체결 "한국관광개발기본계획"이라는 보고서가 발간됨으로써 국가적 차원의 관광개발계획이 수립되었다.

1975년 경제장관간담회에서 관광산업을 국가전략산업으로 지정하였으며, 같은 해 12월 「관광기본법」을 제정하여 관광진흥과 관광지개발에 적극 참여하게 되었고, 대규모 국제관광단지 개발을 위해 경주보문단지와 제주중문단지 내의 기반시설 개발이 착수되었다.

1974년 오일쇼크에 따른 세계경제 불황으로 외래관광객이 감소하였으나 곧이어 회복되었고, 1978년 한국역사상 처음으로 외래객이 100만명을 넘어서게 되고 관광수입 4억불을 획득함으로써 관광입국의 기반을 다지고 세계 40위 이내 관광국으로 부상하여 관광선진국으로의 가능성을 제시하였다.

1970년대 후반에는 국민관광 발전을 위한 계도 · 개발을 본격적으로 추진하게 되었으며, 동시에 한국관광공사의 해외조직망을 대폭 확장하여 관광시설의 저변 확대에 역점을 두었다.

〈표 2-4〉 1970년대 주요 관광사업사

연 도	내 용
1970	교통부 관광호텔 지배인제도 실시, 경부고속도로 개통
1971	전국의 관광지를 10대 관광권으로 설정
1972	한국관광학회 창립, 국토이용관리법 제정
1974	미 보잉사 한국관광개발 조사보고서 제출
1975	관광산업을 국가전략산업으로 지정, 관광기본법 제정, 교통부 UNWTO 가입
1976	제1차 한 · 일 관광진흥협의회 설치 개최
1977	관광불편신고센터의 확대운영, 환경보호법 제정 · 공포
1978	관광호텔의 등급심사제 도입, 자연보호헌장 선포, 외래관광객 100만명 돌파
1979	제28차 PATA 총회 개최, 경주보문단지 개장, UNWTO에서 세계관광의 날 지정(9월 27일)

4. 1980년대

1980년대에 들어서는 복지행정의 차원에서 국민복지를 향상시키고 건전 국민관광을 정착시키기 위하여 국민관광진흥시책을 적극 펴나가고 있으며 국제관광과 국민관광의 조화 있는 발전을 이루기 위한 노력이 배가되고 있다.

1981년부터 국민관광지를 개발하기 시작하였고 전략적 국제관광단지로서 경주보문단지, 제주중문단지 개발에 이어 1983년에 충남도남단지, 1984년에 남원단지 개발을 추진하기 시작하였다.

또한 1983년 ASTA총회, 1985년 IBRD/IMF총회, 1986년 ANOC총회와 아시안게임 등 대규모 국제행사를 성공적으로 개최함으로써 관광산업의 비약적인 발전을 가져왔다.

특히 1986년 아시안게임과 1988년 서울올림픽 개최는 해외시장에서 한국여행에 대한 관심을 고조시키고 한국관광의 수요를 촉진시키는 데 크게 기여하였다.

비록 지리적으로 우리나라는 극동에 위치하여 미국, 유럽 등 세계 주요 관광시장으로부터 원거리에 처해 있고 국제 항공교통의 요충지에서 벗어남으로써 접근성이 낮으며, 4계절 기후로 인해 365일 항시 관광객을 유치하기 곤란한 점 등 어려운 여건하에서도 1988년에는 234만명의 외래관광객을 유치함으로써 고도성장을 기록하고 있다.

한편, 우리나라의 국민관광도 산업의 고도성장에 따른 1인당 국민소득이 1980년도에는 1,589달러에 불과하던 것이 1988년도에는 4,000달러를 초과하게 되었으며, 법정공휴일 증가, 주5일 근무제 확산 등으로 인한 여가시간의 증대로 1980년 당시 연인원 8,340만명의 관광객수가 1988년에는 2억 5,600만명으로 무려 3배 이상으로 신장되는 등 대량 국민관광시대를 맞고 있으며, 질적인 면에서도 건전한 여가활동의 정착과 함께 1일 관광에서 숙박관광으로 변모해 가는 등 국민들의 관광형태가 더욱 다양해지고 있고, 특히 해외여행자수도 1989년 1월 1일 연령제한 폐지로 그 수요가 급증하였다.

〈표 2-5〉 1980년대 주요 관광사업사

연 도	내 용
1980	제주도를 입국사증면제지역으로 지정
1982	국제관광공사를 한국관광공사로 명칭 변경
1983	미주여행업협회 총회(ASTA) 서울 개최, 명예통역안내원제도 도입
1986	86아시안게임 개최
1988	88서울올림픽 개최, 외래관광객 200만명 돌파
1989	국민해외여행 전면자유화 실시

5. 1990년대

1990년에는 관광산업이 사치소비성 업종으로 지정됨에 따라 관광산업에 대한 국민들의 이미지를 부정적으로 만드는 계기가 되었으며, 관광산업 종사자들의 근무의욕을 상실하게 만들기도 하였다.

1991년에는 외국인 관광객이 300만명을 넘어섰고, 아르헨티나에서 개최된 제9차 세계관광기구(UNWTO) 총회에서 우리나라가 UNWTO 집행이사국으로 선출되어 국제관광협력의 기반을 다진 한해였다.

1993년에는 대전엑스포를 개최하여 내 · 외국인 관광객 1,400만명이 참가한 가운데 성공리에 치러졌으며, 엑스포 전후 기간 중 일본인 관광객에게 무사증 입국을 허용하여 일본인 관광객 유치 증대에 기여하였다.

1994년에는 서울정도 600주년을 기념해 우리의 전통문화를 세계에 알리고 한국관광의 재도약과 세계화의 계기로 삼기 위해 추진한 '한국방문의 해(Visit Korea)' 사업을 성공적으로 추진하였으며, 태평양 · 아시아관광협회(PATA)의 연차총회, 관광교역전 및 세계지부회의 등 3대 행사를 개최하였다. 뿐만 아니라, 「관광진흥법」의 개정을 통하여 사행행위업으로 분류되어 경찰청에서 관리해 오던 카지노업을 관광사업의 일종으로 전환하였으며, 12월에는 정부조직 개편에 따라 교통부에서 관장하던 관광업무가 문화체육부로 이관되었다.

1997년에는 관광숙박시설의 확충을 위해 「관광숙박시설지원 등에 관한 특별법」을 제정하였으며, 컨벤션산업의 육성을 위하여 「국제회의산업 육성에 관한 법률」을 제정하였다. 그리고 이 해는 우리나라가 세계에서 29번째로 OECD(Organization for Economic Corporation and Development : 경제협력개발기구)에 가입함으로써 국내의 관광산업 발전을 위하여 서방선진국의 관광정책기구들과 협력할 수 있는 체계를 마련하였다.

1998년에는 중국인 단체관광객에 대한 제주도 무비자 입국과 러시아 관광객에 대한 무비자 입국 및 복수비자 허용 등 외래관광객 유치를 위해 노력한 결과 외래객 입국자수가 425만명을 기록하였다.

1999년 정부는 국정지표로서 '문화관광의 진흥'을 설정 · 공포하였는데 이는 1954년 교통부 육운국에 관광과가 설치된 이래 가장 혁신적인 조치로 받아들여지고 있다. 그리고 2000년 아시아 · 유럽정상회의(ASEM), 2001년 한국방문의 해, 세계관광기구(UNWTO) 총회, 2002년 한 · 일월드컵 축구대회 등 국제행사를 성공적으로 개최하고, 외래관광객 유치를 통한 외화수입 증대 및 고용창출을 촉진하여 국가경제활성화에 기여하기 위하여 '관광비전 21'이라는 관광진흥 5개년계획(1999~2003)

을 수립하는 등 1990년대는 다가오는 21세기를 대비한 관광의 재도약기라고 할 수 있다.

〈표 2-6〉 1990년대 관광사업사

연 도	내 용
1990	교통부 전국을 5대관광권 24개소권으로 확정
1991	여행업 해외시장 개방, 외래관광객 300만명 돌파
1992	관광진흥 중장기계획 확정
1993	대전엑스포 개최
1994	'94 한국방문의 해, PATA 연차총회, 관광교역전, 세계지부회의 개최 교통부에서 문화체육부로 관광정책 기능 이관
1996	관광진흥확대회의에서 '관광진흥 10개년계획' 확정 관광정책 개발 · 지원기구로서 '한국관광연구원' 설립 29번째로 OECD 회원국으로 가입
1997	'관광숙박시설지원 등에 관한 특별법' 제정 · 공포
1998	문화체육부 → 문화관광부로 명칭 변경, 외래관광객 400만명 돌파
1999	'관광비전 21' 수립

6. 2000년대

우리나라는 21세기 아시아 관광중심국으로 도약하고, New Tourism의 시대에 대응하기 위해서 장기적인 비전을 바탕으로 전략적 마케팅, 대규모 관광자원 개발, 관광수용태세 개선과 함께 국민관광 활성화를 통한 생산적 복지 확대 등 다양한 분야의 관광산업육성 정책을 마련하여 추진해오고 있다.

21세기의 첫해였던 2000년에는 그동안의 지속적인 노력으로 인해 외래관광객이 500만명을 돌파하였으며, 아시아와 유럽의 정상들이 모였던 아시아 · 유럽 정상회의(ASEM)를 성공적으로 개최하였다. 2001년에는 월드컵의 분위기가 고조하고 한국 방문을 유도하기 위해 1994년에 이어 2번째로 '한국방문의 해'(Visit Korea)를 선포하였다.

2002년에는 21세기 최초의 대규모 국제대회였던 "2002 월드컵대회"를 성공적으로 개최하여 세계 각국에 한국의 이미지를 높여 '관광한국'의 토대를 이루는데 기여를 하였다. 월드컵 방문객의 지출은 총 1조 7천억원의 생산유발효과와 9천억원의 부가가치 창출효과 및 고용효과 등으로 인해 약 1,500억원의 수입증대효과를 가져온 것으로 나타났다. 또한 월드컵 기간 중 총 방한 외래객의 지출은 총 2조 3천억원의 생산유발효과와 1조 2천억원의 부가가치 창출효과 및 4만 4천명의 고용효과 등으로 인해 약 2천억원의 수입을 증대시킨 것으로 나타났다.

2003년은 SARS, 이라크전쟁, 조류독감 등 악재가 잇달아 발생하여 국제적으로 관광산업이 침체되었던 한해였다. 그러나 국내적으로 금강산 육로관광이 시작되었으며, 국제행사로는 대구 유니버시아드 대회가 성공적으로 개최되었다.

2004년에는 우리나라도 고속철도가 개통이 되어 아시아에서 일본 다음으로 고속철도 시대를 맞이하게 되었으며, 주5일 근무제 실시로 관광부문에도 많은 변화가 오게 될 것이다. 또한 관광비전 21의 후속인 관광진흥5개년계획(2004~2008)이 수립되었다.

2005년에는 그동안 노력의 결과로 외래관광객 600만명을 돌파하였다. 문화, 관광, 그리고 스포츠산업을 우리나라의 새로운 성장동력산업으로 만들기 위한 청사진인 'C-Korea 2010'이 수립 · 발표되었다. 관광분야에서는 '동북아시아 관광허브 도약'을 정책목표로 삼고, 외래관광객 1천만명, 관광수입 100억 달러, 그리고 국민관광총량 7억명을 2010년까지 달성할 목표로 정하고 있다. 또한 국민관광의 시대를 맞이하여 저소득층의 관광을 지원하기 위한 여행바우처 제도를 실시하였다. 남북관광교류도 확대되어 금강산 관광객이 100만명을 돌파하였다.

2006년에는 정부는 경제정책조정회의를 통해 관광산업 전반의 경쟁력 제고를 위해 관광 등 서비스산업과 제조업과의 차별시정, 관광지 · 관광단지 등 관광시설 개발시 부담완화를 위한 세제 · 부담금 완화, 여행업의 경쟁력 제고, 매력있는 한국관광명품의 개발 등 해외 관광시장의 획기적 확대를 위한 여건 조성, 중국관광객의 입국절차 개선 등 중국관광시장의 지속 확대를 위한 기반 조성, 국내관광에 대한 범국민 인식 제고 등 국민의 국내관광 활성화, 미래 고부가가치 3대산업(의료관광, 컨벤션, 크루즈) 육성 등 62개 과제를 선정하였다. 또한 적극적인 외래관광객 유치와 외화획득을 통한 관광수지개선 등을 위하여 서울 2개소, 부산 1개소의 신규 카지노를 개장하였으며, 국민과 등록외국인의 출입국신고서 제출을 생략하였다.

2007년에는 2006년도에 마련한 62개 과제를 차질없이 추진하기 위해 관광호텔의 전력요금에 대한 산업요율의 적용과 부가기치세 영세율을 적용(2007.7.~2008.12.)토록 하였으며 중국 단체 수학여행 관광객에 대한 무비자 허용과 문학 · 예술인 등에 대한 복수비자허용 등 비자제도를 개선하였다. 해외홍보 강화를 위하여 한국 고유의 문화관광 브랜드 'Korea, Sparkling'을 마련하고, 이를 Local 및 CNN 등 Pan 미디어를 통해 홍보를 강화하였다. 또한 2007 ASTA 제주총회를 성공적으로 개최하면서 미주 관광시장에 대한 동북아 관광거점 확보기틀을 마련하였고, 회의 개최지인 제주도의 국제관광 이미지가 제고되었다는 평가를 받고 있다.

특히 2008년도에 들어와서는 관광산업의 국제경쟁력 강화를 위해서 2008년을 '관광산업의 선진화 원년'으로 선포하고, '서비스산업 경쟁력 강화 종합대책' 등 범정부 차원의 대책을 본격적으로 추진하였다. 따라서 2008년 4월에는 서비스산업 선지화(PROGRESS-I) 방안의 일환으로 「관광진흥법」, 「관광진흥개발기금법」, 「국제회의산업 육성에 관한 법률」 등 '관광3법'을 제주특별자치도로 일괄 이양하기로 결정하는 등 적극적이고 지속적인 노력이 추진되었다.

2009년도에는 전 세계 대다수 국가가 관광산업의 침체상태를 편치 못하였으나, 우리나라는 환율효과 등 외부적 환경을 바탕으로 삼아 적극적 관광정책 추진으로 관광객이 증가하여 9년만에 관광수지 흑자로 전환하는 데 성공하였다. 특히 가시적 성과로는 2011년 UNWTO 총회 유치(2009.10), 의료관광 활성화 법적 근거 마련(2009.3), MICE · 의료 · 쇼핑 등 고부가가치 관광여건을 개선한 것 등이다.

2010년에 들어와서 문화체육관광부는 '관광으로 행복한 국민, 활기찬 시장, 매력있는 나라 실현'이라는 비전 아래 외래관광객 1,000만명 유치목표 조기 달성을 위해 크게 4개 부문 즉 수요와 민간투자 확대로 내수진작, 창조적 관광콘텐츠 확충, 외래관광객 유치 마케팅 강화, 관광수용태세 개선방안 마련에 중점을 두었다.

2011년에는 외래관광객 1,000만명 시대 달성을 목전에 두고, 관광산업의 국제경쟁력 강화를 위한 대책 마련에 정책역량을 집중하였다. 또 '2010~2012 한국방문의 해 사업'을 계기로 외래관광객 유치 확대를 위한 대책을 모색하였으며, 관광인프라 확충을 위한 제도개선과 규제개혁을 통해 선진형 관광산업으로 도약하기 위한 제도적 기반을 마련하였다.

2012년에 들어서 한국을 방문한 외래 관광객이 전년대비 13.7% 증가한 1,114만 명을 기록하면서, 외래 관광객 1,000만 명 시대가 개막되었다. 외래 관광객 1,000만명 달성은 우리나라가 세계 관광대국으로 진입하고 있음을 알리는 쾌거인 동시에, 우리나라 관광산업이 이제 양적 성장이 아니라 질적 성장을 이룩해야 한다는 과제를 안겨주었다. 이에 문화체육관광부는 외래 관광객 1,000만 명 시대에 걸맞은 관광수용태세를 완비하고, 국민 삶의 질을 높일 수 있는 관광여건을 조성하기 위해 다양한 정책과 사업을 추진하였다.

문화체육관광부는 인바운드 시장의 양적성장에 부합한 질적 내실화를 위하여 명품관광, 고부가가치 창출의 관광콘텐츠를 지속적으로 발굴함으로써 한국관광의 이미지를 제고하였다. 특히, 저가 관광이미지를 벗어나서 MICE · 의료 · 크루즈 · 공연관광 등 관광시장을 고급화하고, 관광수용태세 등 각종 문제점을 개선하기 위한 방안을 마련하여 관광산업의 발전을 위하여 노력하였다. 또한 융복합기반 관광콘텐츠 개발 및 육성, 관광 R&D 강화, 창조관광선업 육성 등 새로운 관광콘텐츠를 발굴하여 기존 관광분야와 차별화된 관광환경 조성 기반을 마련했다.

2012년 한국 관광시장은 '2010~2012 한국방문의 해' 사업 비전인 '한국 관광 고품격 선진화 및 관광 브랜드 인지도 강화'와 2012년 외래 관광객 1,000만 명, 관광수입 130억 달러, 관광경쟁력 세계 20위권 진입을 목표로 한 결과 관광수입 142억 달러를 기록했다. 3년 간 '한국방문의 해' 캠페인 결과로 한국의 관광시장은 고급화 된 관광지 이미지로 탈바꿈하고 있으며, 이에 정부는 지속적인 관광 선진화 초석 마련에 힘쓰고 있다.

〈표 2-7〉 2000년대 관광사업사

연 도	주요내용
2000	외래관광객 500만명 돌파, ASEM 개최
2001	'한국방문의 해(Visit Korea)' 선포
2002	2002 한일 월드컵대회, 부산 아시안게임, '제2차관광개발기본계획' 수립
2003	금강산 육로관광 개시, 대구 유니버시아드 대회
2004	'관광진흥5개년계획' 수립, 제53차 PATA 총회, 주5일근무제 실시, 고속철도 개통
2005	외래관광객 600만명 돌파, 'C-Korea 2010' 수립, 금강산 관광객 100만명 돌파
2006	신규카지노 개장(서울 2개소, 부산 1개소), 국민의 출입국 신고서 제출 생략, 관광산업경쟁력 강화를 위한 62개 과제 선정
2007	ASTA 제주총회, 관광브랜드 'Korea Sparkling' 출범, 관광호텔부가가치영세율 적용
2008	국제경쟁력 강화를 위해 2008년을「관광산업의 선진화 원년으로 선포. 서비스 산업선진화(PROGRESS-1) 방안의 일환으로 '관광3법'(관광진흥법, 관광진흥개발기금법, 국제회의육성법)을 제주특별자치도로 일괄이양함.
2009	9년만에 관광수지 흑자전환에 성공. 2011년 UNWTO 총회유치, 의료관광 활성화 법적근거 마련, MICE · 의료 · 쇼핑 등 고부가가치 관광여건 개선
2010	외래관광객 1000만명 유치 목표 조기 달성을 위해 수요와 민간투자확대로 내수진작, 한국적 특성 갖춘 관광콘텐츠 육성, 관광수용태세 개선방안 마련에 중점적 노력
2011	외래관광객 1000만명 시대 대비한 관광산업 경쟁력 제고, 관광인프라 확충을 위한 제도개선 및 규제개혁, 고부가가치 관광산업 육성
2012	외래관광객 1000만명 시대 개막됨(1,114만명 기록), 국민국내관광 수요 증대도모, 국제회의산업(MICE) 중심국으로 부상

Tourism Business Management

제 3 장 관광상품

제1절 관광상품 이해

1. 관광상품의 정의

일반적으로 상품(commodity, goods, product)이라고 할 때, "판매를 목적으로 생산된 재화"라고 할 수 있다. 광의로 볼 때 상품이란 인간의 필요와 욕구를 충족시켜 줄 수 있는 제공물로서 사람들이 그것에 주의를 기울이거나 획득하거나 사용·소비하게 하기 위해서 시장에 제공하는 모든 것으로서 유형재, 서비스, 사람, 장소, 조직 및 아이디어 등을 포함한다. 원래 상품이란 생산물의 개념으로만 인식하여 인간이 자연자원에 대해 어떤 작용을 가하여 그것을 변환·조합·연결시킴으로써 만들어진 모든 것을 의미하였으나, 오늘날에는 욕구충족력을 가진 유형재뿐만 아니라 무형재인 서비스도 포함하는 개념으로 쓰이고 있다. 따라서 상품은 그 형태 여하, 형태 유무에 관계없이 소비자에게 그 상품을 사용함으로써 만족을 줄 수 있어야 하며, 또 상품 그 자체는 교환가치와 사용가치가 있어야 한다.

코틀러(Kotler)는 상품을 어떤 시장에 욕구나 요구를 만족시킬 수 있는 주의, 획득(구입), 사용 또는 소비를 제공하는 모든 것으로 정의했다. 여기에는 물리적 대상, 서비스, 사람, 장소, 조직 그리고 아이디어들이 포함된다. 따라서 코틀러의 정의는 상품은 단지 물리적 대상일 뿐만 아니라 관광을 구성하는 요소(서비스, 사람, 장소, 조직 그리고 아이디어)들도 포함하고 있어 관광상품의 정의에 매우 적절하다.

세계관광기구(UNWTO)는 관광상품을 "관광지, 숙박시설, 교통수단, 서비스와 관광매력물을 결합시킨 것"으로 정의하고 있다(한국관광공사, 1979). 한국관광공사는 광의의 "관광상품은 관광업계가 생산하는 일체의 재화와 서비스이고, 협의의 관광상품은 여행상품과 관광에 유관되는 일체의 서비스 또는 관광사업자가 관광자원을 바탕으로 판매할 것을 전제로 이를 상품화한 것이다. 관광상품을 영어로 표현하면, Tourism Product, Tourist Product, Travel Product 등으로 표시되는데 물질적인 것보다도 정신적 · 관념적 · 추상적인 내용을 대상으로 하는 것이다"라고 정의하고 있다(한국관광공사 1979).

그러나 이러한 관광상품은 궁극적으로 소비자(여기서는 관광객)의 욕구를 만족시켜 준다는 점에서 일반상품의 그것과 다를 바 없다. 따라서 관광상품은 "관광객의 욕구를 충족시켜 주기 위하여 관광업계가 생산하는 일체의 유 · 무형의 재화와 서비스"라고 정의할 수 있다.

2. 관광상품의 구성요소

관광상품은 유 · 무형의 특성을 가지고 있으며 단일제품이라기보다는 여러 제품의 묶음이라는 점에서 그 구조가 매우 복잡하다.

메들릭(Medlik)과 미들턴(Middleton)은 관광상품을 완전한 관광경험을 구성하고 있는 활동, 서비스 그리고 편익의 묶음으로 개념화하고 있다. 이 묶음은 목적지 매력, 목적지 시설, 접근성, 이미지 그리고 가격의 5개 요소로 구성되어 있다.

미들턴(Middleton)은 '관광상품'이란 용어가 2개의 다른 수준으로 사용된다고 했다. 관광여행 또는 항공기 좌석처럼 단일사업에 의해 제공되는 불연속적인 상품인 특정수준(specific level)과 집을 떠나서 돌아올 때까지 관광객의 모든 경험을 나타내는 전체수준(total level)이다.

새써(Sasser), 올센(Olsen)과 위코프(Wyckoff)는 서비스상품은 촉진제품(facilitating goods), 완전한 무형제품(explicit intangibles), 암시적 무형제품(implicit intangibles)의 3가지 요소로 구성된다고 주장했다. 예를 들어, 레스토랑에서 촉진제품은 음식이고, 반면에 완전한 무형제품은 음식물이 제공하는 영양이고, 암시적 무형제품은 서비스, 교제, 휴식과 같은 편익들이다.

노만(Normann)은 핵심서비스와 주변서비스로 구성된 단순한 모델을 제시했다. 항공산업에서 출발지에서 목적지로의 비행은 항공기의 핵심서비스이다. 반면에 예약, 체크인, 기내서비스, 수화물 취급, 항공기 청소, 안락 그리고 승무원의 공손한 태도 등은 주변서비스이다.

루이스(Lewis)와 챔버스(Chambers)는 관광상품이 제품, 환경 그리고 서비스로 구성된다고 제안했다. 더 나아가 상품은 3가지 다른 수준에서 볼 수 있다고 주장했다. 즉 관광객들이 구매한다고 믿는 형식상품(formal), 관광객들이 실제로 구매하는 핵심상품(core) 그리고 핵심상품에 공급자가 제공하는 다른 부가 특징과 편익을 더한 확장상품(augmented)이다. 레스토랑의 예에서, 형식상품은 멋진 레스토랑에서 친구와 하는 식도락 식사가 될 것이다. 핵심상품은 식사를 구매함으로써 얻어지는 와인, 에피타이저, 앙뜨레, 디저트 그리고 커피이다. 확장상품은 서비스, 촛불 그리고 바이올린 연주자이다.

이런 3가지 상품수준은 레비트(Levitt)의 핵심상품(core product : 핵심서비스와 편익), 유형상품(tangible product : 판매나 소비를 위해 실제로 제공되는 서비스), 확장상품(augmented product : 유형상품+모든 부가적 특징)의 분류법을 반영한 것이다. 레비트(Levitt)의 분류는 코틀러(1984)에 의해 일반 마케팅 교재에, 미들턴(Middleton)에 의해 관광마케팅에 채택되었다.

(1) 관광상품의 차원

관광상품은 〈그림 3-1〉과 같이 핵심상품, 실제상품, 확장상품 등 세 가지 차원으로 나누어 생각해 볼 수 있다(김성혁, 1999).

① 핵심상품

상품개발시 가장 근본적인 차원은 핵심상품이다. 이는 구매자가 실제로 구입하는 것이 무엇인가에 관한 차원이다. 이 핵심상품은 소비자들이 상품을 구입할 때 그들이 획득하고자 하는 핵심적인 이점이나 문제를 해결해 주는 서비스로 구성된다.

〈그림 3-1〉 상품의 3가지 차원

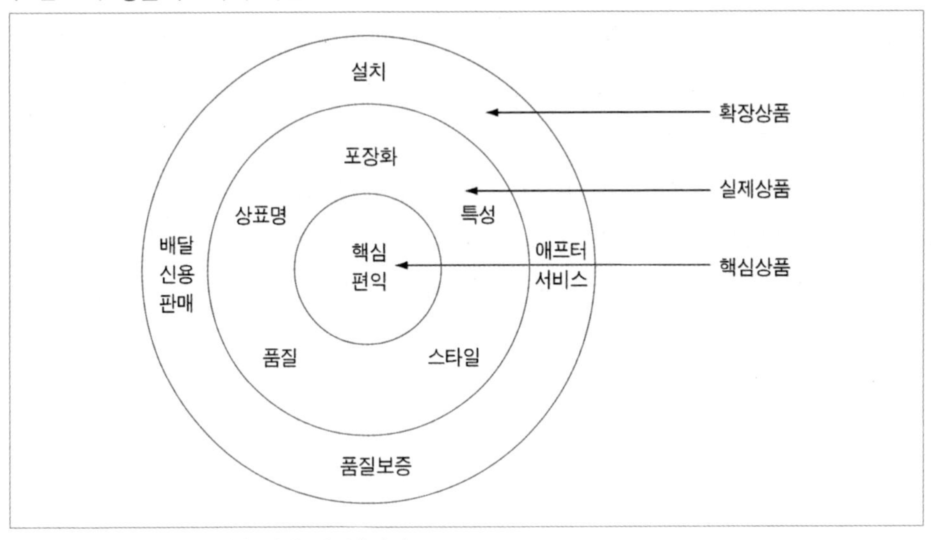

자료 : 김성혁, 관광마케팅의 이해, 백산출판사, 1999.

② 실제상품

상품개발시에는 위와 같은 핵심상품을 실제상품으로 형상화시켜야 한다. 실제상품은 품질수준, 특성, 스타일, 상표명 및 포장 등 5가지 특징을 포함하고 있다. 이와 같은 속성들은 모두 핵심적인 이점을 소비자에게 전달할 수 있도록 결합되어져야 한다.

③ 확장상품

상품개발시에는 핵심상품과 실제상품을 추가적 서비스와 이점으로 결합하여 확장상품을 만들어야 한다. 휴대용 카메라업체는 관광객들이 사진을 찍는데 일어나는 문제들을 완벽하게 해결할 수 있는 방법을 제시하여야 하므로 단순히 물건으로써 카메라 이상의 어떤 것을 제공하여야 한다. 예컨대 소니의 디지털카메라를 구입하는 경우, 관광객들은 카메라 그 자체 이상을 획득하고자 한다. 즉 소니와 그 판매원들은 관광객에게 부품에 대해 보증을 해 줄 뿐만 아니라 무료로 카메라의 사용법을 알려주고, 필요할 때 신속하게 수리서비스를 제공하며 문제가 발생하였을 때 무료로 전화를 걸 수 있도록 전화번호를 알려주어야 한다. 이러한 모든 확장제품들은 관광객에게 있어서 전체 상품의 중요한 부분이 되기 때문이다.

이와 같이 상품은 가시적 속성들의 단순한 조합을 넘어서는 것이다. 사실상 관광상품과 같이 거의 유형적인 특성을 보이지 않는 상품은 더욱더 상품이 주는 이점 및 혜택을 가시화(可視化) 하여야 할 것이다.

(2) 관광상품의 구성요소

관광상품은 〈그림 3-2〉와 같이 연속된 동심원의 중심으로부터 물적 설비, 서비스, 환대, 선택의 자유, 참여의 5개의 요소로 구성되어 있다.

〈그림 3-2〉 관광상품의 5가지 구성요소

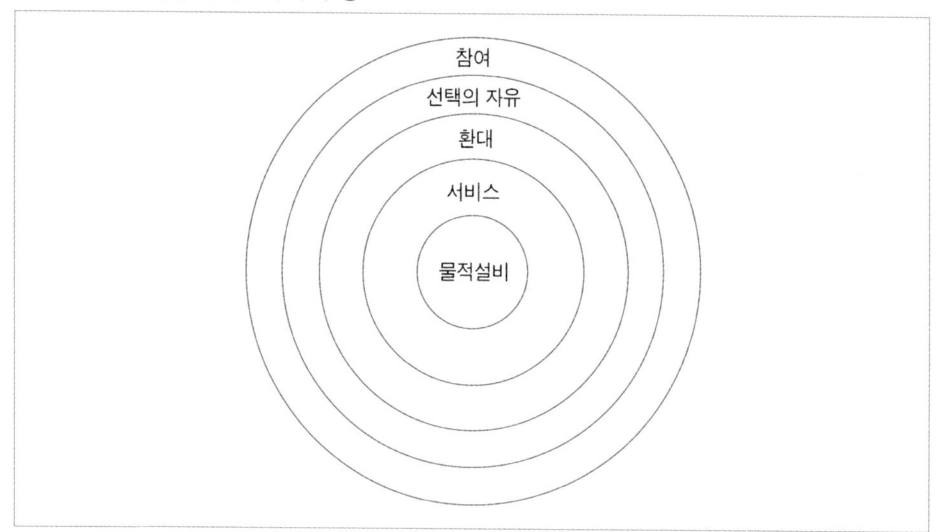

자료 : Stephen L. J. Smith, Tourism Product, *Annals of Tourism Research*, Vol.21, No.3, 1994.

① 물적 설비

관광상품의 핵심은 폭포, 야생생물, 리조트와 같은 장소, 자연적 자원 또는 편의시설과 같은 물적 설비이다. 이것은 호텔과 같이 고정된 자산이거나 유람선과 같은 움직이는 기구일 수 있다. 물적 설비는 기후, 수질, 혼잡 그리고 관광기반시설의 상태와 같은 물리적 환경의 상태를 의미하기도 한다.

토지, 물, 건물, 기구 그리고 기반시설은 존재하고 있는 관광의 어떤 형태에 자연적 · 문화적 자원들을 제공하며, 물리적 설계는 소비자의 경험에 중요한 영향을 미친다. 물적 설비의 질은 설계가 사용자의 경험을 강화시키는가, 환경을 보호하는가, 그리고 상품이 물리적 능력 또는 한계들의 넓은 범위를 가지고 관광객에게 접근할 수 있도록 하는가에 의해서 평가될 수 있다.

② 서비스

물적 설비의 설계와 공급은 단지 시작일 뿐이다. 물적 설비는 관광객에게 유익하도록 만드는 서비스의 투입을 요구한다. 호텔이 호텔로서의 기능을 하기 위해서는 경영, 프론트데스크 운영, 하우스키핑, 관리 그리고 음식과 음료의 제공 등을 필요로 한다. 항공기는 수송을 제공하기 위해서 비행승무원, 비행안내원, 공항서비스 그리고 항공교통 통제가 필요하다.

③ 환 대

서비스만으로 충분하지 않다. 클레머(Clemmer)의 주장에 따르면, 모든 분야에서 소비자들은 '강화된 서비스' 또는 '특별한 것'을 기대한다. 특별한 것에 대한 이런 기대가 환대이다. 서비스가 기술적으로 충분한 과업의 수행인 반면에, 환대는 과업을 수행하는 태도와 형태이다.

환대는 서비스보다 더욱 주관적이기 때문에 서비스보다 평가와 운영이 더욱 어렵다.

④ 선택의 자유

선택의 자유는 여행자가 만족스런 경험을 위해 약간의 선택의 범위를 가지는 것을 의미한다. 선택의 자유의 정도는 여행이 위락, 사업, 가족문제, 또는 복합적인 것인지에 따라 매우 다양하다. 뿐만 아니라 여행자의 예산, 이전 경험, 지식 그리고 여행사나 패키지여행에 대한 신뢰에 따라 다양하다. 이런 다양성에도 불구하고, 만족한 관광상품은 약간의 선택의 요소를 포함해야 한다.

선택의 자유의 역할은 오락이나 위락적 여행에서 분명하게 나타난다. 사실, 이 개념은 레저학 분야에서 레저 경험의 중요한 부분으로 잘 정립되어 있다. 놀기를 허락받아야 하거나 자신의 활동을 선택할 수 없다면, 완전한 휴식이나 레크리에이션활동에 진심으로 참여하기가 어렵다. 가장 포괄적이고, 꽉 짜여진 패키지 여행에서도 선택은 제공된다. 물론 가장 기본적인 선택은 구매의 자유이다.

자유는 단지 선택뿐만 아니라 즐거운 놀라움과 자발성에 대한 잠재적인 것을 의미한다. 자발성은 잠자거나 일할 시간의 결정에서부터 주말을 위해 떠날 것의 결정이나 한 여정에서 주요한 출발까지를 포함한다.

⑤ 참 여

많은 서비스 상품들의 특징은 서비스의 배달에서 소비자가 참여한다는 것이다. 이것은 관광상품에 대해서도 마찬가지이다. 관광상품 생산에서 소비자의 성공적인 참여를 위한 기초는 적절한 물리적 시설, 제품서비스, 환대 그리고 선택의 자유의 조화이다. 이런 요소들은 여행서비스에서 물리적, 정신적, 그리고 감정적 참여를 위한 무대를 제공한다. 관광에서 참여는 단순히 물리적 참가가 아니라 약속, 활동에 초점을 둔 의미이다.

선택의 자유, 따뜻한 환대, 충분한 서비스, 훌륭한 물적 설비(접근성, 적절한 환경적 질, 좋은 기후, 그리고 적절한 수의 다른 사람들)와 결합된 참여는 관광상품의 품질과 만족을 보장한다.

3. 관광상품의 생산과정

관광상품은 〈표 3-1〉과 같이 복잡한 생산과정을 거친다.

관광상품의 생산과정은 자원, 원료, 연료 그리고 관광산업에서 필요로 하는 시설과 장비를 만드는 다른 요소들의 최초투입에서 시작한다. 이것들은 추가적인 과정, 제조 또는 건축을 통해서 중간투입이나 관광시설로 변환된다. 중간투입은 호텔, 레스토랑, 기념품점, 자동차대여회사와 같은 관광자원 그리고 시설뿐만 아니라 국립공원, 박물관, 미술관, 사적지 그리고 컨벤션센터와 같은 매력물을 포함한다. 중간투입은 경영전문지식, 기술적 서비스, 스케줄링, 패키징의 중간산출로 전환되면서 더욱 개선된다.

중간산출은 일반적으로 상업적 숙박시설, 관광서비스, 음식서비스 그리고 축제와 같은 관광산업과 관련이 있는 서비스들이다. 그러나 이 단계에서 관광상품은 아직까지 잠재적인 물품일 뿐이다. 객실은 호텔에 의해 제공되지만, 고객이 객실에 머물 때까지는 상품(관광객의 경험)의 한 부분이 아니다. 레스토랑 음식은 주문되고, 요리되고 소비될 때까지는 식사가 되지 못한다. 관광산업의 서비스가 최종산출(개인적 경험)을 형성하기 위해서는 소비자에 의해 개선되어야 한다.

최종단계에서, 관광객은 레크리에이션, 비즈니스 그리고 사회적 접촉과 같이 무형이나 높은 가치의 경험인 최종산출을 생산하기 위해서 중간산출(서비스)을 이용한다.

생산과정은 두 개의 관광상품 특징을 명백하게 한다. 첫째, 각 생산과정의 단계에서 가치가 부가된다. 부가가치는 각 주어진 단계의 생산비용과 소비자가 지급하려고 하는 것 사이에 차이가 있다. 둘째, 소비자는 생산과정의 필요부분이다. 대부분의 비관광상품의 생산은 소비자와는 독립적으로 발생한다. 예를 들어, 자동차는 생산라인에서 운전자의 참여활동 없이 생산된다. 자동차보험은 보험계약자의 참여 없이 생산된다. 외과 환자들도 절개나 봉합을 도와주지 않는다. 그러나 관광상품은 소비자가 생산으로 여행을 하고, 능동적으로 최종단계에 참여하기 전에는 존재하지 않는다.

〈표 3-1〉 관광상품의 생산과정

최초투입(자원)	→	중간투입(시설들)	→	중간 산출(서비스)	→	최종 산출(경험)
토지		공원		공원 연출		레크리에이션
노동		리조트		안내원 서비스		사회적 접촉
물		교통수단		문화적 공연		교육
농산물		박물관		기념품		휴식
연료		선물가게		회의		추억
건물		회의장		공연		사업적 접촉
자본		호텔		숙박시설		
		레스토랑		식사와 음료		
		자동차대여점		축제와 행사		

자료 : Stephen L. J. Smith, Tourism Product, *Annals of Tourism Research*, Vol.21, No.3, 1994.

제2절 관광상품의 특성과 위험

1. 관광상품의 특성

관광상품은 소비자에게 만족을 준다는 측면에서는 근본적으로 일반상품과 동일하나 몇 가지 다른 특성을 가지고 있다. 일반적인 관광상품의 공통된 특성을 살펴보면 다음과 같다.

(1) 유형성과 무형성의 병존

관광산업의 여러 분야, 예를 들면 쇼핑상품, 관광지의 특산물, 여행지의 음식물, 관광지의 수족관 · 식물원 · 박물관 등은 유형의 형태를 갖춘 관광상품이다. 하지만 상당수의 관광상품 및 서비스는 무형성을 가지고 있어서 구매하기 전에 점검해 볼 수도 없고, 시행해 볼 수도 없는 특성이 있다. 즉 제주도 3박4일 관광상품은 추상적인 개념이며, 서울-뉴욕간 항공기 탑승 티켓구입도 사전에 시험해 볼 수 없는 성질의 것이다.

따라서 무형의 관광상품은 영화, 비디오, 슬라이드, 사진, 팸플릿, 안내브로슈어 등의 보조수단을 통해 소비자에게 구체화시켜야 한다.

(2) 복합성

패키지 투어와 같이 관광상품은 복합적인 재화로 구성되어 있다. 교통수단, 숙박시설, 관광목적지의 관광자원, 위락자원 등이 합쳐져 관광이라는 상품을 만들어 내는 것이다. 그러나 여기서 유의할 점은 주된 관광상품은 바로 관광 또는 위락자원이며 교통 · 숙박시설 등은 이를 지원서비스하는 부차적 상품이라는 점이다. 관광의 주된 목적은 목적지의 자원을 보고 즐기는 것이지 호텔, 버스 등의 지원수단의 이용에 있지 않기 때문이다.

(3) 생산과 소비의 동시성

일반 제조상품은 사전에 별도의 장소에서 생산되어 나중에 판매되고 소비자가 구매하면 비교적 장기간 사용·보관할 수 있는데 반해, 대부분의 관광상품은 먼저 판매가 되고 그 다음에 생산과 소비가 동시에 발생한다. 예를 들어 패키지여행의 경우 먼저 패키지상품을 구매하고, 정해진 날짜에 여행을 출발하게 된다. 이때 고객이 여행을 하는 동안 생산이 이루어지게 되며 동시에 소비도 이루어지는 것이다.

다시 말해서 고객이 생산에 참여한다고 말할 수 있다. 레스토랑의 경우도 주방에서 요리된 스테이크가 완성된 상품이 아니라 고객의 테이블에 놓여졌을 때 비로소 상품이 완성되는 것이며 동시에 소비하게 되는 것이다.

또 고객이 있어야만 생산이 이루어지기 때문에 관광상품의 경우 생산의 불연속성이 발생하게 된다. 즉 레스토랑에서 고객이 올 때까지 종업원들이 준비하고 대기하는 시간은 생산이 이루어지는 시기가 아니라 생산을 준비하는 단계이며 고객이 식사를 주문할 때 비로소 생산이 이루어지는 것이라고 할 수 있다.

(4) 비저장성

관광상품은 생산되는 즉시 판매·소비되는데, 만약 판매되지 않은 경우에는 재고로 저장할 수 없는 비저장성이 있다. 예를 들어, 항공기좌석이나 호텔객실은 당일 관광상품으로 생산하여 판매되고 이 중 일부 판매되지 않은 항공기좌석이나 호텔객실의 경우에는 그대로 소멸되어진다.

따라서 이러한 소멸성은 공급이 경직되는 비저장성인 재고불가능성을 의미한다.

(5) 유사성과 모방성

관광상품 및 서비스는 어느 업체가 개발·판매하면 바로 타업체에서 쉽게 모방할 수 있는 단점이 있다. 그리고 대체로 유사한 점이 많은 특성이 있다. 교통상품에서의 항공기의 기내식사, 비행기 기종, 관광버스, 유람선 등 거의 모든 나라가 유사하게 운영하고 있으며 후발업체도 쉽게 기존업체의 상품을 모방할 수 있는 것이다. 그리고 신규업체측에서 볼 때에는 기존업체가 보유하고 있는 기존 상품과 서비스를 개발하기에는 많은 시간과 투자가 수반되므로 투자위험을 두려워하여 기존 상품을 모방하는 경우가 많다.

따라서 선발업체는 신상품과 서비스의 개발에 지속적으로 많은 투자를 하여야 하며, 타업체가 모방하기 어려운 서비스, 전문성, 신뢰성으로 상품을 차별화하여야 한다.

(6) 인적 서비스의 중요성

관광산업은 다른 어느 산업보다 인적 서비스의 중요성이 강조되고 있는 분야이다. 왜냐하면 공급(판매)과 구매(소비)가 거의 동일현장에서 이루어지기 때문에 상품을 취급하는 종사인력들의 판매방법 · 기술 · 매너 · 상담술 · 안내기술 등에 따라 매출액의 증대와 감소에 영향을 미치며, 나아가서 재판매에도 결정적인 영향을 끼칠 때가 많다.

또한 인적의존성이 크기 때문에 기계화에 한계가 있으며 일정한 상품의 질을 유지하기 어렵다. 그래서 관광업체에서는 매뉴얼을 통해서 일정한 상품의 질을 유지하기 위해 노력하고 있다.

(7) 계절성

관광은 주로 외부에서 이루어지는 활동으로 기후나 계절과 같은 자연환경에 많은 영향을 받는다. 관광지의 자연환경에 따라 성수기와 비수기가 확연하게 구분되므로 관광상품은 계절성을 지니고 있다.

계절성은 관광상품이 기상조건에 의해 영향을 받는 것을 말하지만, 그 주의 요일 또는 그 날의 시간대로부터 발생되는 수요의 변동에까지 적용되기도 한다.

따라서 이러한 계절성을 극복하기 위한 방법으로는 비수기 동안 가격을 인하하는 방법이 있다. 또다른 방법은 계절적인 악조건을 유리한 방향으로 유도하여 거기에 맞는 상품을 개발하는 것이다. 즉 얼음조각전 · 얼음낚시대회 · 눈축제 · 스키 · 사냥(수렵) · 온천욕과 같은 것을 적극 상품화하여 관광객을 유치하는 방안과 같은 것이다.

(8) 가격체계의 불안정성

관광상품의 계절성과 소멸성으로 인해 관광상품은 가격체계가 불안정하다. 관광상품은 성수기와 비수기가 뚜렷하게 구별되며, 소멸성으로 인해 호텔이나 관광지의 주말요금 · 단체요금 · 특별판촉요금 등 가격체계가 상호 균형을 이룰 수 없다.

또한 관광객에 따라서 동일상품이나 서비스에 대해서 각기 느끼는 가치판단이 다르기 때문에 높은 가격에도 저항을 받지 않는 경우가 생기는 것이다.

(9) 비이동성

관광상품은 형태를 갖춘 구체적인 상품이 거의 없고 서비스형태의 상품이 현지(생산지)에서 판매되므로 다른 곳으로 옮겨 수송 · 판매할 수 없다.

특히 지역성이 큰 상품일수록 그러하다. 예컨대 서울에 위치한 호텔 객실을 부산으로 옮겨서 판매할 수 없고, 오직 서울에서만 판매가 가능하다. 또한 설악산의 경치를 다른 곳으로 옮길 수 없고, 제주도의 해산물요리를 생산지인 제주도를 떠나 육지의 다른 곳에서 만들어 판매할 수 없다. 어디까지나 관광상품은 장소와 불가분의 관계를 갖고 있다.

따라서 공간적 마찰이 커지게 되어, 수요하고 싶어도 거리가 멀면 멀수록 그만큼 더 수요가 억제된다. 뿐만 아니라, 공간이동이 어려우므로 소비자가 직접 찾아가서 소비해야 한다. 하와이 민속춤을 구경하기 위해서는 대개 그곳으로 직접 찾아가는 도리밖에는 없다.

(10) 수요의 탄력성

관광상품은 다른 상품과 비교할 때 우등재에 속한다. 그래서 관광수요의 소득탄력성은 대개 1보다 크다. 즉 관광상품의 수요증가율은 소득수준의 증가율보다 빠르게 증가한다. 잘살게 될수록 관광수요는 더욱 더 증가한다는 것이다. 물론 최저생계수준에 있는 사람들의 경우에는 소득이 점점 증가한다고 해서 그들의 관광위락욕구가 급증한다고 볼 수는 없다. 단지 어느 수준의 소득임계치가 넘어 의식주 등의 기초욕구가 충족되고 난 후부터 관광위락과 같은 자기실현욕구가 급증하기 시작하게 된다. 이것은 보석류 등과 같은 사치품의 경우와 마찬가지로서, 이런 점에서 관광을 '사치품(luxuries)'으로 분류하기도 한다. 세계은행 자료에 따르면 경제가 약 5%정도 성장하게 되면 관광산업은 약 10%정도 성장한다고 한다.

(11) 공급의 비탄력성

관광상품은 쌀, 냉장고 등과 달리 수요변화에 따라 공급량을 신축적으로 조절할 수 없는 성격을 지녔다.

특히, 위락자원보다 인문자원이나 자연자원의 경우가 더 그렇다. 자연공원이나 경관, 폭포, 산, 해안 등은 어느 것도 그 공급량을 원하는 대로 늘릴 수가 없으며 유물 · 유적, 산업시설 등도 공급을 마음대로 조절할 수가 없다. 단지 관리능력의 제고 등을 통해 수용력을 어느 정도 확장하는 정도가 가능할 따름이다. 위락상품의 경우도 비저장성 · 소멸성으로 인해 재고가 불가능한 상품이므로 자연성 관광상품의 경우와 마찬가지로 수요에 비해 공급의 비탄력성을 가지게 된다.

2. 관광상품과 위험

관광상품은 위에서 살펴본 것과 같은 특징 때문에 소비자들의 구매의사결정과정은 매우 복잡하다. 관광상품의 구매는 무형성, 가격체계의 불안정성, 품질의 불안정성 등으로 인해 상품구매시 매우 높은 위험성을 내포하고 있기 때문이다. 그리고 이러한 위험은 연령, 수입 그리고 경험에 따라 다르게 인식되고 있다(Chris Cooper 등, 1998).

(1) 경제적 위험

모든 소비자들은 관광상품을 구매할 때 상품이 원하는 편익을 제공할지에 대한 경제적 · 재정적 위험에 직면하게 된다. 관광은 소비전에 견본을 쉽게 볼 수 없는 값비싼 상품이다. 이런 위험은 관광상품의 구매가 중요한 지출이 될 수 있는 낮은 가처분소득을 가지는 사람들에게는 더욱 높아진다.

(2) 물리적 위험

어떤 관광지는 질병이나 범죄 때문에 위험스러운 곳으로 인식될 수 있다. 그리고 어떤 페리나 항공사와 같은 운송회사들은 다른 회사들보다 안전한 것으로 생각되기도 한다. 어떤 사람들은 어떤 항공사를 이용하더라도 비행에 대해 공포를 가지는 반면에, 어떤 사람들은 안전하다고 느끼는 항공사를 선택함으로써 물리적 위험에 대한 지각을 줄이고 있다.

(3) 실행 위험

잘 알려지지 않은 관광지나 호텔들의 품질은 미리 평가될 수 없다. 이런 종류의 위험은 상품이 원하는 편익을 제공하지 못할 것이라는 생각과 관련이 있다. 좋지 못한 휴가를 보냈던 사람들이 그 해에 다시 휴가를 가서 지난 휴가를 만회하려는 것은 거의 불가능하다. 대부분의 소비자들은 새로운 휴가를 위한 추가적인 돈이나 시간적 여유가 없기 때문이다. 따라서 이런 상황들이 실행위험에 대한 인식을 강화한다. 영국 여행객들에게 가장 중요한 실행위험은 기후이다. 따라서 영국의 좋지 못한 기후때문에 많은 영국인들이 외국으로 여행하고 있다.

(4) 심리적 위험

관광객들은 이미지가 나쁜 나라를 방문하거나 평판이 좋지 않은 회사를 통해 여행함으로써 자신의 위신을 잃어버릴 수 있다. 이런 위험은 잠재 소비자가 관광상품의 구매가 자신이 나타내고자 하는 자아이미지(self image)를 반영하지 못한다고 느낄 때 나타난다.

마케팅의 관점에서, 이런 위험들은 상품과 촉진전략에 의해 최소화할 수 있다. 즉 브로슈어와 리플릿을 통해 정보를 제공하여 회사의 신뢰성을 잠재 여행객들에게 심어줌으로써 이런 위험에 대한 인식을 감소시킬 수 있는 것이다. 정보를 획득함으로써 소비자들은 과거 여행이나 관광지에서의 경험을 통해서 긍정적인 기대를 갖도록 하는 생각이나 태도를 가질 수 있다.

제3절 관광상품 수명주기

상품에도 생애가 있어 〈그림 3-3〉과 같이 시장에 도입되어 성장·성숙의 시기를 거쳐 드디어는 쇠퇴한다. 수명주기(life cycle)론은 어떤 상품이라도 각기 수명이 있어 언젠가는 상품리스트에서 삭제되는 운명에 있다는 것으로써, 상품이 신상품으로서 시장도입부터 폐기될 때까지의 매출액이나 이익으로 표시되고 있다. 또한 상품의 수명주기는 기업에 있어서 해당상품의 전략을 구축할 때 지표가 되기도 한다. 한편, 상품수명주기의 단계별 특징을 살펴보면 다음과 같다.

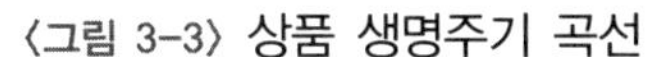
〈그림 3-3〉 상품 생명주기 곡선

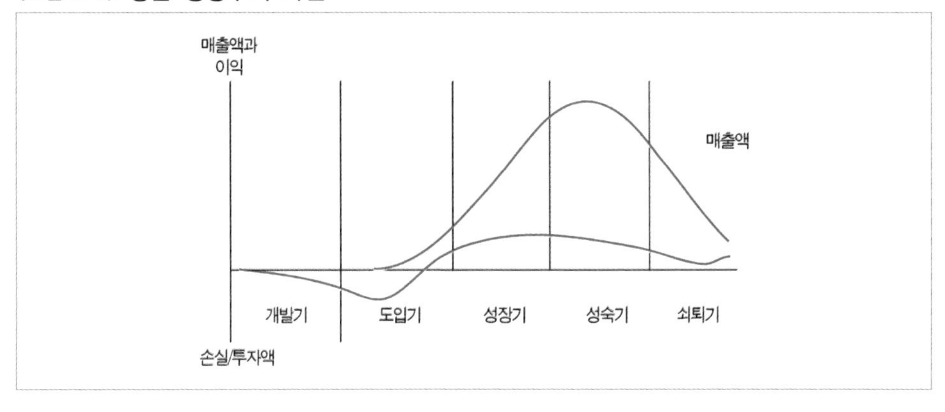

1. 관광상품 수명주기의 단계별 특징

(1) 기획 · 개발기

새로운 상품에 대한 아이디어의 기획·개발단계이다. 신규기업을 설립하였거나 기존 관광상품의 쇠퇴기를 맞이하여 새로운 관광상품 개발의 필요성에 의하여 이루어진 개발계획시기이다. 이 시기에는 관광상품의 고객계층에 대한 정확한 목표시장을 설정하기 위하여 고객욕구와 관광시장 조사·분석이 철저히 이루어져야 하고, 이러한 결과를 토대로 관광상품개발이 이루어진다.

(2) 도입기

도입기는 신상품이 시장에 도입됐을 뿐 지명도도 낮고 상품에 관한 지식이 널리 보급되어 있지 않아 소비자들에게 신상품의 품질이나 효용 및 특징을 널리 광고하여 판매촉진을 적극적으로 행하여야 하는 시장개발기이다. 그러므로 자사상품에 대한 선택적 수요보다 기본적 수요를 더욱 자극시켜야 한다. 따라서 상품설명회, POP광고, 경품첨부, 전시회 등의 프로모션을 행하고 있지만, 아직 생산성이 낮아 생산가격은 높고 이익률은 낮으며 가격경쟁도 심하지 않은 단계이다.

(3) 성장기

성장기에는 광고의 효과 등에 의하여 상품의 지명도와 유용성이 널리 소비자에게 인식되어 매상고가 점진적으로 상승하는 단계이다. 이 단계는 시장에서 상품이 소비자들에게 인식되는 단계로서 판매촉진비와 생산비가 매우 높아 아직 이윤율은 낮다. 그러나 적자를 벗어나 급격히 이윤이 상승하는 한편, 경쟁기업이 동종상품을 시장에 참가시켜 경쟁이 발생하는 단계이다. 성장기는 초기에 수요가 확대되고 조업도도 높아져서 이익률이 향상하지만, 점차 경쟁기업의 참가가 많아져서 광고 및 품질의 차별화 및 판매비용이 증대하여 생산자들은 생산설비를 대규모화하고 생산성도 증가한다. 따라서 수요는 경기동향에 크게 좌우되지 않고 가속적으로 증가하며, 소비자들도 대도시로부터 중소도시로, 고소득층으로부터 중간소득층으로 이전하여 다량소비가 이루어지기 시작하는 단계이다.

(4) 성숙기

성숙기란 수요가 포화상태에 이르고 있는 단계이다. 따라서 신규수요는 없어지고 대체수요나 반복구입수요가 주된 것으로 되어 있다. 그러므로 구매고도 거의 안정된 일정한 양을 나타내기에 안정기라고도 하며 수요의 포화상태라고도 불려지는 단계이다. 이 단계에는 대량생산도 가능해져서 생산가격도 저하되고 안정된다. 그러나 시장경쟁이 치열해져 이윤율이 감소되어 차츰 탈락하는 기업도 나타나 독점화 경향이 나타난다.

(5) 쇠퇴기

쇠퇴기는 대체상품의 진출이나 소비자행동의 변화에 의하여 수요가 감퇴되어 상품이 시장에서 소멸되는 시기이다. 따라서 종래의 포화수요가 무너지고 이에 따라 구매고의 안정세도 무너지는 단계이다. 그러므로 기존상품은 유행에 뒤떨어지거나 시대에 뒤떨어져 아무리 상품의 모델, 디자인, 컬러, 포장 등을 개발하여도 수요는 별로 증가하지 않고 소비자들은 새로 출현하는 대체상품에 호기심을 갖는다. 따라서 전반적인 수요는 감소되고 경쟁기업들은 급속하게 소멸되어 가며, 제조공장의 조업도는 낮아지고 이윤율도 급속히 저하된다. 그러므로 상품에서 제외되어 결국 시장에서 그 상품이 자취를 감추게 되는 단계이다. 그것은 그 상품의 수명이 끝났음을 시사하는 단계이기 때문에 효과적인 상품폐기나 사업철수를 위해 잔재수요나 잔존재고에 관한 정확하고 빠른 정보를 수집하여 효율적인 마무리를 짓는 단계이다.

〈표 3-2〉 관광상품 수명주기의 단계별 특징

구 분	개발기	도입기	성장기	성숙기	쇠퇴기
수요량		천천히 증가	급속히 증가	증가 정지	계속 감소
경쟁상품		적다	증가	감소	급속히 감소
이익	적자	적자	증가	감소	최저의 적자
비용	높다	아주 높다	감소	고정	고정
가격		아주 높다	인하	흔들린다	최저가격
촉진		신제품의 존재이점을 소비자에게 알린다.	제품차별화와 특정 브랜드의 이익을 강조	시장세분화정책과 적극적인 판촉전개	촉진비 감소 가격·품질 경쟁
대안		판매망 정비 활동	상표강조, 선택적 수요자극	기존고객의 상표충성도 제고가 효과적	제품의 폐기·사업철수 모색

자료 : 이선희, 관광마아케팅개론, 대왕사, 1995. 수정 재작성.

2. 관광상품 수명주기의 개량전략

관광상품의 수명주기단계 파악은 적절한 마케팅전략적 대응을 위해서 아주 중요하다. 또한 상품수명주기는 상품의 미래예측을 위한 수단이 되며, 이러한 의미에서 가지는 마케팅적 의의도 크다. 따라서 경영자는 신제품의 도입기에는 상당한 비용투입이 요구되므로 도입단계를 보다 단축시키고 수익성이 높은 성장기 및 성숙기를 보다 연장시켜 주는 마케팅전략을 선택해야 한다. 상품의 수명을 연장시키는 전략을 간략히 살펴보면 다음과 같다.

① 현재 사용자에게 상품사용 빈도, 구입빈도를 증가시킨다.
② 현재 사용자에게 상품의 새로운 사용법을 가르친다.
③ 새로운 유통경로를 개척하여 시장을 확대하는 것으로 상품에 대한 새로운 사용자를 획득한다.
④ 새로운 용도를 개발한다.
⑤ 제품의 포장, 색깔 등에 변화를 준다.
⑥ 가격을 인하한다.

그러나 상품성과를 예측하거나 또는 마케팅전략 수립의 도구로서 상품수명주기 개념을 활용하는 데는 몇가지 문제가 있다. 예를 들어, 특정상품이 현재 어느 단계에 있는가, 언제 다른 단계로 넘어가는가, 단계이행의 요건은 무엇인가 등을 알아내기 어렵다. 따라서 각 단계별 판매량의 예측과 각 단계의 지속기간 및 상품수명주기 곡선의 형태를 실제로 예측하는 것은 매우 어렵다. 마케팅전략이 상품수명주기의 원인이자 동시에 결과이기 때문에 상품수명주기를 적용하여 마케팅전략을 수립하는 것이 어려운 경우가 많다.

제 2 편 관광사업(I)

- 제4장 여행업
- 제5장 관광숙박업
- 제6장 국제회의업
- 제7장 카지노업
- 제8장 관광객이용시설업, 유원시설업, 관광편의시설업

Tourism Business Management

제 4 장 여 행 업

제1절 여행업의 이해

1. 여행업의 정의

여행업은 관광의 구성요소 중 관광매체의 역할로 관광주체(관광객)와 관광객체(관광대상)를 연결시켜 주는 역할을 수행하는 관광사업의 중추사업으로서 중요한 위치를 점유하고 있다. 여행업의 정의에 대해 살펴보면 다음과 같다.

미주여행업협회(ASTA)에서는 "일반적으로 여행관련업자를 대신하여 제3자와 계약을 체결하고 또한 이것을 변경 내지 취소할 수 있는 권한이 부여된 자"를 여행업자로 정의하고 있다.

정익준은 "여행업(travel agency)이란 교통운송업자 및 숙박업자 등과 같이 여행객을 대상으로 사업을 하는 시설업자(principal)와 이들이 제공하는 시설과 서비스를 이용하게 될 여행객의 중간에 위치하여 여행객을 위해서 시설이용과 관련된 예약(reservation)과 수배(arrangement) 및 일련의 알선 등과 같은 서비스를 제공하고 그 대가로 시설업자로부터 일정률의 수수료(commision)를 받아 경영해 나가는 사업을 말하며 이러한 경영행위를 주된 업으로 삼는 자를 여행업자"라고 규정하고 있다.

「관광진흥법」에서는 여행업을 "여행자 또는 운송시설·숙박시설, 그 밖에 여행에 딸리는 시설의 경영자 등을 위하여 그 시설 이용 알선이나 계약체결의 대리, 여행에 관한 안내, 그 밖의 여행 편의를 제공하는 업"으로 규정하고 있다.

2. 여행업의 분류

(1) 유통경로에 의한 분류

일반적으로 여행상품의 유통경로와 기능에 따라 여행업을 분류하면 다음과 같다.

① 도매업자(wholesaler)

여행도매업자란 브랜드명(brand name)을 가진 패키지여행을 실시하는 여행업자로서 유통경로상 생산자 입장에 있는 여행사를 일컫는데, 세계관광기구(UNWTO)에서는 다음과 같이 정의하고 있다. 즉 여행도매업자란 "수요를 미리 예상하여 여행목적지로의 수송과 목적지에서의 객실 그리고 가능한 다른 서비스(여행, 여흥)를 준비하여 이를 완전한 상품으로 만들어 여행사나 또는 직접 자사의 영업소를 통해 개인이나 단체에게 일정한 가격으로 판매하는 유통경로상의 기업"이라고 정의하고 있다.

여행업자들이 행하는 구체적인 업무는 다음과 같다.

첫째, 항공사와 호텔 등으로부터 자기위험 부담하에서 항공좌석과 호텔객실을 장기간 대량 예약·매입하여 여행상품을 기획한다. 이러한 여행소재의 대량매입은 생산원가의 저렴화를 초래하여 여행상품의 저렴화를 유도한다.

둘째, 여행상품을 시판이 용이하도록 조립하고 그 내용은 포장형태(package)의 상품으로 만든다. 이때에는 완전상품화(full package) 또는 부분상품화(half package)가 있을 수 있다.

셋째, 여행상품의 판매는 직접 여행시장을 상대하지 않고 여행소매업자를 통해 직접 판매하는 것을 원칙으로 하고 있다.

넷째, 여행상품의 내용을 다양하게 설정함으로써 여행수요에 대처해 나가는 한편, 새로운 여행상품의 개발에 선도적인 역할을 수행한다.

② 여행기획업자(tour operator)

여행기획업자는 종종 여행도매업자와 같은 의미로 사용되기도 하나, 엄밀히 구분하자면 여행기획업자는 고객에게 직접 패키지를 판매하는 회사를 가리키는 반면에, 여행도매업자는 소매여행사를 통해 패키지를 간접적으로 판매하는 회사를 가리킨다.

③ 여행소매업자(retailer)

여행소매업자는 최종소비자에 대한 직접판매활동을 하는 것을 주요 업무로 하는 업자를 말한다. 즉 여행도매업자로부터 여행상품을 제공받아 이를 최종소비자인 여행객에게 판매하는 여행업자를 말한다(정찬종, 1994).

UNWTO는 여행소매업자의 기능을 다음과 같이 규정하고 있다.

첫째, 여행과 숙박 그리고 이에 수반되는 서비스와 서비스 조건에 대해 여행객들에게 정보를 제공하며 또 이들 서비스 공급자인 항공사나 호텔 등의 상품을 여행시장에서 지정된 가격으로 판매할 수 있도록 인정받은 업체로 다만 중간업자의 역할만 수행한다.

둘째, 여행상품을 판매하면 판매고에 상응하는 일정률의 수수료를 받는다.

우리나라에서는 아직까지 도매업과 소매업이 분리되지 않고 도매업과 소매업을 겸하고 있는 업체가 대부분으로 순수한 소매업자는 거의 없는 실정이다.

④ 지상수배업자(local operator)

지상수배업자는 국가에 따라 다소 그 역할에 차이는 있으나 보통은 각각의 관광목적지에 대하여 여행사를 대신하여 관광버스, 가이드, 식당, 방문지 등의 수배(arrangement)를 전문으로 하는 업자를 말한다.

즉 여행사를 대신하여 현지 체재중의 일정표를 작성하고, 현지와의 의사소통을 명확히 하고, 새롭고 정확한 정보를 가지고 현지수배에 따른 불편을 덜어줌으로써 시간과 인력 및 통신비 절감에 도움을 주는 일을 하여 그에 따른 대가를 얻는 사업자라고 할 수 있다.

(2) 관광진흥법에 의한 분류

현재 우리나라 「관광진흥법」에서는 여행업을 여행객의 국적과 여행목적지를 기준으로 하여 일반여행업, 국외여행업, 국내여행업 등 3가지로 구분하고 있으며,

일본에서는 일반여행업, 여행대리점업, 국내여행업으로 구분하고 있고, 대만에서는 종합여행업, 갑종여행업, 을종여행업 등으로 구분하고 있다.

다음은 우리나라 「관광진흥법 시행령」에 의한 분류이다.

① 일반여행업

일반여행업이라 함은 마치 무역관련 업무를 종합적으로 처리, 취급할 수 있는 종합무역상사와 같이 모든 여행업무를 수행할 수 있는 자격을 갖춘 종합여행상사를 일컫는 것으로, 「관광진흥법 시행령」에서는 "국내외를 여행하는 내국인 및 외국인을 대상으로 하는 여행업[사증(査證 · visa)을 받는 절차를 대행하는 행위를 포함한다]을 말한다"고 규정하고 있다.

따라서 이들은 국내여행업무와 인바운드업무 그리고 아웃바운드 업무를 행할 수 있으므로 내 · 외국인을 상대로 여행상품의 개발과 판매가 가능하며 이에 따른 지상수배, 안내업무 그리고 기타 필요한 제반조치를 취할 수 있다.

일반여행업은 특히 외국인관광객을 유치하여 국제수지개선과 국제친선효과에 중추적인 역할을 담당하고 있다.

② 국외여행업

국외를 여행하는 내국인을 대상으로 하는 여행업(사증을 받는 절차를 대행하는 행위를 포함한다)을 말하는데, 이와 같은 업무를 수행하는 국외여행업은 초창기에는 항공운송대리점으로서의 역할과 기능이 강조되어 항공권 판매업무가 주종을 이루었으나, 1982년 관광사업법이 개정되자 여행대리점으로 명명되었다가 1986년 12월 관광진흥법의 개정을 계기로 현재의 명칭을 가지게 되었다.

국외여행업은 해외여행시장, 즉 아웃바운드 시장에서 일반여행업과 치열한 경합을 벌이고 있다.

③ 국내여행업

국내를 여행하는 내국인을 대상으로 여행상품을 개발하여 이를 판매하고 알선과 안내업무를 수행하는 여행업을 말한다. 국내여행업은 이러한 업무뿐만 아니라 국내선 항공권, 철도승차권, 고속버스 승차권, 호텔 쿠폰 등을 대매하거나 관광버스 전세업무도 취급하고 있다.

국내여행업은 지속적인 경제성장에 따른 국민들의 여가생활 추구 욕구의 증대에 힘입어 꾸준한 성장을 해왔다.

3. 여행업의 기능

여행업의 기능은 7개로 세분할 수 있으며 구체적인 내용은 다음과 같다.

(1) 상담기능

이 기능은 여행객이 여행정보를 수집하고 또 여행사가 여행상품을 판매하는 판매보조수단으로서 여행상품을 설명하는 기능을 포함한다.

여행객에게는 여행정보가 필수적인 것이며, 정보의 제공은 여행사 존립의 토대가 되므로 이 상담기능은 여행사의 가장 기본적인 기능이라고 볼 수 있다.

상담기능이 효과적이려면 카운터 요원들의 상담능력과 자질이 구비되어야 한다. 따라서 여행사 종사원은 여러 미지의 요소로 가득찬 여행목적지에 대해 잘 설명해 줌으로써 고객의 궁금증을 해소시켜주고 고객에게 안도감을 줄 수 있는 화술과 지식을 겸비하고 있어야 한다.

(2) 예약 · 수배기능

여행업의 역사는 예약과 수배기능의 변천사라고 해도 과언이 아니다. 초기단계에서는 운송기관의 공석(空席)과 숙박시설의 공실(空室)사정을 예약장부에 기록해 놓고 고객의 요청이 있으면 즉시 수요에 응할 수 있도록 수용태세를 갖추고 있었다.

특히 숙박시설분야에서 이러한 현상이 현저했으므로 여행사는 특정 숙박시설의 객실을 블로킹(blocking)해 두는 경향이 많았다. 이 방법은 연간수요량을 일괄매입해서 처리하는 방식으로 종래의 예약 · 수배방법에 비하면 대규모적이고 계획적이라 할 수 있다. 그러나 컴퓨터 예약시스템이 운영되고 있는 오늘날에는 항공사와 호텔 컴퓨터망이 상호 연결되어 객실예약이 자동처리되는 종합예약시스템 단계에 이르게 되었다.

이와 같은 매입기능의 발달은 패키지투어 조성의 일반화 및 이용보편화 현상을 가져오게 한 계기가 되었다. 이처럼 여행상품이 여행시장에서 널리 유통되자 매입업무는 예약과 수배업무와 분리되어 여행업의 독립된 기능 중 하나가 되었다.

(3) 판매기능

여행사의 판매형태를 대별하면 외무판매와 점두(店頭)판매로 구분된다. 전자는 판매원이 잠재여행객을 찾아 이들과 대면 접촉하면서 여행상품을 구매하도록 설득함과 동시에 구매시점에서 구매결정에 조력한다는 점에 그 중요성이 있고, 후자는 여행상품의 선전과 광고 및 진열 등과 같은 수단의 조력을 받아 여행객을 카운터로 유도하여 여행상품을 판매한다는 점에서 의의가 있다.

해외여행자유화 이전의 외무판매는 판매원에 의한 단체여행객 그리고 점두판매는 개인여행객을 목표로 한 판매로 인식되어 구별이 확연하였다. 그러나 패키지투어상품이 주된 여행상품으로 등장하였고 종류 또한 다양화된 오늘날의 단체여행객판매는 채널판매로 전환됨과 동시에 개인여행객을 주력시하는 모집판매가 성행하고 있어 양자간에 경합현상이 일어나고 있는데 이는 종전에 볼 수 없었던 특이한 상황이다.

여행사들이 취급하고 있는 판매상품 종류는 다음과 같다.

① 자사주최여행의 자사판매
② 타사주최여행의 자사판매
③ 수배여행의 알선
④ 운송 · 숙박 등 여행관련기관의 대매
⑤ 여행관련상품과 여행보험 및 여행권 판매

이 중에서 특히 여행사가 타사주최여행의 자사판매, 즉 여행도매상의 여행상품 판매업무를 수행할 때에는 여행소매상이 된다.

(4) 수속대행기능

이 기능은 여행객을 대리하여 여행에 필요한 제반수속을 여행사가 대행해 주는 것으로, 여권과 사증 취득수속을 대행해 주고 해외여행보험 가입수속을 밟아주는 행위 등이 포함된다.

(5) 발권기능

이것은 예약에 부수되는 업무로 항공권, 숙박권, 승차권 등 각종 쿠폰(coupon)류를 발권하는 것을 의미한다. 해외여행에서는 특히 항공권 발권업무가 중시되며 동시에 여행일정표(travel itineraries)의 작성과 항공운임(air fare) 계산 등 일련의 업무가 행해진다.

(6) 여정관리기능

이 기능은 여행사가 주최여행을 실시할 때 여행인솔자를 동반시켜 여행의 원활한 진행을 기하는 경우이다. 여기서 인솔업무란 여행인솔자(tour conductor)가 단체여행객과 동행하여 현지에서 투어에 관한 일체업무를 관장하는 활동을 일컫는다.

여행에서 최대의 서비스가 쾌적성과 안전성을 확보하고 여행경험을 만족스럽게 해 주는 일이라 한다면, 이러한 여행객의 기대를 최대한 만족시키기 위해서는 알찬 여행내용과 여행일정도 중요하지만 그에 못지 않게 인솔자의 능력도 중요하다. 이러한 인솔 서비스는 주최여행에서만 행해지는 것이 아니라 여행객의 요청에 따라 청부여행에서도 제공될 수 있다.

(7) 정산기능

여행비용의 계산, 견적, 청구 및 지급 등 정산과 관련한 제반기능이 모두 여기에 포함된다.

이상에서 살펴본 여행사의 7가지 기본적인 기능은 각각 독립적으로 수행되는 것이 아니라 대개 몇가지의 기능이 복합적으로 이루어진다.

4. 여행업의 특성

(1) 여행업 경영의 구조적 특성

① 사무실 입지의존성

여행사의 사무실 위치는 타업종보다 고객이 찾기 쉬우면서도 고객의 눈에 잘 띄는 곳에 위치해야 하는 특성이 있다.

이는 곧 사무실의 실수요자인 여행객이 쉽게 방문할 수 있는 곳에 위치해야 한다는 것이다. 이처럼 입지의 중요성이 강조되는 것은 서비스상품이 생산과 소비의 장소적·시간적 동시성을 갖고 있다는 것과 무관하지 않다. 그 결과 여행사는 인구가 밀집한 대도시에 집중해 있고 동시에 그 수도 점차 대도시에서 증가해 가고 있는 현상이 뚜렷해지고 있다.

한편, 여행업의 이러한 입지적 특징은 서비스라는 여행상품이 가지는 또다른 성격에서 찾을 수 있다. 즉 여행객은 여행상품의 구매 여부를 결정함에 있어 얼마나 주위에서 손쉽고 편리하게 이용할 수 있느냐 하는 문제가 구매의사 결정시에 중요한 기준이 된다는 것이다. 이에 따라 여행업은 이용객들에게 이용의 편의성을 제공해 줄 목적으로 대규모 오피스텔들이 밀집해 있는 지역이나 상가 주위에 주로 자리하고 있다.

② 소규모 자본

여행업의 또다른 특성은 소규모 자본에 의해서도 경영이 가능하다는 점이다. 이를 달리 표현하면, 고정자본의 투자와 일시의 투자액이 소규모라도 여행사 경영이 가능해진다는 것이다. 이와 같은 투자자본금의 소액화 현상은 위험부담률을 상대적으로 경감시켜 주므로 여행업계에 신규사업자의 진입을 확대시킬 여지를 제공해 주고 사실상 그러한 현상이 현실적으로 나타나고 있어 여행사 간에 과당경쟁을 유발시키고 있다.

여행사 경영의 비용내용을 분석해 보면, 실질적으로 고정자본 구성비는 낮고 운영비 명목으로 지급되는 것이 대부분을 차지한다. 이러한 이유 때문에 여행사의 경영에 있어서 가장 중시되는 요소는 사무실 위치이고 또 사무실 규모에 따라 지급하는 임대보증금이 투자액의 상당한 부분을 점하게 된다. 현재 우리나라 「관광진흥법」은 여행업의 등록기준에 자본금 규정을 두고 있다.

③ 노동집약성

컴퓨터의 보급과 통신기기 및 정보수단의 개발 등에 의해 여행사에서도 점차 사무자동화가 추진되어 가고 있으나, 여행업의 근본인 서비스는 이와 같은 기계화만으로서는 완전한 대체가 이루어질 수 없다.

여행업은 숙련된 여행전문요원이 주체가 되어 업무를 수행해 나가고 전산예약시스템이나 기타 기계적인 설비는 이에 보조하는 수단에 불과할 따름이다. 또한 여행업에 기대하는 여행객의 요구가 매우 다양하기 때문에, 여행사 경영에서 분업도 기계화도 거의 불가능하다. 비록 부분적으로 가능하다 해도 거기에는 오히려 그것을 제공하는 종사원의 태도 등과 같은 정신적 요소가 보다 중시된다.

따라서 여행업에서는 인간이 가장 중요한 자본이 되며 전문요원화된 인간위주의 경영을 수행해야 된다.

④ 인간위주 경영

여행사 경영의 성패는 사람에 달려 있다 해도 과언이 아닐 정도로 전문요원화된 인간위주의 경영을 한다는 데서 여행업의 또다른 특징을 찾을 수 있다.

이처럼 여행사 경영에서 인적 요소가 중시되는 근본적인 이유는 여행상품의 기획과 생산 그리고 이를 판매하고 운용하는 주체가 곧 사람이라는 점과 또 여행사 운영의 제반 제도를 설정하고 여행사를 경영해 나가는 주체가 사람이라는 데에서 연유한다. 인적 서비스가 여행상품의 중심부분을 형성하고 있다는 것은 여행의 준비에서부터 종료에 이르기까지의 제반 업무과정에서 확인 가능하다. 예컨대, 고객과의 접촉, 여행상품의 제시, 여정작성, 여행안내 등에서 철저하게 인적 요소가 게재되어 있다.

그런 점에서 여행상품의 질은 여행사 종사원의 대고객 접객태도, 예약의 신속성 및 정확성, 고객의 지위와 욕구에 적합한 여행상품의 제시, 완벽한 안내 등에서 결정되며, 또 이것들은 인간에 의해서만 수행될 수 있으므로 여행사 경영에서는 인간이 곧 자본이라 할 수 있다.

⑤ 과당경쟁

여행업은 소규모 자본으로 경영이 가능한 사업이므로 누구나 사업의욕과 나름대로의 경영감각을 가진 자는 이 사업분야에서의 참여가 가능하도록 제도화되었다. 가처분소득과 여가시간의 증대, 해외여행자유화 등으로 국내외 여행의 수요가 급증하면서 여행사의 수도 급격히 증가하여 경쟁정도가 더욱 심화되고 있다.

과당경쟁의 문제는 공급적인 측면 외에도 서비스의 특성인 생산과 소비의 동시성, 비재고성 그리고 상품모방의 용이성 등에 의해서도 발생할 수 있다.

문제점으로 인해 여행상품을 덤핑가격으로 판매하거나 또는 여행계약을 체결한 후에 추가로 비용인상을 요구함으로써 여행이 중지되거나 여행상품의 품질저하가 이루어지는 등 바람직스럽지 못한 일들이 자주 발생하고 있다.

(2) 여행업의 사회현상적 특성

① 계절 집중성

여행은 그 자체가 요일이나 계절에 따라 좌우되는 요소가 많기 때문에 여행객은 평일보다는 주말 그리고 겨울보다는 봄과 가을에 편중되는 집중현상이 심하여 휴일이나 휴가제도를 변경하지 않는 한 여행평준화를 기하기는 어렵다. 그러므로 여행사가 이러한 현상에 대응하려면 수요 순응적이 아닌 수요 창조적인 입장에서 경영활동을 전개해 나가야 한다.

이때에는 수요탄력성에 대처할 수 있도록 독창적인 여행상품을 개발하거나 여행상품의 라이프 사이클(life cycle)에 의한 상품관리가 이루어지게끔 경영전략을 구사할 필요가 있다.

② 제품수명주기의 단명성

여행상품은 모방이 지극히 용이하다. 히트상품으로 주목받은 여행상품도 여타 여행사에 의해 쉽게 모방되므로 여행사는 여행상품의 라이프 사이클을 조절하는 일이 중요하다. 왜냐하면 효용적인 측면에서는 단회적일 수도 있으며, 모방경쟁 상품이 여행시장에 출현하게 되면 여행사는 자사의 여행상품 라이프 사이클에 대한 대처방안을 모색하고 또 수지악화가 최소화될 시점을 예측하여 투자부담을 줄일 수 있는 방안을 강구하여야 하기 때문이다.

여행사가 이에 대처하기 위한 효과적인 방법은 독자적으로 기획 · 개발한 자사 상품을 타여행사들이 쉽게 모방하지 못하도록 여행상품에 독특성을 가미하거나 또는 강한 상표전략을 구사해야 한다.

③ 업무의 공적 이양 추세

여행량의 증대와 더불어 여행업이 근대적인 산업으로의 기반을 확립해 나가게 되자 경영효율화 문제가 주요 과제로 등장하게 되었다. 이에 따라 수익성이 낮은 업무인 여행상담이라든가 저렴한 숙박시설의 수배와 같은 업무는 여행업자로부터 점차 공적 부문으로 이양되고 있는 추세에 있다.

④ 사회적 책임

모든 기업은 사회적인 책임을 인식하고 경영활동을 성실히 수행해 나가야 하지만, 특히 여행업은 그 책임 정도가 매우 크다. 왜냐하면 여행사는 경영 속성상 여러 국가를 상대로 경영활동을 전개하여야 하기 때문이며 또 이들 국가에 대한 여행사의 이미지는 곧 국가 이미지와 직결되어 평가되어지기 쉽기 때문이다.

더불어 국내적으로는 관광모집과 그 실시가 사회적인 규범에 반하거나, 퇴폐적이고 향락적인 것으로 유도되면 그것은 사회 전체에 악영향을 미치게 될 여지가 많기 때문이다.

⑤ 높은 제품의존성

여행사는 소자본으로 경영이 가능하나 대신 그 영업규모인 판매액은 자본에 비해 대규모적이다. 이러한 현상이 초래되는 이유는 여행사가 고객들로부터 미리 영수한 여행비는 교통기관이나 숙박시설 등에 일정기간이 경과한 뒤에야 지급하므로 자금유용이 가능하기 때문이다.

⑥ 다품종 대량생산 시스템

여행사는 기업의 창의성을 발현하고 판매상의 활로개척을 위하여 얼마든지 다양한 모델의 여행상품을 생산하여 판매할 수 있다.

그런데 이러한 여행상품의 소비는 단회적(單回的)일 수도 있고 또 다회적(多回的)일 수도 있으나 대체로 보아 여행상품은 대량생산체제를 유지하고 있다. 여행상품은 여행소재를 시 · 공간적으로 조립하여 생산해 낸 결정체로서 생산과정과 판매과정 그리고 판매관리 등이 고도로 시스템화 되어야만 효과를 발휘할 수 있다.

⑦ 신용의 산업

여행업이 생산하여 판매하는 여행상품의 존재를 고객에게 직접 확인시켜 주는 방법은 브로슈어(brochure)와 관련 안내문 그리고 신용뿐이다. 이중 신용은 여행사의 사업성을 결정짓는 요소가 되는데, 특히 상표전략(brand strategy)은 신용을 제고시키기 위해 여행사가 추진하는 PR(public relation)활동의 주요 부문을 점한다.

여행객은 여행사를 신뢰하므로 여행을 경험하기 전에 미리 막대한 여행경비를 여행사에 지급하고 있으며, 여행소재 공급업자도 역시 여행사에 대한 신뢰성의 바탕 위에서 공급량을 조절하고 있는 것이 현실이므로, 여행사 경영에 신뢰성은 성공의 관건임과 동시에 주요 변수가 된다.

제2절 여행업 관련법규와 현황

1. 여행업의 등록 등

(1) 여행업의 등록관청

여행업을 경영하려는 자는 특별자치도지사 · 시장 · 군수 · 구청장(자치구의 구청장을 말한다)에게 등록하여야 한다(관광진흥법 제4조 제1항). 따라서 여행업의 등록관청은 특별자치도지사 · 시장 · 군수 · 구청장(자치구의 구청장)이다.

(2) 여행업의 등록절차

여행업의 등록을 하려는 자는 별지 제1호서식의 관광사업등록신청서에 공통의 구비서류와 사업별 필요서류를 첨부하여 특별자치도지사 · 시장 · 군수 · 구청장(자치구의 구청장을 말함)에게 제출하여야 한다.

등록신청을 받은 특별자치도지사 · 시장 · 군수 · 구청장은 신청한 사항이 등록기준에 맞으면 관광사업등록증을 신청인에게 발급하여야 한다.

(3) 여행업의 등록기준

「관광진흥법」에서는 여행업 등록을 위한 기준으로 자본금과 사무실 확보 여부 등을 제시하고 있다. 자본금은 일반여행업 2억원 이상, 국외여행업 6천만원 이상, 국내여행업은 3천만원 이상으로 규정하고 있다. 사무실은 소유권 또는 사용권을 확보하면 된다.

〈표 4-1〉 여행업 등록기준(2013.11.29)

구 분	등록기준
일반여행업	자본금(개인의 경우에는 자산평가액) : 2억원 이상일 것 사무실 : 소유권이나 사용권이 있을 것
국외여행업	자본금(개인의 경우에는 자산평가액) : 6천만원 이상일 것 사무실 : 소유권이나 사용권이 있을 것
국내여행업	자본금(개인의 경우에는 자산평가액) : 3천만원 이상일 것 사무실 : 소유권이나 사용권이 있을 것

(4) 보증보험등의 가입의무

① 여행업의 등록을 한 자(이하 "여행업자"라 한다)는 그 사업을 시작하기 전에 여행알선과 관련한 사고로 인하여 관광객에게 피해를 준 경우 그 손해를 배상할 것을 내용으로 하는 보증보험 또는 한국관광협회중앙회의 공제(이하 "보증보험등"이라 한다)에 가입하거나 업종별 관광협회(업종별 관광협회가 구성되지 아니한 경우에는 지역별 관광협회)에 영업보증금을 예치하고 그 사업을 하는 동안(휴업기간을 포함한다) 계속하여 이를 유지하여야 한다.

② 여행업자 중에서 기획여행을 실시하려는 자는 그 기획여행 사업을 시작하기 전에 보증보험등에 가입하거나 영업보증금을 예치하고 유지하는 것 외에 추가로 기획여행과 관련한 사고로 인하여 관광객에게 피해를 준 경우 그 손해를 배상할 것을 내용으로 하는 보증보험등에 가입하거나 업종별 관광협회(업종별 관광협회가 구성되지 아니한 경우에는 지역별 관광협회)에 영업보증금을 예치하고 그 기획여행 사업을 하는 동안(기획여행 휴업기간을 포함한다) 계속하여 이를 유지하여야 한다(관광진흥법 시행규칙 제18조 2항 〈개정 2010.8.17〉).

(5) '보증보험등' 가입금액 및 영업보증금 예치금액의 기준

여행업자가 가입하거나 예치하고 유지하여야 할 보증보험등의 가입금액 또는 영업보증금의 예치금액은 직전사업연도의 매출액(손익계산서에 표시된 매출액을 말한다) 규모에 따라 〈별표 3〉과 같이 한다(동법 시행규칙 제18조 3항〈개정 2010.8.17〉).

보증보험등 가입금액(영업보증금 예치금액) 기준 (개정 2010.8.17)
(시행규칙 제18조 제3항관련 〈별표 3〉)

(단위 : 천원)

<table>
<tr><th>여행업의 종류 (기획여행 포함) / 직전 사업연도의 매출액</th><th>국내여행업</th><th>국외여행업</th><th>일반여행업</th><th>국외여행업의 기획여행</th><th>일반여행업의 기획여행</th></tr>
<tr><td>1억원 미만</td><td>20,000</td><td>30,000</td><td>50,000</td><td rowspan="4">200,000</td><td rowspan="4">200,000</td></tr>
<tr><td>1억원 이상 5억원 미만</td><td>30,000</td><td>40,000</td><td>65,000</td></tr>
<tr><td>5억원 이상 10억원 미만</td><td>45,000</td><td>55,000</td><td>85,000</td></tr>
<tr><td>10억원 이상 50억원 미만</td><td>85,000</td><td>100,000</td><td>150,000</td></tr>
<tr><td>50억원 이상 100억원 미만</td><td>140,000</td><td>180,000</td><td>250,000</td><td>300,000</td><td>300,000</td></tr>
<tr><td>100억원 이상 1,000억원 미만</td><td>450,000</td><td>750,000</td><td>1,000,000</td><td>500,000</td><td>500,000</td></tr>
<tr><td>1,000억원 이상</td><td>750,000</td><td>1,250,000</td><td>1,510,000</td><td>700,000</td><td>700,000</td></tr>
</table>

(비고) 1. 국외여행업 또는 일반여행업을 하는 여행업자 중에서 기획여행을 실시하려는 자는 국외여행업 또는 일반여행업에 따른 보증보험등에 가입하거나 영업보증금을 예치하고 유지하는 것 외에 추가로 기획여행에 따른 보증보험등에 가입하거나 영업보증금을 예치하고 유지하여야 한다.

2. 「소득세법」 제160조 제3항 및 같은 법 시행령 제208조 제5항에 따른 간편장부대상자(손익계산서를 작성하지 아니한 자만 해당한다)의 경우에는 보증보험등 가입금액 또는 영업보증금 예치금액을 직전 사업연도 매출액이 1억원 미만인 경우에 해당하는 금액으로 한다.
3. 직전 사업연도의 매출액이 없는 사업개시 연도의 경우에는 보증보험등 가입금액 또는 영업보증금 예치금액을 직전 사업연도 매출액이 1억원 미만인 경우에 해당하는 금액으로 한다. 직전 사업연도의 매출액이 없는 기획여행의 사업개시 연도의 경우에도 또한 같다.
4. 여행업과 함께 다른 사업을 병행하는 여행업자인 경우에는 직전 사업연도 매출액을 산정할 때에 여행업에서 발생한 매출액만으로 산정하여야 한다.
5. 일반여행업의 경우 직전 사업연도 매출액을 산정할 때에, 「부가가치세법 시행령」 제26조 제1항 제5호에 따라 외국인 관광객에게 공급하는 관광알선용역으로서 그 대가를 받은 금액은 매출액에서 제외한다.

2. 여행업의 현황

우리나라에 등록되어 있는 여행업은 2000년 6,745개 업체에서 2007년 10,699개 업체(연간 8.3% 증가)로 여행업체 1만 개소 시대를 맞이하고 있다. 또한 외국인 관광객 입국자수의 증가와 더불어 2000년 이후 해외여행 출국자수의 급격한 증가는 여행업계의 투자활성화로 이어지고 있다.

여행산업환경을 업종별로 살펴보면, 2000년 국내여행업 3,151개, 국외여행업 3,005개, 일반여행업 589개에서 2007년 국내여행업 4,193개, 국외여행업 5,786개, 일반여행업 720개로 증가하였고, 2008년에는 국내여행업 3,616개, 국외여행업 5,329개, 일반여행업 705개로 전년도에 비해 감소하였으며, 2009년에는 국내여행업 6,418개, 국외여행업 4,547개, 일반여행업 1,003개로 전년도에 비해 증가하였다. 또 2010년에는 국내여행업 4,922개, 국외여행업 6,429개, 일반여행업 1,233개였고, 2011년에는 국내여행업 4,888개, 국외여행업 6,767개, 일반여행업 1,634개였으며, 2012년에는 국내여행업 5,735개, 국외여행업 7,468개, 일반여행업 1,949개로 전년도에 비해 다소 증가한 것으로 나타났다.

이와 같은 변화는 주 40시간 근무제와 주5일 수업제 확산 등의 환경변화가 산업측면에서 여행업과 관광산업의 구조변화를 불러일으키고 있으나, 공급자들은 주말여행시장을 대상으로 해외여행상품의 개발과 판매에 주력하고 있는 것으로 해석할 수 있다. 이는 국내여행상품시장과 비교해 해외여행상품시장의 규모가 빠르게 성장하고 있는 추세이다.

국내여행업이나 국외여행업이 내국인을 대상으로 영업을 하는 반면에 일반여행업은 우리나라 전체 입국자의 약 40%에 이르는 외래 관광객을 유치하는 등 외화획득에 중요한 역할을 하고 있다.

〈표 4-2〉 연도별 여행업협회 회원사의 외국인 관광객 유치실적

(단위 : 명, %)

연 도	전체 입국자 수 (A)	증가율	여행업협회 회원사 외래객 유치실적(B)	증가율	점유비 (B/A)
2001	5,147,204	–	1,910,788	–	37.1
2002	5,347,468	3.8	1,987,492	4.0	37.2
2003	4,752,762	-11.1	1,907,358	-4.0	40.1
2004	5,818,298	22.4	2,217,137	16.2	38.1
2005	6,021,764	3.4	2,356,194	6.2	39.1
2006	6,615,047	9.8	2,031,883	-13.7	30.7
2007	6,448,241	-2.5	2,079,026	2.3	32.2
2008	6,890,841	6.9	2,440,186	17.0	35.4
2009	7,817,533	13.4	3,307,525	35.5	42.0
2010	8,797,658	12.5	3,563,160	7.7	41.0
2011	9,794,796	11.3	3,726,383	4.6	38.0
2012	11,140,028	13.7	4,267,977	16.0	38.3

자료 : 한국여행업협회.

〈표 4-3〉 연도별 여행업협회 회원사의 내국인 해외 송출실적

(단위 : 명, %)

연 도	전체출국인원 (A)	증가율	여행업협회 회원사 내국인송출실적(B)	증가율	점유비 (B/A)
2001	6,084,414	–	907,592	33.9	14.9
2002	7,123,407	17.0	1,224,073	34.8	17.2
2003	7,086,133	-0.5	1,313,326	7.2	18.8
2004	8,825,585	24.5	1,933,308	47.2	21.9
2005	10,077,619	14.1	2,585,908	33.7	25.7
2006	11,609,879	15.2	3,721,620	43.9	32.0
2007	13,324,977	14.7	4,859,999	30.5	36.5
2008	11,996,094	-10.0	4,364,019	-10.2	36.0
2009	9,494,111	-20.9	2,862,726	-34.2	30.0
2010	12,488,364	31.5	4,232,597	47.8	34.0
2011	12,693,733	1.6	3,961,786	-6.4	31.2
2012	13,736,976	8.2	4,040,984	2.0	29.4

자료 : 한국일반여행업협회.

제3절 여행업 경영과 조직

1. 여행업의 조직

여행업의 조직은 기업규모, 영업범위, 업무내용, 사무자동화의 정도 그리고 종사원의 수에 따라 조직형태와 조직구성의 내용이 상이해지므로 어떠한 조직형태와 규모를 여행사가 취하여야 한다고 단언할 수 없다.

특정여행사가 여행업뿐만 아니라 항공화물이나 숙박업에 이르기까지 사업영역을 확대한 경우에는 대규모적 경영형태를 취하지 않으면 안될 것이므로 그 때에는 자연히 조직구조도 대규모적일 수밖에 없다. 그러나 해외여행업무만을 전문으로 하는 국외여행사의 경우는 소규모 경영단위로 경영을 수행해 나갈 수 있으므로 그 때에는 소규모 조직구성이 형성되게 마련이다.

그러나 여행사를 경영하기 위해서는 대소를 막론하고 인적구성과 기구를 전제로 하여 운영해 나가야 하므로 앞으로 우리나라 여행사들이 지향해 나가기를 기대하는 조직구성도를 제시하면 〈그림 4-1〉과 같다.

〈그림 4-1〉 여행업의 조직구성도

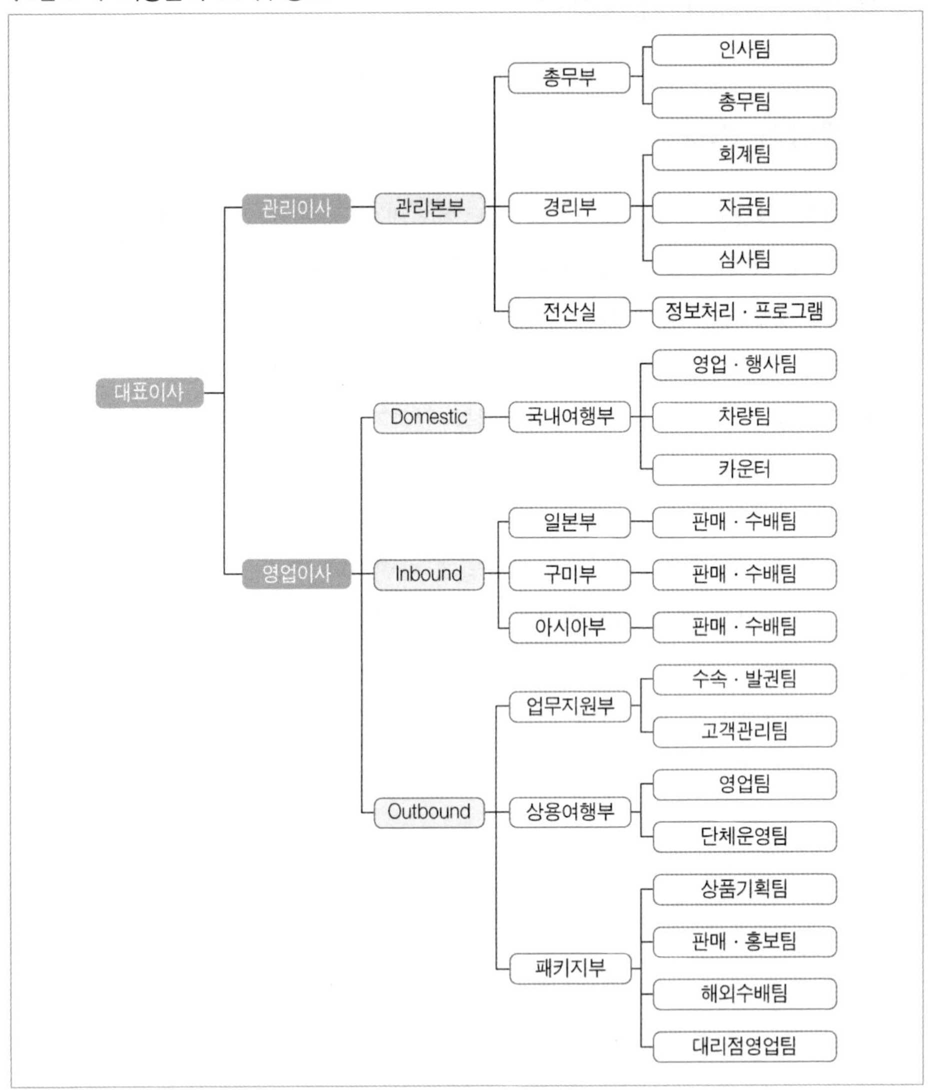

자료 : 김광근 외, 최신관광학, 백산출판사, 2007.

2. 여행사의 경영수익

여행사는 여행객과 운수기관 그리고 숙박업자 등과 같이 여행객을 대상으로 사업체를 영위하는 프린시펄(principal)의 중간에서 이용시설의 예약, 수배, 알선 등의 서비스를 여행객에게 제공하고 시설업자로부터 일정한 대가(commission)를 받아 이를 경영수입으로 하는 사업체이다. 즉 여행업자는 여행객을 위해 여행과 관련되는 서비스를 제공하지만 제공된 서비스에 대한 서비스료는 여행객에게 청구하지 않고 프린시펄로부터 일정의 수수료를 지급받는다.

프린시펄에는 항공사, 크루즈선사, 철도, 버스회사, 호텔 그리고 그밖에 관광객을 대상으로 경영활동을 수행하는 모든 관광관련업체들이 포함된다. 프린시펄은 관광시장의 특수성을 감안하여 자사 대리점에만 의존하지 않고 여러 여행대리점과 계약, 자사상품을 판매해 주도록 유도하게 되는데, 이때에는 판매액에 대한 소정의 판매수수료를 여행사에 지급해야 한다.

여행사 수입의 근원은 대부분 계약체결된 프린시펄로부터 수수하는 수수료가 경영수입의 주류를 이루고 있다.

첫째, 여행객을 프린시펄에 알선해주고 프린시펄로부터 받는 수수료

둘째, 프린시펄의 상품을 판매해주고 프린시펄로부터 받는 수수료

셋째, 프린시펄의 시설을 여행객에게 알선해 주고 프린시펄로부터 받는 수수료

넷째, 프린시펄의 서비스를 저렴하게 구입해서 고객에게 일반요금보다 싸게 판매함으로써 얻게 되는 수익

다섯째, 여행상품을 생산, 판매하여 취하게 되는 수익

여섯째, 타사의 패키지 투어 상품을 판매해주고 받는 수수료 등이다.

〈그림 4-2〉 매개자로서의 여행사

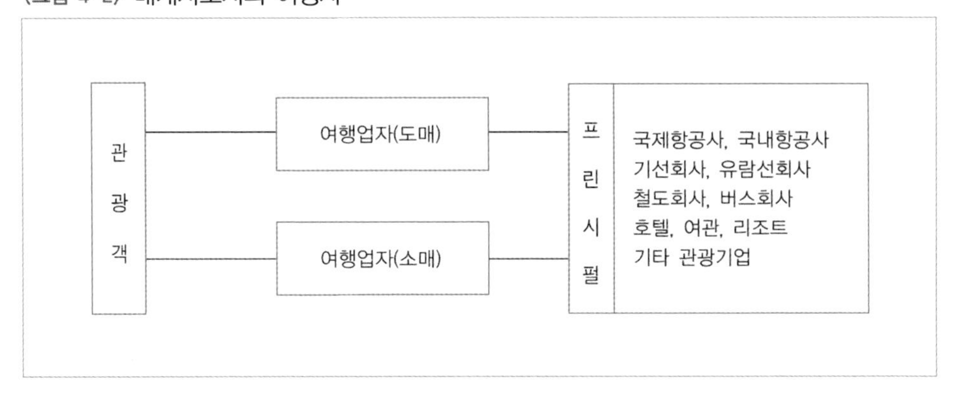

제4절 여행업의 환경변화와 발전방안

1. 여행업의 환경변화

과거 여행자는 국내여행을 위해 직접 목적지 숙박업소와 숙박업소와의 연결을 통해 여행계획을 준비하였고, DMO(Destination Management Organization)의 정보를 통해서 여행자가 원하는 지역정보를 얻음으로써 여행계획을 세웠다. 이 과정에서 여행자는 여행지역에 대한 가격, 관광정보 등에 대한 정보획득의 한계점을 지니고 있었다. 하지만, 여행사는 목적지 숙박업소에 대한 예약과 교통편 예약 등의 업무가 GDS(Global Distribution System)를 통하여 운영 및 계획함으로써 여행정보에 대한 독점적 지위를 가지고 있었다. 여행사는 GDS를 통해 가격경쟁력을 확보하고 포괄적 일정계획을 원활히 수행함으로써 비즈니스로서의 경쟁력을 강화하고 수익성을 창출하였다.

그러나 정보기술의 발달 특히 인터넷의 발달은 고객은 목적지 숙박업소로의 예약과 교통편 예약을 인터넷을 통해 하게 됨으로써, 고객은 인터넷을 통해 더 많은 여행정보를 얻을 수 있고, 가격협상까지 가능하게 되어 고객의 협상력이 강화되고 있다. 고객이 목적지 숙박업소에 네트워크 기술을 통해 GDS로의 연결이 가능하게 되었다. 결국 여행사가 하던 중요한 역할인 교통편과 목적지 숙박업소에 대한 예약업무가 고객이 직접 하는 것과의 차별화가 없게 된 것이다.

교통과 숙박업에 대한 공급자의 협상력이 인터넷을 기반한 U-GDS, U-CRS로 인하여 공급자의 힘이 과거보다 상대적으로 커질 수 있다. 유비쿼터스 시스템은 과거 여행사 중심의 협상대상을 고객과 대체기업으로 확장할 것이다.

이러한 상황에서 유비쿼터스 환경은 여행산업의 진입장벽을 크게 허물 것으로 예상된다. 특히 여행업과 직·간접적으로 연결되어 있는 숙박업소, 항공사, 카드사, 백화점 등이 여행업 진출을 시도하거나 계획하고 있기 때문이다. 이로 인하여 네트워크 기술을 보유하고 있고, 많은 수의 고정고객을 확보하고 있는 인터넷 포털 사이트와 모바일 통신사 등의 여행업 진출이 급격히 진행될 것으로 예상된다. 또한 웹과 모바일에 기반을 둔 신규 진입자가 급격히 늘어날 수 있다. 여행업의 대체서비스에는 지리정보시스템(GIS : Geographic Information System)을 활용한 웹, 모바일 관광 GIS가 충분히 활용될 수 있다. 모바일 여행서비스의 경우 사용의 편리성 측면에서 충분한 경쟁력을 가지고 있다. 따라서 온라인 여행 커뮤니티에서는 숙박, 교통 등의 매우 충분한 정보가 공유되기 때문에 여행사의 부차적인 도움 없이 여행을 준비할 수 있을 것으로 예상된다.

〈그림 4-3〉 여행산업의 경쟁구조 전망

자료 : 전효재 · 이기동, 국민생활시대의 국내여행업 발전방향, 2006.

정보기술의 확산으로 여행사는 정보협상력, 유통협상력, 가격협상력을 모두 잃게 됨으로써 산업자체에 대한 위기가 가중되고 있는 실정이다. 특히 기술, 인력, 자본에 한계가 있는 영세규모의 사업체에 많은 영향이 있을 것으로 전망된다.

이와 같은 경쟁구조의 변화에 따라 여행업은 시장의 변화와 공급자와의 관계변화, 그리고 여행업계 자체의 변화 등으로 요약해 볼 수 있다. 이러한 변화를 구체적으로 살펴보면 다음과 같다.

(1) 시장의 변화

① 인터넷 여행시장의 급성장

지속적인 관광수요의 증가에 힘입어 여행시장의 규모 확대가 예측되며, 특히 인터넷 여행시장에서 괄목할 만한 성장이 이루어질 것으로 보인다. 미국의 마케팅 리서치 회사인 주피터 커뮤니케이션사는 「온라인여행 : 5년 후의 전망」이라는 연구보고서에서 1996년 한 해 동안 인터넷 여행 사이트를 통한 총매출이 약 2억 7천만 달러로 2000년에는 약 45억 달러에 달할 것이라고 전망하고 있다. 이 수치는 호텔, 항공사, 여행사, 렌터카, 크루즈 등에 대한 인터넷 거래수입과 웹사이트에서 얻어지는 광고수입을 모두 반영한 것이다. 1996년 한해에 인터넷 여행시장에서 파생된 2억 7천만 달러의 수입은 전체 온라인 상거래 수입의 50%를 차지하고 있다.

한편, 이러한 현상은 다음과 같은 세 가지 이유로 인해 가속화될 것으로 보인다.

첫째, 인터넷 이용료의 인하이다. 인터넷이 초기의 시간제 비용부과 방식에서 정액제로 가격전략을 변경함으로써 인터넷 접속시 고비용을 부담스러워하던 사용자층을 대거 끌어들이고 있다.

둘째, 인터넷 접속수단의 다양화이다. 정보기술의 발전으로 인해 가정, 사무소, 호텔 등 다양한 장소에서 컴퓨터뿐만 아니라 텔레비전 리모컨을 이용해서도 인터넷에 접속할 수 있는 등 접속방식이 단순화, 다양화되고 있다.

셋째, 시장의 일치를 들 수 있다. 인터넷의 주 이용층인 대학생층은 또한 여행업계의 주요한 고객이므로 이용층의 인터넷 여행거래가 지속적으로 증가하고 있다. 이외에도 여행전문 웹사이트가 아닌 비전문 웹사이트에서 여행정보나 여행거래 서비스를 제공하고 있다는 점도 온라인 여행거래가 증가할 원인이라고 할 수 있다.

② 개별여행시장의 확대

소비자들의 여행경험이 풍부해지고 개성화가 진전됨에 따라 개별여행 시장이 확대될 것으로 보인다. 개별여행 대응의 시작점은 의뢰에 따라 소재를 모아 상품화하는 것으로, 이는 상품을 가시화하여 파는 것에만 익숙해져 있는 현재의 여행업 유통구조를 근본적으로 부정하는 것이다. 특히 이러한 현상은 여행사가 현재까지 항공사와 호텔의 상품을 대리 판매하는 입장에서, 상품을 구매하는 소비자를 위한 위치로 전환하는 것을 의미한다. 일본의 경우 JTB, 긴끼니혼투어리스트, 일본여행, 도뀨관광, 한뀨교통공사 등 대형 여행사들이 개별여행 코너를 설치하고 있다.

③ 여성시장 · 실버시장의 급성장

근로여성의 증가에 따라 여성들의 소비능력이 증대되고 독신여성의 증가, 만혼 및 출산감소 등으로 여성들의 여행수요가 급증하고 있으며, 이러한 현상은 향후 더욱 가속화 될 것으로 보인다. 2012년 우리나라 해외여행객 중 여성은 5,502,084명으로 전체 해외여행객의 39.2%를 점유하였으며, 여성 여행객의 비중은 점차 증가하는 추세이다. 또한 과학 및 의료기술의 발달로 인한 평균수명의 연장, 자연출생률의 감소로 인한 노령화사회 진전, 복지체계의 향상 등은 실버계층의 여행에 대한 관심 및 수요를 증대시켜 향후 주요시장이 될 것임을 나타내고 있다.

④ 주문에 의한 기획상품

까다롭고 다양한 고객의 욕구에 맞춘 종래의 획일적인 패키지판매 방식에서 개별고객의 주문에 맞춘 기획여행이 확대될 것이다. 주문형 맞춤여행상품은 특정한 지역을 찾는 여행자들의 내재된 욕구만족은 물론 특정관심분야 관광 등 차별화된 관광서비스를 제공함으로써 고객층을 확대해 갈 것으로 보인다.

⑤ 소비자욕구의 변화

소비자욕구는 더욱 다양화, 전문화, 세분화될 것으로 보인다. 점차 여행행태가 주유형에서 체류형으로 변화되고, 가족중심의 여행문화가 정착됨에 따라 소규모 맞춤여행이 보편화될 것으로 보이며, 학습, 건강, 문화고양을 중시하는 여행패턴의 보편화로 인해 테마답사여행, 문화 · 역사여행, 보양관광 등이 각광받게 될 것이다. 특히 특화상품(SST : special seeking tourism), 특별관심여행(SIT : special interest tourism), 모험관광(AT : adventure tourism) 등 젊은 층을 중심으로 전문적이고 특별한 경험을 추구하는 주제형, 체험형 여행상품의 수요가 확산될 것으로 기대된다. 개별여행의 자유성과 패키지의 저렴함을 동시에 추구하는 소비자의 욕구가 증가함에 따라 자유 일정이 가미된 패키지상품, 기존 일정내에서 숙박 · 식사 · 관광 등을 부분적으로 소비자의 욕구에 맞추는 조립형 패키지상품 등이 보편화될 것이다.

가격 면에서는 고급화와 초저렴화의 양극화 현상이 두드러질 것으로 보인다. 기존의 단체여행이 일정한 범위의 가격대에서 형성된 반면, 향후에는 고품격여행의 수요증가와 함께 값싼 항공권과 숙박권만을 구입하는 이중적 형태가 발생하는 등 여행시장의 가격세분화가 이루어질 전망이다.

(2) 공급업자와의 관계변화

① 소비자와 공급업자(호텔, 항공사)와의 직접거래 증대

공급업자들과의 관계에 있어 여행업에 가장 큰 위협은 항공사, 호텔 등 공급업자들과 소비자의 직접거래가 증가하고 있다는 것이다. 인터넷 등 공중통신망의 급속한 성장은 직거래를 가속화시키는 요인이 되고 있다. 이미 신라, 그랜드하얏트, 노보텔 앰배서더, 웨스틴조선, 힐튼호텔 등 국내 대부분의 특급호텔들이 인터넷 홈페이지를 개설하고 있으며, 대한항공과 아시아나항공은 인터넷을 통해 항공예약뿐만 아니라 제반 여행정보를 제공하는 정보라인을 개설, 운영하고 있다. 항공업계는 항공권 판매에 대한 여행업의 의존도를 낮추고 전산화를 적극 추진하여 판매수수료를 2008년부터 없애기로 하였다.

② 항공권판매방식의 다양화 및 직판증가

최근 구미의 대형여행사들은 여행사를 통한 항공권판매 비율을 대폭 감소시키고 수수료율도 인하하는 한편, 인터넷 웹사이트를 통한 항공권 직판비율을 확대해 나가고 있다. 또한 항공권 자동판매기, CD기를 통한 항공권 판매, 편의점의 항공권 판매 대리점화 등 항공권판매방식을 다양화하고 있어 기존 여행시장의 잠식을 예고하고 있다.

③ 항공사, 호텔 여행상품 판매 및 여행서비스 강화

최근 노스웨스트항공, 델타항공, 필리핀항공 등 외국의 주요 항공사들이 현지 여행업자와 공동으로 패키지상품을 앞 다투어 내놓고 있다. 항공사간 경쟁이 치열해짐에 따라 직접 여행상품을 개발 · 판매할 뿐 아니라 총판 대리점이나 지정 여행사를 통해 소비자를 모집하는 형태도 증가하고 있다. 또한 영국, 콴타스, 뉴질랜드, 싱가포르 항공 등은 항공권을 개인적으로 구입할 경우 호텔, 차량, 시내관광 등을 간편하게 예약해주는 여행서비스를 강화하고 있다.

한편, 호텔들도 인근의 관광지를 묶어서 판매함으로써 기존 여행사의 영업범위를 크게 위협하고 있다. 따라서 현재 평균 60%에 달하는 여행사를 통한 항공사 선택률 및 50%에 달하는 여행사를 통한 호텔예약률 등 여행업이 관련산업에 미치는 영향력이 향후 감소될 가능성이 높다.

(3) 여행업계의 변화

① 새로운 업종의 탄생

정보화의 진전 및 소비자의 기호변화 등으로 인해 기존의 패키지 여행사 중심의 업계가 다변화될 것으로 보인다. 즉 예약전문 여행사, 항공권 발권전문 여행사 등 기능별 업종의 분화가 이루어질 전망이며, 인터넷 이용의 확산에 따라 인터넷 여생사도 증가할 것이다. 또한 개성있고 독특한 여행체험을 기대하는 소비자의 증가로 인해 상품기획전문 여행사 등이 출현할 것으로 보이며, 여행사전문 경영연구소, 여행컨설팅 업체, 여행전문 인력양성기관 등 업종의 전문화 및 관련 지원업종의 출현도 기대된다.

② 다양한 주체의 시장진입

여행산업이 21세기 최대산업으로 성장이 예상되고 시장진입이 비교적 용이하고 아이디어 집약적인 여행업의 특성상, 다양한 주체의 시장진입이 촉진될 것으로 보인다. 국내의 경우 이미 백화점, 의류업체, 언론사 등이 여행업에 진출하여 참신한 상품기획과 차별화된 마케팅전략으로 새로운 시장형성을 주도하고 있다. 이밖에도 기존의 신용카드 여행사의 독립여행사 설립과 개인의 능력과 자산을 담보로 한 소규모의 벤처기업이 활성화될 것으로 예상되는 등 다종다양한 업체의 각축전이 예상된다.

③ 외국여행사의 본격 진입

외국 거대여행사의 한국시장 진입이 본격화될 전망이다. 이미 일본교통공사(JTB), 쿠오니(KUONI), 아메리칸 익스프레스(American Express) 등 외국의 다국적 여행기업이 한국시장조사를 끝낸 상태이다. 해외여행객수가 1,000만명을 넘어서고 있고 매년 빠른 성장을 나타내고 있는 한국시장을 감안할 때 외국여행사의 한국시장 진출이 조만간 가시화될 것으로 전망된다.

2. 여행업 발전방안

(1) 새로운 비즈니스 모델 개발

인터넷 및 정보기술의 발달로 고객들은 여행사를 통하지 않고 GDS를 통해 항공, 숙박업소 등 프린시펄과 직접 연결되어 여행상품에 대한 원가가 공개됨으로써 여행사가 얻을 수 있는 마진율의 악화를 가져오고 있다. 이처럼 정보기술의 영향으로 여행업의 유통구조가 파괴되는 시점에서 기존의 관광자원을 판매하는 판매형 비즈니스 모델로는 더 이상 수익의 창출을 기대할 수 없게 되었다. 따라서 새로운 가치를 창출 할 수 있는 비즈니스 모델을 개발하는 등 기업구조의 변화가 시급하다.

일본 최대의 여행사인 JTB(Japan Travel Bureau)는 단순 여행산업에서 '교류문화산업'으로 진화하고 있으며, 이를 지원하기 위한 핵심 분야로서 광고부문 계열사인 JIC(Japan Intelligence and Communication)를 보유하고 있으며, JTB 카드, 여행보험, 외화환전, 국제전화, 해외선물 상품, 여행자수표, 여행적립식 적금상품, JTB 여행권 및 각종 상품권, 연극/음악/미술/스포츠 티켓판매 등 관련 사업을 다각화하고 있다. 최근에는 관광창조연구소, 여행판촉연구소 등을 설립하여 관광부문 R&D를 확대하고 있는 실정이다(전효재 · 이기동, 2006).

새로운 수입원으로서 상담수수료 제도의 도입도 고려해야 할 것이다. 일본은 상담여행의 수수료를 고객의 여행계획 작성 상담, 여행일정표 작성, 여행대금 견적서 작성, 여행지 및 운송 · 숙박 정보 제공, 고객 의뢰에 의한 출장상담 등 5가지로 구분하여 세부적인 요금을 규정하고 있다. 이는 여행업 컨설팅 정보를 시간과 업무에 따라 구분하여 요금화한 제도이다. 이를 위해서는 여행업 자체가 정보지식 기반을 확대하여야 하며 여행 컨설턴트(consultants) 또는 어드바이저(advisors)의 인력 육성도 구축하여야 한다.

(2) 대형화

여행사의 대형화는 동종업계의 수평적 통합 및 제휴를 통해서 여행사의 대형화가 진행되고 있으며, 이는 여행업의 규모의 경제를 가속화시키고 있다. 소규모 여행사들을 기업인수·합병(M&A)이나 컨소시엄 구성 등 전략적 제휴를 통한 대형화를 추구하고 있다. 전략적 제휴는 단순한 업무협조의 범위를 넘어 상승효과(synergy effect)를 높이기 위한 업무의 제휴를 말하는 것으로 복수의 여행업체가 영업상의 비용, 위험, 수익을 공유함으로써 규모의 경제로 인한 가격경쟁력을 꾀할 수 있다.

여행업체간 전략적 제휴는 항공사, 호텔 등 공급업자에 대응능력을 향상시킬 수 있을 뿐만 아니라 외국의 대형 여행업체의 진출에도 효과적으로 대비할 수 있는 장점이 있다.

현재 중소 여행사 종업원의 업무환경이 매우 열악한 실정으로, 여행사의 대형화를 통해 보다 안정적인 고용환경을 제공함으로써 종업원의 서비스 향상 효과가 기대된다. 또한 여행사의 대형화는 여행업의 진입장벽을 높일 수 있을 것이며, 기존 여행업이 가지고 있던 '여행정보'의 경쟁무기에서 다양한 여행상품 및 서비스를 제공할 수 있는 경쟁력을 지니게 될 것이다.

(3) 전문화 및 수직적 통합

여행사의 전문화는 현재 정보통신 기술의 발달로 여행상품 공급자와 구매자 간의 협상력이 강화되고 있으나 여행업에 대한 시장진입의 벽이 점차 낮아지고 있는 추세이다. 따라서 여행시장의 새로운 시장발견이 요구되며, 이를 위하여 여행사의 전문화 및 수직적 통합은 필수 사항이다. 즉 여행사와 전문화 및 수직적 통합이라 함은 여행상품 공급업체와 여행사간의 통합을 의미한다. 결과적으로 전문화된 여행사는 대형 여행사 주도 여행시장에서 틈새시장을 확보함으로써 자체 경쟁력 확보가 가능한 것이다.

여행사의 전문화는 여행지역, 여행주제, 여행주체에 따른 특화와 기획 및 상담 전문요원의 양성을 통해 이루어질 수 있다. 이러한 전문화는 여행사의 대형화 추세 속에서 '범위의 경제'를 실현함으로써 여행업 시장규모와 범위를 넓히게 될 것이다.

(4) 융합화

여행업의 융합화는 여행사의 새로운 비즈니스 모델로서 새로운 사업기회를 제공함과 동시에 사업의 다각화를 이룰 수 있다. 그 사례로 롯데관광은 외식업체인 사보이 F&B(카후나빌)와 MOU체결을 통해 윈-윈 전략적 제휴를 맺은 바 있다. 이처럼 외부 업체는 자사의 노하우 및 기존 고객을 기반으로 하여 새로운 고객 서비스 전략과 사업다각화 등의 마케팅전략으로 활용하기 위해 여행업에 진출하고 있다.

(5) 정보화

여행업에서 정보기술의 확산은 산업경계를 허물고 가치네트워크를 강화하며, 해외시장을 개척하는 강력한 경영활동수단으로 등장하였다. 이로 인해 직접 고객유치, 해외시장 개척, 투자확대, 인터넷을 통한 정보 확산, 시장융합, 거래방식의 변화, 신산업의 등장 등 산업에 많은 기회를 제공하고 있다.

내부적으로는 경영의 효율성을 추구하기 위해서는 경영정보, 재무회계정보화, 유통전산화, 여행정보서비스 플랫폼 구축 등 경영환경의 기술 인프라를 구축하여야 할 것이다.

일본의 JTB는 인터넷을 통한 예약과 더불어 모바일을 통한 여행상품 판매로 유통채널을 다각화하고 있으며, 일본여행업협회(JATA)는 일본의 대형여행사들과 함께 TravelXML working group을 구성하여 거래항목의 표준화를 통해 여행산업내의 인프라를 구축하여 기업간 거래(B2B)가 원활하도록 하는 여행업 전자상거래 표준화사업(TravelXML)을 추진하고 있으며, 우리나라를 비롯하여 아시아 지역의 전자상거래 표준화를 권고하는 등 정보화에 앞장서고 있다.

(6) 유통채널의 다양화

여행상품을 고객들이 손쉽게 구매할 수 있도록 유통채널을 다각화하여야 한다. 항공사나 호텔 등이 여행사를 이용하여 유통채널을 확대한 것처럼 여행사들도 지점이나 영업소에만 의존하기보다는 편의점과 같은 다른 유통채널이나 인터넷과 모바일 또는 자동판매기 등을 활용하여야 한다.

일본의 JTB는 1천여개소의 지점 · 영업소, 트래베란드점, 종합제휴판매점으로 구분하고 있으며, 이중 트래베란드점은 전국의 쇼핑센터 · 백화점 등 상업시설이나 역터미널 주변 등 일본 전역에 약 400 점포가 있으며, 제휴판매는 JTB와 계약하여 JTB 상품을 판매하는 시스템을 보유하고 있다. 또한 인터넷을 통한 예약과 더불어 모바일을 통한 여행상품의 구매와 편의점을 통한 여행상품 판매로 유통채널을 다각화하고 있다.

(7) 대고객 서비스 강화

양적 관광에서 질적 관광, 주유형 관광에서 체류형 관광, 단체관광에서 개별관광 등으로 관광형태가 변화됨에 따라 고객들은 여행의 품질과 여행 전과정에서 서비스를 중시하고 있다. 여행사는 차별화된 고품질의 상품을 개발하고 여행과정에서 질 높은 서비스와 철저한 사후관리가 필요하다. 즉 계약의 전과정을 총괄 책임지고 사후 고객의 불만처리까지 담당하는 전문적 고객관리제도 도입 및 담당부서의 설치가 필요하다. 특히 인터넷을 통한 예약과 전자상거래가 증가함에 따라 이에 대한 안전성과 보안시스템의 구축에도 세심한 관리가 필요하다.

최근 국내 대형 여행업체를 중심으로 서비스 보증제도 및 마일리지 제도 등이 도입되고 있는데, 이러한 제도는 표준약관의 정비 및 소비자보호체계의 강화 등과 함께 보다 강화되어야 할 것이다.

Tourism Business Management

제 5 장 관광숙박업

제1절 호텔업

1. 호텔업의 이해

(1) 호텔의 정의

호텔의 어원은 라틴어의 'Hospitale'(순례 참배자나 나그네를 위한 숙소)에서 찾을 수 있으며, 이는 또 Hospital(여행자가 쉬고 거처할 수 있는 장소 또는 병자나 부상자를 간호 · 보호하는 시설)에서 Hostel(중세 프랑스에서의 숙박하는 장소)로, 그리고 오늘날 Hotel(대중에게 숙박, 식사, 서비스를 제공하는 건물 또는 기관)로 발전되어 왔다. 이와 같이 발전한 호텔의 기능은 우리들 일상생활의 가정단위를 규모면에서 확대한 것으로 "A home away from home"이란 애칭을 받기까지에 이르고 있다.

영국에서는 호텔에 대한 정의를 "호텔이란 예의바르고 받은 접대에 대한 지급능력 및 준비가 되어 있는 모든 사람에게 시설의 여유가 있는 한 수용이 허락되며 체재기간 및 보상률 등에 관한 약정 없이 체재기간 중에는 타당한 대가를 지급하고 식사 · 침실 등이 제공되며, 그 시설을 임시적 가정으로 이용하는데 필연적으로 부수되는 서비스와 관리를 받을 수 있는 장소"라고 규정하고 있다.

일본에서의 호텔에 대한 통념은 "외객의 숙박에 적합한 시설을 갖추어 이를 관광객에게 이용하게 하고 음식을 제공하는 업"으로 해석되고 있다. 따라서 "호텔은 사무실을 가지고 접수사무를 보면서 여행자에게 숙박을 제공하고(식사는 있기도 하고 없기도 한다) 안락한 시설과 서비스 및 안전을 제공하면서 그 지역사회에 기여하는 건축물 또는 구조물이다"라고 하는 것이 집약된 개념으로 볼 수 있다.

(2) 호텔의 분류

호텔은 호텔이 위치한 장소, 경영의 형태 및 일반적으로 이용되는 특성 등의 여러 가지 주어진 조건에 따라 각기 상이한 명칭이 부여되는 것이 상례이다.

특정 호텔이 상용호텔이라고 해서 반드시 그러한 성격에 적합한 손님만을 취급한다는 의미는 아니다. 다만, 편의상 주어진 특성을 바탕으로 하여 경영의 일반적 유형이 결정되는 것에 불과하다.

호텔은 다음과 같이 호텔 규모, 입지, 체재기간, 숙박목적 그리고 요금형태 등에 따라 분류할 수 있다.

① 호텔의 규모(size)

호텔의 규모는 즉 객실수를 기준으로 다음과 같이 분류할 수 있다.

㉮ **스몰 호텔(small hotel)**

객실수가 25실 이하인 소형호텔을 말한다.

㉯ **에버리지 호텔(average hotel)**

객실이 25실에서 100실까지 보유하고 있는 호텔을 말한다.

㉰ **어버브 에버리지 호텔(above average hotel)**

객실이 100실에서 300실 정도를 확보하고 있는 중형 호텔을 말한다.

㉱ **라지 호텔(large hotel)**

300실 이상의 객실을 보유하고 있는 대형호텔을 말한다. 우리나라의 등급호텔이 여기에 속한다고 말할 수 있다.

② 호텔의 입지(location)

㉮ **메트로폴리탄 호텔(metropolitan hotel)**

거대도시에 위치하면서 수천개의 객실을 보유하고 있는 맘모스호텔(mammoth hotel)을 일컫는다.

㈏ **시티 호텔**(city hotel)

관광지의 호텔, 또는 휴양지의 호텔과 대조되는 호텔로서 도시중심지의 호텔을 총칭한다.

㈐ **다운타운 호텔**(downtown hotel)

도시의 비즈니스 센터와 쇼핑센터 등의 중심가에 위치하는 호텔로서 최근에는 도시중심의 교통혼잡과 주차장의 부족 등으로 운영에 많은 어려움을 겪고 있다.

㈑ **서버반 호텔**(suburbal hotel)

도시를 벗어난 한가한 교외에 건립된 공기 좋고 주차가 편리한 교외 호텔이다.

㈒ **컨트리 호텔**(country hotel)

교외라기보다는 산간에 세워지는 호텔로 마운틴호텔(mountail hotel)이라고도 부른다.

㈓ **에어포트 호텔**(airport hotel)

공항근처에 위치하면서 비행기 사정으로 출발 및 도착이 지연되어 탑승을 기다리는 손님과 승무원들이 이용하기 편리한 호텔을 말한다.

㈔ **터미널 호텔**(terminal hotel)

철도역이나 공항터미널, 또는 버스터미널 근처에 위치한 호텔을 말한다.

㈕ **시포트 호텔**(seaport hotel)

항구근처에 위치하고 있으면서 여객선의 출입으로 인한 선객과 선원들이 이용하기에 편리한 호텔이다.

㈖ **비치 호텔**(beach hotel)

해변에 위치한 피서객과 휴양객을 위한 호텔이다.

③ 체재기간(length of guest's stay)

㈎ **트랜지언트 호텔**(trnasient hotel)

평균 체재일이 1~3일 정도인 호텔로 비즈니스맨들이 이용하며 교통이 편리한 장소에 위치하고 있는 metropolitan hotel, city hotel, downtown hotel이 여기에 속한다고 할 수 있다.

㉯ **레지덴셜 호텔**(residential hotel)

이 호텔은 주택용 호텔로서 대체로 1주일 이상의 체재객을 대상으로 한다. 해외파견 근로자들이나 장기출장 근무자들을 위한 도심지의 호텔이나 휴양지나 관광지의 리조트호텔 등이 여기에 속한다고 할 수 있다.

㉰ **퍼머넌트 호텔**(permanent hotel)

장기체재객을 위한 호텔로서 정년퇴직 후에 연금으로 생활하는 사람이 대개 이런 호텔을 이용하게 된다. 여기에는 객실마다 자취설비가 되어 있어 마치 아파트와 같은 인상을 주게 된다. 숙박객에게 음식을 제공하지 않는 것이 원칙이나, 제공하는 곳도 있으며 가격도 저렴하다.

④ 숙박목적에 의한 분류

㉮ **커머셜 호텔**(commercial hotel)

전형적인 상용호텔로 비즈니스호텔(business hotel)이라고도 하며 도시중심의 대부분의 호텔들이 이 부류에 속할 것이다.

㉯ **리조트 호텔**(resort hotel)

휴양지호텔이라고도 하는 이 호텔은 어의에 나타나듯이 휴양지에 위치하고 있으며, 주로 상용객이 아닌 휴양을 즐기고 건강을 회복하고자 일반적으로 장기 체재하는 고객을 위해 발전된 호텔이다. 이 호텔은 성수기와 비수기가 뚜렷하고 입지에 따라 해안의 염분, 온천의 광물질, 산악의 수분 등이 호텔시설의 훼손을 가져와 경영 · 관리에 많은 어려움이 있다.

㉰ **컨벤셔널 호텔**(conventional hotel)

국제회의를 유치하기 위한 맘모스호텔로서 대형화는 물론 대회의장과 주차장의 설비가 완비되어 있고 연회실과 전시장도 대규모로 확보되어야 한다.

㉱ **아파트먼트 호텔**(apartment hotel)

장기체재나 거주를 위한 호텔로서 레지덴셜 호텔이나 퍼머넌트 호텔과 같은 개념의 호텔이다.

⑤ 요금형태에 의한 분류

㉮ **유럽식 호텔(European plan hotel)**

우리나라에서 이용되고 있는 방식으로 객실요금만을 계산하는 요금제도를 말한다.

㉯ **미국식 호텔(American plan hotel)**

객실요금에다 아침, 점심, 저녁식사비용이 포함된 1박 3식의 요금제도이다. full pension이라고도 한다.

㉰ **수정 미국식 호텔(modified American plan hotel)**

객실요금에다 아침식사비용과 점심이나 저녁식사비용이 포함되어 있는 1박 2식의 요금제도이다. half pension, demi pension, semi pension이라고 부르기도 한다.

㉱ **대륙식 호텔(continental plan hotel)**

객실요금에다 대륙식 조식(continental breakfast)요금이 포함된다. 주로 유럽에서 많이 이용되고 있는 요금제도이다. 미국식 조식(American breakfast)을 제공하는 경우에는 버뮤다식호텔(Bermuda plan hotel)이라고 한다.

㉲ **혼합식 호텔(dual plan hotel)**

한 호텔내에서 여러 가지 방식을 다 쓰는 호텔(즉, 미국식 · 유럽식 등 혼용함)로서, 손님의 희망에 따라 택하게 하는 요금제도이다.

⑤ 관광진흥법에 의한 분류

우리나라 관광진흥법에 의한 호텔업의 분류는 다음과 같다.

㉮ **관광호텔업**

관광객의 숙박에 적합한 시설을 갖추어 관광객에게 이용하게 하고 숙박에 딸린 음식 · 운동 · 오락 · 휴양 · 공연 또는 연수에 적합한 시설 등(이하 "부대시설"이라 한다)을 함께 갖추어 관광객에게 이용하게 하는 업

㉯ **수상관광호텔업**

수상에 구조물 또는 선박을 고정하거나 매어 놓고 관광객의 숙박에 적

합한 시설을 갖추거나 부대시설을 함께 갖추어 관광객에게 이용하게 하는 업

㈐ **한국전통호텔업**

한국전통의 건축물에 관광객의 숙박에 적합한 시설을 갖추거나 부대시설을 함께 갖추어 관광객에게 이용하게 하는 업

㈑ **가족호텔업**

가족단위 관광객의 숙박에 적합한 시설 및 취사도구를 갖추어 관광객에게 이용하게 하거나 숙박에 딸린 음식 · 운동 · 휴양 또는 연수에 적합한 시설을 함께 갖추어 관광객에게 이용하게 하는 업

㈒ **호스텔업**

배낭여행객 등 개별 관광객의 숙박에 적합한 시설로서 샤워장, 취사장 등의 편의시설과 외국인 및 내국인관광객을 위한 문화 · 정보 교류시설 등을 함께 갖추어 관광객에게 이용하게 하는 업

㈓ **소형호텔업 (신설 2013. 11. 29)**

관광객의 숙박에 적합한 시설을 소규모로 갖추고 숙박에 딸린 음식 · 운동 · 휴양 또는 연수에 적합한 시설을 함께 갖추어 관광객에게 이용하게 하는 업

㈔ **의료관광호텔업(신설 2013. 11. 29)**

의료관광객의 숙박에 적합한 시설 및 취사도구를 갖추거나 숙박에 딸린 음식 · 운동 또는 휴양에 적합한 시설을 함께 갖추어 주로 외국인 관광객에게 이용하게 하는 업

2. 호텔업의 특성과 조직

(1) 호텔업의 특성

호텔업은 다른 사업이 갖지 않은 독특한 개성을 지니고 있다.

이 개성을 우리는 호텔업의 특성이라 보고, 그 구체적인 내용을 주로 호텔의 운영, 시설 및 경영의 문제와 관련하여 볼 때 다음 몇 가지로 요약하여 구분할 수 있다.

① 운영상의 특성

㉮ **서비스성**

호텔의 개념이 '임시적 가정'으로 집약될 수 있음에 비추어, 호텔을 이용하는 고객에게 마치 가정과 같은 안도감과 유쾌한 시간을 최대한 보장해 주어야 할 의무가 있는 것이다. 물론 법률적 강제규정의 의무는 아니라 하더라도 호텔이 환대사업(hospitality business)의 주인격인 역할을 감당하는 본래의 특성으로 미루어 볼 때 이는 마땅히 베풀어져야 할 성질이다. 이 점을 강조할 때 서비스는 가장 중요한 문제인 동시에 또한 어려운 과제이기도 하다.

호텔이 갖는 최대의 의의가 집을 떠난 여행자나 찾아든 고객을 정성어린 서비스로 맞이함으로써 그 지역사회 발전과 같은 운명으로 평가되는 데서 찾아 볼 수 있다. 호텔에 있어서 서비스의 본질을 가장 절실하게 갈파한 '스타틀러 호텔'의 서비스 규약이 이를 잘 표현해 주고 있다. "호텔은 단 한가지 판매할 것이 있으니, 바로 서비스이다. 보잘 것 없는 서비스를 판매하는 호텔은 보잘 것 없는 호텔이며, 훌륭한 서비스를 판매하는 호텔은 훌륭한 호텔이다. 스타틀러 호텔이 세계에서 가장 훌륭한 서비스를 고객에게 판매하고자 함이 곧 이 호텔의 궁극적인 목표이다."

㉯ **협동**

호텔기업의 운영에 있어서 두번째 특성은 협동이다. 호텔은 각기 상이한 여러 부문의 기능을 가지고 있다. 현관을 비롯하여 각 계층의 서비스 및 객실서비스에 이르기까지 다양한 서비스와 주어진 직무가 있다. 이러한 직무를 수행하는 것은 한 조직의 궁극적 목표, 즉 고객에의 서비스에 귀착되는 것이다. 그러므로 각 부문이 제각기 주어진 직무를 원만히 수행하여야 궁극적인 목적의 달성이 가능한 것이며, 기업의 궁극적 목표인 이윤의 추구와 기업의 존속을 도모할 수 있는 것이다. 이에 가장 유효하게 이 목표를 수행하는데 절실히 요청되는 것은 각 부문간의 협동이다. 종업원 상호간의 부단한 협동의식이 충만함으로써 부문

사이의 기능을 가장 원활하게 유지할 수 있을 것이며, 이로써 대고객 접대에 충실을 기대할 수 있다.

㈐ **유리한 작업조건**

호텔기업은 종업원의 작업조건이 가장 유리하다는 특성을 가지고 있다. 호텔은 어느 기업에서보다 그 작업조건이 유리하다. 청결한 환경이 최대의 제품서비스로 제공되는 이유로 말미암아 호텔종업원의 작업상 조건은 자연히 가장 훌륭하게 평가되는 것이다.

㈑ **연중무휴**

호텔기업은 연중무휴의 운영을 한다. 호텔의 이용객은 집을 떠난 사람 혹은 휴일을 즐기고자 하는 사람들이다. 그러므로 이러한 고객의 특성으로 호텔기업은 남이 놀 때 더 한층 경영상 수입을 기대할 수 있는 기회를 갖게 되므로 연중무휴로 운영을 계속하는 특성을 가지고 있다.

② 시설상의 특성

호텔기업의 특성을 시설면에서 고찰할 때, 다음 몇가지 뚜렷한 특성을 찾아 볼 수 있다.

㈎ **과도한 일시적 최초투자**

호텔시설은 다른 어떤 산업시설보다도 일시적 최초투자(initial investment)가 높다. 방대한 규모의 투자를 요하는 이 호텔은 다른 일반 산업시설이 연차적으로 확장 및 재투자를 할 수 있는데 반하여, 호텔시설은 이 시설 자체가 하나의 제품으로서 판매되어야 할 특성으로 부분적 · 연차적 투자는 사실상 불가능하다. 이것이 호텔기업이 갖는 숙명적인 최대의 불리점이기도 하다.

㈏ **시설의 진부화**

호텔시설의 진부화가 어느 시설에 비해서 보다 높다. 호텔시설은 일반 제품과는 달리 고객이 이용하든 혹은 이용하지 않든 간에 부단히 훼손 · 마모되어 가므로 결과적으로 경제적 가치 내지 제품으로서의 효용가치를 상실하게 됨을 의미하는 것이다.

일반적으로 다른 시설은 시설 자체가 어디까지나 부대적 성격을 띠게 됨으로써 그 효용이 비교적 장기성을 갖는데 반하여 호텔시설은 시설 자체가 하나의 제품으로서 고객에게 소구(appeal)되어야 하기 때문에 결과적으로 그 진부화는 가장 격심한 형편인 것이다.

㉰ **비생산적 공공장소**

호텔은 비생산적 공공장소(public space)를 필연적으로 가져야 하는 불리점이 있다. 그 대표적 예로써 로비(lobby) 등의 공공장소이다.

호텔을 개인전용의 기본시설과 공공의 이용을 전제로 하는 '퍼블릭 스페이스'의 2개 부분으로 크게 나눌 때, 후자의 경우 식당, 라운지 등은 생산적 요소인데 반하여, 고액투자의 로비 등은 비생산적 요소로서 비싼 지대 및 건축비를 감안한다면 달갑지 않은 요소임에는 틀림없으나, 이는 호텔이 가지는 숙명적 특성으로 받아들이지 않을 수 없다.

③ 경영상의 특성

㉮ **기계화의 한계성**

호텔기업은 기계화의 한계성을 내포하고 있다. 두말할 필요도 없이 호텔기업은 인적 서비스의 판매가 커다란 하나의 제품으로 간주되고 있는 특수성이 있다. 그러므로 오늘날 고율의 인건비지출 억제를 위해 일부 호텔기능의 기계화를 촉진하여 반복적인 인적 노력을 어느 정도 감당하고 있는 경향이 있다. 프론트업무 중 일부를 기계화로 대체하는 것이 그 한 예이기는 하나, 호텔기업은 궁극적으로 인적 서비스를 배제하고는 존속을 기대할 수 없기 때문에 이의 한계성은 자명한 것이다. 이것은 벨맨 등을 로봇으로 대체한 호텔의 풍경을 상상할 수 없기 때문이다.

㉯ **비이동성**

호텔의 제품은 이동할 수 없는 특성도 아울러 지니고 있다. 호텔의 주된 제품은 객실과 식음료와 서비스로 구분된다. 객실과 식음료는 유형적 제품인데 반하여 서비스는 무형적 제품이다. 일반적으로 다른 제품은 판매원에 의해 견본으로서 고객에게 제시될 수 있으나, 호텔제품은 고객이 스스로 제품을 찾아와 구입하는 특성이 있다. 결과적으로 호텔

경영에 있어서 판매촉진은 구매시점의 광고를 최대한으로 활용하여야 함을 아울러 제시하고 있다.

㉰ **고정자산의 과다**

호텔기업의 고정자산 구성의 과대한 점유와 수익률의 저율은 가장 큰 경영상의 난점으로 평가된다. 호텔기업은 고정자산이 전체시설의 태반 이상을 차지함으로써 높은 고정자산의 구성비를 보여주고, 이로 인하여 낮은 운영자금의 핍박을 면치 못하게 한다. 또한 수익률이 다른 기업에 비해 극히 낮으므로 자본가의 투자의욕을 쉽사리 유발하지 못하는 난점도 있다.

㉱ **높은 고정비지출**

호텔기업의 높은 고정비지출은 경영의 난점을 추가한다. 일반적으로 기업의 지출을 고정경비와 변동비로 구분할 때 호텔기업은 다른 기업에 비해 높은 고정비를 감수해야 할 숙명을 지니고 있다. 연료비, 전기료, 인건비 등 '퍼블릭 스페이스(public space)'와 관련된 경비는 호텔의 고정경비로서 고객이 많든 적든 간에 일정한 수준을 유지하여야 하는 데에 경영상의 커다란 애로를 가져오는 것이다.

㉲ **수입의 불안정성**

호텔수입의 불안전성이 다른 기업에 비해 더욱 심하다. 호텔기업은 여행객을 그 주대상으로 발전된 기업임에 비추어 계절적인 영향에 크게 좌우되는 여행현상과 정비례하여 고객의 증가와 감소를 가져오므로 기업운영의 불안정성은 피할 수 없는 것이다. 근래 휴가기간의 조절과 교통수단의 발달, 그리고 지역사회의 새로운 소득층의 호텔이용 등으로 인해 종전과 같은 심한 호텔수입의 불안정성은 다소 극복하게 되었으나, 리조트 호텔은 아직도 이의 타격에서 벗어나지 못하고 있는 형편이다.

㉳ **비저장성**

호텔의 제품은 저장할 수 없다. 일반제품은 오늘 팔지 못하면 내일 판매할 기회를 바라고 저장할 수 있다. 그러나 호텔객실은 오늘 팔지 못하면 그날의 그 방은 영구히 다시 팔 수 없는 특성을 갖고 있다.

(2) 호텔업의 경영조직

호텔업의 경영조직은 성공적인 경영활동을 위해 필요한 일과 부서, 직위나 권한 등을 안정적으로 짜놓은 틀 또는 뼈대를 의미한다. 호텔의 조직구조도는 호텔의 목표달성을 위해 필요한 호텔업무를 할당하는 방법(과업의 분화), 호텔업무를 어느 정도까지 담당자의 재량에 맡길 것인가를 정하는 방법(권한의 배분), 호텔 업무수행을 위해 필요한 규정과 절차를 명시하는 방법(공식화) 등을 제시하는 것이다.

〈그림 5-1〉 호텔업의 조직

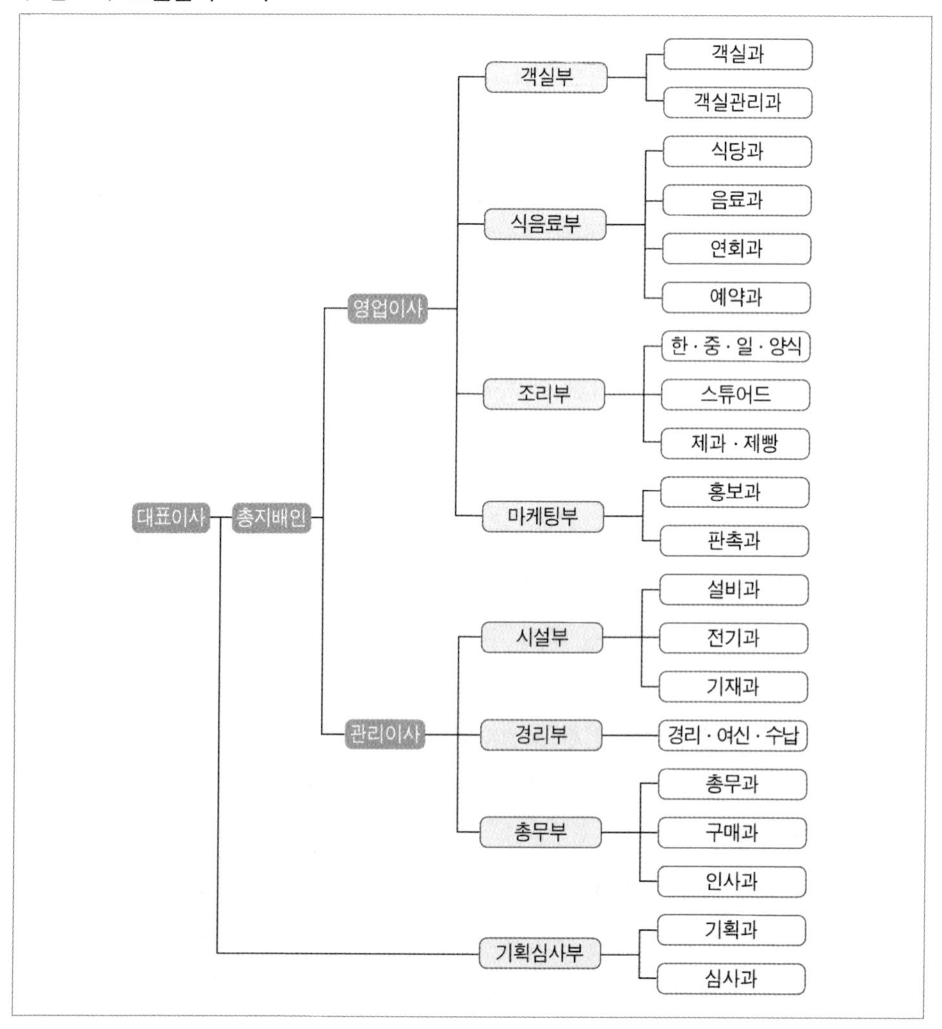

자료 : 김광근외, 최신관광학, 백산출판사, 2007.

호텔부서는 업무성격에 따라 다양한 조직으로 구성될 수 있으나 대부분의 호텔에서는 영업부서(front of the house)와 지원부서(back of the house)로 구분하여 조직을 운영하고 있다. 영업부서는 고객을 접촉하여 서비스를 제공하는 부서로서 프론트 서비스, 식음료업장 서비스 등을 말하며, 지원부서는 인력자원관리, 경리·시설관리 등의 업무를 담당하는 부서를 말한다. 특히 호텔업은 고객만족을 대전제로 종업원이 고객을 대상으로 서비스를 제공하는 기업이기 때문에 일반기업과는 상이한 조직체계로 구성되어 있으며 부서간 특히 영업부서와 지원부서간의 긴밀한 협조가 필요한 조직이다. 일반적인 호텔업의 조직도는 〈그림 5-1〉과 같다.

3. 호텔업 관련법규와 현황

(1) 관광호텔업

관광호텔업은 관광객의 숙박에 적합한 시설을 갖추어 관광객에게 이용하게 하고 숙박에 딸린 음식·운동·오락·휴양·공연 또는 연수에 적합한 시설 등(이하 "부대시설"이라 한다)을 함께 갖추어 관광객에게 이용하게 하는 업을 말하는데, 등록기준은 〈표 5-1〉과 같다. 관광진흥법에서는 객실, 서비스체계와 부동산에 관한 항목만을 간단하게 규정하고 있지만, 건축법, 식품위생법 등 다양한 개별법의 규제를 받고 있으므로 개별법의 기준을 충족시켜야만 한다. 또한 관광호텔업은 서비스를 일정 수준 유지시키고자 관광진흥법에 의해 특1등급, 특2등급, 1등급, 2등급, 3등급 등 5개 등급으로 구분하고 있다.

〈표 5-1〉 관광호텔업 등록기준

(1) 욕실이나 샤워시설을 갖춘 객실을 30실 이상 갖추고 있을 것 (2) 외국인에게 서비스를 제공할 수 있는 체제를 갖추고 있을 것 (3) 대지 및 건물의 소유권 또는 사용권을 확보하고 있을 것. 다만, 회원을 모집하는 경우에는 소유권을 확보하여야 한다.

2012년 12월 말 기준으로 관광호텔업의 등록현황을 살펴보면 전국 783개 업체에 80,646실로 2011년에 비해 9,883실이 증가되었다. 이를 지역별로 보면 서울이 159개 업체에 26,909실, 부산 53개 업체에 6,293실, 제주 99개 업체에 8,495실, 경기 93개 업체에 6,424실, 경북 49업체에 4,351실 순으로 등록되어 있다.

등급별로 보면 특1등급이 71개 업체에 24,775실, 특2등급이 74개 업체에 12,881실의 객실이 등록되어 있다. 이외에 1등급 164개 업체에 13,685실, 2등급이 120개 업체에 6,201실, 3등급이 81개 업체에 4,964실, 등급미정이 170개 업체 10,714실이 등록되어 있다.

〈표 5-2〉 관광호텔업 등록 현황

(단위 : 개소)

구 분	특1등급		특2등급		1등급		2등급		3등급		등급미정		합 계	
	업체	객실	업체	객실	업체	객실	업체	객실	업체	객실	업체	객실	업체	객실
서울	21	10.370	28	6,437	32	3,767	22	1,289	14	750	32	2,974	149	25,587
부산	6	2,389	4	245	14	1,116	12	535	11	1,585	3	377	50	6,247
대구	4	999	2	114	2	105	–	–	–	–	12	724	20	1,942
인천	3	1,020	5	1,264	1	94	12	664	9	387	16	681	46	4,110
광주	2	325	2	198	5	305	6	291	1	44	3	113	19	1,276
대전	1	174	2	409	4	239	4	144	4	135	3	406	18	1,507
울산	2	491	1	75	–	–	2	144	–	–	3	108	8	818
경기	2	506	5	761	20	1,651	17	916	17	918	30	1,589	91	6,341
강원	7	1,872	6	875	13	845	2	97	2	114	7	570	37	4,373
충북	1	328	1	180	15	1,070	1	30	3	103	2	45	23	1,756
충남	–	–	3	467	1	60	7	318	1	47	5	254	17	1,146
전북	1	118	2	277	5	377	8	373	3	112	5	290	24	1,547
전남	2	667	1	46	7	474	3	89	1	53	22	1,206	36	2,535
경북	5	1,627	4	656	15	867	10	514	9	402	4	179	47	4,245
경남	2	487	4	478	12	1,060	8	427	2	86	13	662	41	3,200
제주	12	3,622	4	399	18	1,655	6	370	4	228	10	536	54	6,810
계	71	24,995	74	12,881	164	13,685	120	6,201	81	4,964	170	10,714	680	73,440

자료 : 문화체육관광부, 2012년 12월 31일 기준

주 : 등급미정은 신규등록업체 및 등급유효기간 만료업체로서 현재일 기준 등급심사가 이루어지지 않은 업체.

(2) 가족호텔업

가족호텔업은 가족단위로 여행하는 관광객의 숙박에 적합한 숙박시설 및 취사도구를 갖추어 관광객에게 이용하게 하거나 숙박에 딸린 음식·운동·휴양 또는 연수에 적합한 시설을 함께 갖추어 관광객에게 이용하게 하는 업을 말한다.

경제성장으로 인한 국민소득수준의 향상은 다수의 국민들이 여가활동을 향유할 수 있도록 하였으며, 이는 가족단위 관광의 증가를 가져왔다. 날로 증가된 가족단위의 관광수요에 부응하여 국민복지 차원에서 저렴한 비용으로 건전한 가족관광을 영위할 수 있게 하기 위하여 〈표 5-3〉과 같이 가족호텔 내에 취사장 등을 겸비토록 하고 있다.

〈표 5-3〉 가족호텔업 등록기준

(1) 가족단위 관광객이 이용할 수 있는 취사시설이 객실별로 설치되어 있거나 층별로 공동취사장이 설치되어 있을 것
(2) 욕실이나 샤워시설을 갖춘 객실이 30실 이상일 것
(3) 객실별 면적이 19제곱미터 이상일 것
(4) 외국인에게 서비스를 제공할 수 있는 체제를 갖추고 있을 것
(5) 대지 및 건물의 소유권 또는 사용권이 있을 것. 다만, 회원을 모집하는 경우에는 소유권을 확보하여야 한다.

2012년 12월 말 현재 등록된 가족호텔업은 70개 업체에 6,692실이다.

〈표 5-4〉 시·도별 가족호텔업 등록 현황

구 분	호텔명	위 치	등록일	객실수
서울(9)	오크우드프리미어	강남구 삼성동 159	2001.10	280
	프로비스타 가족호텔	서초구 서초동 1677-8	2007.1	170
	리엇 이그제큐디트 아파트먼트 서울	영등포구 여의대로 8	2007.8	103
	까사빌 신촌 서울	마포구 노고산동 57-26	-	39
	더 엠 호텔	마포구 성산동 52-13	-	56
	빈얀트리 클럽앤호텔 서울	중구 장충동2가 산 5-5	2007.9	50

구 분	호텔명	위 치	등록일	객실수
서울(9)	프레이저스위츠 서울 가족호텔	중구 순화동 214외 1필지	2008.10	213
	프레이저플레이스 센트럴 서울	종로구 낙원동 272	2008.10	240
	이스트게이트타워호텔	중구 을지로6가 17-2	2009.5	280
부산(1)	금강국민호텔	동래구 온천1동 1-4	1992.4	17
인천(1)	무의아일랜드 가족호텔	중구 무의동 370외 4필지	2005.4	30
경기(1)	브니엘 청평 가족호텔	가평군 상면 덕현리 산74-12	1990.07	52
강원(8)	더케이설악산가족호텔	속초시 도문동 155	1996.1	77
	호텔 펠리스	삼척시 정하동 1	2002.7	100
	호텔 굿모닝	속초시 조양동 1432-1	2003.7	88
	오색그린야드호텔	양양군 서면 오색리 511	2008.5	155
	엘카지노호텔	정선군 남면 무릉리 472	2008.11	54
	엘스호텔	정선군 사북읍 사북리 356-87	2009.12	46
	삼척온천관광호텔	삼척시 정상동 351-2	2010.10	56
	평창올림피아호텔 앤 리조트	평창군 대관령면 차항리 266-14외	2011.10	98
대전(1)	게스트하우스	유성구 엑스포로123번길27-5(도룡동)	2007.2	80
충북(1)	후랜드리 가족호텔	충주시 호암동 540-10	1990.7	52
충남(1)	천안상록 가족호텔	천안시 수신면 장산리 669-1	1997.7	100
전북(5)	남원국민호텔	남원시 신촌동 437	1989.5	43
	무주덕유산리조트 가족호텔	무주군 설천면 심곡리 산43	1997.1	974
	무주덕유산리조트 국민호텔	무주군 설천면 심곡리 산43	1997.1	418
	대명리조트 변산	부안군 변산면 격포리 257	2008.7	504
	모항 해나루 가족호텔	부안군 변산면 모항해변길 73	2012.5	112
전남(6)	한화리조트 / 지리산	구례군 마산면 황전리 27-2	1997.1 (2009.12)	44
	담양리조트 가족호텔	담양군 금성면 원율리 399	2003.11	36
	빅토리아호텔	고흥군 도화면 발포리 89-1	2005.7	41
	은혜가족호텔	장성군 북하면 약수리 211	2005.1	40
	(주)국민제저(완도해조류스 파랜드)	완도군 신지면 대곡리397-3번지	2011.12	30
	흑산가족비치호텔	신안군 흑산면 진리 31-1	2000.12	47

구 분	호텔명	위 치	등록일	객실수
경북(1)	리첼호텔	안동시 성곡동 1546	2012.10	90
경남(9)	아이스밸리리조트	밀양시 산내면 남명리 1-5	1997.12	45
	남해스포츠파크가족호텔	남해군 서면 서상리 1182-9	2002.5	95
	남송가족관광호텔	남해군 삼동면 물건리 5-1	2005.2	38
	리조트 블루마우	거제시 남부면 갈곶리 263-3번지	2006.7	30
	오아시스호텔	거제시 장평동 815-21번지	2007.4	155
	클럽E.S통영리조트	통영시 산양읍 미남리 697-2	2009.4	106
	라베로호텔	통영시 도남동 201-19	2010.8	44
	통영거북선호텔	통영시 미수동 957-3	2012.5	40
	부곡스파디움 · 따오기호텔	창녕군 부곡면 거문리 223-1	2012.8	79
제주(26)	꼬뜨도르가족호텔	제주시 구좌읍 동복리 827	2003.9	30
	중문훼밀리호텔	서귀포시 상예동 2729-2	2006.5	32
	그랑빌가족호텔	서귀포시 색달동 2512	2007.7	42
	중문빌리지 가족호텔	서귀포시 하예동 141	2007.8	30
	그림리조트	제주시 용담3동 1020-4	2008.1	30
	송악리조트	서귀포시 대정읍 상모리 78	2008.1 (2012.3)	30
	다인리조트	제주시 애월읍 고내리 79-5	2008.3	33
	조은리조트	서귀포시 강정동 2486	2008.3	33
	담앤루	서귀포시 대포동 1174	2008.6	30
	올레리조트	제주시 애월읍 신엄리 2867-3	2008.6	48
	호텔네이버후드제주	제주시 노형동 1295-16	2008.8	346
	뷰티플리조트	서귀포시 대포동 1265-1	2008.8	32
	다인리조트 투(2차)	제주시 애월읍 고내리 79-8	2009.3	33
	중문리조트	서귀포시 색달동 1821-3	2009.8 (2011.7)	44
	재즈마을리조트	서귀포시 상예동 2850	2009.9	46
	중문통나무가족호텔	서귀포시 대포동 249	2011.8	30
	(주)아모렉스리조트	제주시 서해안로 216 (도두일동)	2011.12 (2012.1)	45
	제주나인리조트	제주시 해안마을북길 14-1(해안동)	2012.6	30

구 분	호텔명	위 치	등록일	객실수
제주 (26)	와이리조트제주	서귀포시 인덕면 화순리 1888외 7필지	2012.6	32
	코델리아리조트	서귀포시 성산읍 오조리 941-1	2012.7	34
	비체리조트	제주시 구좌읍 하도리 2999-1외 4필지	2012.7	36
	부띠끄호텔빌라드애월	제주시 애월읍 신엄리 2768-7	2012.7	53
	로긴리조트	제주시 용담삼동 2389외 1필지	2012.9	31
	아름다운리조트	서귀포시 성산읍 시흥리 5	2012.11	38
	제주일출가족호텔	서귀포시 성산읍 수산리 2576	2012.11	31
	봄그리고가을리조트	서귀포시 성산읍 시흥리 208외 3필지	2012.11	46
계	70개소	-	-	6,692

자료 : 문화체육관광부, 2012년 12월 31일 기준

(3) 한국전통호텔업

한국전통호텔업은 1987년 7월 1일 대통령령 제12212호에 의해 신설된 관광숙박업으로서, 한국전통의 건축물에 관광객의 숙박에 적합한 시설을 갖추거나 부대시설을 함께 갖추어 관광객에게 이용하게 하는 업을 말한다.

〈표 5-5〉와 같이 한국전통호텔업의 등록기준은 구조, 객실, 정원, 식당 등에 관한 제한이 있으며 이의 사항들은 한국의 멋을 느낄 수 있는 기준들이다.

우리나라에는 1991년 7월 26일 최초로 제주도 중문관광단지 내에 객실수 26실의 한국전통호텔(씨에스호텔앤리조트)이 등록되었으며, 2012년 말 현재 전국 5개소, 231실이 운영 중에 있다.

〈표 5-5〉 한국전통호텔업 등록기준

(1) 건축물의 외관은 전통가옥의 형태를 갖추고 있을 것
(2) 이용자의 불편이 없도록 욕실이나 샤워시설을 갖추고 있을 것
(3) 외국인에게 서비스를 제공할 수 있는 체제를 갖추고 있을 것
(4) 대지 및 건물의 소유권 또는 사용권을 확보하고 있을 것. 다만, 회원을 모집하는 경우에는 소유권을 확보하여야 한다.

(4) 수상관광호텔업

수상관광호텔업은 수상에 구조물 또는 선박을 고정하거나 매어 놓고 관광객의 숙박에 적합한 시설을 갖추거나 부대시설을 함께 갖추어 관광객에게 이용하게 하는 업으로서, 수려한 해상경관을 볼 수 있도록 해상에 구조물 또는 선박을 개조하여 설치한 숙박시설을 말한다. 만일 노후선박을 개조하여 숙박에 적합한 시설을 갖추고 있더라도 동력(動力)을 이용하여 선박이 이동할 경우에는 이는 관광호텔이 아니라 선박으로 인정된다. 우리나라에는 2000년 7월 20일 최초로 부산 해운대구에 객실수 53실의 수상관광호텔이 등록되었으나, 그 후 태풍으로 인해 멸실되어 현재는 전국에 하나도 존재하지 않는다.

「관광진흥법」에서 규정하고 있는 수상관광호텔업의 등록기준은 〈표 5-6〉과 같다.

〈표 5-6〉 수상관광호텔업 등록기준

(1) 수상관광호텔이 위치하는 수면은 「공유수면 관리 및 매립에 관한 법률」 또는 「하천법」에 따라 관리청으로부터 점용허가를 받을 것
(2) 욕실이나 샤워시설을 갖춘 객실이 30실 이상일 것
(3) 외국인에게 서비스를 제공할 수 있는 체제를 갖추고 있을 것
(4) 수상오염을 방지하기 위한 오수 저장 · 처리시설과 폐기물처리시설을 갖추고 있을 것
(5) 구조물 및 선박의 소유권 또는 사용권을 확보하고 있을 것. 다만, 회원을 모집하는 경우에는 소유권을 확보하여야 한다.

(5) 호스텔업 (신설 2009.10.7)

호스텔업은 배낭여행객 등 개별 관광객의 숙박에 적합한 시설로서 샤워장, 취사장 등의 편의시설과 외국인 및 내국인 관광객을 위한 문화 · 정보교류시설 등을 함께 갖추어 이용하게 하는 업을 말한다.

이는 2009년 10월 7일 「관광진흥법 시행령」 개정 때 호텔업의 한 종류로 신설되었는데, 2010년 12월 21일 최초로 제주도에 객실수 36실의 호스텔이 등록되었으며, 2011년도에 제주도 4개소 81실, 인천광역시 1개소 15실이 등록되어 전국 6개소 132실이 운영되고 있다.

〈표 5-7〉 호스텔업의 등록기준 (신설 2009.10.7)

(1) 배낭여행객 등 개별 관광객의 숙박에 적합한 객실을 갖추고 있을 것
(2) 이용자의 불편이 없도록 화장실, 샤워장, 취사장 등의 편의시설을 갖추고 있을 것
(3) 외국인 및 내국인 관광객에게 서비스를 제공할 수 있는 문화 · 정보교류시설을 갖추고 있을 것
(4) 대지 및 건물의 소유권 또는 사용권을 확보하고 있을 것

(6) 소형호텔업 (신설 2013.11.29)

관광객의 숙박에 적합한 시설을 소규모로 갖추고 숙박에 딸린 음식 · 운동 · 휴양 또는 연수에 적합한 시설을 함께 갖추어 관광객에게 이용하게 하는 업을 말한다. 이는 외국인관광객 1,200만명 시대를 맞이하여 관광숙박서비스의 다양성을 제고하고 부가가치가 높은 고품격의 융 · 복합형 관광산업를 집중위하여 적으로 육성하기 2013년 11월「관광진흥법 시행령」 개정때 호텔업의 한 종류로 신설된 것이다.

〈표 5-8〉 소형호스텔업의 등록기준 (신설 2013.11.29)

(1) 욕실이나 샤워시설을 갖춘 객실을 20실 이상 30실 미만으로 갖추고 있을 것
(2) 부대시설의 면적 합계가 건축 연면적의 50퍼센트 이하일 것
(3) 두 종류 이상의 부대시설을 갖출 것. 다만, 「식품위생법 시행령」 제21조제8호다목에 따른 단란주점영업, 같은 호 라목에 따른 유흥주점영업 및「사행행위 등 규제 및 처벌 특례법」 제2조제1호에 따른 사행행위를 위한 시설은 둘 수 없다.
(4) 조식 제공, 외국어 구사인력 고용 등 외국인에게 서비스를 제공할 수 있는 체제를 갖추고 있을 것
(5) 대지 및 건물의 소유권 또는 사용권을 확보하고 있을 것. 다만, 회원을 모집하는 경우에는 소유권을 확보하여야 한다.

(7) 의료관광호텔업 (신설 2013.11.29)

의료관광객의 숙박에 적합한 시설 및 취사도구를 갖추거나 숙박에 딸린 음식. 운동 또는 휴양에 적합한 시설을 함께 갖추어 주로 외국인 관광객에게 이용하게 하는 업을 말한다. 이는 외국인 관광객 1,200만명 시대를 맞이하여 관광숙박서비스의 다양성을 제고하고 부가가치가 높은 고품격의 융 · 복합형 관광산업을 집중적으로 육성하기 위하여 2013년 11월「관광진흥법 시행령」 개정 때 호텔업의 한

종류로 신설된 것으로, 의료관광객의 편의가 증진되어 의료관광 활성화에 기여할 것으로 기대된다.

〈표 5-9〉 의료관광호텔업의 등록기준 (신설 2013.11.29)

(1) 의료관광객이 이용할 수 있는 취사시설이 객실별로 설치되어 있거나 층별로 공동취사장이 설치되어 있을 것
(2) 욕실이나 샤워시설을 갖춘 객실이 20실 이상일 것
(3) 객실별 면적이 19제곱미터 이상일 것
(4) 「학교보건법」 제6조제1항제12호, 제15호, 제16호, 제18호, 제19호 및 같은 법 시행령 제6조제1호에 따른 영업이 이루어지는 시설을 부대시설로 두지 아니할 것
(5) 의료관광객의 출입이 편리한 체계를 갖추고 있을 것
(6) 외국어 구사인력 고용 등 외국인에게 서비스를 제공할 수 있는 체제를 갖추고 있을 것
(7) 의료관광호텔 시설(의료관광호텔의 부대시설로 「의료법」 제3조제1항에 따른 의료기관을 설치할 경우에는 그 의료기관을 제외한 시설을 말한다)은 의료기관 시설과 분리될 것. 이 경우 분리에 관하여 필요한 사항은 문화체육관광부장관이 정하여 고시한다.
(8) 대지 및 건물의 소유권 또는 사용권을 확보하고 있을 것
(9) 의료관광호텔업을 등록하려는 자가 다음의 구분에 따른 요건을 충족하는 외국인환자 유치 의료기관의 개설자 또는 유치업자일 것

(가) 외국인 환자 유치 의료관의 개설자

1) 「의료법」 제27조의2제3항에 따라 보건복지부장관에게 보고한 사업실적에 근거하여 산정할 경우 전년도(등록신청일이 속한 연도의 전년도를 말한다. 이하 같다)의 연환자수(외국인환자 유치 의료기관이 2개 이상인 경우에는 각 외국인환자 유치 의료기관의 연환자수를 합산한 결과를 말한다. 이하 같다) 또는 등록신청일 기준으로 직전 1년간의 연환자수가 1,000명을 초과할 것. 다만 외국인환자 유치 의료기관 중 1개 이상이 서울특별시에 있는 경우에는 연환자수가 3,000명을 초과하여야 한다.
2) 「의료법」 제33조제2항제3호에 따른 의료법인인 경우에는 1)의 요건을 충족하면서 다른 외국인환자 유치 의료기관의 개설자 또는 유치업자의 공동으로 등록하지 아니할 것

(나) 유치업자 : 「의료법」 제27조의2제3항에 따라 보건복지부장관에게 보고한 사업실적에 근거하여 산정할 경우 전년도의 실환자수(둘 이상의 유치업자가 공동으로 등록하는 경우에는 실환자수를 합산한 결과를 말한다. 이하 같다) 또는 등록신청일 기준으로 직전 1년간의 실환자수가 500명을 초과할 것

제2절 콘도미니엄업

1. 콘도미니엄의 개념

콘도미니엄(condominium)이란 용어는 일정한 토지가 두 나라 이상의 공동지분 하에 있으며, 지분권 행사에 있어서 당사국 사이의 합의에 의한 특별공동기관을 설치하여 행하든지 지배의 범위를 당사국에서 구분하든지, 또는 일방의 당사국에 위임하여 행하는 2개국 이상의 공동지분 통치 또는 공동소유권을 의미하는 라틴어에 그 유래를 두고 있으며 그 어원은 프랑스어이다.

B. C. 6세기경 로마법에서는 공동소유의 개념을 "동일자산을 2인 이상이 공유하는 소유형태"로 규정하고 있으며, 영어에서는 "공동소유(joint dominion) 또는 joint sovereignty by two or more nations"라고 표현하고 있다. 또한 스페인 언어권에서는 Hotel-apartmentos(apartment hotel) 또는 residencias-apartmentos(resident hotel)로 부르고 있다.

이 콘도미니엄은 1963년 스페인의 코스트 델 솔(Cost Del Sol) 해안에 토레몰리네스(Torremoliness)시에서 171실의 토레마르(Torremar) 호텔 건설이 그 효시로서 1973년 스페인 Melia Organization이 마드리드 시내에 고급아파트 호텔을 세운 후부터 붐을 일으켰는데 미국에 본격적으로 소개된 것은 이 무렵이며, 미국에 도입된 콘도미니엄호텔은 하와이에서 푸에르토리코에 이르기까지 전세계 유명 휴양지에 걸쳐 찾아 볼 수 있다(한국관광개발연구원, 1997).

우리나라에서는 콘도미니엄을 법적 용어로 휴양콘도미니엄이라 하여 「관광진흥법」상 호텔업과 함께 관광숙박업의 1종으로 규정하고 있다. 그리고 휴양콘도미니엄업을 "관광객의 숙박과 취사에 적합한 시설을 갖추어 이를 그 시설의 회원이나 공유자, 그 밖의 관광객에게 제공하거나 숙박에 딸리는 음식 · 운동 · 오락 · 휴양 · 공연 또는 연수에 적합한 시설 등을 함께 갖추어 이를 이용하게 하는 업"이라고 정의하고 있다. 우리나라에서는 1981년 4월 (주)한국콘도에서 경주보문단지 내에 있는 25평형 103실을 분양한 것이 콘도미니엄의 시초이다.

2. 콘도미니엄의 분류

콘도미니엄은 소유형태와 개발형태 등에 의하여 여러 가지로 분류할 수 있다.

(1) 소유형태에 따른 분류

먼저 소유형태에 의한 분류로는 공유제 회원(Ownership member)과 회원제 회원(Membership member)으로 나누어 볼 수 있다.

〈표 5-7〉 우리나라 콘도미니엄 소유형태별 장단점 비교

구 분	장 점	단 점
공유제	소비자의 재산권 보장 업체의 불법, 부당판매방지 가능 회원권 남발, 불법회원모집 등 폐해방지 가능	• 회원제를 선호하는 소비자욕구 부응 미흡 • 과세대상으로 가격의 상승을 가져옴 (취득세, 등록세 등의 부과) • 세금추적의 대상이 됨
회원제	업체의 운영다양화 가능 과세대상에서 제외되므로 회원들의 신분노출이 안됨	• 업체의 회원제 과다 남용 우려 (과다 회원모집 판단 불가능) • 업체 도산의 경우 소유권 등 피해보상에 대한 제도 미비 • 초과모집으로 이용자 불편 초래 가능성 • 세제상 제도권내 포착 미비

공유제란 콘도미니엄의 소유권, 즉 지분소유권을 가지고 있는 것을 말하는 것으로 분양회사는 공유제 회원에게 콘도미니엄을 매각하여 지분소유권을 양도하는 것이다. 반면, 회원제는 콘도미니엄의 소유권은 없지만 시설이용권을 가지고 있는 것으로 분양회사는 회원제 회원에게 입회금과 같은 반환성 무이자 장기부채를 근거로 하여 콘도미니엄시설을 이용할 수 있는 권리를 부여하는 것이다.

공유제나 회원제는 실제 가격면에서 볼 때 별로 차이가 없다. 외국에서는 공유제 회원권보다는 회원제 회원권의 프레미엄이 더 높으며, 우리나라의 경우에 있어서도 회원제 회원권에 대한 인기가 더욱 높은 실정이다.

회원제와 공유제의 이원적인 제도가 공존하는 현행 콘도 소유형태를 경제적 측면과 이용측면에서 각각 비교 · 검토해 보면 다음과 같은 시사점을 얻을 수 있다.

우선 경제적인 측면에서 공유제의 경우 소비자의 재산권보전이라는 제도적 장치가 마련되어 있으나 취득세, 재산세 등 각종 세금이 부과되므로 비과세대상인 회원제에 비하여 분양가가 비싸게 책정된다. 그러나 이용측면에서 비교해 볼 때 회원제는 공유제와 실제 이용상 별다른 차이가 없으며, 소유권 이전등기를 하지 않게 되므로 개인의 재산이 노출되지 않게 된다.

다음은 이용방식에 의한 분류로서 구분소유방식, 구분공유방식, 시분할(timeshare) 방식으로 나뉘어질 수 있다.

구분소유방식은 건물의 1실을 1인이 소유하는 것이다. 소유자가 이용하지 않는 기간은 관리회사가 다른 이용객에게 빌려주어 그 수입의 일부를 소유자에게 배당 환원시킬 수 있다. 이 방식에 의한 경우 소유자가 혼자 이용하는 것보다는 일반이용객에게 이용하게 하는 것이 주목적이기 때문에 이용객 유치에 주력하여 가동률을 높여 고수익, 고배당을 실현하며 나아가 장래 소유권 전매에 의한 차익을 얻는 투자성도 기대할 수 있는 방식이다.

구분공유방식은 1실을 여러 명이 공유하는 방식으로 소유자(회원 포함)에게 발행된 카드에 숙박일수가 정해져 있고 숙박이용권(쿠폰)을 지참한 이용객이면 누구나 숙박이 가능하다.

이외에 시분할(timeshare)방식은 최근 미국 및 유럽에서 급속도로 발전되고 있는 시스템이며 미국내 콘도미니엄 업계가 불황에 직면했을 때 그 타개책으로 등장한 방식이다. 1년을 주단위로 구분하여 소유자에게 이용권을 발행한다. 주단위 쿠폰을 취득한 소유자가 그 주 동안 콘도미니엄을 이용할 수 없을 경우에는 다른 소유자와 이용권을 교환하는 방식을 도입하여 운영하고 있다.

(2) 개발형태에 따른 분류

콘도미니엄을 개발형태에 따라 분류하면, 관광자원연계형, 온천형, 리조트형으로 나눌 수 있다. 초기에는 자연연계형 콘도의 개발이 주종을 이루었으나, 최근에는 우리나라의 레저형태가 가족중심으로 바뀌면서 온 가족이 함께 즐길 수 있는 리조트형 콘도가 크게 늘어나고 있다.

① 관광자원 연계형

관광자원 연계형 콘도미니엄은 주위의 관광자원을 매력물로 하여 이용객을 끌어들이는 형태로, 숙박시설로서의 기능이 가장 크다고 할 수 있고, 이용객의 편의 및 여가선용을 위하여 스포츠시설 및 소규모의 부대시설을 갖추어 놓고 있다. 자원연계형 콘도미니엄으로는 강원도 설악산 일대, 제주도, 경주, 부산 해운대 등에 있는 콘도미니엄을 들 수 있다.

② 온천형

온천형 콘도미니엄은 운영상 계절의 영향이 타지역보다 적어 4계절 활용이 가능하다. 대표적인 온천형 콘도미니엄은 수안보, 도고, 부곡, 백암, 덕산 등지에 있는 콘도를 들 수 있다. 온천형은 온천을 좋아하는 중장년층이 주요 고객이다. 요즘에는 건강에 대한 관심이 높아지면서 가족단위의 이용객들도 늘어나고 있다.

③ 리조트형

리조트형 콘도미니엄은 대부분 골프장, 스키장, 실내외 수영장, PC방, 노래방 등을 갖추고 있는 것이 특징이다. 이용객을 콘도미니엄 내에 체류시키는 것을 목적으로 하기 때문에 다양한 시설을 갖추어 놓고 있다. 대표적인 리조트형 콘도로는 용평리조트, 휘닉스파크, 현대성우리조트, 무주리조트, 한솔오크밸리, 양지파인리조트 등이 있다. 최근 들어서는 우리나라의 레저형태가 가족중심으로 바뀌면서 단독 콘도미니엄보다는 리조트 내의 숙박시설인 리조트형 콘도미니엄이 크게 각광을 받고 있다.

3. 콘도미니엄업 관련 법규와 현황

관광진흥법에 의하면 휴양콘도미니엄업은 관광객의 숙박과 취사에 적합한 시설을 갖추어 이를 그 시설의 회원이나 공유자, 그 밖의 관광객에게 제공하거나 숙박에 딸리는 음식 · 운동 · 오락 · 휴양 · 공연 또는 연수에 적합한 시설 등을 함께 갖추어 이를 이용하게 하는 업을 말하는데, 휴양콘도미니엄업의 등록기준은 〈표 5-8〉과 같다.

〈표 5-8〉 휴양콘도미니엄업의 등록기준

구 분	등록기준
가. 객실	• 같은 단지 안에 객실이 30실 이상일 것 • 관광객의 취사 · 체류 및 숙박에 필요한 설비를 갖추고 있을 것
나. 매점 등	• 매점이나 간이매장이 있을 것. 다만, 여러 개의 동으로 단지를 구성할 경우에는 공동으로 설치할 수 있다.
다. 문화체육공간	• 공연장 · 전시관 · 미술관 · 박물관 · 수영장 · 테니스장 · 축구장 · 농구장, 그 밖에 관광객이 이용하기 적합한 문화체육공간을 1개소 이상 갖출 것. 다만, 수개의 동으로 단지를 구성할 경우에는 공동으로 설치할 수 있으며, 관광지 · 관광단지 또는 종합휴양업의 시설 안에 있는 휴양콘도미니엄의 경우에는 이를 설치하지 아니할 수 있다.
라. 소유권 등	• 대지 및 건물의 소유권 또는 사용권을 확보하고 있을 것(다만, 분양 또는 회원을 모집하는 경우에는 소유권을 확보하여야 한다)

휴양콘도미니엄은 우리나라 국민들의 생활수준 향상에 따라 이용계층이 확대되어 국민들의 주요 관광숙박시설이 되었다. 또한 공급자들은 초기에 투자재원을 회수할 수 있으므로 관심있는 사업이 되어 왔다. 그러나 1980년대 후반부터 휴양콘도미니엄의 건설 및 분양 관련 규정이 엄격하게 시행됨으로써 휴양콘도미니엄업계는 신규 투자 및 관리 · 운영에 어려움을 겪어 왔으며, 휴양콘도미니엄 회원권 소유 및 이용에 따른 소비자 피해, 일부 업체의 부조리 등은 휴양콘도미니엄업의 건전한 발전을 저해하고 있는 실정이다.

2012년 12월 말 현재 휴양콘도미니엄업의 등록현황을 살펴보면 전국 180개 콘도에 38,971실이 운영되고 있다.

〈표 5-9〉 시 · 도별 휴양콘도미니엄업 등록 현황

	부산	인천	경기	강원	충북	충남	전북	전남	경북	경남	제주	합계
개소수	4	2	16	59	8	11	6	6	16	8	44	180
객실수	1,385	351	3,100	18,502	2,180	2,001	763	960	2,930	1,338	5,461	38,971

자료 : 문화체육관광부, 2012년 12월 31일 기준

제3절 기타 숙박업

1. 펜 션

펜션(pension)이란 원래 연금(年金), 은급(恩給)이란 의미로 유럽의 노인들이 연금과 민박경영으로 여생을 보낸다는 뜻에서 유래되었다고 한다.

펜션은 이탈리아, 스페인, 포르투갈 등지의 유럽에서 발달해 있고, 프랑스에서는 팡시옹(pension), 영국에서는 인(inn), 독일에서는 게스트 하우스(Gesthaus)로 불린다. 일본에서는 관광지 주변이나 자연경관이 수려한 곳에 위치한 유럽풍의 소규모 별장 · 전원주택식 고급민박이다. 객실수는 보통 5~9개 정도로 부부나 한 가족에 의해 운영되는 것이 일반적이다. 미국이나 캐나다의 경우 B&B, 호주나 뉴질랜드에서는 로지(lodge)가 펜션과 유사한 형태이다.

가족 여행자의 장기체재에 대한 편의제공을 목적으로 하고 있으며, 유럽풍의 민박 분위기를 느끼게 하는 호텔에 가까운 시설로, 청결하며 프라이버시가 보장된다. 요금은 호텔보다 싸지만 민박보다 비싼 편이며, 독일, 프랑스 등지에서는 레저지대뿐만 아니라 도시 · 농어촌까지 번져 숙박시설의 35%를 차지한다. 우리나라에서는 제주도, 강원도 지역을 중심으로 발전하여 현재는 주5일 근무제의 도입으로 전국적으로 확산되고 있는 추세이다.

현재 우리나라에서 운영 중인 펜션의 형태는 고급전원주택의 형태를 취하고 있는 "전원형 펜션", 관광농원이나 수목원, 과수원 등 특화된 상품과 결합된 "농원형 펜션", 전원카페와 결합된 "카페형 펜션", 수상스키, 겨울스키, 골프, 승마 등 스포츠와 결합한 "레저형 펜션", 특정한 주제를 가지는 "테마형 펜션", 콘도미니엄과 같이 분양을 목적으로 한 "콘도형 펜션" 등이 있다. 최근에 펜션의 인기가 급상승하자 펜션 밀집지역을 중심으로 적게는 20~30개의 가구부터 크게는 100가구가 넘는 "단지형 펜션"이 등장하고 있다. 이러한 단지형 펜션은 보안, 편의시설, 이벤트 등에 있어서 단독형 펜션보다 유리한 위치에 있기 때문에 관광객들의 인기를 끌 것으로 예상된다.

우리나라 「관광진흥법」은 관광편의시설업의 일종으로 '관광펜션업'을 규정하고 있다. 관광펜션업이란 숙박시설을 운영하고 있는 자가 자연·문화 체험관광에 적합한 시설을 갖추어 관광객에게 이용하게 하는 업을 말한다. 이는 2003년 8월 「관광진흥법 시행령」 개정시 새로 추가된 업종으로 새로운 숙박형태의 소규모급 민박시설이지만, 관광숙박업의 세부업종이 아님을 유의하여야 한다.

관광펜션업의 지정기준은 다음 〈표 5-10〉과 같다.

〈표 5-10〉 관광펜션업의 지정기준

① 자연 및 주변환경과 조화를 이루는 3층 이하의 건축물일 것
② 객실이 30실 이하일 것
③ 취사 및 숙박에 필요한 설비를 갖출 것
④ 바비큐장, 캠프파이어장 등 주인의 환대가 가능한 1종류 이상의 이용시설을 갖추고 있을 것(다만, 관광펜션이 수개의 건물 동으로 이루어진 경우에는 그 시설을 공동으로 설치할 수 있다)
⑤ 숙박시설 및 이용시설에 대하여 외국어 안내표기를 할 것

2012년 12월 말 기준으로 관광펜션업은 부산 2개, 인천 6개, 경기 29개, 강원 71개, 충북 12개, 충남 65개, 전북 23개, 전남 19개, 경북 45개, 경남 59개, 제주 59개 등 총 390개 업체가 지정되어 있다.

〈표 5-11〉 관광펜션업 지정현황

(2012년 12월 말 기준)

부산	인천	경기	강원	충북	충남	전북	전남	경북	경남	제주	합계
2	6	29	71	12	65	23	19	45	59	59	390

자료 : 문화체육관광부, 2012년 기준 관광동향에 관한 연차보고서, p. 302.

2. 유스호스텔

유스호스텔(youth hostel)은 매스 투어리즘(mass tourism)의 일환으로 발전한 청소년 여행, 즉 유스트래벌(youth travel)과 직결되어 성장을 보여주고 있는 젊은이를 위한 숙사를 말한다.

유스호스텔은 여관이나 호텔 등이 영리를 목적으로 하는데 반하여, 경제력이 미약한 청소년들이 야외여행을 통하여 심신의 건전한 단련을 도모하며, 나아가서는 여행 중의 단체생활을 익힘으로써 봉사와 우애의 정신, 그리고 국토보호의 정신을 함양케 하며 학교교육의 재확인을 기대할 수 있는 성과를 위하여 마련된 공공적 · 공익적 심신수련 숙박시설이다. 따라서 세계각국은 청소년선도책의 하나로서 국가예산으로 이를 건설하고 있는 것이 상례이다.

당초 유스호스텔의 출발은 1910년대 독일을 풍미하던 반델포겔(Wander-vogel) 운동에서 비롯된 것으로, 웨스트화리아 국민학교 선생인 시르만(R. Shirman)이 선각자적 입장에서 청소년의 여행을 장려하면서 1909년 고성 알테나(Altena)를 학생들의 숙사로 이용한 데서 그 기원을 찾을 수 있다. 이 운동은 이후 스위스, 네덜란드, 폴란드, 영국 등 여러 나라로 번져 전후 모든 국가들이 유스호스텔을 청소년선도의 유익한 수단으로 활용하여 왔는데, 이제는 국제적 청소년교환의 상징으로까지 발전하였다. 1932년 네덜란드 헤이그에 국제유스호스텔연맹(IYHF)을 두고 현재까지 가맹국 사이에 크게 기여하고 있다. 엄격한 자체의 규율, 셀프서비스, 검소한 시설, 저렴한 인건비의 지출 등으로 특정지어지는 이 시설은 무엇보다도 저렴한 요금제도에 가장 큰 이점을 내포하고 있다. 또한 공동생활을 제외하고는 남녀가 엄격히 구분되어 투숙되는 것이다. 주로 이 시설은 자연의 명승지, 고적지 등에 위치하고 있으나 점차 대도시의 주변에까지 진출하는 경향을 보여주고 있다.

우리나라에서의 유스호스텔업은 관광진흥법상의 관광숙박업에서 1991년 12월 31일 대통령령 제13556호에 의거 청소년기본법상의 "청소년활동시설"로 변경되었다. 청소년기본법상의 유스호스텔은 청소년 수련시설로서 "청소년의 숙박 및 체재에 적합한 시설 · 설비와 부대 · 편익시설을 갖추고 숙식편의제공, 여행청소년의 수련활동지원 등을 주된 기능으로 하는 시설로서 문화체육관광부령이 정하는 바에 따라 제1종, 제2종 및 제3종 유스호스텔로 구분한다"라고 정의되고 있다.

유스호스텔연맹(IYHF)의 회원으로 가입하면 누구나 전세계 모든 국가의 유스호스텔을 이용할 수 있다. 회원은 반드시 회원증을 소지해야 하며 해외여행의 경우에는 여행대상국에 도착하기 전에 해당국가 유스호스텔에 국적, 도착일시, 성명, 회원번호, 인원수 등을 알려야 하며 국내여행의 경우에도 역시 동일한 방법으로 예약하여야 하는데 다음과 같은 혜택을 받을 수 있다.

첫째, 회원이 되면 세계의 모든 유스호스텔을 활용할 수 있는 자격이 주어지며, 또 그 해에는 몇 번이라도 사용할 수 있다.

둘째, 유스호스텔은 젊은이들의 휴식처로서, 여기서는 국적, 사상, 종교 등의 차별없이 모두가 평등하다.

셋째, 유스호스텔에는 부모를 대신하여 상담을 할 수 있는 관리자인 페어런트(parent)가 있기 때문에 젊은 여자들이나 어린이들도 안심하고 여행을 보낼 수 있다. 또 침실과 세면실, 화장실 등은 남녀가 구별되어 있어 유용하다.

넷째, 유스호스텔의 숙박요금은 국제적인 협정가격(1박 12달러 정도)이기 때문에 청소년들이 이용하기 매우 좋다.

다섯째, 연맹의 행사나 클럽활동에 참가하여 국제적으로 많은 친구를 사귀어 우정을 나눌 수 있다.

여섯째, 청소년들이 경제적으로 이용할 수 있도록 원할 때에는 자취도구를 빌려 쓸 수 있다.

일곱째, 회원은 유스호스텔에 비치된 자전거, 보트, 카누, 캠프파이어장, 회의장, 수영장, 구기장 등 각종 운동시설과 레저시설을 이용할 수 있다.

3. 모 텔

모텔(motel)이란 원래 자동차 여행자용의 호텔, 즉 motorist's hotel의 약어로 일컬어진 것이다. 당초 이 숙박시설의 명칭은 tourist count 혹은 캐빈(cabin)이라 불리어졌다. 이 모텔의 발전은 자동차산업의 발달로 이루어진 신흥 호텔기업의 대동맥으로 발전되고 있다. 그러므로 이 산업의 본고장도 역시 미국이며 빠른 속도로 호텔의 도전자로 등장하고 있는 실정이다.

모텔이 호텔의 경쟁자로 등장하게 된 가장 큰 요인, 즉 미국에 있어서 모텔의 급격한 성장을 가져오게 된 요소는 다음의 네 가지로 요약될 수 있다.

첫째, 미국의 도로가 전국적으로 잘 정비되어 자동차여행이 왕성하게 되었다는 점, 둘째, 렌터카(rent-a-car : 대여자동차)제도가 조직적으로 잘 정비되고 이 제도와 관련하여 모텔이 체인의 기능을 십분 발휘하여 여행자들을 유치하기 때문이며, 셋째, 도심지의 호텔이 고가의 지대로 인하여 충분한 면적의 주차장시설을 갖추지 못하고 있는데 반하여, 모텔은 설계에서부터 자동차문제를 고려한 호텔건설이라는 데서 오는 자동차여행자에게 주는 서비스의 편의성과, 넷째, 호텔에 비해 경영상 채산이 유리하다는 점이다.

그 밖에도 모텔은 무엇보다도 건축비가 호텔에 비해 싸게 먹힌다는 사실이다. 호텔 1실당 건축비가 국제수준인 경우에는 15,000달러 내지 22,000달러인데 비해, 모텔은 같은 내용의 건축일지라도 단가가 1실당 3,000달러 내지 13,000달러에 불과하기 때문이다. 그 이유는 모텔은 호텔에 비해 로비, 엘리베이터 등의 시설비가 거의 소요되지 않기 때문인 것이다.

이 모텔의 특성은 종래까지 몇가지 관점에서 호텔과 구분하여 설명되어졌다. 첫째, 호텔이 식음료, 전화, 세탁 등 총체적 서비스를 제공하는데 반하여, 모텔은 객실 및 식음료판매가 주된 것이라는 특성, 둘째 입지적 기준으로서 호텔에 비해 모텔은 교외에 위치한다는 특성, 셋째 건축면에 있어 호텔이 수직적인데 반하여 모텔은 수평적이라는 특성 등으로 구분하였다.

그러나 오늘날 모텔은 다른 호텔과 마찬가지로 총체적 서비스를 감당할 수 있게끔 매머드화되어 모터호텔(motor hotel) 또는 그랜드모텔(grand motel)로 발전하는 경향을 보이고 있으며, 모텔의 위치도 단순히 교외가 아니라 공항주변, 도시주변 등에까지 진출하여 일반상용객까지 흡수하기 시작하고 건축면에 있어서도 다만 수평적 형태만이 아니라 수직적으로 상향하는 추세를 보이고 있는 것이다. 이렇게 변화를 계속하는 과정으로 인하여 이제는 앞에서 설명한 특성의 구분이 어렵게 되었다. 다만, 이 양자의 구분을 할 수 있는 유일한 방도는 건축면에 있어 모텔의 외관, 형태, 디자인 등이 보다 검소하고, 자연미적 취향을 보이고, 경영면에 있어서는 보다 저렴한 인건비를 강구하고, 나아가서 분위기 조성에 있어 호텔보다 자유분방한 일면을 유지하는 것에 그 특성이 있다는데 기준을 둘 수밖에 없다. 따라서 모텔은 다음 네 가지 유형이 그 전형적인 운영실태인 것이다.

① 하이웨이 모텔(highway motel)

이 유형에 속하는 모텔은 75실 정도의 객실을 보유하고서 소유자 직영이 그 대종을 이룬다. 제품의 판매는 객실판매 위주로서 가격이 저렴한 데에 특징이 있다.

② 하이웨이 모터 호텔(highway motor hotel)

이 유형의 호텔운영은 객실 75~80실을 가지고 일반호텔이 제공하는 서비스와 같이 객실, 식음료, 전화, 벨맨, 경비 등의 각종 서비스가 제공된다. 아울러 여러 가지 유흥 · 오락시설 등도 마련되어 있다.

③ 도시변 또는 교외 모터 호텔(in-town or suburban motor hotel)

앞에서 말한 바와 같이 모텔이 점차 도심지로 접근해 오는 경향이 있는데, 이 유형이 그 한 예이다. 이 유형은 시설은 모텔로 하되 서비스는 호텔 서비스로 하는 것이 그 특징이다. 즉 화려한 객실을 보유하고 하이웨이 여행자를 위한 여러 편의시설을 마련하고 있다.

매사추세츠 브룩클린에 있는 베어콘 스트리트 모터호텔(Beacon street motor hotel) 등이 대표되는 것으로 지하주차장까지 마련되어 있으며, 고객에게 호텔 서비스나 혹은 자취 어느 것이든 택일할 수 있는 편의를 제공하고 있다.

④ 리조트 모터 호텔(resort motor hotel)

아름다운 산속이나 물가에 위치하고 있는 것으로 이 모텔업계에서 제일 빠른 템포의 선두주자로 각광을 받고 있다. 평면적인 낮은 건물에 자연의 정취를 받아들여 휴양객과 바캉스고객을 위한 시설을 마련하고 각종 사업의 회합, 무도회 등도 유치하고 있다. 호텔과 마찬가지로 선약이 필요하며 요금도 선불이 아니라 출발시 프론트에서 지급한다.

자동차산업의 발달과 같이 융성을 보이는 이 모텔산업은 노 티핑(no tipping), 무료주차장 시설, 자유로운 분위기 등의 매력이 있는 한 계속 번성할 것이 예상된다.

4. 인

인(inn)이란 호텔의 발전과정에서 본 바와 같이 초기적 현상의 숙박시설을 말한다. 질적으로 호텔의 호화스러움에 비교할 수 없는 간결한 내용의 숙박시설을 의미하며, 아울러 호텔의 기계화에 따른 냉담한 서비스의 반동적 현상으로 근래 미국에서 새로운 경향으로 흔히 명명되고 있는 실정이다. 그러나 오늘날 이 인이란 숙박시설을 초기적 불결함과 저급한 서비스형태의 숙박시설과 같은 개념으로 판단함은 잘못이다. 모든 시설과 제공되는 서비스는 일반호텔과 다를 바 없다. 다만, 호화스러운 시설과 다양한 서비스의 형태를 경영상의 이유로 변모시켜 고객의 복고적 취향에 영합하고자 출발하였거나, 혹은 접객사업의 본고장인 영국의 전통적인 인 키퍼(inn keeper)에의 동경으로 이러한 명칭을 붙인데 불과하다.

5. 휴가촌숙사(국민숙사)

휴가촌숙사는 가족휴가촌(Villages vacances families)에 발달된 숙박시설을 말한다. 원래 휴가촌은 도시의 소음에서 벗어나 맑은 공기와 대지의 신선함을 만끽함으로써 건전한 가족단위의 휴식 · 휴양을 도모하고자 한 데서 비롯되었다.

이 휴가촌숙사는 다음의 두 가지로 나누어진다. 먼저 넓고 일정한 대지에 자리잡은 휴가촌 안에 산재해 있는 간이숙사(일종의 아파트먼트임)와 다른 하나는 종합적인 유흥 · 오락시설을 갖춘 완벽한 현대식 숙박시설이다. 휴가촌의 위치는 바닷가나 산속에 보통 120~150세대를 표준으로 5~50헥타르에 달하는 면적을 보유하고 있다.

일반호텔과 다른 특성은 저렴한 요금과 가족단위의 셀프서비스 위주의 숙박시설이라는 점이다. 탁아소까지 마련된 이 시설은 도시의 소시민에게 1년에 몇 차례 주어지는 휴가기간 동안 잠시나마 즐거운 휴식을 마련해 주는데 그 의의가 있음에 비추어 건설에서 운영까지 국가 또는 공공단체의 재정적 지원이 주어지고 있다. 프랑스에서 가장 성행되고 있는 이 휴가촌운동은 소셜 투어리즘(social tourism)의 알찬 성과의 하나라고 볼 수 있다.

여름의 피서를 위한 꼬따쥴(Cote Azur)의 해안가, 혹은 겨울 스포츠의 총아로서 스키장시설을 마련하고 있는 슈퍼 베스(Super Besse) 등이 전형적 본보기라 할 수 있다.

6. 로 지

이 숙박시설은 빵숑과 큰 차이가 없으나, 그 명칭이 풍기듯 독특하고 아름다운 이미지를 갖는 전형적 프랑스의 시골 숙박시설이다.

로지(logis)는 국가의 보호와 지도 아래 프랑스 관광사업의 진흥·육성을 위하여 강력한 지원을 받으며, 전국적인 조직으로 통일된 표지를 갖고 있다. 로지의 특징은 맛좋은 요리와 꽃과 아름다운 원시적 장식으로 순박한 멋을 풍기는데 있으며 일반적인 규모는 객실 30~50실 정도이다.

7. B & B

B & B(bed and breakfast)는 영국 전역에서 이용가능하며 우리나라의 민박, 일본의 민숙에 해당된다. 문자 그대로 침실과 조식을 제공하는 개인가정이 많고 독신이나 은퇴한 노부부가 자녀들이 독립해서 떠난 후에 몇 개의 방을 개조해서 숙박시설로 영업하고 있는 경우가 일반적이다.

로비, 응접실, 식당, 욕실 등은 집주인과 공용이다. 매우 저렴하므로 영국인의 자가용 여행에 흔히 이용되고 있다. 사전에 예약없이 현지에서 어둡기 전에 보아서 고르는 것이 숙박의 한 방법이다. 민박고객들은 풍성한 조식과 안락한 객실, 공동욕실을 기대할 수 있다.

8. 빠라도르

1910년 스페인 정부는 스페인 관광을 해외에 보다 효과적으로 알리기 위한 홍보방안의 일환으로 스페인의 역사적인 유적(오래된 성과 수도원 등)을 개조하여 효과적으로 보존·관리하고 이를 내·외국인을 위한 숙박시설로 활용하는 사업을 착수하였고, 1928년도 Gredos에 첫 번째 국영숙박시설인 빠라도르(Parador)를 개장하였다. 현재 87개의 시설을 보유중이다.

역사적인 유적을 고급 숙박시설로 개조한 빠라도르(Parador)에서의 여행 추억은 스페인 관광에 대한 매력을 강화하고 융숭한 대접을 받았다는 좋은 인상을 주는 효과를 발휘하고 있다. 빠라도르의 연간 객실점유율은 77.6%로 안정적인 사업을 유지하고 있으며, 2002년 214만명이 이용하였고 그중 외국인 이용자수는 95만명에 이르는 등 스페인관광의 중심적인 매력물로 부각되고 있다.

제4절 관광숙박업의 동향

오늘날 국제 호텔산업의 전반적 동향을 우선 이 산업의 전반적 경영형태에서 한 특성을 찾아볼 수 있다. 다른 모든 기업이 새로이 도입된 경영원칙의 여러 이점을 최대한 활용하여 기업이익의 극대화를 추구하고 있는 현실에 따라 호텔기업도 새로운 경영의 제원칙을 여러 면에서 시도하고 또한 그 성과를 보이고 있다.

(1) 대규모화

호텔기업도 원가의 절감을 위해 계속 대규모화 경향을 보이고 있다. 호텔의 대형화는 곧 객실의 규모로써 평가될 수 있다. 이 대량화의 이점은 호텔이 필요로 하는 수많은 물품의 구입을 대량화함으로써 그 원가를 크게 줄일 수 있고, 또 건축단가도 내릴 수 있게 되는 것이다.

이러한 이점으로 말미암아 오늘날 국제적 규모의 호텔은 보통 500여실에서 심지어 10,000여실의 객실을 보유하는 현상을 보이고 있다.

(2) 전문화 · 표준화

호텔경영의 전문화 내지 표준화 경향이다. 전문화 내지 표준화원칙의 도입 역시 근대경영의 일반원칙으로서 호텔이 이의 구현으로서 건축양식과 조직 및 인력관리에서 그 이점을 추구하고 있다.

종래의 호텔객실이 높은 천장을 갖고 넓은 스페이스에 짜임새 없는, 어느 면에서는 낭비라고 볼 수 있는 여러 집기 · 비품을 구비한데 반하여, 오늘날 새로이 건설되는 호텔은 낮은 천장과 규격화된 집기 · 비품 등을 장치하여 냉 · 온방 유지관리에 비용지출을 최대한 줄이고, 물품의 구입에 있어 단가를 줄여 호텔 이윤추구에 그 묘를 찾고 있다.

아울러 종업원의 직무를 전문화시켜 시간 및 동작연구(time and motion study)에 의한 작업시간의 측정에 의한 철저한 인력관리를 유지하고 있음이 그 특징이다. 나아가서 인력관리의 또다른 한 방도로서 기계화를 호텔경영에 도입하고 있음도 지나칠 수 없다. 현금계산기 등의 현관업무에의 도입이 그 한 예이며, 나아가서 보다 경이적인 사실은 예약취급에 있어서 컴퓨터의 도입이다.

힐튼 예약취급본부는 세계 각국에 산재해 있는 체인호텔의 예약을 한 상황판에서 읽어볼 수 있을 만큼 기계화하여 그 능률을 과시하고 있는 형편이다. 최근에는 소규모의 호텔에서도 컴퓨터와 사무자동화의 장치로 업무의 능률과 생산성향상 그리고 경영의 합리화에 크게 기여하고 있다.

(3) 호텔투자주체의 다양화

종래까지 호텔기업은 호텔기업인이나 혹은 호텔재벌에 의하여 투자되어 왔다. 그러나 최근의 호텔경영은 여러 종류의 투자가들에 의해 다양한 형태로 변모하고 있음을 보여주고 있는 것이 보편적인 경향이다.

이를 보다 구체적으로 분류해 보면

① 순수한 호텔기업인에 의한 건설
② 항공사에 의한 건설
③ 석유재벌에 의한 건설

④ 건설업자에 의한 건설
⑤ 일반재벌에 의한 건설
⑥ 기타 상호합동에 의한 건설 등으로 볼 수 있다.

순수한 호텔기업인에 의한 건설은 가장 보편적인 현상으로 개인단독의 경향에서 점차로 호텔재벌의 형성으로 그 패턴이 옮겨가고 있는 상황이다. 호텔재벌로 손꼽히는 것은 우리가 익히 알고 있는 미국의 힐튼, 쉐라톤, 인터콘티넨탈(Inter Continental) 및 홀리데이 인(Holiday Inn)과 영국의 트러스트 하우스(Trust House), 랭크(Rank), 스트랭 호텔(Strang Hotels) 및 그랜드 매트로폴리탄(Grand Metropolitan) 등이 있다. 이들 호텔재벌의 특징은 곧 체인호텔 운영을 바탕으로 하여 발전된 기업그룹이다.

둘째, 항공사에 의한 호텔투자는 여행의 대량화 과정의 한 산물이다. 새로운 항공수요의 창조를 위해 세계의 이름 있는 항공사는 거의가 단독으로 혹은 다른 호텔재벌과 제휴하여 호텔투자에 열을 올리고 있는 실정이다. 영국의 BOAC항공사가 인터콘티넨탈과 제휴하여 런던 및 함부르크에 호텔건설을 서둘렀으며, 네덜란드의 KLM항공사가 암스테르담에, 프랑스의 Air France가 3,000여실 규모의 호텔에 투자하고, 영국의 BEC가 포트(Fortes)와 제휴하여 파리에 호텔을 건설한 사실은 그 대표적인 사례이다.

우리나라에 있어서도 아메리칸 에어라인즈(American Airlines)가 60년 초에 국제관광공사와 합작투자하여 조선호텔의 건설을 보게 된 것도 그 한 예이다. 이 A · A사는 아카폴코(Acapulco)에 또한 호텔을 건설하였다. 이러한 항공사의 호텔산업에의 진출은 기존 호텔업계의 심각한 반발을 불러일으키고 있음도 무시할 수 없다. 그 한 예가 서독의 루프트한자(Lufthansa)가 인터콘티넨탈과 제휴하여 5,000실의 호텔을 건설하는 과정에서 기존업자의 심각한 반발을 불러일으킨 데서 찾아 볼 수 있다.

셋째, 건설 및 석유재벌에 의한 호텔건설은 ESSO와 Singal 석유회사 및 Dillingham의 경우이다. ESSO는 현재 구주에 수십개의 호텔을 보유하고 있으며, 시그날사도 하와이의 코나지역개발에 참여하여 호텔건설에 관여한 사실이 있다. 세계굴지의 건설회사인 딜링함사도 록펠러 등의 일반재벌과 제휴하여 하와이의 Manuna Kea 지역 개발에 참여하여 호텔건설에 솜씨를 보인 바 있다.

이러한 현상은 다른 산업의 일반재벌이 호텔투자에 참여하는 경우와 마찬가지로 제3차산업의 이행과정의 한 모습이라고 평가될 수 있다. 그리고 국제적 호텔기업의 동향에서 새로운 한 특징으로 호텔기업의 체인경영 현상을 들 수 있다. 이 체인경영은 두 가지로 나눌 수 있는데, 그 하나는 순수한 호텔재벌이 자기의 재력으로 호텔을 건설·운영하는 경우와, 다른 하나는 일반적으로 명의대여방식으로 경영하는 두 가지가 있다. 전자의 대표적인 회사가 쉐라톤, 인터콘티넨탈, 힐튼 등이고, 후자의 경우가 홀리데이 인의 경우이다. 인터콘티넨탈사는 1946년부터 주로 호화스러운 호텔 건축에 손을 댄 것으로 널리 알려져 있다. 홀리데이 인사는 대체로 스스로 호텔을 건설하는 경우보다는 자기의 명의를 걸게 하여 운영체제를 체인화하고 있는 대표적인 형태라고 말할 수 있다. 원래 이 기업은 미국전토에 그 운영망을 가지고 있어 '국가의 호텔업자'라는 평을 받았던 것인데, 지금은 세계적 규모로 그 운영망을 확장해 나아가고 있는 실정이다.

(4) 환경에 대한 관심

세계적으로 중요 이슈로 부각되고 있는 환경문제는 호텔분야에서도 중요한 문제로 대두되고 있다. 환경보호를 위한 재활용과 분리수거 등 쓰레기 문제에 대한 철저한 관리가 요구되고 있으며, 교통체증으로 인한 교통유발부담금의 납부 등 호텔이 갖는 환경문제에 대한 정부의 규제와 관리도 철저해질 것으로 예상된다. 1992년 시도된 우리나라 관광호텔업의 '1회용품 안쓰기 운동', '쓰레기 줄이기 운동'과 '녹색카드제도'의 실시는 환경에 대한 호텔업측이 보여준 적극적인 관심의 표현이라고 할 수 있다. 환경운동을 실시하는 호텔들은 환경친화로 호텔의 이미지를 높일 수 있고 그로 인해 운영경비가 절감되며, 지역사회의 환경보호활동에 적극적으로 참여하는 이중 삼중의 결과를 가져오므로 매우 고무적이라 할 수 있다.

(5) 미숙련 노동자의 감소

인력확보문제는 호텔산업이 직면한 가장 중요한 문제 중 하나로 등장하고 있다. 계절적 요인에 따른 호텔수요의 등락과 타 서비스업종과의 치열한 경쟁, 근무조건에 있어서의 불리함 등에 따른 인력부족 현상을 타개하기 위한 해결책으로 호텔경영진은 가능한 업무자동화를 통해 미숙련 노동인력을 감소시키려는 경향이 농후해지고 있다. 또한 업무자동화에 따라 개개인의 업무량이 줄어들어 한 사람이 여러 가지 영역의 업무를 처리할 수 있게 될 것이며, 따라서 여러 영역에 폭넓은 경험과 지식이 있는 전문인력의 양성을 위한 교육프로그램의 개발이 이루어질 것이다.

(6) 객실판매중심의 전문화 경향

환경변화에 대응하는 마케팅전략으로 '객실판매중심형 호텔'이 등장하고 있다. '객실판매중심형 호텔'이란 호텔의 서비스부문을 숙박부문과 식음료부문으로 대별해 볼 때, 노동집약적인 식음료부문을 직접 경영하지 않고 근접한 외부 레스토랑과 제휴함으로써 인건비 절감을 통한 경영합리화를 꾀하는 방법으로 일본 각지에서 시도하는 전문화된 호텔이라 할 수 있다.

이러한 호텔은 비용의 합리적 운영이 가능하며 주된 표적시장인 비즈니스 이용자에게 합리적인 가격으로 거주성, 쾌적성, 편리성을 제공할 수 있다. 향후 높은 지가, 건설비의 과투자, 인건비의 과다소요 등으로 인한 호텔경영 악화에 대응하기 위하여 이러한 유형의 호텔은 계속 증가할 것이다.

(7) 경영형태의 다양화

오늘날 호텔기업의 또다른 한 동향으로서는 모텔, 휴가촌, 국민숙사, 가족호텔 등 여러 경영형태의 호텔이 다양하게 발전되고 있음을 지적할 수 있다. 이 현상은 여행의 보편화운동과 소셜 투어리즘(social tourism)에 의한 여행인구의 저변확대 운동이 주효한 결과이며, 또다른 요인으로서 자동차산업의 고도의 발달에 그 영향이 있다고 볼 수 있다.

이상에서 호텔산업의 새로운 경향들을 호텔의 경영과 관리, 고객의 욕구변화, 그리고 호텔상품의 변화를 중심으로 살펴보았다. 가장 대표적인 호텔산업에서의 새로운 경향들은 체인화, 브랜드화, 대형화, 고급화 등으로 볼 수 있으며, 이외에도 정치, 경제, 사회변화에 따라 수많은 변화와 새로운 경향이 예상되고 있다. 이와 같이 호텔산업은 여러 측면에서 항상 새로운 변화를 겪고 있으며, 이러한 변화들은 호텔산업에 직접적 혹은 간접적으로 많은 영향을 미치고 있다. 따라서 현시점의 문제를 정확히 파악하여 이를 바탕으로 미래에 대한 올바른 예측 · 계획과 경영전략이 요구되고 있다.

참고 세계 최고의 호텔

세계 최고의 호텔은 어디일까? 시설 규모와 호화로움, 가격을 기준으로 따진다면, 두바이의 '버즈 알 아랍', 아랍에미리트연합의 '에미리트 팰리스', 브루나이의 '엠파이어' 호텔이다. 이 호텔들은 오일머니로 막대한 부를 가진 중동 산유 부국인 두바이, 아랍에미리트, 브루나이에 위치하고 있다. 이들 때문에 7성(星) 호텔이란 용어가 생겨나기 시작했다. 지금까지 호텔의 최고 등급은 5성이었다.

1. 두바이 '버즈 알 아랍'

아랍에미리트의 두바이에 있는 '버즈 알 아랍' 호텔은 하룻밤 최고 숙박비가 1000만원이 넘어 '세계에서 가장 비싼 호텔' 중 하나로 꼽히는 이 호텔은 호화로운 내부 장식과 고가의 특화 서비스로 유명하다.

202개 객실 모두가 2층짜리 스위트룸(실면적 약 50~100평)으로 이루어진 이 호텔의 하루 공식 숙박비는 160만~600만 원 선. 최고층부에 있는 240평형대 로열 스위트룸과 프레지덴셜 스위트룸은 1100만 원까지 한다.

이 호텔이 자랑하는 대표적인 서비스는 버틀러(butler · 집사) 시스템. 객실마다 전담 버틀러가 할당돼 야식을 만들어 주거나 아이 돌보기, 머리 손질 같은 투숙객들의 잔심부름을 한다. 심지어 선크림을 발라 주기도 한다. 지난해부터는 200만 원이 넘는 추가 비용을 내면 헬기 투어 서비스도 제공한다. 두바이 공항에서 헬기로 고객을 픽업해 시내 투어를 한 뒤 300m 높이의 호텔 착륙장에 내려 준다.

2. 아부다비 '에미리트 팰리스'

중동 산유 부국인 아랍에미리트연합(UAE)의 수도 아부다비의 최고급 호텔인 '에미리트 팰리스'는 엄청난 규모와 화려함으로 UAE의 부를 상징하는 역할을 톡톡히 하고 있다.

아부다비 도심에 위치한 에미리트 호텔은 엄청난 규모(25ha)에 화려한 실내 장식으로 중동의 왕족만이 묵을 수 있다는 말이 있을 정도다. 두바이의 '버즈 알 아랍'은 최소 5만 원짜리 커피라도 한잔 마셔야 입장이 허용되지만 에미리트 호텔은 객실을 제외하고 모든 공간을 관광객에게 개방한다. 원래 아부다비 국왕의 왕궁으로 쓰기 위해 지었지만 국민과 함께 하고 싶다는 국왕의 뜻에 따라 호텔로 개조했다. 에미리트 호텔의 공사비는 30억 달러, 두바이의 버즈 알 아랍은 14억 달러다.

에미리트 호텔의 가장 싼 객실은 2,700디르함, 가장 비싼 객실은 4만 2,000디르함(1,160만원)이다. 버즈 알 아랍에서 가장 비싼 방이 3만 6,000디르함(1,000만원)이니 진정한 7성급 호텔은 에미리트 호텔이라는 말이 과장이 아니다.

3. 브루나이 '엠파이어' 호텔

브루나이 수도 중심에 있는 '엠파이어' 호텔은 본래 왕실 영빈관으로 설계됐다가 2000년에 호텔로 문을 열었다. 호텔 벽면과 기둥은 번쩍이는 순금으로 장식돼 있고, 호텔 곳곳에 놓인 가구들 역시 특별 주문된 명품이다. 세계 고급호텔의 현대식 인테리어에 익숙한 사람들에게는 다소 촌스럽게 보일 수도 있지만, 웅장하면서도 고풍스러운 매력이 색다르다.

2,000만원짜리라는 디럭스룸의 침대는 빡빡한 도시생활에 지친 몸을 푸근하게 받아준다. 객실 창밖으로 펼쳐진 파란 하늘과 바다의 조화도 일품이다. 호텔이 자랑하는 최고의 객실 '엠퍼러 스위트룸'은 수도꼭지와 문손잡이까지 모두 순금으로 되어 있다. 전용 수영장과 엘리베이터가 설치돼 있는 이 방의 하룻밤 숙박료는 1,750만원으로 클린턴 전 미국 대통령, 푸틴 러시아 대통령 등이 묵었다.

호텔의 부대시설도 자랑거리이다. 호텔 투숙객 전용으로 꾸며진 프라이빗 비치에서는 스쿠버다이빙, 제트스키 등의 수상레포츠를 즐길 수 있으며, 카누 · 카약 등을 탈 수 있는 야외 풀과 다양한 코스의 스파도 있다. 상영관이 3개인 호텔 전용 극장에서는 할리우드 신작 영화를 상영한다. 스쿼시 · 농구 · 배드민턴 등을 즐길 수 있는 널찍한 스포츠센터도 최고급 시설로 꾸며졌다. 호텔 전체 면적이 180만㎡로, 어디를 가나 붐비지 않고 한산하다.

Tourism Business Management

제 6 장 국제회의업

제1절 국제회의의 이해

1. 국제회의의 정의

국제회의는 통상적으로 공인된 단체가 정기 또는 부정기적으로 주최하며 각국에서 대표가 참가하는 회의를 의미한다. 국제회의를 사전에서 살펴보면, "국제적 이해사항을 토의 · 결정하기 위하여 다수 국가의 대표자에 의해 열리는" 또는 "국제적 이해사항을 심의 · 결정하기 위하여 각국의 전권위원에 의해 열리는 회의"라고 정의하고 있다.

영국관광청(British Tourist Authority)의 국제회의에 대한 정의는 우선 회합을 할 수 있는 일정한 장소와 회의시간이 최소한 6시간 이상, 회의참가자는 25명 이상이며, 사전에 안건이 마련되어야 한다고 회의의 구성요소와 함께 조건을 규정하고 있다.

국제회의를 뜻하는 영문표기는 지역에 따라 international convention, international meeting, conference, congress, assembly 등이 다양하게 쓰이고 있다. 북미지역에서는 convention이 주로 쓰이고 있고, 유럽지역에서는 conference(특히 영국)가 통용되고 있으며, 다른 지역에서는 congress(특히 독일과 프랑스)가 통용되고 있다. 일본에서는 통계적으로 보면 '회의', '심포지엄'이라는 명칭이 60%에 이르고 있다.

국제회의에 대한 정의는 국가와 지역 그리고 국제기구마다 다르게 정의하고 있다. 대표적인 국제회의 전문 국제기구들과 우리나라가 채택하고 있는 국제회의의 정의를 살펴보면, 국제협회연합(UIA : Union of International Associations)은 '국제기구가 주최하거나 후원하는 회의나 국제기구에 소속된 국내지부가 주최하는 국내회의 가운데 전체 참가자수가 300명 이상, 참가자중 외국인이 40%이상, 참가국수 5개국 이상, 회의기간이 3일 이상인 회의'로 정의하고 있다. 세계 국제회의 전문협회(ICCA : International Congress and Convention Association)는 '정기적인 회의로서 최소 4개국 이상을 순회하면서 개최되고, 참가자가 50명 이상인 회의'로, 아시아 컨벤션뷰로 협회(AACVB : Asian Association of Convention and Visitor Bureaus)는 '공인된 단체나 법인이 주최하는 단체회의, 학술 심포지엄, 기업회의, 전시 · 박람회, 인센티브관광 등 다양한 형태의 모임 가운데 전체참가자 중 외국인이 10% 이상이고 방문객이 1박 이상을 상업적 숙박시설을 이용하는 행사'로 정의하고 있다. 그리고 2개 대륙 이상에서 참가하는 국제행사, 동일 대륙에서 2개국 이상이 참가하는 지역행사, 참가자 전원이 자국이 아닌 다른 나라로 가서 행사를 개최하는 국외행사로 구분하고 있다.

우리나라의 「국제회의산업 육성에 관한 법률」에 따르면, 첫째 국제기구 또는 국제기구에 가입한 기관 또는 법인 · 단체가 개최하는 세미나, 토론회, 학술대회, 심포지엄, 전시회, 박람회, 기타 회의로 5개국 이상의 외국인이 참가하고, 회의참가자가 300명 이상이고 그중 외국인이 100명 이상이며, 3일 이상 진행되는 회의, 둘째 국제기구에 가입하지 아니한 기관 또는 법인 · 단체가 주최하는 회의는, 회의 참가자 중 외국인이 150명 이상이고, 2일 이상 진행되는 회의를 국제회의로 규정하고 있다.

2. 국제회의의 종류

국제회의 종류는 개최되는 성격, 형태, 규모 및 회의진행에 따라 다양하다. 우선 회의내용면에서 보면 교섭회의, 학술회의, 친선회의, 기획회의, 정기회의 등이 있으며, 주최기구에 따라 기업회의, 협회회의, 비영리단체회의, 정부주관회의로 구분되며, 지역적 성격에 따라 지역회의, 지구회의, 국가회의, 국제회의로 구분된다.

이와 같은 분류기준 외에도 회의개최 주기에 따라 정기회의, 비정기회의로 구분할 수 있으며, 회의개최 시간에 따라 주간회의, 야간회의로, 공개 여부에 따라 공개회의, 비공개회의, 회의참가자의 지위에 따라 정상회의, 실무회의 등으로 구분할 수 있다. 다음은 가장 일반적인 회의 형태에 의한 분류이다.

① 회의(meeting)

모든 종류의 모임을 총칭하는 가장 포괄적인 용어이다.

② 컨벤션(convention)

회의 분야에서 가장 일반적으로 쓰이는 용어로서, 정보전달을 주목적으로 하는 정기집회에 많이 사용되며, 전시회를 수반하는 경우가 많다.

과거에는 각 기구나 단체에서 개최되는 연차총회(Annual Meeting)의 의미로 쓰였으나, 요즘에는 총회, 휴회기간 중 개최되는 각종 소규모 회의, 위원회 회의 등을 포괄적으로 의미하는 용어로 사용된다.

③ 콘퍼런스(conference)

컨벤션과 거의 같은 의미를 가진 용어로서, 통상적으로 컨벤션에 비해 회의진행상 토론회가 많이 열리고 회의참가자들에게 토론회 참여기회도 많이 주어진다. 또한 컨벤션은 다수 주제를 다루는 정기회의에 자주 사용되는 반면, 콘퍼런스는 주로 과학, 기술, 학문 분야의 새로운 지식 습득 및 특정 문제점 연구를 위한 회의에 사용된다.

④ 콩그레스(congress)

컨벤션과 같은 의미를 가진 용어로서, 유럽지역에서 빈번히 사용되며, 주로 국제규모의 회의를 의미한다.

⑤ 포럼(forum)

제시된 한 가지의 주제에 대해 상반된 견해를 가진 동일분야의 전문가들이 사회자의 주도하에 청중 앞에서 벌이는 공개 토론회로서, 청중이 자유롭게 질의에 참여할 수 있으며, 사회자가 의견을 종합한다.

⑥ 심포지엄(symposium)

제시된 안건에 대해 전문가들이 다수의 청중 앞에서 벌이는 공개토론회로서, 포럼에 비해 다소 형식을 갖추며 청중의 질의기회도 적게 주어진다.

⑦ 패널 디스커션(panel discussion)

청중이 모인 가운데 2~8명의 연사가 사회자의 주도하에서 서로 다른 분야에서의 전문가적 견해를 발표하는 공개 토론회로서 청중도 자신의 의견을 발표할 수 있다.

⑧ 워크숍(workshop)

컨퍼런스, 컨벤션 또는 기타회의의 한 부분으로 개최되는 짧은 교육프로그램으로, 30~35명 정도의 인원이 특정 문제나 과제에 관한 새로운 지식, 기술, 통찰방법 등을 서로 교환한다.

⑨ 클리닉(clinic)

클리닉은 소그룹을 위해 특별한 기술을 훈련하고 교육하는 모임이다.

항공예약 담당자를 예를 들면, CRS(컴퓨터예약시스템)를 어떻게 운영할 것인가 등을 여기에서 배운다. 워크숍과 클리닉은 여러 날 계속되기도 한다.

⑩ 전시회(exhibition)

전시회는 벤더(Vender : 판매자)에 의해 제공된 상품과 서비스의 모임을 말한다. 무역 · 산업 · 교육분야 또는 상품 및 서비스 판매업자들의 대규모 전시회는 회의를 수반하는 경우도 있으며, 이와는 반대로 전시회가 컨벤션이나 컨퍼런스의 한 부분으로 열리는 경우도 많다. 엑스포지션(exposition)은 주로 유럽에서 전시회를 말할 때 사용되는 용어이다.

⑪ 무역박람회(trade show 또는 trade fair)

무역박람회(교역전)는 부스를 이용하여 여러 판매자가 자사의 상품을 전시하는 형태의 행사를 말한다. 전시회와 매우 유사하나 다른 점은 컨벤션의 일부가 아닌 독립된 행사로 열린다는 것이다.

여러 날 지속되는 대형 박람회에는 참가자수가 최고 50만명을 넘는 경우도 있다.

⑫ 인센티브 관광(incentive travel)

기업에서 주어진 목적이나 목표달성을 위해 종업원(특히 판매원), 거래상(대리점업자), 거액 구매고객들에게 관광이라는 형태로 동기유발을 시키거나, 보상함으로써 생산효율성을 증대하고, 고객을 대상으로 광고효과를 유발하는 하나의 경영도구이다.

⑬ 텔레비전 회의(teleconference)

텔레비전회의란 원거리 지역간에 통신회선을 이용하여 회의참가자가 화면을 통해 서로 얼굴을 보면서 진행하는 형태의 회의를 말한다. 이 회의는 텔레비전의 중계원리를 이용한 것으로 통신과학기술의 발달에 따른 전기통신시스템이 중추적인 역할을 한다. 일명 화상회의라고도 하며, 국제적으로는 비디오 컨퍼런스(video conference), 텔레컨퍼런싱(teleconferencing) 등으로 불리고 있다(최승이 · 한광종, 1995).

3. 국제회의의 특성

국제회의산업의 기본적 성격을 여러 가지 측면에서 살펴볼 수 있겠으나, 관광사업의 이념추구와 파급효과가 정도의 차이는 있을지언정 공통적이라는 점을 감안할 때, 국제회의산업도 관광과 같은 맥락에서 특성을 찾아 볼 수 있다.

(1) 공익성과 기업성의 공존

공익성을 기업원리로 삼고 있는 관광사업은 경제적 효과보다는 정치, 사회, 문화 등 사회전반에 걸쳐서 국가의 이익에 우선하는 종합적 목적 수행을 과제로 삼고 있다.

이러한 공익성을 대표하는 사업의 주체는 국가나 지방단체 또는 비영리기관인 법인 등에 의해 사업수행이 되며, 국제회의산업에서는 한국관광공사가 정부산하 기관으로서, 그 역할과 임무를 담당하고 있다. 「한국관광공사법」 제12조 1항 1호에서 규정하는 국제관광진흥을 위해 외국인관광객의 유치선전, 국제관광시장의 조사 및 개척, 관광에 관한 국제협력의 증진, 국제관광에 관한 지도 및 교육을 주요 업무로 하고 있다.

이와 같이 관광진흥은 그 성격상 민간기업의 능력만으로는 도저히 수행할 수 없다. 민간분야에 의한 관광사업은 경제적인 측면에 보다 많은 비중을 두고 있으며, 사업주체도 개인을 포함한 사기업에 의해 수행되고 있다. 이와 같이 모든 사기업은 이익의 극대화와 영리를 목적으로 대회참가자를 위해 각종 시설과 서비스를 주요 영업활동으로 하고 있다.

(2) 복합성

국제회의산업의 발전을 위해 공공기관과 민간기업의 공동참여와 분담적 역할에 있어서도 복합적인 의미를 내포하고 있다. 특히 사기업의 활동영역은 대회참가자의 기대욕구에 부응하기 위해 제공되는 다양한 시설과 참여하는 업체도 복합적이면서도 다양하다. 그 중에서도 호텔, 여행사 등이 핵심적인 역할을 담당하고 있으나, 항공사, 쇼핑(외국인전용기념품판매점 또는 일반판매점) 및 관광객편의시설업(여객자동차터미널시설업, 관광토속주판매업, 전문관광식당업, 일반관광식당업) 등이 복합적으로 운영되고 있다. 또한 출판업, 공원, 박물관, 대중 도 · 소매점 등 자체의 고유한 영업을 하면서도 국제회의산업과 직 · 간접적으로 관련을 맺고 있는 산업도 많이 있다. 예를 들어 농민이 생산하는 각종 채소류 및 사육가축도 이들에게 음식물로 제공될 수 있다. 그렇기 때문에 국제회의산업과 전혀 관계가 없는 업종조차도 참가자들의 구매행위에 따라서 영업활동을 하게 되며, 이와 관련한 경제활동은 대회참가들의 욕구행동이 다양화되면 될수록 동산업의 복합적 파급효과는 더욱더 증가된다.

(3) 세계 평화에 기여

국제회의산업은 세계평화구현에 있어서도 국가 및 민간외교차원에서의 파급효과는 막대하다. 우리나라가 북방외교시대의 막을 열게 된 주요배경이 88서울올림픽개최를 계기로 이루어진 것이지만, 부수적인 측면에서 본다면 교류수단으로 활용된 국제회의의 역할도 매우 크다고 볼 수 있다.

(4) 다양성과 전문성

이와 같은 표현의 암시는 국제회의의 유치 운영과정에서 지니고 있는 다양성과 국제회의에 관한 종합적인 지식과 경험이 개최되는 각종 국제회의에 적용되기 때문이다.

4. 국제회의의 효과

국가간 협력증진과 상호교류가 확대되면서 각종 국제회의를 유치하여, 자국의 부를 축적시키는 국제회의산업이 고부가가치산업으로 각광받고 있으며, 또한 국제회의를 통해 개최국은 국제회의 개최역량을 과시함과 동시에 많은 외국인을 불러들여 이들에게 자국의 문화를 알리는 좋은 기회로 활용하고 있다.

최근 컨벤션산업이 고부가가치의 신종산업으로 부상함에 따라 세계 각국은 홍보활동을 강화하고 컨벤션센터를 건립하는 등, 자국으로의 국제회의 유치에 총력을 기울이고 있으며, 특히 아시아지역 국가들은 국제회의뿐만 아니라 MICE(Meeting, Incentive, Convention, Exhibition)라 하여 같은 범주에 속하는 각국 단체나 기업들이 해외 개최회의, 인센티브관광, 전시 · 박람회 등의 유치에도 전력을 기울이고 있어, 새로운 컨벤션 개최지역으로 부상하고 있다.

국제회의의 개최는 일시에 대량의 관광객을 유치할 수 있으며, 국제회의참가자는 일반관광객보다 체재기간이 길고 1인당 평균소비액이 3배나 많은 양질의 관광객이 되고 있다. 최근에는 전후관광(pre and post convention tour) 및 배우자 동반 관광이 일반화되고 있어 관광비수기 타개책 차원에서 주요한 수단이 되고 있다.

국제회의의 유치는 국제회의산업 자체뿐만 아니라 사회체제 전반에 영향을 미치므로 복합적 단계를 거친다. 직접적으로 국제회의산업 자체의 발전을 기대할 수 있으며, 국제회의산업은 지역사회의 여러 부문과 관련을 맺고 있으므로 간접적 효과와 유발효과를 기대할 수 있다.

〈표 6-1〉 국제회의 유치효과

파급 분야	효 과	
	긍정적 효과	부정적 효과
정치	• 개최국의 이미지 부각 • 평화통일 및 외교정책 구현 • 민간외교 수립	• 개최국의 정치이용화 • 정치목적에 의한 경제적 부담 및 희생
경제	• 국제수지 개선 • 고용증대 • 국민경제 발전	• 물가상승 • 부동산투기 • 향락 유흥업소의 성행
사회·문화	• 관련분야의 국제경쟁력 배양 • 개최국 국민의 자부심 및 의식수준 향상 • 사회기반시설의 발전 • 새로운 시설의 개발	• 각종 범죄(매춘, 도박, 마약 등)로 사회적 병폐 • 행사에 따른 국민생활 불편 • 전통적 가치관 상실 • 사치풍조와 소비성조장
관광	• 관광 진흥 · 발전 • 관광 관련산업의 발전 • 대규모 관광객 유치 • 양질의 관광객 유치 • 비수기 타개책	• 관광상업화 현상(문화, 종교, 예술 등) • 관광지 집중에 따른 교통, 소음, 오염 등의 발생 • 지역주민의 소외 및 불이익성

국제회의산업의 직접적 효과, 즉 1차적 효과란 국제회의 개최로 인하여 국제회의산업 자체에 영향을 미쳐 개최국 또는 개최지에서 기대할 수 있는 일련의 효과를 의미한다. 그러므로 직접적인 효과는 국제회의 개최에 따라 국제회의 기획업(PCO), 호텔, 항공사, 여행사, 회의참가자 이용시설 및 편의시설 등 국제회의산업 부문 또는 국제회의산업의 구성요소에서 기대할 수 있는 효과를 말한다. 한편, 국제회의산업의 2차적 효과를 직접적 효과와의 관련 정도에 따라 간접적 효과와 유발효과로 구분할 수 있다.

간접효과는 국제회의산업에서 기대되는 직접적 효과로 인하여 관련 부문에서 나타나는 일련의 효과를 의미한다. 이에 대하여 유발효과는 국제회의 개최로 개최국 또는 개최지역의 사회체제에 미치는 직접적 효과와 간접적 효과로 인하여 파생되는 일련의 결과를 말한다. 예컨대, 국제회의산업 부문의 발전으로 지역의 경제규모가 확대되고, 국가 또는 지역의 다른 산업의 매출액 증가와 고용기회의 창출 등 지역경제를 활성화시키는 효과가 이에 해당한다(최승이 · 한광종, 1995).

제2절 국제회의산업

1. 국제회의 개최 현황

국제협회연합(Union of International Associatgions; UIA)의 조사에 따르면, 2012년에 총 10,498건의 국제회의가 개최되었으며(2011년 10,743건), 이 중 한국은 총 563건의 국제회의를 개최하여 세계 5위를 차지했다. 이는 전년 대비(469건, 6위) 세계 순위가 1단계 상승함으로써 세계 국제회의 주요 개최지로서 높아진 한국의 위상을 보여주었다.

세계 주요 국가별 개최순위를 보면, 싱가포르가 952건으로 작년에 이어 세계 1위 자리를 지켰으며, 일본이 731건으로 2위, 미국이 658건으로 3위로 지난해보다 1단계 하락한 순위를 기록했다. 뒤이어 4위 벨기에는 597건, 한국은 563건으로 5위를 차지했다. 벨기에와 우리나라는 개최건수가 증가하여 한 단계씩 상승했고, 작년 4위를 기록했던 프랑스는 올해 6위(494건)를 차지했다.

세계 주요 도시별 개최 순위를 보면, 싱가포르가 919건을 개최해 부동의 1위 자리를 지켰으며, 브뤼셀이 464건으로 2위, 파리가 336건으로 3위, 비엔나가 286건으로 4위를 기록했다. 서울은 232건을 기록해 세계 5위, 아시아 2위 자리를 굳건히 지켰다.

국내 도시별 성적을 보면 서울이 232건을 개최하여 세계 5위, 아시아 2위를 2010년에 이어 지켰으며, 부산이 82건을 개최 세계 22위, 아시아 7위를 기록하였으며, 제주 또한 68건을 개최 세계 26위, 아시아 9위를 기록함에 따라 서울, 부산, 제주 3개 도시가 아시아 순위 10위권 안에 드는 성과를 보여주었다. 이밖에 인천

지역 국제회의 개최건수가 24건, 대구 20건, 대전 10건, 광주 9건, 창원 6건, 경주 4건, 고양 3건으로 집계되었다.

〈표 6-3〉 주요 국가 국제회의 개최 현황

세계 순위			아시아 순위		
순위	국가별	건수	순위	국가별	건수
1	싱가포르	952	1	싱가포르	919
2	일본	731	2	일본	598
3	미국	658	3	대한민국	469
4	벨기에	597	4	중국	200
5	대한민국	563	5	태국	126
6	프랑스	494	6	말레이시아	125
7	오스트리아	458	7	인도	103
8	스페인	449	8	타이완	54
9	독일	373	9	인도네시아	53
10	호주	287	10	홍콩	46

자료 : 한국관광공사, UIA(국제협회연합), 2012년 기준.

〈표 6-4〉 주요 도시 국제회의 개최 현황

세계 순위			아시아 순위		
순위	도시명	건수	순위	도시명	건수
1	싱가포르	919	1	싱가포르	919
2	브뤼셀	464	2	서울	232
3	파리	336	3	도쿄	153
4	빈	286	4	베이징	90
5	서울	232	5	방콕	88
6	부다페스트	168	6	요코하마	84
7	도쿄	153	7	부산	82
8	바르셀로나	150	8	쿠알라룸푸르	70
9	베를린	149	9	제주	68
10	제네바	121	10	교토	48

자료 : 한국관광공사, UIA(국제협회연합), 2012년 기준.

2. 국제회의산업의 구조

국제회의산업은 크게 국제회의 공급자와 중간구매자 그리고 최종 구매자와 이들을 연결시켜 주는 중간자로 구분될 수 있다. 국제회의 공급자는 국제회의를 개최하는데 필요한 제반의 시설과 서비스를 제공하는 산업으로 역할에 따라 시설산업, 구성산업, 지원산업 그리고 동반산업으로 구분할 수 있다. 중간구매자는 국제회의 공급자로부터 시설이나 서비스를 구매하여 국제회의 상품을 기획하는 자로서 회의개최자나 회의기획자가 있을 수 있다. 마지막으로 이렇게 기획된 상품을 최종적으로 구매하는 자는 최종구매자로 구분하고 이에는 회의나 전시 혹은 박람회 참가자가 있을 수 있다(김영우 외, 2007).

〈그림 6-1〉 국제회의산업의 구조와 역할

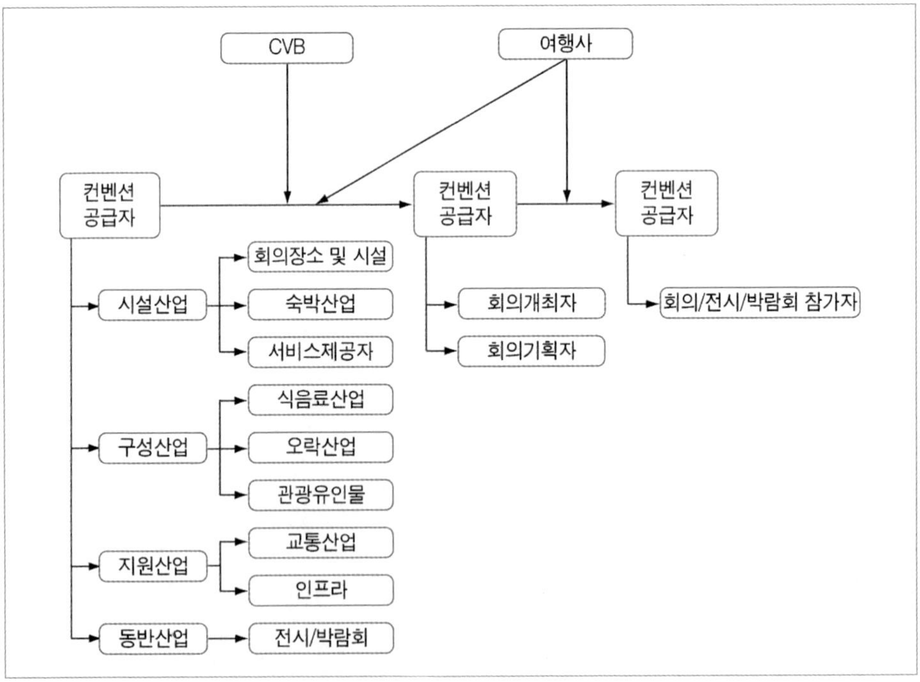

CVB
여행사
컨벤션 공급자
컨벤션 공급자
컨벤션 공급자
시설산업
회의장소 및 시설
숙박산업
서비스제공자
구성산업
식음료산업
오락산업
관광유인물
지원산업
교통산업
인프라
동반산업
전시/박람회
회의개최자
회의기획자
회의/전시/박람회 참가자

자료 : 김영우 외, 글로벌 컨벤션산업론, 두남, 2007.

3. 국제회의기획업(PCO)의 역할

PCO(Professional Congress Organizer)는 국제회의 개최와 관련된 업무를 주최측으로부터 위임받아 부분적 또는 전체적으로 대행해주는 영리업체이다. PCO는 여러 형태의 회의에 대한 풍부한 경험과 회의장, 숙박시설, 여행사 등 회의관련업체와 긴밀한 관계를 유지하여 모든 업무를 종합적으로 조정·운영할 수 있어야 한다. PCO의 국제회의 개최 및 준비·운영과정에서 회의준비사무국, 회의참가 및 외부관련이 이루어지는 업무처리내용은 5단계로 구분된다.

제1단계는 회의준비 초기단계로서, PCO와의 계약체결, 소요예산선정, 기본프로그램 구성과 예상참가자들에 대한 메일링 리스트(mailing list) 작성이 진행되는 시기이다.

제2단계는 회의준비의 구체적인 도입단계로서 회의일정 결정 및 초청프로그램의 작성·배포와 연사(speaker)선정 등의 기본업무가 이루어지는 시기이다.

제3단계는 회의참가자의 등록접수, 문의, 요청사항 등에 대한 처리 및 회의기간 중 전시회운영, 이에 대한 프로그램의 확정 등의 제반업무 추진단계이다.

제4단계는 회의장 제반시설 점검, 각종 소요물제작 및 회의 준비위원회 내의 최종준비 완료시기이다.

제5단계는 모든 준비단계를 거친 후 회의개최로부터 개회 및 사후처리까지의 업무로서, 회의참가자들의 도착 이후 등록, 제반행사진행, 관광, 행사요원관리 그리고 사후처리 및 평가까지 마무리하는 최종단계이다.

제3절 국제회의업 관련 법규와 현황

1. 관광관련 법규상의 국제회의업

「관광진흥법」에서 국제회의업이란 대규모 관광수요를 유발하는 국제회의(세미나·토론회·전시회 등을 포함한다)를 개최할 수 있는 시설을 설치·운영하거나 국제회의 계획 · 준비 · 진행 등의 업무를 위탁받아 대행하는 업을 말한다. 국제회의업은 국제회의시설업과 국제회의기획업으로 구분하고 있다.

2. 국제회의시설업

국제회의시설업이란 대규모 관광수요를 유발하는 국제회의를 개최할 수 있는 시설을 설치 · 운영하는 업을 말하는데, 첫째, 「국제회의산업 육성에 관한 법률 시행령」 제3조의 규정에 의한 회의시설(전문회의시설 · 준회의시설) 및 전시시설의 요건을 갖추고 있을 것과, 둘째, 국제회의 개최 및 전시의 필요를 위하여 부대시설(주차시설, 쇼핑 · 휴식시설)을 갖추고 있을 것을 요구하고 있다.

국제회의시설업의 등록기준은 다음 〈표 6-5〉과 같다.

〈표 6-5〉 국제회의시설 등록기준

구 분	등록기준
전문회의시설	• 2천인 이상의 인원을 수용할 수 있는 대회의실이 있을 것 • 30인 이상의 인원을 수용할 수 있는 중 · 소회의실이 10실 이상 있을 것 • 2천 제곱미터 이상의 옥내전시면적을 확보하고 있을 것
준회의시설	• 국제회의의 개최에 필요한 회의실로 활용할 수 있는 호텔 연회장 · 공연장 · 체육관 등의 시설로서 다음의 요건을 갖추어야 한다. 1. 600인 이상의 인원을 수용할 수 있는 대회의실이 있을 것 2. 30인 이상의 인원을 수용할 수 있는 중 · 소회의실이 3실 이상 있을 것
전시시설	• 2천 제곱미터 이상 옥내전시면적을 확보하고 있을 것 • 30인 이상의 인원을 수용할 수 있는 중 · 소회의실이 5실 이상 있을 것
부대시설	• 국제회의의 개최 및 전시의 편의를 위하여 전문회의시설 및 전시시설에 부속된 숙박시설 · 주차시설 · 음식점시설 · 휴식시설 · 판매시설 등으로 한다.

2012년 12월 말 현재 국제회의시설업은 컨벤션센터 12개, 호텔회의장 149개, 준회장 46개 등 총 207개 시설이 등록되어 있다. 전문전시시설로는 서울무역전시장(SETEC), aT센터, 대전무역전시관(KOTREX) 등 3개의 시설이 운영 중이다.

〈표 6-6〉 국제회의시설 현황

(단위:개소, 평방미터)

구 분	시 설	면적
컨벤션센터	12	65,384
호텔회의장	149	235,247
준회의장	46	135,798
계	207	168,623

자료 : 한국관광공사, 2012년 12월 31일 기준

우리나라 전문 컨벤션센터(국제회의시설)는 2011년 12월 말 현재 서울 코엑스(COEX)컨벤션센터(1979.3. 개관)를 비롯하여 부산 전시컨벤션센터(BEXCO, 2001.9. 개관), 대구 전시컨벤션센터(EXCO, 2001.4. 개관), 제주국제컨벤션센터(ICC JEJU, 2003.3. 개관), 경기도 고양에 한국국제전시장(KINTEX, 2005.4. 개관), 창원에 창원컨벤션센터(CECO, 2005.9. 개관), 광주에 김대중컨벤션센터(KTJ Center, 2005.9. 개관), 대전에 대전컨벤션센터(DCC, 2008.4. R개관), 인천에 송도컨벤시아(Songdo Convensia, 2008.10. 개관) 등이 문을 열었으며, 이 외에도 몇몇 지방자치단체가 컨벤션시설을 설립하기 위한 타당성 검토가 진행되고 있다.

3. 국제회의기획업(PCO)

대규모 관광수요를 유발하는 국제회의의 계획 · 준비 · 진행 등의 업무를 위탁받아 대행하는 업을 말한다. 우리나라 국제회의업은 '국제회의용역업'이라는 명칭으로 1986년에 처음으로 「관광진흥법」상의 관광사업으로 신설되었던 것이나, 1998년에 동법을 개정하여 종전의 '국제회의용역업'을 '국제회의기획업'으로 명칭을 변경하고 여기에 '국제회의시설업'을 추가하여 '국제회의업'으로 업무범위를 확대하여 오늘에 이르고 있다. 국제회의기획업의 등록기준은 〈표 6-7〉과 같다.

〈표 6-7〉 국제회의기획업 등록기준

구 분	등록기준
가. 자본금	• 5천만원 이상일 것
나. 사무실	• 소유권이나 사용권이 있을 것

2012년 12월 말 기준으로 국제회의기획업(PCO)은 전국에 총 444개 업체가 등록되어 있다.

제4절 국제회의산업의 전망

1. 국제환경변화

국제회의산업 육성의 기회요인으로는 구미(歐美)를 중심으로 한 국제경기의 전반적인 회복세와 이념을 초월한 실리추구를 배경으로 한 국가 · 지역 · 조직간의 국제교류와 협력이 증가하고 있다는 것이다. 이러한 현상은 예를 들어 인권보호, 환경보전 등과 같은 국제사회문제 해결을 위한 공감대 형성을 통해 다양한 국제기구의 증가로 나타나고 있으며, 이러한 국제기구의 증가는 국제회의산업의 시장을 지속적으로 확대시키고 있다.

세계 천연자원의 상당부문을 보유하면서도 개발도상국으로서 급속한 성장을 지속하고 있는 아시아지역의 경제성장은 과거의 문화적 낙후성을 불식시키며, 가격경쟁력을 바탕으로 한 다양한 관광상품개발을 통해 그 매력성을 더해가고 있다. 이러한 추세는 세계 국제회의시장에서 차지하는 구미(歐美)의 시장점유율이 감소하고 있는데 반해 아시아지역의 시장점유율의 지속적인 증가로 나타나고 있다.

또한 교통기술의 발달은 지역간 이동시간을 더욱 단축시킴으로써 국가간 이동을 전제로 하는 국제회의산업의 발달을 더욱 촉진시킬 것으로 예상되며, 선진국의 아시아지역에 대한 투자확대 또한 국제회의산업의 육성과 시설건설에 소요되는 대규모 재원조달이 용이해질 가능성을 높이고 있다.

지금까지 살펴본 국제회의산업을 둘러싼 외부적 기회요인들을 종합해 볼 때 특히 아시아지역에서의 국제회의산업의 성장잠재력은 지속적으로 확대될 것으로 보이며, 이는 고부가가치 산업으로서 국제회의산업에 대한 정부의 정책적 육성에 대한 필요성을 증가시키는 이유가 되고 있다.

그러나 한편으로 국제회의산업은 또다른 몇 가지 측면에서 성장가능성에 위협을 받고 있기도 하다. 국지적으로 지속되고 있는 국제적 지역분쟁은 국제회의시장의 안정적 수급을 저해하고 있으며 ECU, NAFTA 등의 세계적 경제블럭화 추세는 국제회의시장의 시장분할 또는 수요의 감소를 가져와 국제회의산업 육성의 위협요인으로 작용하고 있다. 또한 통신기술의 발달로 인한 화상회의와 같은 대체시장의 출현은 이동을 전제로 하는 국제회의시장을 잠식 또는 대체할 수 있는 위협요인으로 주목되고 있다.

특히 일본, 홍콩, 싱가포르 등을 중심으로 한 주변국의 국제회의산업 육성정책은 우리나라의 국제회의시장 진출에 있어서 가장 큰 위협요인으로 평가되고 있다. 이들 국가들은 중앙정부 또는 지방정부의 지원정책 하에 1990년대 초부터 국제회의산업을 적극적으로 육성하고 있으며, 이미 상당부분의 기반시설을 확보하고 있는 것으로 나타나고 있다.

이상의 국제환경의 기회요인과 위협요인에 대해서는 〈표 6-8〉과 같이 요약할 수 있다.

〈표 6-8〉 국제환경의 기회요인과 위협요인

기회요인	위협요인
• 국가 · 지역 · 조직간 국제교류협력 증가 - 국제사회문제 해결을 위한 공감대 확대 - 국제기구 증가 - MICE시장의 확대 • 아시아지역 국제회의시장 점유율 증가 • 교통기술의 발달 • 아시아지역에 대한 선진국 투자증대	• 아시아 경제의 혼란 • 국제회의시장의 분할 - 국제적 지역분쟁 지속 - 경제블럭화 심화 • 대체시장의 출현 - 통신기술의 발달(화상회의) • 주변국의 경쟁력 강화 - 국제회의산업의 전략적 육성 - 대규모 전문국제회의시설의 확보

자료 : 한국관광연구원, 국제회의산업육성 기본계획(안)

2. 국내환경변화

국제회의산업 육성을 위한 내부적 환경분석은 우리나라의 강점과 약점을 파악함으로써 가능하다. 외부적 기회요인과 위협요인의 인식에 기초한 강약점 파악은 국제회의산업 육성을 위한 최적의 전략적 대안을 모색할 수 있는 기본적 틀로서 역할을 할 수 있을 것이다.

국제회의산업과 관련된 우리나라의 강점으로는 제일 먼저 국제사회에서의 위상강화를 꼽을 수 있다. 1990년대에 들어서면서 정부는 적극적 대외개방정책을 실시하기 시작하였고, OECD가입을 계기로 이를 가속화하였다. 특히 아·태지역을 중심으로 한 APEC창설에 주도적 역할을 함으로써 국제사회에서의 위상을 강화하였다. 이러한 대외정책의 전반적인 변화는 국제기구가입 증대, 국제기구에서의 위상강화 등으로 가시화되고 있으며, 중앙정부의 이러한 노력과 더불어 지방자치제 이후 지방정부의 국제활동 또한 두드러지게 증가하고 있다. 이와 같은 구체적인 현상들은 그만큼 우리나라에서의 국제회의 개최 가능성을 높이고 있는 것이다.

그리고 정부의 국제회의산업 육성을 위한 지원체계 마련은 국가적 관심과 지원이 이루어지고 있다는 점에서 커다란 장점이 된다. 또한 대륙과 대양을 연결하는 동북아 중심지로서의 지정학적 특성은 국제회의 거점지역으로서의 매력을 증가시키고 있다. 특히 주변의 중국과 일본이라는 거대 배후시장은 국제회의산업의 개발 잠재력을 한층 더하고 있다.

이 밖에도 2000년 ASEM, 2002년 한·일 월드컵, 2005년 APEC 등 대형 국제행사의 성공적인 개최는 국내 국제회의 관련산업의 육성기회로 작용할 것이다. 교통망 확충에 있어서 신공항 건설은 우리나라를 세계 각국의 주요 교통거점들과 직접연계하고 접근성을 향상하고, 고속철도 등의 건설은 전국을 대상으로 한 지역균형개발의 가능성을 높여주는 것이기도 하다.

국제회의산업과 관련된 국가적 약점으로는 남북한 관계로 인한 정치적 불안정을 들 수 있다. 남북한 관계는 통일이 되지 않는 한 우리가 감수해야 하는 근본적인 문제라 할 수 있다.

이밖에도 대규모 국제회의시설이 부족한 현 실정과 국제화·세계화 추진을 위한 중앙정부의 국제회의산업에 대한 정책적 육성의지는 지방정부들로 하여금 지방의 국제화와 지역경제발전을 동시에 충족시킬 수 있는 호재로써 국제회의시설 건설 붐을 이루게 하여 지방정부간 대규모 국제회의시설의 무분별한 건립경쟁으로 이어지고 있다. 이러한 현상은 자칫 지역의 개발가능성과 장래수요 등 국제회의시설개발의 타당성을 무시한 무계획적인 사업추진으로 시설의 과대공급과 대규모 투자재원의 낭비로 이어질 가능성이 높은 것으로 우려되고 있다.

Tourism Business Management

제 7 장 카지노업

제1절 카지노업의 이해

1. 카지노의 개요

2009년 말 기준 전 세계적으로 카지노시설은 5,648개소가 운영 중에 있는 것으로 집계되고 있다(2009 사행산업백서, pp.92-100).

관광수입에 있어서 세계 10위권에 속하며 카지노산업에 있어서도 시설규모 면에서 1위(1,246개소)를 차지하고 있는 미국을 비롯하여 캐나다(2위 630개소), 프랑스(3위, 197개소), 영국(4위 151개소), 체코(5위 135개소), 러시아(6위 106개소), 아르헨티나(7위 84개소), 독일(8위 71개소), 스페인(9위 38개소), 남아프리카공화국(10위 36개소)이 세계 10대 카지노대국으로 알려져 있다. 우리나라 카지노시설은 2009년 12월 말 기준으로 17개소로 세계 주요 30개 국가 중 카지노 규모는 13위를 차지하였다.(표 7-1 참조)

이는 카지노가 단순한 도박이라는 개념을 벗어나 여가선용을 목적으로 유치된 외래관광객에게는 필수적인 관광상품임을 시사해 주고 있다. 또한 카지노는 여가공간을 제공하는 기능 외에도 외화획득을 통한 국제수지의 개선과 지역경제의 활성화, 지역주민의 소득 및 고용증대, 세수확보 등의 차원에서 서구의 주요 선진국은 물론 가까운 동남아시아국가에서도 적극적으로 육성하고 있는 추세이다.

미국을 비롯한 관광대국에서 카지노가 성공적으로 추진되고 있는 데에는 위와 같은 경제적 효과 외에도 많은 사람들(미국의 경우 어른 4명 중 3명)이 카지노게임을 합법적인 여가활동("흥겨운 저녁나들이")으로 간주하고 있다는 점이다(97년에 실시된 엔터테인먼트 선호도 조사결과에 의하면 응답자의 90% 이상이 카지노를 찬성하는 것으로 나타났다). 이는 카지노가 일반대중의 오락문화로 저변 확대되고 있음을 나타내주고 있으며, 국제관광에 있어서 카지노게임은 경제적 목적을 넘어서 외래관광객들의 야간관광상품(night life)으로 필수적임을 시사해 주고 있다.

〈표 7-1〉 세계 주요 30개국 카지노 업체수 (2009년 12월 말 기준) (단위: 개소)

국가별(순위)		업체수	국가별(순위)		업체수
1	미 국	1,246	16	오스트리아	14
2	캐나다	630	17	오스트레일리아	13
3	프랑스	197	18	네덜란드	13
4	영 국	151	19	포르투칼	10
5	체 코	135	20	벨기에	9
6	러시아	106	21	슬로바키아	9
7	아르헨티나	84	22	아일랜드	8
8	독 일	71	23	이탈리아	7
9	스페인	38	24	뉴질랜드	6
10	남아프리카공화국	36	25	덴마크	6
11	폴란드	31	26	헝가리	6
12	스위스	19	27	스웨덴	4
13	**한 국**	**17**	28	룩셈부르크	1
14	그리스	17	29	핀란드	1
15	인 도	15	30		

자료 : 2009 사행산업백서, pp.99~100의 통계를 참조하여 작성된 것임.

2. 카지노업의 정의

카지노(Casino)란 도박 · 음악 · 쇼 · 댄스 등 여러 가지 오락시설을 갖춘 연회장이라는 의미의 이탈리아어 카자(Casa)가 어원으로 르네상스시대의 귀족이 소유하고 있었던 사교 · 오락용의 별관을 뜻하였으나, 지금은 해변 · 온천 · 휴양지 등에 있는 일반 실내 도박장을 의미한다.

웹스터사전(Webster's College Dictionary)에 의하면 카지노란 모임(Meeting), 춤(Dancing) 그리고 특히 전문갬블링(Professional Gambling)을 위해 사용되는 건물이나 넓은 장소라고 정의되어 있으며, 국어사전에는 음악, 댄스, 쇼 등 여러 가지 오락시설을 갖춘 실내 도박장으로 정의하고 있다.

이러한 의미에서 카지노는 일반적으로 사교나 여가선용을 위한 공간으로서 주로 갬블링이 이루어지고 동시에 오늘날 카지노에서는 다양한 볼거리를 제공하는 장소로 변모하고 있다.

카지노는 관광사업의 발전과 크게 연관되어 있으며, 특히 관광호텔 내에 위치하여 관광객에게 게임, 오락, 유흥을 제공하여 체재기간을 연장하고, 관광객의 지출을 증대시키는 관광사업의 주요한 사업 중 하나이다.

현행 「관광진흥법」은 제3조 제1항 5호에서 카지노업을 관광사업의 일종으로 규정하고, 카지노업이란 "전문영업장을 갖추고 주사위 · 트럼프 · 슬롯머신 등 특정한 기구 등을 이용하여 우연의 결과에 따라 특정인에게 재산상의 이익을 주고 다른 참가자에게 손실을 주는 행위 등을 하는 업"이라고 정의하고 있다.

3. 카지노업의 특성

카지노업이 제공하는 기능은 우선적으로 외래 관광객을 위한 게임장소의 제공과 오락시설의 제공기능이다. 이러한 게임과 오락제공이라는 두 가지 서비스는 우리나라 카지노업의 기본적 기능이라 할 수 있다.

(1) 인적서비스에 대한 높은 의존성

카지노산업은 노동집약적 성격의 기업으로서 인적 자원에 대한 의존도가 타기업에 비해 아주 높다고 할 수 있다.

카지노에 대한 고객의 태도를 결정하는 주요 사항은 서비스이다. 따라서 카지노산업은 인적 · 물적 서비스가 고객의 만족도에 직결되므로 카지노경영에 크게 영향을 준다.

(2) 연중무휴 및 높은 고용효과

카지노는 하루 24시간의 상품을 판매하고, 카지노와 고객 간의 대인관계는 휴일이 없고 종사원은 항상 근무를 하여 고객에게 서비스를 제공한다. 특히 카지노산업은 타업종에 비해 시설이나 규모는 작지만 게임테이블 수에 비례하여 종사원을 채용하기 때문에 규모가 큰 호텔종사원 수나 호텔의 일부분을 임대한 카지노 종사원 수나 비슷하며 경영규모면에서는 카지노가 크다. 따라서 카지노산업은 타산업에 비해 종사원 고용효과가 높다.

(3) 관광객 체재기간 연장 및 관광수입 증가

관광객 일부분 중에 카지노게임을 즐기다 보면 예정일보다 늦어지는 경우가 있으며 또 체재기간이 연장되면 경비도 늘어나게 된다.

카지노 이용객의 1인당 소비액은 외래관광객 1인당 평균소비액의 약 38%를 차지할 정도로 단일 지출항목으로는 높은 비중을 차지하고 있으며, 또한 카지노 이용객의 1인당 소비액은 매년 증가세를 보이고 있어 외래관광객 소비지출을 증가시키는 주요한 관광상품이다.

(4) 호텔영업에 대한 높은 기여도

카지노 고객은 게임을 목적으로 찾아오기 때문에 호텔내의 좋은 객실, 값비싼 식음료, 부대시설을 이용하므로 일반관광객보다 매출액이 매우 높고, 또 카지노 고객은 호텔에서 투숙하면서 다른 카지노에서 게임을 하지 않으므로 카지노내의 호텔에 투숙하기를 원한다.

호텔의 수입을 객실, 식음료, 카지노, 기타 수입으로 나눌 경우, 대부분의 직영방식의 카지노에서 나타나듯이 카지노수입이 전체 매출의 59%를 차지하고, 객실수입 12%, 식음료수입 22%, 기타수입 7%를 보여주고 있어 카지노수입이 타 부문에 비하여 월등히 높아 호텔의 영업신장에 크게 기여한다.

(5) 상품공급의 비탄력성

카지노업은 경제적 효과가 매우 큰 산업이나 지역사회에 미치는 부정적인 영향도 적지 않아 대부분의 국가에서 카지노업에 대해 규제를 가하고 있다. 공익적 목적에 의해 신규허가를 제한하는 경우가 많아 수요가 증가해도 상품의 공급이 이를 충족시키지 못하는 경우가 많다.

(6) 훌륭한 실내 및 야간관광상품

카지노업은 호텔내부의 전용 공간에서 이루어지는 영업으로 악천후시에는 야외관광상품의 대체상품으로써 기능을 훌륭하게 수행할 수 있다. 또한 24시간 영업되므로 야간 관광상품으로도 이용될 수 있다는 강점을 가지고 있다.

4. 카지노업의 파급효과

카지노업이 지역경제나 지역사회에 미치는 영향에 대해 살펴보면 지역경제에는 지역경제 활성화, 고용창출, 조세수입의 증대, 지역개발의 효과와 관광산업 활성화 등 긍정적 효과를 미치는 것으로 나타났으나, 지역사회에 미치는 영향은 도박중독의 증가, 범죄증가, 과도한 게임비용과 사회적 비용의 증가와 같은 부정적 효과가 주를 이루는 것으로 나타났다.

(1) 긍정적 효과

① 지역경제 활성화

우리나라의 내국인 카지노 허용에서 알 수 있듯이 카지노를 허용하는 국가들에 있어 주요 허용목적으로 지역경제 활성화를 들고 있다. 이는 카지노를 허용함으로써 카지노 이용객의 지출과 이로 인한 카지노 종사원의 지출을 지역경제에 흡수시키고, 이를 통해 지역경제의 활성화를 유도하고자 하는 목적을 두고 있는 것이다. 이를 자세히 살펴보면, 카지노의 허용은 관광객과 종사원들을 지역사회에 유치하고, 이들의 지출이 해당 지역내 숙박업소, 음식업소, 운송업체 등으로 유입되어 지역상권의 매출을 증가시켜 지역산업 활성화에 기여함과 동시에 카지노의 설립과 개보수와 관련된 대규모 공사를 추진함에 있어 지역업체에 발주하거나 건축자재를 지역에서 구매함으로써 지역건설경기를 활성화시키는 역할도 한다. 이러한 예로서 미국의 경우 사우스다코다주와 콜로라도주의 경우 낙후지역 또는 폐광지역에 카지노가 위치하고 있는데, 이들 지역의 카지노산업은 2000년의 경우 9,071명의 고용과 8,700만 달러의 세금을 납부한 것으로 나타나고 있으며, 인디언 보호구역 내에서의 카지노 및 관련산업은 1999년의 경우 82억 6천만 달러의 수입과 20만명의 고용을 유지하고 있으며, 카지노를 통해 인디언 보호구역 내 지역개발 활성화와 발생하는 수입으로 인디언 복지증진기금으로 활용하고 있다.

또한 카지노에서 소비되는 물품의 수급을 지역사업체에서 담당함으로써 지역산업을 활성화시키는 역할을 수행한다. 미국의 경우 카지노업에 물건을 공급하는 관련 산업에 약 30만 개의 새로운 일자리가 창출되고 연간 100억 달러 이상의 수입이 발생하는 것으로 알려지고 있다.

② 고용창출

카지노업의 고용효과는 수출산업인 섬유 · 가죽업, TV부문, 반도체 부문에 비해 매우 높게 나타나고 있어 다른 산업에 비해 지역주민들에게 높은 고용기회를 제공하고 있는 것으로 조사되고 있다. 미국의 경우 카지노산업에서 약 1백만 달러의 수입이 발생할 경우 관련 13개 업종에 직접적인 고용을 창출하는 것으로 나타나고 있다.

우리나라의 경우에도 카지노산업은 높은 고용효과를 나타내고 있다. 2005년을 기준으로 하여 국내 카지노 종사원 수는 외국인 전용 카지노의 경우 3,557명이며, 내국인출입 카지노인 강원랜드는 2,751명으로 국내 카지노 17개 업체에서 총 6,308명의 종사원을 고용하고 있는 것으로 나타났다.

이러한 카지노에서의 고용창출은 지역주민 종사원 수에 비례하여 지역주민들의 소득증대로 이어지는 현상을 보이고 있다. 특히 카지노산업의 종사원의 소득수준이 여타 관광산업에 종사하는 종사원의 소득수준보다 높은 것으로 나타나고 있다. 미국의 경우, 카지노 종사원의 일인당 급여가 27,500달러 수준에 이르고 있으나, 유사산업 내에서 호텔종사원 16,000달러, 영화사 종사원 22,000달러 등에 비해 높은 수준을 나타내고 있다.

③ 조세수입 증대

카지노를 허용하는 국가 및 지역에 있어 허용의 목적은 관광객 유치 및 관광수입 증대, 지역경제 활성화, 세수증대 등을 들고 있다. 특히, 카지노는 사행산업의 인식하에 건전하지 못한 활동으로 간주되어 중과세를 부여받고 있으며, 이는 역설적으로 세수증대에 커다란 기여를 하는 것으로 평가할 수 있다.

미국의 경우 유럽에 비해 상대적으로 납부비율은 적으나 연방정부, 주정부, 시정부에 많은 세금을 납부하고 있다. 세율은 주마다 상이하게 적용을 받고 있으나, 총수익의 6.25~35%를 세금으로 납부하고 있다. 실제로 2000년의 경우 총 414개소의 상업적 카지노에서 직접적으로 35억 달러에 달하는 세금을 납부하였다. 세금은 연방정부와 주정부에 따라 차이는 있지만 일반적으로 교육, 문화유산보존, 재난 · 재해구호, 청소년 보호, 노인복지, 의료보험, 공공안전 등 기간산업과 사회복지부문에 투자되어 국가와 지방행정의 발달에 기여하고 있는 것으로 나타나고 있다.

유럽의 국가들은 상당히 높은 세율을 정하여 카지노업체에 세금을 부과하고 있다. 독일의 경우 주단위로 카지노에 대한 허가 및 감독이 이루어지고 있으며, 최고 세율의 경우 총수익의 85%를 세금으로 부과하고 있으며, 이탈리아 72%, 스웨덴 최고 70%의 세율 등 중과세를 적용하고 있다.

우리나라의 경우 시설현황에 부과되는 조세 및 준조세는 크게 국세와 지방세로 구분된 조세와 매출액의 10%에 해당하는 관광진흥개발기금을 납부하도록 하고 있다. 또한 내국인 출입이 허용된 강원랜드의 경우 외국인 전용 카지노에서 납부하는 조세 및 준조세에 더하여, 세전이익의 10%에 해당하는 폐광지역개발기금을 납부하도록 되어 있으며, 이들의 업체로부터 발생하는 조세 및 준조세는 재정확충 및 지역개발사업, 그리고 관광진흥사업에 기여하고 있다.

④ 지역개발효과

관광산업은 대상지역으로의 관련투자 유도와 관광객의 유치를 통해 지역 내 소득 및 고용을 창출하여 지역경제의 활성화를 유도하는 수단으로 인식되고 있다. 이러한 역할은 관광산업의 일종인 카지노산업에서도 동일한 현상이 나타나고 있다. 지역개발의 수단으로 카지노가 이용된 대표적인 사례로서 미국의 라스베이거스 및 애틀랜타시, 호주 멜버른과 시드니 등은 도시재개발 및 재이미지화의 수단으로 카지노가 이용된 실례라 할 수 있다. 미국의 라스베이거스는 사막지대를 카지노산업에 활용하여 새로운 관광도시로 탈바꿈시켰으며, 애틀랜타시는 1970년대 후반부터 카지노영업장의 설립을 통해 슬럼지역을 개발하여 30%에 달하는 실업률을 상당부분 줄일 수 있었던 것으로 나타나고 있다. 또한 호주의 멜버른과 시드니는 도시재개발사업을 위해 필요한 자금을 카지노의 허용을 통해 발생하는 세수로서 해결하는 등 지역개발의 수단으로서의 역할을 담당하고 있다.

⑤ 관광산업 활성화

카지노는 호텔, 면세점, 관광지 및 관광시설 등에 관광객을 유치시키는 중요한 역할을 담당하기도 한다. 호텔의 경우 카지노 이용객이 객실, 식음료, 유흥시설, 기타 부대시설을 이용하기 때문에 호텔에 추가적인 매출액을 발생시킨다. 또한 카지노가 제공하는 관광산업적 기능은 관광객에게 게임장소 및 오락시설 제공을 들 수 있다. 카지노는 실내에서 이루어지는 활동으로 실외 관광상품의 대체상품으로 활용할 수 있으며, 또한 야간에도 운영되므로 야간 관광상품으로도 이용될 수 있다는 강점을 가지고 있다.

카지노는 특히 외국인 관광객의 1인당 지출액을 증가시키고 체재기간을 연장시키는 기능을 지니고 있다. 카지노 이용객의 1인당 지출액은 외국인 관광객이 1인당 평균지출액의 약 38%를 차지할 정도로 단일 지출항목으로는 높은 비중을 차지하고 있어 외국인 관광객 소비지출을 증가시키는 주요한 관광상품이라 할 수 있다.

(2) 부정적 효과

① 도박중독

카지노를 비롯한 사행산업을 허용하는데 있어 가장 문제시되는 부문이 과도한 이용에서 오는 사회적 부작용이다. 즉 카지노게임에 자신이 의도한 것보다 더 많은 시간과 돈을 소요하게 되고, 마약 또는 알코올과 같은 중독현상이 나타나 정신적 · 신체적 또는 사회적으로 심각한 문제에 직면하게 되는 것이다.

카지노에 대한 노출기회가 상대적으로 높은 미국에서 수행된 연구결과를 살펴보면, 도박중독이 심해지면 자신이 감당할 수 없을 정도의 시간과 돈을 지출하게 되고 친구나 친척으로부터 빌린 돈을 갚기 위해 회사의 공금을 횡령하거나 돈을 훔치는 등 범죄행위로 연결되고, 이혼, 자살, 재산탕진 등으로 이어져 가정파탄을 유발시키는 것으로 조사되고 있다.

미국의 경우 도박중독자 수는 성인인구의 2.9~5.4%로 나타나고 있으며 이 중 중증중독자(pathological Gambling)는 성인인구의 0.9~1.5%, 문제성 중독자(problem Gambler)는 2.0~3.9%로 나타나고 있다. 호주의 경우에 있어서도 전체 성인인구의 2.1%가 도박중독자인 것으로 조사되었다.

② 범죄증가

카지노를 허용함에 있어 크게 우려하는 것 중에 하나가 범죄와의 관련성이다. 카지노에 의해 발생하는 범죄는 크게 2가지 유형으로 구분할 수 있다. 우선, 카지노 이용객에 의한 범죄와 카지노 사업자에 의해 발생하는 범죄이다.

카지노 이용객들은 카지노에서 돈을 잃게 되면 친구나 가족에게 돈을 빌리거나 신용카드, 은행, 금융회사로부터 돈을 대출받으며, 심지어는 고리대금업자에게 돈을 빌리거나 재산을 전당포에 팔아 카지노 자금으로 사용하게 되는 현상이 나타난다. 이는 개인의 문제에서 가정 또는 사회문제로 발전하게 되고, 심지어 불법적인 방법을 통해 돈을 마련하는 현상이 나타난다. 이러한 재정적인 어려움은 카지노 이용객이 범죄자로 변하는 가장 커다란 동기가 되고 있다. 특히, 범죄를 저지르는 가장 큰 이유가 도박을 하기 위한 자금이 필요하기 때문이라는 연구결과와 같이 문제의 심각성을 보이고 있다.

도박중독에 의한 범죄뿐만 아니라 사업체가 범죄의 주체가 되는 경우 또한 공공연히 발생한다. 이러한 범죄유형으로는 돈세탁, 불법자금 유입, 카지노업체의 매출액 축소 및 탈세 등을 들 수 있다. 미국의 경우 카지노산업의 발전 초기에 조직범죄 집단이 당시 금주법으로 판매가 금지되었던 주류를 판매하고 그 이익금을 합법적인 자금으로 세탁하기 위해 카지노를 이용한 바 있으며, 최근에는 마약판매자금, 정치자금, 뇌물 등 출처가 불분명하거나 부정한 자금이 카지노를 통해 돈세탁되는 경우도 있다. 또한 카지노를 운영하는 카지노 업체가 매출액을 축소하고 탈세를 하는 경우도 발생한 것으로 조사되었다.

③ 과도한 게임비

카지노가 도입되면서 발생할 수 있는 또다른 사회적 문제는 과도하게 게임비를 지출한다는 것이다. 카지노를 단순한 오락이나 여가활동으로 인식하지 못하고 경제적인 부를 획득하기 위한 횡재의 기회로 여기는 경향이 많이 때문에 이에 탐닉하게 되고 결과적으로 게임비 지출액이 크게 늘어나게 되는 것이다. 카지노는 도박성향이 매우 강한 게임이기 때문에 짧은 시간에 많은 돈을 잃게 될 수 있으며, 잃은 돈을 만회하기 위해 더 많은 돈을 과다하게 지출하거나 자신이 경제적으로 감당할 수 없을 정도로 지출할 가능성이 높다. 이러한 지출은 재산탕진, 자살, 이혼 등 가정파탄, 사회계층간 위화감 조성, 근로자들의 노동의욕 저하 등의 문제를 야기하는 주원인이 된다.

④ 사회적 비용증가

카지노의 허용을 통해 발생하는 사회적 부작용을 도박중독자에 중점을 두어 그 비용을 추정하면, 도박에 의한 사회적 비용이 마약중독 및 알코올중독에 의한 사회적 비용보다 더 높게 나타난다는 연구결과가 발표되었다.

이러한 도박중독은 직업상실로 인한 비용, 파산에 따른 높은 보험료, 육체적·정신적 건강악화로 인한 건강보험료, 경찰력 증가, 법원, 교도소에 소요되는 비용 등과 같은 사회적 비용을 발생시킨다. 미국의 경우 도박중독자 1명으로 인해 6~12명이 피해를 입는 것으로 나타나고 있으며, 도박에 의한 사회적 비용은 중증 중독자의 경우 1999년을 기준으로 할 경우 1인당 연간 1,195달러로 나타나며, 문제성 중독자의 경우 연간 715달러로 나타나고 있다.

제2절 카지노업 관련법규 및 현황

1. 카지노업의 허가관청

카지노업의 허가관청은 문화체육관광부장관이다. 즉 카지노업을 경영하려는 자는 전문영업장 등 문화체육관광부령으로 정하는 시설과 기구를 갖추어 문화체육관광부장관의 허가(중요 사항의 변경허가를 포함한다)를 받아야 한다(관광진흥법 제5조 1항). 다만, 제주도는 2006년 7월부터 「제주특별자치도 설치 및 국제자유도시 조성을 위한 특별법」(이하 "제주특별법"이라 한다)이 제정 · 시행됨에 따라 제주지역 외국인전용 카지노업에 대하여는 제주도지사가 카지노업 허가권 및 지도 · 감독기능을 행사하게 되었다(제주특별법 제171조의6).

2. 카지노업의 허가요건 등

(1) 허가대상시설

문화체육관광부장관은 카지노업의 허가신청을 받으면 다음 각 호의 어느 하나에 해당하는 경우에만 허가할 수 있다(관광진흥법 제21조, 동법시행령 제27조).

1. 국제공항이나 국제여객선터미널이 있는 특별시 · 광역시 또는 도(이하 "시 · 도"라 한다)에 있거나 관광특구에 있는 관광숙박업 중 호텔업시설(관광숙박업의 등급 중 최상등급을 받은 시설만 해당하며, 시 · 도에 최상등급의 시설이 없는 경우에는 그 다음 등급의 시설만 해당한다) 또는 대통령령으로 정하는 국제회의업시설의 부대시설에서 카지노업을 하려는 경우로서 대통령령으로 정하는 요건에 맞는 경우
2. 우리나라와 외국을 왕래하는 여객선에서 카지노업을 하려는 경우로서 대통령령으로 정하는 요건에 맞는 경우

(2) 허가요건

1. 관광호텔업이나 국제회의시설업의 부대시설에서 카지노업을 허가하는 요건은 다음과 같다(동법 시행령 제27조 제2항 1호).
   가. 해당 관광호텔업이나 국제회의시설업의 전년도 외래관광객 유치실적이 문화체육관광부장관(제주도지사)이 공고하는 기준에 맞을 것
   나. 외래관광객 유치계획 및 장기수지전망 등을 포함한 사업계획서가 적정할 것
   다. 나목에 규정된 사업계획의 수행에 필요한 재정능력이 있을 것
   라. 현금 및 칩의 관리 등 영업거래에 관한 내부통제방안이 수립되어 있을 것
   마. 그 밖에 카지노업의 건전한 육성을 위하여 문화체육관광부장관이 공고하는 기준에 맞을 것
2. 우리나라와 외국간을 왕래하는 여객선에서 카지노업을 허가하는 요건은 다음과 같다(동법 시행령 제27조 제2항 2호).
   가. 여객선이 2만톤급 이상으로 문화체육관광부장관이 공고하는 총톤수 이상일 것(개정 2012.11.20.)
   나 외래관광객 유치계획 및 장기수지전망 등을 포함한 사업계획서가 적정할 것
   다. 나목에 규정된 사업계획의 수행에 필요한 재정능력이 있을 것
   라. 현금 및 칩의 관리 등 영업거래에 관한 내부통제방안이 수립되어 있을 것
   마. 그 밖에 카지노업의 건전한 육성을 위하여 문화체육관광부장관이 공고하는 기준에 맞을 것

(3) 허가제한

문화체육관광부장관이 공공의 안녕, 질서유지 또는 카지노업의 건전한 발전을 위하여 필요하다고 인정하면 대통령령으로 정하는 바에 의하여 카지노업의 허가를 제한할 수 있다(동법 제21조 2항).

즉 카지노업에 대한 신규허가는 최근 신규허가를 한 날 이후에 전국단위의 외래관광객이 60만명 이상 증가한 경우에만 신규허가를 할 수 있되, 다음 각호의 사

항을 고려하여 그 증가인원 60만명당 2개 사업 이하의 범위에서 할 수 있다(동법 시행령 제27조 3항).

1. 전국단위의 외래관광객 증가추세 및 지역의 외래관광객 증가추세
2. 카지노이용객의 증가추세
3. 기존 카지노사업자의 총수용능력
4. 기존 카지노사업자의 총외화획득실적
5. 그 밖에 카지노업의 건전한 발전을 위하여 필요한 사항

3. 카지노업의 시설기준 등

카지노업의 허가를 받으려는 자는 문화체육관광부령으로 정하는 다음과 같은 시설 및 기구를 갖추어야 한다(관광진흥법 제23조 1항, 동법시행규칙 제29조 1항).

1. 330제곱미터 이상의 전용 영업장
2. 1개 이상의 외국환환전소
3. 「관광진흥법 시행규칙」 제35조 제1항의 규정에 의한 카지노업의 영업종류 중 네종류 이상의 영업을 할 수 있는 게임기구 및 시설
4. 문화체육관광부장관이 정하여 고시하는 기준에 적합한 카지노 전산시설. 이 전산시설기준에는 다음 각호의 사항이 포함되어야 한다(동법 시행규칙 제29조 2항).
   가. 하드웨어의 성능 및 설치방법에 관한 사항
   나. 네트워크의 구성에 관한 사항
   다. 시스템의 가동 및 장애방지에 관한 사항
   라. 시스템의 보안관리에 관한 사항
   마. 환전관리 및 현금과 칩의 수불관리를 위한 소프트웨어에 관한 사항

4. 카지노업의 영업종류

카지노에서 할 수 있는 게임의 종류는 게임의 도구와 게임방식에 따라 다양하다.

최근에는 카지노 방문객들의 선호도 변화와 기술의 발전에 따라 새로운 게임의 종류도 등장하고 있다.

카지노의 메카라 불리는 라스베이거스 방문객의 게임선호도에서 슬롯머신과 같은 개인게임의 선호도는 증가하는데 반해 블랙잭과 같은 전통적인 테이블 게임은 감소하는 것으로 나타났다. 이와 같은 현상은 복잡한 테이블게임보다는 단순하고 배우기 쉬우며, 비전문도박 인구의 참여율이 증가하면서 고액배팅보다는 슬롯머신을 이용하여 적은 돈으로 장시간 즐기기를 선호하기 때문이다. 또한 테이블게임과는 달리 실수를 해도 옆에 있는 사람을 전혀 신경 쓸 필요가 없기 때문인 것으로 나타났다.

우리나라 「관광진흥법」에서 규정하고 있는 카지노업의 영업종류는 룰렛, 블랙잭, 다이스, 포커, 바카라, 다이사이, 키노, 빅휠, 빠이 까우, 판탄, 조커세븐, 라운드크랩스, 트란타 콰란타, 프렌치 볼, 차카락, 슬롯머신, 비디오게임, 빙고, 마작, 카지노워 등 총 20종류이다(관광진흥법 제26조 1항 및 동법 시행규칙 제35조 1항).

① 룰렛(Roulette)

룰렛은 딜러가 수십 개의 고정 숫자가 표시된 회전판을 회전시키고 그 회전판 위에 회전과 반대 방향으로 공을 회전시킨 후 그 공이 낙착되는 숫자를 알아맞춘 참가자에게 소정의 당첨금을 지급하는 방식의 게임이다. 비교적 초보자를 위한 게임으로 특히 여성들에게 인기가 있는 게임이다.

② 블랙잭(Blackjack)

블랙잭은 딜러가 자신과 게임 참가자에게 카드를 순차로 배분하여 카드 숫자의 합이 21에 가깝도록 만들되, 딜러가 가진 카드의 숫자의 합과 참가자가 가진 카드의 숫자의 합을 비교하여 그 카드 숫자의 합이 21에 가까운 자가 승자가 되는 방식의 게임이다. 카지노에서 가장 쉽게 볼 수 있는 게임으로 규칙이 비교적 간단하므로 쉽게 배울 수 있기 때문에 인기가 많은 게임이다.

③ 다이스(Dice, Craps)

다이스는 참가자가 2개의 주사위를 던져 주사위의 합이 참가자가 미리 선정한 숫자와 일치되는지의 여부로 승패를 결정하는 방식의 게임이다.

④ 포커(Porker)

포커는 딜러가 참가자에게 일정한 방식으로 카드를 분배한 후 미리 정해진 카드순위기준에 따라 참가자 중 가장 높은 순위의 카드를 가진 참가자가 우승자가 되는 방식의 게임이다.

⑤ 바카라(Baccarat)

바카라는 딜러가 양편으로 구분되는 참가자에게 각각 카드를 분배한 후 양측 중 카드숫자의 합이 9에 가까운 측을 승자로 결정하는 방식의 게임이다. 게임에는 미니 바카라(Mini Baccarat), 미디 바카라(Midi Baccarat), 메인 바카라(Main Baccarat)의 3가지 종류로 구분되어 있다. 바카라는 하이 리미트 플레이어(high limit player)를 대상으로 하는 게임으로 특히 메인 바카라 게임의 경우 금액이 크기 때문에 다른 카지노 게임과 분리하여 별도의 장소에서 게임을 실시하기도 한다.

⑥ 다이사이(Tai Sai)

다이사이는 딜러가 셰이커(주사위를 흔드는 기구) 내에 있는 주사위 3개를 흔들어 주사위가 나타내는 숫자의 합 또는 조합을 알아 맞춘 참가자에게 소정의 당첨금을 지급하는 방식의 게임이다.

⑦ 키노(Keno)

키노는 참가자가 선정한 수개의 번호가 딜러 자신의 특정한 기구에서 추첨한 수개의 번호와 일치하는 정도에 따라 소정의 당첨금을 지급하는 방식의 게임이다.

⑧ 빅휠(Big Wheel)

빅휠은 딜러가 다수의 칸막이에 각양의 심벌(Symbol)이 그려져 있는 세로로 세운 회전판을 돌려 회전판이 멈추는 지점의 심벌을 알아 맞추는 참가자를 승자로 결정하는 방식의 게임이다.

⑨ 빠이까우(Pai Cow)

빠이까우는 딜러가 참가자 중에서 선정된 특정인(뱅커)과 다른 참가자들에게 일정한 방식으로 도미노를 분배하여 뱅커와 다른 참가자들 간에 높은 도미노 패를 가진 쪽을 승자로 결정하는 방식의 게임이다.

⑩ 판탄(Fan Tan)

판탄은 딜러가 버튼(단추모양의 기구)의 무리에서 불특정량을 분리하여 그 수를 4로 나누어 남는 나머지의 수를 알아 맞추는 참가자를 승자로 결정하는 방식의 게임이다.

⑪ 조커세븐(Joker Seven)

조커세븐은 딜러가 참가자에게 카드를 순차로 분배하여 그 카드의 조합이 미리 정해 놓은 조합과 일치하는지 여부에 따라 승패를 결정하는 방식의 게임이다.

⑫ 라운드 크랩스(Round Craps)

라운드 크랩스는 게임 참가자 중에서 주사위를 던지는 사람을 선정한 후 3개의 주사위를 던져서 나타나는 주사위 숫자의 합 또는 조합이 참가자가 미리 선정한 숫자나 조합과 일치하는지 여부에 따라 승패를 결정하는 방식의 게임이다.

⑬ 트란타 콰란타(Trent Et Quarante)

트란타 콰란타는 딜러가 양편으로 구분되는 참가자에게 각각 카드를 분배한 후 양측 중 카드숫자의 합이 30에 가까운 측을 승자로 결정하는 방식의 게임이다.

⑭ 프렌치 볼(French Boule)

프렌치 볼은 딜러가 일정한 숫자가 표시된 홈이 파인 고정판에 공을 굴린 후 그 공이 정지되는 홈의 숫자를 알아 맞추는 참가자에게 소정의 당첨금을 지급하는 방식의 게임이다.

⑮ 차카락(Chuck-A-Luck)

차카락은 딜러가 주사위를 특정한 용구에 넣고 흔들어 나타난 숫자를 알아 맞춘 참가자에게 소정의 당첨금을 지급하는 방식의 게임이다.

⑯ 슬롯머신(Slot Machine)

슬롯머신은 최근 몇 년 사이에 카지노에 최고의 수익을 올려 주고 있는 카지노에서는 가장 중요시되고 있는 게임이다. 별다른 게임의 룰이나 기술의 습득이 필요 없어서 여성과 초보자들이 가장 선호하는 게임이다. 일반인들이 흔히 알고 있는 빠찡고와 유사하다. 카지노의 어드벤테이지는 각 호텔 기기마다 다르지만 법적으로 네바다는 25% 이하 애틀랜타 시(市)는 17% 이하이다.

⑰ 비디오 게임(Video Game)

비디오 게임은 우리나라의 성인오락실에 설치되어 있는 포커 오락기와 유사하다. 5장의 카드를 사용하는 포커로서, 자기가 가진 5장의 카드 중 필요없는 것은 버려서 새로운 카드를 받아서 작패의 조합에 따라 상금을 받는 것이다.

크게 7/5 스케줄과 8/5 스케줄, 그리고 Jack or Better 게임과 Deuces Draws 게임으로 나눌 수 있다. 비디오 포커 게임은 카지노가 위치한 지역주민들이 많이 이용한다.

⑱ 빙고(Bingo)

빙고는 참가자는 번호가 이미 기입되어 있는 빙고 티켓을 구입하고, 딜러는 임의의 숫자를 추첨하여 추첨된 번호를 빙고 보드에 표시한다. 빙고 티켓의 번호와 전광판의 번호가 수평과 수직 또는 대각으로 가장 먼저 일치한 참가자가 빙고라고 외치면 우승자가 되는 방식의 게임이다.

⑲ 마작(Mahjong)

마작은 104개의 패를 3인에서 4인이 13개씩(방장은 14개)을 나누어 가진 후, 2개씩 미리 한 개 조를 만들고, 3개씩 1개 조를 맞추어 먼저 4개 조를 만들면 이기는 게임이다.

⑳ 카지노워(Casino War)

카지노 워는 카지노에 있는 테이블 게임 중 가장 직접적이고 간단한 게임으로 진행속도가 엄청나게 빠른 것이 특징이다. 모든 카드의 순위는 포커와 같으며, 플레이어가 배팅을 한 후 플레이어와 딜러가 각각 한 장의 카드를 받아 높은 카드가 이기는 게임이다. 만일 플레이어와 딜러의 카드가 같아 비기게 되면 플레이어가 배팅한 금액의 반을 포기하거나 다시 한번 더 카드를 받을 수 있는 'War'를 선택할 수 있다. 플레이어가 'War'를 선택하면 반드시 처음 배팅한 금액과 같은 금액을 한 번 더 배팅해야 한다.

5. 카지노업의 조직구조

카지노영업세칙 고시에 의하면 카지노의 부문화 조직구조는 이사회, 카지노 총지배인, 영업부서, 안전관리부서, 출납부서, 환전영업소, 전산전문요원 등이다.

(1) 이사회

이사회는 카지노업의 건전한 발전을 위하여 다음 각 호의 1에 해당하는 자격을 갖춘 이사를 1인 이상 포함하여야 한다.

① 카지노업 근무경력이 10년 이상인 자

② 공무원경력 15년 이상인 자로서 카지노정책을 2년 이상 담당한 자

이사회는 카지노 영업활동과 내부통제에 대한 최종적인 권한과 책임을 진다.

(2) 카지노 총지배인

① 카지노사업자는 카지노업 근무경력이 10년 이상에 해당하는 경력이 있는 자를 카지노 총지배인으로 임명하여야 한다.

② 카지노 총지배인은 다음 각 호의 업무를 수행한다.

㉠ 영업장 내의 게임운영 총괄

㉡ 카지노 영업장 내의 시설 및 기구 관리 · 감독

㉢ 영업세칙 준수 및 지도 · 감독

㉣ 콤프, 크레딧, 알선수수료 및 계약게임의 기준설정

㉤ 카지노고객 유치 및 관리

(3) 영업부서

① 카지노사업자는 원활한 영업활동을 위하여 딜러, 플러어퍼슨, 피트보스, 쉬프트매니저 등의 종사원을 갖추어야 하며, 그들의 업무는 다음과 같다.

㉠ 딜러(dealer) : 딜러는 게임 테이블에 배치되어 직접 고객을 대상으로 게임을 진행하고, 또 딜러는 1테이블당 1명 이상 게임을 진행할 수 있다.

㉡ 플러어퍼슨(floorperson) : 각 게임 테이블에서 발생하는 행위를 1차 감독할 책임이 있으며, 6테이블당 1명 이상을 배치하도록 되어 있다.

㉢ 피트보스(pit boss) : 각 게임테이블에서 발생하는 행위를 2차 감독할 책임이 있으며, 영업준칙에 의해 24테이블당 1명 이상을 배치하도록 되어 있다.

㉣ 쉬프트 매니저(shift manager) : 카지노영업장 운영은 하루(24시간)를 8시간 3교대로 영업운영을 하고 있다. 따라서 담당근무시간에 카지노영업장에서 발생하는 모든 영업행위를 감독하며, 3명 이상을 배치하도록 되어 있다.

② 카지노사업자는 영업부서 직원에 대한 영업장 내에서의 근무기록을 유지하여야 한다.

③ 카지노사업자는 딜러 근무수칙을 정하여 이에 따라 근무시켜야 한다.

(4) 안전관리부서

안전관리부서는 카지노 영업장의 질서 및 안전과 관련된 업무를 수행하며, 중요한 업무는 다음과 같다.

① 내국인 출입통제 ② 영업장의 질서유지
③ 고객 및 종사원의 안전 ④ 폐쇄회로시설 운영 및 관리

(5) 출납부서

출납부서는 영업 및 회계와 관련된 다음 각 호의 업무를 수행한다.

① 카운트룸 운영 및 관리
② 영업과 관련된 현금 · 수표 · 유가증권의 거래 및 보관
③ 기타 출납운영과 관련된 업무

(6) 환전상

환전상은 카지노게임과 관련된 편의를 제공하기 위하여 다음 각 호의 업무를 수행한다.

① 고객이 제시하는 외화를 원화로 환전
② 고객이 게임종료 후 남아 있는 원화 또는 게임의 결과로 획득한 원화를 외화로 재환전
③ 기타 외국환거래법령에서 인정되는 제반업무

(7) 전산전문요원

전산전문요원은 카지노전산시설을 관리 · 운영한다.

6. 카지노업의 현황

외국인 전용카지노는 1967년 인천 올림포스 카지노 개관을 시작으로 2005년 신규 허가 3개소(한국관광공사 운영, 서울 2개소, 부산 1개소)를 포함하여 2012년 12월 말 현재 전국에 16개 업체가 운영 중에 있으며, 지역별로는 서울 3개소, 부산 2개소, 인천 1개소, 강원 1개소, 대구 1개소, 제주 8개소이다. 내국인 출입 카지노는 강원랜드 카지노 1개소가 운영 중이다. 2009년 12월 말 기준 카지노업 종사원수는 6,625명(외국인전용카지노 4,928명, 강원랜드카지노 1,697명)이고, 카지노업체 총 매출액은 2조 4,603억원(외국인전용카지노 1조 2,510억원, 강원랜드카지노 1조 2,093억원)이고 입장객은 540만명(외국인전용카지노 238만명, 강원랜드카지노 302만명)이다.

〈표 7-1〉 카지노업체 현황

지 역	업체명	허가일	운영형태(등급)	종업원수	전용영업장면적
서 울	파라다이스워커힐카지노	68.03.05	임대(특1등급)	855	3,178.4
	세븐럭카지노 서울강남점	05.01.28	임대(컨벤션)	703 (본사포함)	6,059.8
	세븐럭카지노 서울힐턴점	05.01.28	임대(특1등급)	448	2,811.9
부 산	세븐럭카지노 부산롯데점	05.01.28	임대(특1등급)	265	2,234.3
	파라다이스카지노부산	78.10.29	직영(특1등급)	249	2,283.5
인 천	골든게이트카지노	67.08.10	임대(특1등급)	272	1,060.6
강 원	알펜시아카지노	80.12.09	직영(특2등급)	30	547.9
대 구	인터불고대구카지노	79.04.11	임대(특1등급)	103	3,458.3
제 주	라마다프라자카지노	75.10.15	임대(특1등급)	158	2,359.1
	파라다이스그랜드카지노	90.09.01	임대(특1등급)	153	2,756.7
	신라호텔카지노	91.07.31	임대(특1등급)	140	1,953.6
	로얄팔레스카지노	90.11.06	임대(특1등급)	106	1,353.5
	롯데호텔제주카지노	85.04.11	임대(특1등급)	133	1,205.4
	엘베가스카지노	90.09.01	직영(특1등급)	109	1,026.6
	하얏트호텔카지노	90.09.01	임대(특1등급)	71	803.3
	골든비치카지노	95.12.28	임대(특1등급)	131	1,528.5
16개 업체(외국인대상)			직영: 3 임대: 13	3,926	35,719.05
강 원	강원랜드카지노 (내국인대상)	00.10.12	직영(특1등급)	1,697	7,322.12
17개 업체(내 · 외국인대상)			직영:4 임대:13	5,623	43,041.17

자료 : 문화체육관광부, 2012년 기준 관광동향에 관한 연차보고서. pp.306~307.

제3절 카지노 경영

1. 카지노의 경영조직

카지노경영은 매우 실질적이고 물질적인 계획에 의해 특징지어지는데, 그 계획은 갖가지 보조 · 편의시설 뿐만 아니라 500개에서 3,000개에 이르는 호텔객실을 포함한다. 호텔 카지노에서의 주요한 소득원은 게임에서 얻어지는 소득인데, 전체 호텔수입의 60%를 차지할 정도로 카지노는 중요한 역할을 수행하고 있다.

〈그림 7-1〉은 네바다주의 카지노에서 이용되는 전형적인 카지노 조직표를 보여주고 있다.

〈그림 7-1〉 네바다 카지노 조직도

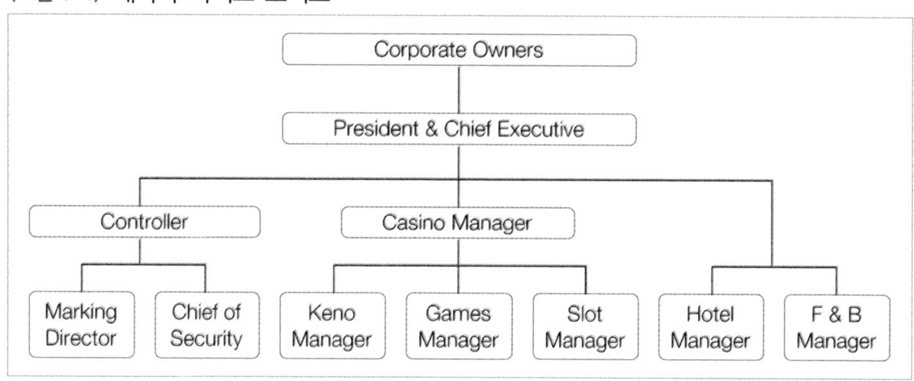

한편, 카지노업무에 따른 종업원 명칭은 다음과 같다(오수철, 1998).

(1) 딜 러

딜러(dealer)는 카지노 업장 내에서 이루어지는 각종 게임을 수행하는 직원으로 게임의 종류 및 행위에 따라 호칭을 달리한다.

① **룰렛** : Croupier, Mucker

② **블랙잭** : Twenry-one Dealer

③ **바카라** : Callman, Payman, Scooper

④ **크랩스** : Stickman, BoXman, Payman, Laddor-Man

⑤ **키노** : Rummer, Writer

(2) 플로어맨

플로어맨(floorman ; pit boss)은 주임급부터 계장 · 대리 · 과장급까지 게임 테이블을 운영할 책임이 있는 간부로서, 딜러의 관리와 근무배치 교육 등을 담당하고, 고객접대 및 담당 테이블의 상황을 상사에게 보고한다.

(3) 시프트 보스

시프트 보스(shift boss ; shift manager)는 과장급부터 차장 · 부장급까지로 교대근무의 책임자로서 해당 근무시간에 대한 인력관리와 카지노시설 및 8시간 동안의 모든 Pit을 운영 · 감독한다.

(4) 총지배인 및 부총지배인

총지배인 및 부총지배인(general manager & assist manager)은 차장 · 부장급에서 이사급까지로서 카지노 운영에 있어 전반에 걸쳐 최고의 책임자이다. 해당부서의 인력관리와 카지노 시설관리 및 1일 운영에 대한 책임을 진다.

(5) 케이지

케이지(cage)는 업장 내의 현금출납을 관장하는 곳으로 종사원의 호칭을 캐셔라고 하고, 직급별로 호칭을 달리하며, 케이지는 회계부서 또는 관리부서에 속한다. 케이지에서는 손님의 귀중품(현금 · 귀금속 등)을 보관한다.

(6) 뱅 크

뱅크(bank)는 업장 내의 칩스와 카드 출납을 관장하는 곳으로, 게임 테이블에

칩스를 필(fill) 또는 크레딧(credit)하는 업무를 담당한다. 뱅크는 영업부에 속하며, 뱅크부서가 없는 경우는 케이프(cape)에서 업무를 수행한다.

(7) 보 안

보안(security) 또는 섭외라는 명칭으로 불리며, 업장 내의 안전유지 및 외부인(업장출입을 할 수 없는 자)의 통제 및 카지노 재산보호에 그 임무가 있다.

(8) 서베얼런스 룸

서베얼런스 룸(Surveillance room)은 모니터 룸(monitor room)이라고 불리며, 전 업장을 감시 · 보호 · 녹화하여 어떤 분쟁이 발생하였을 때 자료를 제공하고, 종사원(employee), 고객(customer), 게임 테이블(gametable) 등의 상황을 심사 · 분석할 수 있는 기능의 역할을 한다.

(9) 그리터

그리터(greeter)는 카지노 호스트(host), 주로 판촉부 소속으로 고객의 접대 일체를 담당하는 직원이다. 판촉직원의 경우가 많다.

(10) 카지노 바

카지노 바(casino bar)는 카지노에 입장한 고객에게는 주류 · 음료 · 식사 등을 무료로 제공하고, 이 곳에 종사하는 직원도 카지노조직에 소속되며, 바텐더 · 요리사 · 웨이트레스 등이 있다.

(11) 인포메이션 데스크

인포메이션 데스크(information desk, check room)는 카지노에 입장하는 고객에게 입장권 발권 및 카지노 안내게임 설명 및 물품(카메라, 옷, 기타) 보관 등의 업무를 대행한다.

이외에도 일반사무직과 같은 관리부 직원으로 총무 · 경리 · 기획 · 비서 · 전산 · 사무직 등이 있으며, 영선 · 기사(driver) · 미화 등의 직원도 있다.

2. 카지노의 마케팅

카지노업도 다른 관광사업과 동일한 마케팅전략을 사용하지만, 다른 사업과는 차별화된 마케팅활동을 한다. 일반적으로 마케팅에 쓰이는 상품, 가격, 유통과 판매촉진 등 4개의 마케팅믹스를 카지노에도 적용할 수 있다.

(1) 상품(product)

고객들의 다양한 욕구를 충족시켜 줄 수 있는 상품의 개발이 지속적으로 이루어져야 할 것이다. 마작을 좋아하는 중국인들을 위한 마작게임을 도입하거나, 어려운 게임규칙을 배우기를 싫어하는 고객들을 위한 비디오게임이나 슬롯머신의 도입 등은 고객의 욕구에 부응하는 상품의 개발이라고 볼 수 있다.

(2) 가격(price)

카지노는 보다 많은 고객들을 유치하기 위해서나 보다 우수한 고객들을 유치하기 위해 저가정책이나 무료로 객실이나 식음료를 제공하는 가격전략을 구사하고 있다.

특히 콤프(complimentary)는 카지노 고객에게 무료 또는 할인된 가격으로 제공되는 각종 서비스로 고객의 등급에 따라 객실, 식음료, 항공권, 쇼핑, 관광 등의 서비스를 제공한다. 콤프를 받기 위해 카지노를 찾는 고객이 늘게 되면 카지노의 전체 이윤은 늘어나게 되기 때문에 많은 카지노들이 이 전략을 활용하고 있다. 일반적으로 호텔을 소유한 카지노에서 전체 음식 판매의 6분의 1과 음료수 판매의 3분의 1은 콤프로 지출되는 것이 일반적이다.

(3) 유통(place)

카지노는 상품의 유통을 확대하기 위해 내부 채널로 해외 사무소를 운용하고 있으며, 외부채널로는 정킷 운영자, 여행사, 항공사 등을 활용하고 있다.

내부채널인 카지노의 해외사무소는 기존고객을 관리하고 새로운 시장을 개척하며 전문모집인과의 우호적인 관계를 유지하는 역할을 담당한다. 라스베이거스의 대규모 리조트는 국내 카지노고객을 유치하기 위하여 호스트를 고용하고 있으며 주요 활동은 ① 고액배팅자들을 발굴하여 유치하고, ② 고객의 게임수준에 따라 교통, 숙박, 식음료 등 콤프의 수준을 결정하며, ③ 고객에 관한 정보를 제공하고 좋은 관계를 유지한다. 특히 여러 개의 카지노업체를 소유하고 있는 경우에는 자체 정킷 프로그램을 운영하기도 한다.

외부채널 중 정킷(Junkets)은 전세계적으로 카지노 마케팅전략의 중요한 부분을 차지하고 있다. 정킷은 도박을 목적으로 카지노를 방문하는 단체여행으로 보통 전문모집인에 의하여 모집되며 전세기를 이용하는 것이 보통이다. 전문모집인은 정킷을 조직하여 카지노업체에 보내주고 커미션을 통하여 그 대가를 보상받는 대리인이다. 정킷에 의하여 방문한 카지노 고객은 고액배팅자로 배팅액수나 시간 등에 따라 카지노업체로부터 항공료, 객실료, 식음료 등을 무료로 제공받게 된다.

전문모집인이 카지노를 목적으로 방문하는 고액배팅자를 조직한다면, 여행업자(travel agents)는 카지노목적이 아닌 일반 관광객들을 관광코스의 일부로 카지노에 보내게 된다. 이러한 관광객들은 카지노가 주목적이 아니기 때문에 주로 저액배팅자들로 테이블게임보다는 간단한 슬롯머신이나 빠징고 등의 게임종류를 선호하며 체류기간도 비교적 짧다. 이들을 비수기(겨울, 주중, 이른 아침 등)에 유치하면 연중무휴로 카지노시설을 가동시킬 수 있다. 또한 카지노업소의 분위기를 활성화시킬 수 있을 뿐만 아니라 카지노게임에 대한 흥미를 유발시켜 장차 잠재고객으로 육성할 수 있다.

(4) 판매촉진(promotion)

카지노의 판매촉진을 위한 수단으로는 광고 · 홍보와 판촉활동 등이 포함될 수 있다. 우리나라에서는 카지노의 광고가 금지되어 있으므로 언론을 이용한 기사홍보나 인터넷 등을 이용한 광고전략이 필요하다.

카지노의 판촉활동은 카지노 고객을 유치하기 위해 사용되는 이벤트 프로그램으로 사내 판촉과 외부판촉으로 나눌 수 있다. 사내판촉은 고객을 유치하기 위하여 카지노업체가 직접 조직하고 주관하는 이벤트 프로그램으로 골프시합, 테니스시합 등 레크리에이션 이벤트와 룰렛, 바카라, 포커 시합 등과 같이 게임관련 이벤트 등이 있다. 특히, 라스베이거스에서는 정규적으로 카지노게임대회, 유럽에서는 포커시합을 개최하여 기존고객은 물론 잠재고객들을 유치하고 있다. 외부판촉은 외부에서 주최하는 이벤트 사업으로 참가객 중 카지노에 관심있는 사람들을 유치하기 위한 판촉활동이다. 예를 들면, 올림픽게임, 월드컵, 국제 라이온스클럽 등의 참가자들 중 고액배팅자들을 유치하여 카지노의 매출액을 증가시킨다. 특별판촉은 사내든 외부든 간에 유치고객에게 항공료, 숙식비 등 콤프를 제공해야 하므로 상당한 판촉비가 소요된다. 따라서 치밀한 사전계획의 수립으로 이미지나 재정적 손실을 발생시키지 않도록 해야 한다.

(5) 엔터테인먼트(entertainment)

엔터테인먼트의 제공은 고객을 유치하기 위해 사용하는 중요한 마케팅수단 중의 하나로 이용되고 있다. 카지노를 방문한 모든 고객들이 게임에 참여할 수 있는 것이 아니기 때문에, 참여하지 못하는 고객들에게 엔터테인먼트를 제공함으로써 카지노게임 이외에 즐길거리를 제공함으로써 고객의 재방문을 유도할 수 있으며, 카지노 고객층을 넓히는 역할도 하기 때문이다(류광훈, 2001).

라스베이거스에서는 세계적으로 유명한 Las Vegas Strip을 볼 수 있으며, 브로드웨이 타입의 뮤지컬, 다양한 연극, 쇼(마술 등)의 형태가 있으며, 발전된 형태로 영화관, 레이저쇼 뿐만 아니라 레스토랑, 쇼핑몰, 골프코스, 스파, 헬스시설 등과 같은 레크리에이션 시설을 도입함으로써 점차 테마파크의 형식을 띠어 가고 있다.

(6) 인테리어

고객들이 카지노에 오래 머물수록 이윤이 증가하기 때문에 카지노들은 고객들의 체류시간을 최대한 증가시키기 위해 많은 장치들을 이용하고 있다. 기본적인 방법으로는 카지노 내에 시계를 없애는 것과 창문을 없애는 방법이 있다. 시계와 창문을 배치하게 되면 고객들은 시간에 쫓기게 되며 결국 카지노에서의 체류시간이 줄어들 수 있게 되기 때문이다.

카지노에 있는 의자들도 활용하고 있다. 게임장 주변에는 휴식을 취할 수 있는 소파나 벤치들을 없애므로, 고객들은 자연스럽게 슬롯머신이나 비디오머신 앞에 앉게 되며 호기심으로 게임을 하게 된다. 그러나 테이블 게임이나 슬롯머신의 의자들은 손님들이 오랜 시간 동안 게임을 할 수 있도록 안락한 의자를 사용하고 있다.

제4절 카지노업의 전망

카지노를 통하여 지역사회는 경제개발을 도모하고, 입법가들은 새로운 세원 발굴을 기대하고 있다. 여기에 오락을 추구하는 참가자들이 증가하여 카지노 산업은 활황을 맞고 있다. 그러나 현재의 시점에서 카지노산업의 미래를 정확하게 전망하기는 힘들지만, 카지노산업의 미래에 대한 긍정적인 전망과 부정적인 전망으로 나누어 살펴볼 수 있다.

(1) 긍정적 전망

① 카지노를 지역개발 또는 세수증대의 유효한 수단으로 인식하는 국가와 지방정부들이 많다.

② 카지노를 즐거운 오락장소로 생각하며 저액을 배팅으로 즐기는 관광객과 중하위계층들이 증가하고 있다.

③ 전자게임과 멀티미디어에 심취하고 있는 젊은 층들을 유인할 수 있는 상품 또는 프로그램을 개발하면 카지노산업은 계속 확산될 것이다.

(2) 부정적 전망

① 도박활동의 신기함에 매료된 새로운 게임 참가자들의 선호가 가상현실(virtual reality)과 같은 오락활동으로 변화할지 모른다.

② 사회문제를 야기할 가능성 때문에 유권자들이나 입법가들이 카지노의 허

가를 제한할 수 있다.

③ 인터넷 카지노 또는 TV를 통한 카지노 등은 전통적인 카지노업의 쇠퇴를 가져올 수도 있다.

세계 최대의 도박도시 마카오

마카오가 변하고 있다. 도박 · 마약 · 매춘 등으로 400년 넘게 어둠 속에 버려졌던 마카오가 이젠 관광 · 레저 도시로 탈바꿈하고 있는 것이다. 그 중심에는 카지노 산업이 자리하고 있다.

마카오의 2007년 도박수입 총액은 830억파타카(약 9조 9천억원)로 2006년(575억파타카)보다 44.3% 증가했으며 2005년(471억파타카)보다는 76.2%나 늘어난 것이다. 세계 최대의 도박도시인 라스베이거스보다 더 높은 수입을 올린 것이다. 마카오에는 베네치안을 포함해 27개의 카지노가 있다. 이들의 실제 매출액은 신고액의 10배 가까이 될 것으로 추측되고 있다. 또한 마무리 공사가 한창인 마카오반도의 MGM그랜드호텔과 타이파섬의 나머지 8개 호텔이 모두 완공되면 매출액은 천문학적인 액수로 늘어날 전망이다.

마카오는 단순한 도박 도시의 이미지를 씻어내기 위해 라스베이거스식 시스템을 도입했다. 덕분에 라스베이거스 자본도 대거 유입되고, 관광객도 빠른 속도로 증가하고 있다. 중국 반환 전까지 음울한 이미지로 잠깐 들렀다 가는 도시였던 마카오는 이제 가장 인기 있는 관광지 중 하나로 꼽히기에 이르렀다.

마카오 카지노중 최고의 카지노는 '베네치안 마카오 호텔 리조트'이다. 2006년 8월 문을 연 베네치안 마카오 리조트 호텔은 99만m^2 규모로 그 크기부터 사람을 압도한다. 객실이 3천 개에 이르고, 5만 9천m^2에 달하는 카지노에는 6,000대의 슬롯머신과 800개의 게임 테이블이 갖춰져 있다. 카지노장이 대구월드컵경기장보다 훨씬 커 길을 잃기 십상이다. 단일 카지노 호텔로는 세계 최대라는 말을 실감할 수 있다.

베네치안 호텔의 또 다른 명물은 이탈리아 베네치아 운하를 재현해놓은 그랜드 커넬이다. 천장은 푸른색으로 인공 하늘을 만들었고 그 아래에는 운하가 흐른다. 1인당 120 홍콩달러를 내면 베네치아처럼 전통 복장을 한 곤돌라이어(곤돌라를 모는 사람)의 세레나데를 들으며 1시간 동안 곤돌라를 타고 운하를 여행할 수 있다. 주변 거리에는 100여개의 명품 숍 · 레스토랑 · 카페가 손님을 기다리고 있다.

베네치안이 들어선 곳은 원래 바다였다. 수심 5m 정도 되는 바다를 매립해 그 위에 호텔을 짓고, 그 안에다 베네치아의 운하를 재현한 그랜드 캐널을 만들었다. 지금의 모습만으로도 탄성을 자아내게 하는 베네치아는 아직도 공사 중이다. 마르코 폴로, 산 루카 등 2개의 운하가 더 들어서고 명품 숍도 350개까지 늘어날 예정이다.

Tourism Business Management

제 8 장 관광객이용시설업, 유원시설업, 관광편의시설업

제1절 관광객이용시설업

1. 관광객이용시설업의 정의

관광객이용시설업이란 ① 관광객을 위하여 음식·운동·오락·휴양·문화·예술 또는 레저 등에 적합한 시설을 갖추어 이를 관광객에게 이용하게 하는 업과 ② 대통령령으로 정하는 2종 이상의 시설과 관광숙박업의 시설 등을 함께 갖추어 이를 회원이나 그 밖의 관광객에게 이용하게 하는 업을 말하는데(관광진흥법 제3조제1항 3호), '제주특별자치도'에서는 '도조례'로 이에 대한 정의를 규정할 수 있게 하였다(제주특별법 제171조 제2항).

2. 관광객이용시설업의 종류

「관광진흥법」은 관광객이용시설업의 종류를 전문휴양업, 종합휴양업(제1종, 제2종), 자동차야영장업, 관광유람선업(일반관광유람선업, 크루즈업), 관광공연장업, 외국인전용 관광기념품판매업 등으로 구분하고 있다(동법 시행령 제2조 1항 3호).

2012년 12월 말 기준으로 관광객이용시설업의 등록현황을 살펴보면 전문휴양업 53개 업체, 종합휴양업 22개 업체, 자동차야영장업 21개 업체, 관광유람선업 35개 업체, 관광공연장업 8개 업체, 외국인전용 관광기념품판매업 215개 업체가 등록되어 있다(문화체육관광부, 2012년 기준 연차보고서, pp. 298~299).

1) 전문휴양업

전문휴양업은 “관광객의 휴양이나 여가선용을 위하여 숙박업시설(공중위생관리법 시행령 제2조 제1항 제1호 및 제2호의 시설을 포함한다)이나 식품위생법 시행령에 의한 휴게음식점영업, 일반음식점영업 또는 제과점영업의 신고에 필요한 시설(음식점시설이라 한다)을 갖추고 전문휴양시설 중 한 종류의 시설을 갖추어 이를 관광객에게 이용하게 하는 업”으로 각 업종별 등록기준은 〈표 8-1〉과 같다.

〈표 8-1〉 전문휴양업 등록기준

구 분		등록기준
공통 기준	시 설	• 숙박시설이나 음식점 시설이 있을 것 • 주차시설 · 급수시설 · 공중화장실 등의 편의시설과 휴게시설이 있을 것
개별 기준	가. 민속촌	• 한국고유의 건축물(초가집 및 기와집)이 20동 이상으로서 각 건물에는 전래되어 온 생활도구가 갖추어져 있거나 한국 또는 외국의 고유문화를 소개할 수 있는 축소된 건축물 모형 50점 이상이 적정한 장소에 배치되어 있을 것
	나. 해수욕장	• 수영을 하기에 적합한 조건을 갖춘 해변이 있을 것 • 수용인원에 적합한 간이목욕시설 · 탈의장이 있을 것 • 인명구조용 구명보트 · 감시탑 및 응급처리시 설비 등의 시설이 있을 것 • 담수욕장을 갖추고 있을 것 • 인명구조원을 배치하고 있을 것
	다. 수렵장	• 「야생동 · 식물보호법」에 따른 시설을 갖추고 있을 것
	라. 동물원	• 「박물관 및 미술관진흥법 시행령」 별표 2에 따른 시설을 갖추고 있을 것 • 사파리공원이 있을 것
	마. 식물원	• 「박물관 및 미술관진흥법 시행령」 별표 2에 따른 시설을 갖추고 있을 것 • 온실면적은 2,000㎡ 이상일 것 • 식물종류는 1,000종 이상일 것
	바. 수족관	• 「박물관 및 미술관진흥법 시행령」 별표 2에 따른 시설을 갖추고 있을 것 • 건축연면적은 2,000㎡ 이상일 것 • 어종(어류가 아닌 것은 제외한다)은 100종 이상일 것 • 객실 100석 이상의 해양동물쇼장이 있을 것

구 분		등록기준
개별 기준	사. 온천장	• 온천수를 이용한 대중목욕시설이 있을 것 • 실내 수영장이 있을 것 • 정구장 · 탁구장 · 볼링장 · 활터 · 미니골프장 · 배드민턴장 · 롤러스케이트장 · 보트장 등의 레크리에이션 시설중 2종 이상의 시설을 갖추거나 유원시설업 시설이 있을 것
	아. 동굴자원	• 관광객의 관람에 이용될 수 있는 천연동굴이 있고 편리하게 관람할 수 있는 시설이 있을 것
	자. 수영장	• 신고체육시설업중 수영장시설 등을 갖추고 있을 것
	차. 농어촌 휴양시설	• 「농어촌정비법」에 따른 관광농원 또는 농어촌관광휴양단지의 시설을 갖추고 있을 것 • 관광객의 관람이나 휴식에 이용될 수 있는 특용작물 · 나무 등을 재배하거나 어류 · 희귀동물 등을 기르고 있을 것 • 재배지 또는 양육장의 면적은 10,000m² 이상일 것
	카. 활공장	• 활공을 할 수 있는 장소(이륙장 및 착륙장)가 있을 것 • 인명구조원을 배치하고 응급처리를 할 수 있는 설비를 갖추고 있을 것 • 행글라이더 · 패러글라이더 · 열기구 또는 초경량 비행기 등 두 종류 이상의 관광비행사업용 활공장비를 갖추고 있을 것
	타. 등록 및 신고 체육 시설업 시설	• 스키장 · 요트장 · 골프장 · 조정장 · 카누장 · 빙상장 · 자동차경주장 · 승마장 또는 종합체육시설 등 9종의 등록 및 신고 체육시설업에 해당하는 체육시설을 갖추고 있을 것
	파. 산림휴양 시설	• 「산림문화 · 휴양에 관한 법률」에 따른 자연휴양림 또는 「수목원 조성 및 진흥에 관한 법률」에 따른 수목원의 시설을 갖추고 있을 것
	하. 박물관	• 「박물관 및 미술관진흥법 시행령」 별표 2 제1호에 따른 종합박물관 또는 전문박물관의 시설을 갖추고 있을 것
	거. 미술관	• 「박물관 및 미술관진흥법 시행령」 별표 2 제1호에 따른 미술관의 시설을 갖추고 있을 것

전문휴양업은 관광객의 다양한 관광욕구에 부응함과 함께 전문적인 관광시설의 확충 · 개발을 유도하기 위하여 1988년 12월 31일에 개정된 「관광진흥법」에서 새로이 관광객이용시설업의 하나로 신설된 업종이다. 전문휴양업의 신설로 기존의 온천장, 수영장, 동굴자원 등도 관광시설이 될 수 있게 됨으로써 새로운 관광자원의 개발로 관광발전에 큰 도움이 되고 있다.

2012년 12월 말 현재 전문휴양업체는 인천 1개, 부산 1개, 경기도 6개, 강원도 1개, 충북 3개, 충남 4개, 전북 1개, 전남 1개, 경북 4개, 제주 31개 등 총 53개 업체가 등록하여 운영 중에 있다.

〈 표 8-2 〉 시 · 도별 종합휴양업 및 전문휴양업 현황

구 분	종합휴양업 제1종	종합휴양업 제2종	전문휴양업
서 울	한화호텔앤드리조트	–	–
부 산	(주)신세계샌텀시티	–	부산아쿠아리움
대 구	(주)스파밸리	–	–
인 천	–	–	송도유원지
광 주	–	–	–
대 전	–	–	–
울 산	–	–	–
경 기	웅진플레이도시, 한국민속촌, 에버랜드	–	돌석도예박물관, 장흥자생수목원, 서울랜드, 아리지, (주)서림리조트, (주)동승골프앤리조트
강 원	설악워터피아, (주)남이섬, (주)대명레저산업	청우골프클럽, 용평리조트, 보광휘닉스파크, 알펜시아리조트, 웰리힐리	제이든가든
충 북	상수허브랜드, 젠스필드	–	리솜포레스트, (주)시그너스 컨트리클럽, (주)청솔개발주식회사
충 남	천안상록리조트, 천안종합휴양관광지	–	아산스파비스, (주)파라다이스 도고지점, 서대산드림리조트, 그림이 있는 정원
전 북	–	(주)무주리조트	부안상록해수욕장
전 남	–	–	금호화순리조트
경 북	–	–	신라밀레니엄파크, 소백산 풍기호텔리조트, 영천 (주)사일온천, 전통문화마을성보촌
경 남	부곡하와이, (주)드림랜드, 자연휴양림	–	–

구 분	종합휴양업 제1종	종합휴양업 제2종	전문휴양업
제 주	-	-	(주)대유산업, 퍼시픽랜드, 여미지식물원, (주)미니미니랜드, (주)테디베어뮤지엄, (주)소인국테마파크, (주)삼영관광일출랜드, (주)한림공원, 제주휘트니스타운, (주)아프리카박물관, 방림원, (주)아쿠아랜드, 석부작테마공원, 생각하는 정원, 팸빌리지관광농원, 조이월드, 나비공원, 프시케월드, 제주러브랜드, 테마공원 선녀와 나무꾼, 세계성문화박물관, 한국공항(주)제주민속촌, (주)제주 유리의성, 제주아트랜드, 제주허브동산, (주)리온랜드, 셰프라인월드, 농업회사법인(주)메이즈랜드, (주)새별오름관광타운, 다희연, (주)제주뮤지엄컴플렉스, 박물관은 살아있다
합 계	15개소	6개소	53개소

자료 : 문화체육관광부, 2012년 12월 31일 기준

주) 전문 : 휴양시설 1종, 종합 1종 : 휴양시설 2종 또는 휴양시설 + 종합유원시설, 종합 2종 : 관광숙박업 + 종합 1종.

2) 종합휴양업

종합휴양업은 관광객의 휴양이나 여가선용을 위하여 일정한 장소에 민속문화자원의 소개시설, 운동 · 오락시설, 유희 · 오락시설, 음식 · 숙박시설, 관광시설, 농 · 어촌휴양시설 등 휴양에 필요한 복합시설을 설치하여 운영하는 관광사업으로서 제1종 종합휴양업과 제2종 종합휴양업의 두 가지 종류로 나누어져 있다.

제1종 종합휴양업은 관광객의 휴양이나 여가선용을 위하여 숙박시설 또는 음식점시설을 갖추고 전문휴양시설 중 두 종류 이상의 시설을 갖추어 관광객에게 이용하게 하는 업이나, 숙박시설 또는 음식점시설을 갖추고 전문휴양시설 중 한 종류 이상의 시설과 종합유원시설업의 시설을 갖추어 관광객에게 이용하게 하는 업을 말한다.

제2종 종합휴양업은 관광객의 휴양이나 여가선용을 위하여 관광숙박업 등록에 필요한 시설과 제1종 종합휴양업 등록에 필요한 전문휴양시설 중 두 종류 이상의 시설 또는 전문휴양시설 중 한 종류 이상의 시설 및 종합유원시설업의 시설을 함께 갖추어 이를 관광객에게 이용하게 하는 업을 말한다. 종합휴양업의 등록기준은

〈표 8-3〉과 같다.

2012년 12월 말 현재 등록된 종합휴양업체는 22개 업체이며, 지역별로는 서울 2개 업체, 부산 1개 업체, 대구 1개 업체, 경기도 3개 업체, 강원도 8개 업체, 충북 2개 업체, 충남 2개 업체, 경남 2개 업체, 전북 1개 업체가 분포되어 있다.

〈표 8-3〉 종합휴양업의 등록기준

구 분	등록기준
제1종 종합휴양업	• 숙박시설 또는 음식점시설을 갖추고 전문휴양시설 중 2종류 이상의 시설을 갖추고 있거나 • 숙박시설 또는 음식점시설을 갖추고 전문휴양시설 중 한 종류 이상의 시설과 종합유원시설업의 시설을 갖추고 있을 것
제2종 종합휴양업	• 단일부지로서 50만제곱미터 이상일 것 • 관광숙박업 등록에 필요한 시설과 제1종종합휴양업 등록에 필요한 전문휴양시설 중 2종류 이상의 시설 또는 전문휴양시설 중 1종류 이상의 시설과 종합유원시설업의 시설을 함께 갖추고 있을 것

3) 자동차야영장업

자가용 보급률이 높아지면서 야영전문차량은 물론 일반자가용, 또는 왜건형 RV(Recreational Vehicle) 자동차가 일반화됨에 따라 야외여가활동과 요리를 즐기면서 자연 속에서 숙박할 수 있는 야영활동과 자동차의 기능적 편익이 결합된 자동차 야영의 수요는 증가하고 있다.

자동차야영장업은 자동차를 이용하는 여행자의 야영 · 취사 및 주차에 적합한 시설을 갖추어 이를 관광객에게 이용하게 하는 업을 말하는데, 등록기준은 〈표 8-4〉와 같다. 2012년 12월 말 현재 등록된 자동차야영장업은 21개 업체이다.

〈표 8-4〉 자동차야영장업의 등록기준

구 분	등록기준
가. 규모	• 차량 1대당 80제곱미터 이상의 주차 및 휴식공간을 확보할 것
나. 편의시설	• 주차 · 야영에 불편이 없도록 수용인원에 적합한 상 · 하수도시설, 전기시설, 통신시설, 공중화장실, 공동취사시설 등을 갖추고 있을 것
다. 진입로	• 진입로는 2차선 이상으로 할 것

4) 관광유람선업

(1) 일반관광유람선업

「해운법」에 따른 해상여객운송사업의 면허를 받은 자나 「유선(遊船) 및 도선사사업법(渡船事業法)」에 따른 유선사업의 면허를 받거나 신고한 자가 선박을 이용하여 관광객에게 관광을 할 수 있도록 하는 업을 말한다.

(2) 크루즈업

「해운법」에 따른 순항(順航) 여객운송사업이나 복합 해상여객운송사업의 면허를 받은 자가 해당 선박 안에 숙박시설, 위락시설 등 편의시설을 갖춘 선박을 이용하여 관광객에게 관광을 할 수 있도록 하는 업을 말한다.

2012년 12월 말 현재 관광유람선 업체는 서울 1개, 부산 4개, 인천 5개, 강원 2개, 전북 6개, 전남 4개, 경남 6개, 제주 7개, 업체 등 총 35개 업체가 등록되어 있다.

〈표 8-5〉 관광유람선업의 등록기준

구 분	등록기준
(1) 일반관광유람선업	가) 구조 : 「선박안전법」에 따른 구조 및 설비를 갖춘 선박일 것 나) 선상시설 : 이용객의 숙박 또는 휴식에 적합한 시설을 갖추고 있을 것 다) 위생시설 : 수세식 화장실과 냉 · 난방 설비를 갖추고 있을 것 라) 편의시설 : 식당 · 매점 · 휴게실을 갖추고 있을 것 마) 수질오염 방지시설 : 수질오염을 방지하기 위한 오수 저장 · 처리시설과 폐기물처리시설을 갖추고 있을 것
(2) 크루즈업	가) 일반관광유람선업에서 규정하고 있는 관광사업의 등록기준을 충족할 것 나) 욕실이나 샤워시설을 갖춘 객실을 20실 이상 갖추고 있을 것 다) 체육시설, 미용시설, 오락시설, 쇼핑시설 중 두 종류 이상의 시설을 갖추고 있을 것

5) 관광공연장업

관광공연장업은 관광객을 위하여 공연시설을 갖추고 한국전통가무가 포함된 공연물을 공연하면서 관광객에게 식사와 주류를 판매하는 업을 말하는데, 등록기준은 〈표 8-6〉과 같다. 2012년 12월 말 현재 서울 3개, 부산 1개, 대구 1개, 전북 1개, 제주 2개 등 총 8개 업체가 등록되어 있다.

〈표 8-6〉 관광공연장업의 등록기준

구 분	등록기준
가. 설치장소	• 관광지 · 관광단지 또는 관광특구 안에 있거나 이 법에 따른 관광사업시설 안에 있을 것. 다만, 실외관광공연장의 경우 법에 따른 관광숙박업, 관광객 이용시설업 중 전문휴양업과 종합휴양업, 국제회의업, 유원시설업에 한한다.
나. 시설기준	① 실내관광공연장 • 100제곱미터 이상의 무대를 갖추고 있을 것 • 출연자가 연습하거나 대기 또는 분장할 수 있는 공간을 갖추고 있을 것 • 출입구는 「다중이용업소의 안전관리에 관한 특별법」에 따른 다중이용업소의 영업장에 설치하는 안전시설등의 설치기준에 적합할 것 • 공연으로 인한 소음이 밖으로 전달되지 아니하도록 방음시설을 갖추고 있을 것 ② 실외관광공연장 • 70제곱미터 이상의 무대를 갖추고 있을 것 • 남녀용으로 구분된 수세식 화장실을 갖추고 있을 것
다. 일반음식점 영업허가	• 「식품위생법 시행령」 제21조에 따른 식품접객업 중 일반음식점 영업허가를 받을 것

6) 외국인전용 관광기념품판매업

외국인전용 관광기념품판매업은 외국인 관광객(출국예정사실이 확인되는 내국인을 포함한다)에게 물품을 판매하기에 적합한 시설을 갖추어 국내에서 생산되는 주원료를 이용하여 제조하거나 가공된 물품을 판매하는 업을 말하는데, 등록기준은 〈표 8-7〉과 같다.

〈표 8-7〉 외국인전용 관광기념품판매업 등록기준

구 분	등록기준
가. 판매물품	• 국내에서 생산되는 재료를 주원료로 하여 제조하거나 가공한 물품일 것
나. 주차시설	• 주차시설을 갖추고 있을 것
다. 종사원	• 외국어 구사능력이 있는 종사원을 고용할 것

2012년 12월 말 현재 등록된 외국인전용 관광기념품판매업은 서울 110개, 부산 20개, 대구 1개, 인천 16개, 경기 22개, 경북 5개, 제주 40개 등 총 215개 업체이다.

3. 관광객이용시설업의 등록 등

1) 관광객이용시설업의 등록관청

관광사업 중 관광객이용시설업은 관광숙박업 등과 함께 등록대상업종이다. 즉 관광객이용시설업을 경영하려는 자는 관광진흥법 시행령(특별자치도는 도조례)으로 정하는 자본금, 시설 및 설비 등을 갖추어 관광진흥법 시행규칙(특별자치도는 도조례)으로 정하는 바에 따라 관광사업등록신청서를 특별자치도지사 · 특별자치시장 · 시장 · 군수 · 구청장(자치구의 구청장을 말한다)에게 제출하여야 한다.

따라서 관광객이용시설업의 등록관청은 특별자치도지사 · 특별자치시장 · 시장 · 군수 · 자치구의 구청장이다. 이 때 등록신청서를 제출받은 '등록관청'은「전자정부법」(제36조 1항)에 따른 행정정보의 공동이용을 통하여 법인등기사항증명서 및 부동산등기부등본을 확인하여야 한다.

2) 사업계획의 승인 및 '등록심의위원회'의 심의

(1) 사업계획의 승인

관광객이용시설업 중 전문휴양업 · 종합휴양업, 관광유람선업과 국제회의업 중 국제회의시설업을 경영하려는 자는 등록을 하기 전에 사업계획(중요한 사업계획의 변경을 포함한다)을 작성하여 특별자치도지사 · 특별자치시장 · 시장 · 군수 · 구청장(자치구의 구청장을 말한다)의 승인을 받을 수 있다.

따라서 이 경우는 의무사항이 아니기 때문에 사업계획승인을 받지 아니하고 '등록심의위원회'의 심의를 거쳐 등록을 할 수 있으나, 다만 사업계획승인을 얻음으로써 받게 되는 관계법률상의 인 · 허가 등의 의제(擬制)를 받지 못하게 되고, 또 경우에 따라서는 등록이 거부될 수도 있다.

(2) '등록심의위원회'의 심의

관광객이용시설업 중 전문휴양업 · 종합휴양업 · 관광유람선업 및 국제회의업 중 국제회의서설업의 등록(등록사항의 변경을 포함한다)에 관한 사항을 심의하기 위하여 특별자치도지사 · 특별자치시장 · 시장 · 군수 · 구청장(권한이 위임된 경우에는 그 위임을 받은 기관을 말함) 소속으로 관광객이용시설업 등록심의위원회(이하 "등록심의위원회"라 한다)를 두도록 하였는데, 이들 관광사업은 다른 사업에 비하여 규모나 시설이 크고 의제(擬制)되는 법률도 많기 때문에, 등록을 하기 전에 미리 '등록심의위원회'의 심의를 거치도록 하였다. 다만, 대통령령으로 정하는 경미한 사항의 변경에 관하여는 '등록심의위원회'의 심의를 거치지 아니할 수 있다.

제2절 유원시설업

1. 유원시설업의 의의와 종류

1) 유원시설업의 의의

유원시설업(遊園施設業)은 유기시설이나 유기기구를 갖추어 이를 관광객에게 이용하게 하는 업을 말한다. 여기에는 다른 영업을 경영하면서 관광객의 유치 또는 광고 등을 목적으로 유기시설이나 유기기구를 설치하여 이를 이용하게 하는 경우를 포함한다.

유원시설업은 종래 「공중위생법」상 공중접객업의 하나인 유기장업(遊技場業)으로서 보건복지부장관의 소관이었으나, 1999년 1월 21일 「관광진흥법」 개정 때 유원시설업으로 명칭을 변경하여 문화관광부장관(현 문화체유관광부장관)이 관장하는 관광사업의 일종으로 규정한 것이다.

2012년 12월 말 기준으로 전국의 유원시설업체 현황을 살펴보면 300개 업체가 운영 중에 있다(문화체육관광부, 전게 2012년 기준 연차보고서, p.308.

〈표 8-8〉 시 · 도별 유원시설업체 현황

(단위 : 개소)

시 · 도	업체수	시 · 도	업체수
서울	15	강원	31
부산	22	충북	16
대구	15	충남	27
인천	10	전북	17
광주	3	전남	21
대전	6	경북	17
울산	6	경남	17
경기	65	제주	12
계	300		

자료 : 문화체육관광부, 2012년 12월 31일 기준(휴, 폐업 업체 제외)

2) 유원시설업의 종류

「관광진흥법」은 유원시설업을 종합유원시설업, 일반유원시설업, 기타유원시설업으로 분류하고 있다.

(1) 종합유원시설업

유기서설이나 유기기구를 갖추어 이를 관광객에게 이용하게 하는 업으로서 대규모의 대지 또는 실내에서 「관광진흥법」(제33조 및 동법시행령 제65조1항 3호)에 의하여 안전성검사를 받아야 하는 유기시설 또는 유기기구 여섯종류 이상을 설치하여 운영하는 업을 말한다.

(2) 일반유원시설업

유기시설이나 유기기구를 갖추어 이를 관광객에게 이용하게 하는 업으로서 「관광진흥법」(제33조 및 동법시행령 제65조 1항 3호)에 의하여 안전성검사를 받아야 하는 유기시설 또는 유기기구 한 종류 이상을 설치하여 운영하는 업을 말한다.

(3) 기타유원시설업

유기시설이나 유기기구를 갖추어 이를 관광객에게 이용하게 하는 업으로서 「관광진흥법」(제33조 및 동법시행령 제65조 1항 3호)에 의한 안전성검사 대상이 아닌 유기시설 또는 유기기구를 설치하여 운영하는 업을 말한다.

2. 유원시설업의 허가 및 신고

1) 유원시설업의 허가(신고)관청 및 대상업종

유원시설업은 유기시설 또는 유기기구를 갖추어 이를 관광객에게 이용하게 하는 업으로서 「관광진흥법」(제33조 및 동법시행령 65조 1항 3호)에 의한 안전성검사대상 유기시설 도는 유기기구의 설치 여부에 따라 허가와 신고대상으로 구분되고 있다.

다시 말하면, 위험성이 있는 안전성검사대상 유기시설 또는 유기기구를 설치 · 운영하는 종합유원시설업과 일반유원시설업은 허가(許可)를, 위험성이 없는 안전성검사대상이 아닌 유기시설 또는 유기기구를 설치 · 운영하는 기타유원시설업은 신고(申告)를 하도록 하여 행정편의를 제고토록 하였다.

(1) 허가대상업종 및 허가관청

유원시설업 중 종합유원시설업과 일반유원시설업을 경영하려는 자는 특별자치도지사 · 특별자치시장 · 시장 · 군수 · 구청장의 허가를 받아야 한다.

(2) 신고대상업종 및 신고관청

유원시설업 중 기타유원시설업을 경영하려는 자는 특별자치도지사 · 특별자치시장 · 시장 · 군수 · 구청장에게 신고하여야 한다.

2) 유원시설업의 허가의 종류

(1) 신규허가

종합유원시설업과 일반유원시설업을 경영하기 위하여 최초로 받는 허가를 말한다.

(2) 변경허가

허가를 받은 사항 중 중요사항을 변경하고자 하는 때 받는 허가를 말한다.

(3) 조건부 영업허가

① 개 요

2005년에 도입된 제도로서 특별자치도지사 · 특별자치시장 · 시장 · 군수 · 구청장은 유원시설업의 허가를 할 때 5년의 범위에서 '대통령령으로 정하는 기간'에 법정기준에 따른 시설 및 설비를 갖출 것을 조건으로 허가를 할 수 있는데 이를 조건부 영업허가라 말한다.

이 경우에 "대통령령으로 정하는 기간"이란 조건부 영업허가를 받은 날부터 ① 종합유원시설업을 하려는 경우는 5년, ② 일반유원시설업을 하려는 경우는 3년 이내의 기간을 말한다. 다만, 천재지변이나 '그 밖의 부득이한 사유'가 있다고 인정하는 경우에는 해당 사업자의 신청에 따라 한 차례에 한하여 1년을 넘지 아니하는 범위에서 그 기간을 연장할 수 있다. 여기서 "그 밖의 부득이한 사유"란 ① 천재지변에 준하는 불가항력적인 사유가 있는 경우, ② 조건부 영업허가를 받은 자의 귀책사유가 아닌 사정으로 부지의 조성, 시설 및 설비의 설치가 지연되는 경우, ③ 그 밖의 기술적인 문제로 시설 및 설비의 설치가 지연되는 경우를 말한다.

② 조건부 영업허가의 취소

특별자치도지사 · 특별자치시장 ·장 · 군수 · 구청장은 조건부 영업허가를 받은 자가 정당한 사유 없이 지정된 기간에 허가조건을 이행하지 아니하면 그 허가를 즉시 취소하여야 한다.

③ 허가조건의 이행신고

유원시설업의 조건부 영업허가를 받은 자가 조건부 기간 내에 그 조건을 이행한 때에는 조건이행내역신고서에 시설 및 설비내역서를 첨부하여 특별자치도지사 · 특별자치시장 · 군수 · 구청장에게 제출하여야 한다.

3) 유원시설업의 시설 및 설비기준

유원시설업을 경영하려는 자가 갖추어야 하는 시설 및 설비의 기준은 별표 1과 같다(동법 시행규칙 제7조 제1항).

◈ 유원시설업의 시설 및 설비기준 ◈

(시행규칙 제7조 1항 관련 〈별표 1〉)

(1) 공통기준

구 분	시설 및 설비기준
가. 실내에 설치한 유원시설업	독립된 건축물이거나 다른 용도의 시설과 구획되어야 한다.
나. 종합유원시설업 및 일반유원시설업	(1) 방송시설 및 휴식시설(의자 또는 차양시설 등을 갖춘 것을 말한다)을 설치하여야 한다. (2) 화장실(유원시설업의 허가구역으로부터 100미터 이내에 공동화장실을 갖춘 경우를 제외한다)을 갖추어야 한다. (3) 이용객을 지면으로 안전하게 이동시키는 비상조치가 필요한 유기기구 · 유기시설에 대해서는 비상시에 이용객을 안전하게 대피시킬 수 있는 시설(발전시설, 예비전원시설, 사다리, 계단시설, 윈치, 로프 등 해당시설에 적합한 시설)을 갖추어야 한다.

(2) 개별기준

구 분	시설 및 설비기준
가. 종합유원시설업	(1) 대지면적(실내에 설치한 유원시설업의 경우에는 건축물 연면적)은 1만제곱미터 이상이어야 한다. (2) 법 제33조 제1항에 따른 안전성검사 대상 유기시설 또는 유기기구 6종 이상을 설치하여야 한다. (3) 발전시설, 의무시설 및 안내소를 설치하여야 한다. (4) 음식점시설 또는 매점을 설치하여야 한다.
나. 일반유원시설업	(1) 법 제33조 제1항에 따른 안전성검사 대상 유기시설 또는 유기기구 1종 이상을 설치하여야 한다. (2) 안내소를 설치하고, 구급약품을 비치하여야 한다.
다. 기타유원시설업	(1) 대지 면적(실내에 설치한 유원시설업의 경우에는 건축물 연면적)은 40제곱미터 이상이어야 한다. (2) 법 제33조 제1항에 따른 안전성검사 대상이 아닌 유기시설 또는 유기기구 1종 이상을 설치하여야 한다.

제3절 관광편의시설업

1. 관광편의시설업의 의의와 종류

1) 관광편의시설업의 의의

관광편의시설업은 앞에서 설명한 바 있는 관광사업(여행업, 관광숙박업, 관광객이용시설업, 국제회의업, 카지노업, 유원시설업) 외에 관광진흥에 이바지할 수 있다고 인정되는 사업이나 시설 등을 운영하는 업(관광진흥법 제3조 1항 7호)을 말한다. 이는 설사 다른 관광사업보다 관광객의 이용도가 낮거나 시설규모는 작다 하더라도 다른 사업에 뒤지지 않을 정도로 관광진흥에 이바지할 수 있다고 보아 인정된 사업이다.

2) 관광편의시설업의 종류

(1) 관광유흥음식점업

식품위생법령에 따른 유흥주점영업의 허가를 받은 자가 관광객이 이용하기 적합한 한국 전통분위기의 시설(서화 · 문갑 · 병풍 및 나전칠기 등으로 장식할 것)을 갖추어 그 시설을 이용하는 자에게 음식을 제공하고 노래와 춤을 감상하게 하거나 춤을 추게 하는 업을 말한다.

2012년 12월 말 현재 관광유흥음식점업으로 지정된 업체는 전국적으로 38개소이다.

(2) 관광극장유흥업

식품위생법령에 따른 유흥주점영업의 허가를 받은 자가 관광객이 이용하기 적합한 무도(舞蹈)시설을 갖추어 그 시설을 이용하는 자에게 음식을 제공하고 노래와 춤을 감상하게 하거나 춤을 추게 하는 업을 말한다. 2012년 12월 말 현재 관광극장유흥업으로 지정된 업체는 전국적으로 181개소이다.

(3) 외국인전용 유흥음식점업

식품위생법령에 따른 유흥주점영업의 허가를 받은 자가 외국인이 이용하기 적합한 시설을 갖추어 그 시설을 이용하는 자에게 주류나 그 밖의 음식을 제공하고 노래와 춤을 감상하게 하거나 춤을 추게 하는 업을 말한다.

2012년 12월 말 현재 외국인전용유흥음식점업으로 지정된 업체는 전국적으로 383개소이다.

(4) 관광식당업

식품위생법령에 따른 일반음식점 영업의 허가를 받은 자가 관광객이 이용하기 적합한 음식 제공시설을 갖추고 관광객에게 특정 국가의 음식을 전문적으로 제공하는 업을 말한다.

2012년 12월 말 현재 관광식당업으로 지정된 업체는 전국적으로 1,847개소이다.

(5) 시내순환관광업

「여객자동차운수사업법」에 따른 여객자동차운송사업의 면허를 받거나 등록을 한 자가 버스를 이용하여 관광객에게 시내와 그 주변 관광지를 정기적으로 순회하면서 관광할 수 있도록 하는 업을 말한다. 이것이 시티투어(city tour)업으로서 우리나라를 찾는 외국인관광객의 절대다수가 서울 등 수도권에 머물다가 돌아가는 실태를 고려하면 중점적으로 육성하여야 할 사업분야이다. 1999년 5월 10일 「관광진흥법 시행령」이 개정되면서 신설된 업종이다.

2012년 12월 말 현재 시내순환관광업으로 지정된 업체는 전국적으로 23개소이다.

(6) 관광사진업

관광사진업은 외국인 관광객과 동행하며 기념사진을 촬영하여 판매하는 업을 말한다.

2012년 12월 말 현재 관광사진업으로 지정된 업체는 전국적으로 17개소이다.

(7) 여객자동차터미널시설업

여객자동차터미널시설업은 「여객자동차운수사업법」에 따른 여객자동차터미널 사업의 면허를 받은 자가 관광객이 이용하기 적합한 여객자동차터미널시설을 갖추고 이들에게 휴게시설 · 안내시설 등 편익시설을 제공하는 업을 말한다.

2012년 12월 말 현재 지정된 여객자동차터미널시설업은 7개소이다.

(8) 관광펜션업

관광펜션업은 숙박시설을 운영하고 있는 자가 자연 · 문화 체험관광에 적합한 시설을 갖추어 관광객에게 이용하게 하는 업을 말한다.

다만, 「제주특별자치도 설치 및 국제자유도시 조성을 위한 특별법」을 적용 받는 지역(제주자치도)에서는 관광펜션업의 규정은 적용하지 아니한다. "제주특별법"에서는 관광펜션업 대신에 '휴양펜션업'을 규정하고 있기 때문이다(관광진흥법 시행령 제2조 2항, 제주특별법 제174조).

2012년 12월 말 현재 관광펜션업으로 지정된 업체는 전국적으로 390개소이다.

(9) 관광궤도업

「궤도운송법」에 따른 궤도사업의 허가를 받은 자가 주변 관람과 운송에 적합한 시설을 갖추어 관광객에게 이용하게 하는 업을 말한다. 이는 종래의 「삭도 · 궤도법」이 전부 개정되어 「궤도운송법」으로 법명이 변경됨에 따라 2009년 11월 2일 「관광진흥법 시행령」 개정 때 종전의 '관광삭도업'을 '관광궤도업'으로 개정한 것이다.

2012년 12월 말 현재 관광궤도업으로 지정된 업체는 전국적으로 12개소이다.

(10) 한옥체험업

한옥체험업이란 한옥(주요 구조부가 목조구조로서 한식기와 등을 사용한 건축물 중 고유의 전통미를 간직하고 있는 건축물과 그 부속시설을 말한다)에 숙박체험에 적합한 시설을 갖추어 관광객에게 이용하게 하는 업을 말하는데, 2009년 10월 7일 「관광진흥법 시행령」 개정 때 새로 추가된 업종이다.

2012년 12월 말 현재 한옥체험업으로 지정된 업체는 전국적으로 608개소이다.

(11) 외국인관광 도시민박업

외국인관광 도시민박업이란 「국토의 계획 및 이용에 관한 법률」 제6조제1호에 따른 도시지역(「농어촌정비법」에 따른 농어촌지역 및 준농어촌지역은 제외한다)의 주민이 거주하고 있는 단독주택 또는 다가구주택(건축법 시행령 별표1 제1호 가목 또는 다목)과 아파트, 연립주택 또는 다세대주택(건축법 시행령 별표 1 제2호 가목, 나목 또는 다목)을 이용하여 외국인 관광객에게 한국의 가정문화를 체험할 수 있도록 숙식 등을 제공하는 업을 말한다.

외국인관광 도시민박업은 2011년 12월 30일 「관광진흥법 시행령」 개정때 새로 도입된 제도로 도시지역의 주민이 거주하고 있는 단독주택 또는 아파트 등을 이용하여 외국인 관광객에게 숙식 등을 제공하고 한국의 가정문화를 체험할 수 있도록 함으로써 외국인 관광객의 유치 확대에 이바지할 수 있을 것으로 본다.

2012년 12월 말 현재 외국인관광 도시민박업으로 지정된 업체는 전국적으로 334개소이다.

2. 관광편의시설업의 지정

관광편의시설업을 경영하려는 자는 문화체육관광부령으로 정하는 바에 따라 특별시장 · 광역시장 · 도지사 · 특별자치도지사 · 특별자치시장 또는 시장 · 군수 · 구청장의 지정을 받을 수 있다.

우리나라의 관광편의시설업의 지정현황을 살펴보면, 2012년 12월 말 기준으로 전국에 총 3,840개소가 지정돼 있다. 이 중에서 관광유흥음식점업이 38개 업체이며, 관광극장유흥업 181개 업체, 외국인전용 유흥음식점업 383개 업체, 관광식당업 1,847개 업체, 시내순환관광업 23개 업체, 관광사진업 17개 업체, 여객자동차터미널시설업 7개 업체, 관광펜션업 390개 업체, 관광궤도업 12개 업체, 한옥체험업 608개 업체이다. 2011년 12월 30일 새로 도입된 외국인관광 도시민박업은 전국적으로 334개 업체가 지정돼 있다.

1) 관광편의시설업의 대상업종 및 지정관청

관광편의시설업의 지정관청 및 지정대상업종은 다음의 구분에 따른다.

(1) 관광유흥음식점업, 관광극장유흥업, 외국인전용 유흥음식점업, 시내순환관광업, 관광펜션업, 관광궤도업, 한옥체험업 및 외국인관광 도시민박업의 경우 — "특별자치도지사 · 시장 · 군수 · 구청장"이 처리(지정 및 취소)한다.

(2) 관광식당업, 관광사진업, 여객자동차터미널시설업의 경우 — "지역별 관광협회"가 시 · 도지사로부터 권한을 위탁받아 처리한다.

2) 관광편의시설업의 지정기준

관광편의시설업의 세부업종별 지정기준은 「관광진흥법 시행규칙」 제14조 관련 [별표 2]와 같다.

[별표 2] 〈개정 2011.12.30〉

관광편의시설업의 지정기준(시행규칙 제14조 관련)

업 종	지정기준
1. 관광유흥음식점업	가. 건물은 연면적이 특별시의 경우에는 330제곱미터 이상, 그 밖의 지역은 200제곱미터 이상으로 한국적 분위기를 풍기는 아담하고 우아한 건물일 것 나. 관광객의 수용에 적합한 다양한 규모의 방을 두고 실내는 고유의 한국적 분위기를 풍길 수 있도록 서화 · 문갑 · 병풍 및 나전칠기 등으로 장식할 것 다. 영업장 내부의 노래소리 등이 외부에 들리지 아니하도록 방음장치를 갖출 것
2. 관광극장유흥업	가. 건물 연면적은 1,000제곱미터 이상으로 하고, 홀면적(무대면적을 포함한다)은 500제곱미터 이상으로 할 것 나. 관광객에게 민속과 가무를 감상하게 할 수 있도록 특수조명장치 및 배경을 설치한 50제곱미터 이상의 무대가 있을 것 다. 영업장 내부의 노래소리 등이 외부에 들리지 아니하도록 방음장치를 갖출 것
3. 외국인전용유흥음식점업	가. 홀면적(무대면적을 포함한다)은 100제곱미터 이상으로 할 것 나. 홀에는 노래와 춤 공연을 할 수 있도록 20제곱미터 이상의 무대를 설치하고, 특수조명 시설 및 방음 장치를 갖출 것
4. 관광식당업	가. 인적요건 1) 한국 전통음식을 제공하는 경우에는 「국가기술자격법」에 따른 해당 조리사 자격증 소지자를 둘 것 2) 특정 외국의 전문음식을 제공하는 경우에는 다음의 요건 중 1개 이상의 요건을 갖춘 자를 둘 것 가) 해당 외국에서 전문조리사 자격을 취득한 자 나) 「국가기술자격법」에 따른 해당 조리사 자격증 소지자로서 해당 분야에서의 조리경력이 3년 이상인 자 다) 해당 외국에서 6개월 이상의 조리교육을 이수한 자 나. 위생설비 1) 주방과 홀, 식자재 보관시설 및 식기의 위생상태를 양호하게 관리할 것 2) 식기세척기와 손 소독기를 보유할 것 3) 주방근무자는 조리복 및 위생화를 착용하고, 홀 근무자는 위생적인 복장을 착용할 것

업 종	지정기준
	다. 최소 한 개 이상의 외국어로 음식의 이름과 관련 정보가 병기된 메뉴판을 갖추고 있을 것 라. 출입구가 각각 구분된 남·녀 화장실을 갖출 것
5. 시내순환 관광업	• 안내방송 등 외국어 안내서비스가 가능한 체제를 갖출 것
6. 관광사진업	• 사진촬영기술이 풍부한 자 및 외국어 안내서비스가 가능한 체제를 갖출 것
7. 여객자동차 터미널업	• 인근 관광지역 등의 안내서 등을 비치하고, 인근 관광자원 및 명소 등을 소개하는 관광안내판을 설치할 것
8. 관광펜션업	가. 자연 및 주변환경과 조화를 이루는 3층 이하의 건축물일 것 나. 객실이 30실 이하일 것 다. 취사 및 숙박에 필요한 설비를 갖출 것 라. 바비큐장, 캠프파이어장 등 주인의 환대가 가능한 1 종류 이상의 이용시설을 갖추고 있을 것(다만, 관광펜션이 수개의 건물 동으로 이루어진 경우에는 그 시설을 공동으로 설치할 수 있다) 마. 숙박시설 및 이용시설에 대하여 외국어 안내 표기를 할 것
9. 관광궤도업	가. 자연 또는 주변 경관을 관람할 수 있도록 개방되어 있거나 밖이 보이는 창을 가진 구조일 것 나. 안내방송 등 외국어 안내서비스가 가능한 체제를 갖출 것
10. 한옥체험업	가. 한 종류 이상의 전통문화 체험에 적합한 시설을 갖추고 있을 것 나. 이용자의 불편이 없도록 욕실이나 샤워시설 등 편의시설을 갖출 것
11. 외국인관광 도시민박업	가. 건물의 연면적이 230제곱미터 미만일 것 나. 외국어 안내 서비스가 가능한 체제를 갖출 것

제 3 편 관광사업(II)

Tourism Business Management

제 9 장 외식산업

제1절 외식산업의 이해

1. 외식산업의 정의

외식(外食)이란 지금까지 가정 내에서 행하는 식사에 대비하여 "가정 밖에서 행하는 식사행위의 총칭"이라고 정의되었으나, 최근에는 가정 외에서 입수한 음식을 집으로 가져와 먹는 일체의 것도 포함하는 광의적인 의미를 가진다.

일본의 도이토시오(土井利雄)는 가정 내의 식생활인 내식과 가정밖의 식생활인 외식으로 구분하고 있는데, 내식의 경우 내식적인 내식과 외식적인 내식, 외식의 경우 내식적인 외식과 외식적인 외식으로 구분할 수 있으며, 내식적인 내식을 제외한 나머지를 현대적 외식의 범주로 보고 있다(홍기운, 1999).

〈표 9-1〉 내식과 외식의 구분

구 분	종 류	주요내용	현대의 외식
내 식	내식적 내식	가정 내의 일상적인 식상형태, 가정 내 직접 조리·가공	
	외식적 내식	완제품이나 반제품을 구입하여 가정 내에서 식사하는 형태	○
외 식	내식적 외식	가정 내의 조리품을 가지고 가정 밖에서 식사하는 형태	○
	외식적 외식	가정 밖의 음식점 등에서 대금지급을 통해 식사하는 형태	○

이러한 내식과 외식간의 관계를 고려하여 종합적으로 외식의 범주를 아래 〈그림 9-1〉과 같이 도식화할 수 있다.

이러한 외식을 제공하는 산업은 식당업, 요식업, 음식점업, 외식업이라는 용어들이 혼합되어 사용되어 왔으나, 최근에는 외식산업이라는 용어를 사용하고 있다. 이러한 외식산업의 정의에 대해서 미국레스토랑협회(NRA : National Restaurant Association)에서는 "외식산업은 가정 밖에서 준비되어 판매하는 모든 식사와 스낵을 포함하며 가지고 가는 식사 그리고 음료까지 포함한다"라고 정의하고 있다.

홍기운(1999)은 "일반적으로 일정한 장소에서 조리 · 가공된 음식물을 상품화(요리, 인적 서비스, 물적 서비스, 분위기, 편익성, 가치 등의 토탈서비스)하여 금액지급을 통해 소비자(고객)에게 제공되는 가정밖의 식생활 전체를 총칭한다"라고 정의하고 있다.

〈그림 9-1〉 식생활 구분과 외식산업의 범위

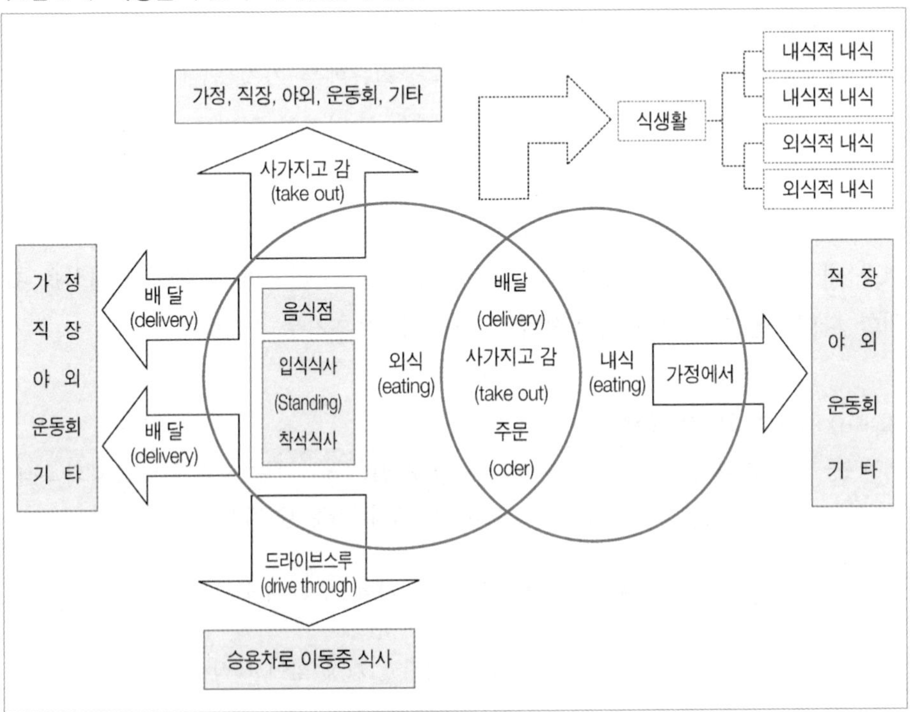

자료 : 매일경제신문 : 외식산업 창업과 경영강좌(3).

신재용 · 박기용은 "식사와 관련된 음식 · 음료 · 주류 등을 제공할 수 있는 일정한 장소에서 직 · 간접적으로 생산 및 제조에 참여하여 특정인 또는 불특정다수에게 상업적 혹은 비상업적으로 판매 및 서비스 경영활동을 하는 모든 업소들의 군"이라고 정의하고 있다.

이런 정의들을 종합하면 외식산업이란 가정 밖에서 이루어지는 상업적 · 비상업적 식생활 전체를 총칭하는 것으로 정의할 수 있다.

2. 우리나라 외식산업의 분류

우리나라의 외식산업 분류는 일본의 분류표를 기준으로 인용하여 응용하였으나, 현재는 통계청에서 분류하는 '한국표준산업분류', '식품위생법상의 분류', '관광진흥법상의 분류'로 구분되고 있다.

1) 한국표준산업분류

통계청의 한국표준산업분류(Korea Standard Industrial Classification)는 산업관련 통계자료의 정확성 및 비교성을 확보하기 위해 생산단위(사업체단위, 기업체단위)가 주로 수행하는 산업활동을 유사성에 따라 체계적으로 유형화한 것이다.

우리가 외식산업이라 칭하는 '음식점업'은 한국표준산업분류에서 구분하고 있는 대분류인 '숙박 및 음식점업'으로 되어 있으며, 그 하위개념인 중분류에서는 다시 '음식점 및 주점업'(56)으로 분류된다. 그리고 중분류의 하위체계적인 소분류에는 '음석점업(561)과 주점 및 비알코올음료점업'(562)으로 분류되고 있다.

그리고 소분류의 하위개념인 세분류에서, 음식점업(561)의 경우는 일반음식점업(5611), 기관구내식당업(5612), 출장 및 이동 음식업(5613), 기타 음식점업(5619)으로 분류한다. 그리고 비알코올음료점업(562)의 경우는 주점업(5621)과 비알코올음료점업(5622)으로 분류된다.

세분류의 하위개념인 '세계분류'에서는 '세분류'를 기준으로 더욱 자세하게 분류되고 있다.

〈표 9-2〉 한국표준산업분류상의 음식점업 및 주점업

<table>
<tr><th>대분류</th><th>중분류</th><th>소분류</th><th>세분류</th><th colspan="2">세세분류</th><th>비고</th></tr>
<tr><td rowspan="18">1
숙박 및
음식점업</td><td rowspan="18">56
음식점
및
주점업</td><td rowspan="14">561
음식점업</td><td rowspan="6">5611
일반 음식점업</td><td>55211</td><td>한식점업</td><td></td></tr>
<tr><td>56111</td><td>한식 음식점업</td><td></td></tr>
<tr><td>56112</td><td>중식 음식점업</td><td></td></tr>
<tr><td>56113</td><td>일식 음식점업</td><td></td></tr>
<tr><td>56114</td><td>서양식 음식점업</td><td></td></tr>
<tr><td>56119</td><td>기타 외국식 음식점업</td><td></td></tr>
<tr><td>5612
기관 구내식당업</td><td>56120</td><td>기관구내식당업</td><td></td></tr>
<tr><td rowspan="2">5613
출장 및
이동음식업</td><td>56131</td><td>출장 음식서비스업</td><td></td></tr>
<tr><td>56132</td><td>이동음식업</td><td></td></tr>
<tr><td rowspan="5">5619
기타
음식점업</td><td>56191</td><td>제과점업</td><td></td></tr>
<tr><td>56192</td><td>피자, 햄버거, 샌드위치 및 유사음식점업</td><td></td></tr>
<tr><td>56193</td><td>치킨전문점</td><td></td></tr>
<tr><td>56194</td><td>분식 및 김밥전문점</td><td></td></tr>
<tr><td>56199</td><td>그 외 기타음식점업</td><td></td></tr>
<tr><td rowspan="4">562
주점 및
비알코올
음료점업</td><td rowspan="3">5621
주점업</td><td>56211</td><td>일반유흥주점업</td><td></td></tr>
<tr><td>56212</td><td>무도유흥주점업</td><td></td></tr>
<tr><td>56219</td><td>기타 주점업</td><td></td></tr>
<tr><td>5622
비알코올음료점업</td><td>56220</td><td>비알코올음료점업</td><td></td></tr>
</table>

자료 : 통계청, 한국표준산업분류(제9차개정), 2008.

특히 소분류에서의 '음식점업'(561)은 "구내에서 직접 소비할 수 있도록 접객시설을 갖추고 조리된 음식을 제공하는 식당, 음식점, 간이식당, 카페, 다과점, 주점 및 음료점업 등을 운영하는 활동과 독립적인 식당차를 운영하는 산업활동"을 말한다. 또한 여기에는 접객시설을 갖추지 않고 고객이 주문한 특정 음식물을 조리하여 즉시 소비할 수 있는 상태로 주문자에게 직접 배달(제공)하거나 고객이 원하는 장소에 가서 직접 조리하여 음식물을 제공하는 경우가 포함된다. 다음 〈표 12-1〉은 한국표준산업분류에 따른 우리나라 외식업의 분류이다.

(1) 일반 음식작업(5611)

각종 정식을 제공하는 한식당, 일식당, 중식당, 서양식당 등의 음식점 및 기관 구내식당을 운영하거나 행사장 단위의 출장급식 서비스를 제공하는 산업활동을 말한다.

① 한식 음식점업(56111)

한국식 음식을 제공하는 산업으로, 예를 들면 설렁탕을 판매하는 점포나 해물탕집, 해장국집, 보쌈집, 냉면집 등을 말한다.

② 중식 음식점업(56112)

중국식 음식을 제공하는 산업으로 자장면 및 짬뽕 등의 음식을 파는 산업활동을 말한다.

③ 일식 음식점업(56113)

정통 일본식 음식을 전문으로 제공하는 산업활동을 말하며, 예를 들면 일식횟집, 일식 우동집 등을 말한다.

④ 서양식 음식점업(56114)

서양식 음식을 제공하는 산업활동으로 스테이크 등을 판매하는 서양식 레스토랑을 말한다.

(2) 기관구내식당업(5612)

회사 및 학교, 공공기관 등의 기관과 계약에 의하여 구내식당을 설치하고 음식을 조리하여 제공하는 산업활동을 말한다. 예를 들면 회사나 학교 등의 구내식당을 운영하는 경우를 말한다.

(3) 출장 및 이동음식업(5613)

외부의 특정한 공간에서 음식과 음료 등을 제공하는 산업활동을 말한다.

① 출장 음식서비스업(56131)

주로 가족모임이나 소규모의 다양한 연회행사 등의 파티행사를 예로 들 수 있다. 실내공간의 한계에서 탈피할 수 있고, 고객 욕구충족의 장점이 있다.

② 이동음식업(56132)

특정장소에서 고정적으로 영업을 하는 것이 아니라 장소를 옮겨다니면서 음식점을 운영하는 산업활동을 말한다.

(4) 기타 음식점업(5619)

분식류 및 피자, 스낵 등 정식류 이외의 가종 식사류를 조리하여 소비자에게 제공하는 간이음식점을 운영하는 산업활동을 말한다.

① 제과점업(56191)

접객시설을 갖추고 즉석식 빵 및 생과자, 아이스크림 등을 소비자에게 제공하는 산업활동을 말한다. 예를 들면 파리바게트, 뚜레쥬르, 신라명과, 크라운베이커리 등이 있다.

② 피자, 햄버거, 샌드위치 및 유사 음식점업(56192)

피자, 햄버거, 샌드위치 및 이와 유사한 음식을 전문적으로 제공하는 산업활동을 말한다. 예를 들면 맥도날드, 버거킹, 미스터피자 등의 전문음식점이 그 대표적인 예이다.

③ 치킨전문점(56193)

치킨을 전문적으로 제공하는 산업활동을 말한다. 예를 들면 BBQ, 교촌, 굽네치킨 등 치킨의 판매가 주된 목적인 전문점을 말한다.

④ 분식 및 김밥 전문점(56194)

김밥이나 국수, 만두 등의 분식류를 제공하는 식당을 말하며, 김밥나라, 종로김밥, 김가네 김밥 등이 그 예이다.

⑤ 그 외 기타 음식점업(56199)

상기의 음식점업에 분류되지 않은 간이식당을 운영하는 산업활동을 말한다. 간이휴게식당 등이 그 예이다.

(5) 주점 및 비알코올음료점업(562)

접객시설을 갖추고 알코올성 및 비알코올성 음료 판매를 위주로 이와 관련된 요리를 판매하는 산업활동을 말한다.

① 주점업(5621)

나이트클럽, 바, 대포집 등과 같이 주류 및 이에 따른 요리를 판매하는 영업을 말한다.

② 일반유흥 주점업(56212)

접객요원을 두고 주류를 판매하는 유흥주점을 말한다. 예를 들면 접객서비스 방식의 룸살롱, 바, 서양식 접객주점, 한국식 접객주점 등이 있다.

③ 무도유흥 주점업(56212)

무도시설을 갖추고 주류를 판매하는 유흥주점을 말한다. 예로는 카바레 등이 있다.

④ 기타 주점업(56219)

대포집, 선술집 등과 같이 접객시설을 갖추고 대중에게 술을 판매하는 영업으로 소주방, 호프집, 막걸리집 등이 있다.

(6) 비알코올음료점업(5622)

접객시설을 갖추고 비알코올성 음료를 만들어 제공하는 산업활동으로 커피전문점이나 주스전문점, 찻집, 다방 등이 이에 해당된다.

2) 「식품위생법」 상의 외식산업 분류

「식품위생법」은 제36조(시설기준) 제1항 제3호에서 '식품접객업'이라는 용어를 사용하여 외식업소를 표현하고 있으며, 「식품위생법 시행령」 제21조(영업의 종류) 제8호에서는 식품접객업의 종류 및 영업내용을 명시하고 있다. 즉 휴게음시점영업, 일반음식점영업, 단란주점영업, 유흥주점영업, 위탁급식영업, 제과점영업으로 분류하고 있다.

(1) 휴게음식점영업

주로 다류(茶類), 아이스크림류 등을 조리 · 판매하거나 패스트푸드점, 분식점 형태의 영업 등 음식류를 조리 · 판매하는 영업으로서 음주행위가 허용되지 아니하는 영업을 말한다. 다만, 편의점, 슈퍼마켓, 휴게소, 그 밖에 음식류를 판매하는 장소에서 컵라면, 일회용 다류 또는 그 밖의 음식류에 뜨거운 물을 부어주는 경우는 제외한다.

(2) 일반음식점영업

음식류를 조리 · 판매하는 영업으로서 식사와 함께 부수적으로 음주행위가 허용되는 영업을 말한다.

(3) 단란주점영업

주로 주류를 조리 · 판매하는 영업으로서 손님이 노래를 부르는 행위가 허용되는 영업을 말한다.

(4) 유흥주점영업

주로 주류를 조리 · 판매하는 영업으로서 유흥종사자를 두거나 유흥시설을 설치할 수 있고 손님이 노래를 부르거나 춤을 추는 행위가 허용되는 영업을 말한다.

(5) 위탁급식영업

집담급식소를 설치 · 운영하는 자와의 계약에 따라 그 집단급식소에서 음식류를 조리하여 제공하는 영업을 말한다.

(6) 제과점영업

주로 빵, 떡, 과자 등을 제조 · 판매하는 영업으로서 음주행위가 허용되지 아니하는 영업을 말한다.

3) 「관광진흥법」에 따른 외식산업 분류

관광과 외식산업은 불가분의 관계에 있다. 「관광진흥법」에서는 구체적으로 외식업소를 분류하고 있지는 않지만, 음식점 또는 식당이라는 표현으로 명시하고 있다. 외식산업과 관계가 있는 관광객이용시설업의 관광공연장업과 관광편의시설업에서의 관광유흥음식점업, 관광극장유흥업, 외국인전용 유흥음식점업, 관광식당업 등이 있다. 세부적인 사항은 다음과 같다.

(1) 관광공연장업

관광객을 위하여 공연시설을 갖추고 한국전통가무가 포함된 공연물을 공연하면서 관광객에게 식사와 주류를 판매하는 업을 말한다. 관광공연장업은 1999년 5월 10일 「관광진흥법 시행령」을 개정하여 신설한 업종으로서 실내관광공연장과 실외관광공연장을 설치 · 운영할 수 있다.

(2) 관광유흥음식점업

식품위생법령에 따른 유흥주점영업의 허가를 받은 자가 관광객이 이용하기 적합한 한국 전통분위기의 시설(서화 · 문갑 · 병풍 및 나전칠기 등으로 장식할 것)을 갖추어 그 시설을 이용하는 자에게 음식을 제공하고 노래와 춤을 감상하게 하거나 춤을 추게 하는 업을 말한다.

(3) 관광극장유흥업

식품위생법령에 따른 유흥주점 영업의 허가를 받은 자가 관광객이 이용하기 적합한 무도(舞蹈)시설을 갖추어 그 시설을 이용하는 자에게 음식을 제공하고 노래와 춤을 감상하게 하거나 춤을 추게 하는 업을 말한다.

(4) 외국인전용 유흥음식점업

식품위생법령에 따른 유흥주점영업의 허가를 받은 자가 외국인이 이용하기 적합한 시설을 갖추어 그 시설을 이용하는 자에게 주류나 그 밖의 음식을 제공하고 노래와 춤을 감상하게 하거나 춤을 추게 하는 업을 말한다.

(5) 관광식당업

식품위생법령에 따른 일반음식점영업의 허가를 받은 자가 관광객이 이용하기 적합한 음식 제공시설을 갖추고 관광객에게 특정 국가의 음식을 전문적으로 제공하는 업을 말한다.

3. 외식산업의 특성

외식산업은 타산업과 비교하여 거대한 자본력이 필요하지 않고, 소비자의 기호가 사업에 커다란 영향력을 발휘하며, 시장이 광범위하여 독립적 기업의 탄생이 힘들고, 사업성패가 단기간에 판가름나는 특성을 갖고 있다(신재영외, 1999). 이같은 특성을 살펴볼 때 외식산업은 타산업과는 다른 생산활동 및 운영체계를 지니고 있을 수밖에 없다.

(1) 노동집약성

최근의 타산업은 기술·자본집약적인데 비하여 외식산업은 생산부문과 자동화의 한계와 서비스부문의 높은 인적 의존성으로 인하여 노동집약적이다. 따라서 1인당 매출액이 타산업에 비하여 낮다.

(2) 생산·판매·소비의 동시성

제조업은 일정한 유통경로에 의하여 상품을 고객에게 판매하는 데 비하여 외식산업은 일정한 유통경로가 없다. 따라서 상품의 구매를 위해서는 고객이 직접 방문하여야 하며, 고객의 주문에 의해서 생산이 시작되며 동시에 같은 장소에서 소비가 일어나게 된다. 따라서 입지에 따라 영업실적이 크게 차이가 나므로 입지의존성이 크다고 할 수 있다.

최근에는 배달을 위주로 하는 업소들이 많이 생겨 생산과 소비가 동시에 이루어지지 않기도 한다.

(3) 짧은 분배체인과 시간범위

외식산업에서는 원재료가 최종상품으로 바뀌는 과정이 빠르며, 최종상품이 현금화되는 과정도 빠르다. 타상품에 비하여 분배체인과 시간범위가 비교적 짧아 같은 장소에서 보통 2시간 안에 또는 수분 내에 상품이 생산되고 판매되고 그리고 소비된다.

(4) 시간적 제약

사람이 식사하는 시간은 아침, 점심, 저녁시간으로 한정되어 있어 이러한 한정된 시간에 대부분의 매출이 일어나므로 인력관리, 시간 및 공간활용에 큰 어려움이 있다. 그리고 사회·정치적 변동뿐만 아니라 각종 행사, 계절, 일기 등의 변화에 영향을 많이 받아 정확한 수요예측이 어려워 식자재의 적정구입량을 결정하기가 어렵다.

(5) 신규참여의 용이성과 영세성

외식산업은 타산업에 비해 적은 자본과 특별한 기술적 노하우 없이 누구나 쉽게 참여할 수 있는 산업이다. 그러나 경쟁력도 치열한 산업이라 안정성이 낮아 실패율도 비교적 높은 사업이기도 하다.

이외에도 외식산업은 보통 매출액의 35% 이하로 타산업에 비해 자재원가가 낮은 편이며, 대부분 상품구매시 현금으로 지급하는 경우가 많아 운영자금의 회전이 타산업에 비해 빠른 편이다. 한편, 식자재는 부패하기 쉬워 위험성을 내포하고 있으며, 대부분 다품종 소량 주문판매를 하고 있어 생산능력에 한계가 있지만, 완성품에 재고가 없는 특성 등을 지니고 있다.

4. 외식산업의 기능

외식산업의 본질적인 기능과 역할은 원래의 가정외에서 생활하는 사람을 대상으로 하여 장소적 측면에서도 도시적 성격이 강하고 사람이 밀집되는 곳 주변에 점포를 설치하여 그들의 수요에 맞춰 식음료서비스를 제공하는 데 있다. 이러한 외식산업의 기능과 역할을 살펴보면 다음과 같다.

(1) 식욕의 충족

인간의 생리적인 욕구를 충족시킴으로써 소모된 에너지와 기력을 회복시켜 준다. 오늘날 가정 밖에서 생활하는 시간이 길어지는 추세이므로 가정을 대신해서 우리들에게 음식을 제공함으로써 건강한 생활을 유지하게 해 준다.

(2) 사교와 휴식의 장소 제공

식당에서 친지를 만나고 각종 모임과 행사를 개최함으로써 사교와 만남을 위한 장소를 제공해 준다. 뿐만 아니라 여행이나 활동 중에 잠시 들려 휴식을 취하는 장소가 된다.

(3) 에너지 및 시간절약의 기능

핵가족화, 맞벌이의 증가와 현대인들의 바쁜 생활속에서 편리성 · 신속성을 제공하여 에너지를 최소화하고 시간절약이라는 욕구를 충족시키는 기능을 한다.

패스트푸드는 위의 기능에 잘 부합되는 대표적인 사례가 되고, 에너지 및 시간절약을 특히 강조하는 도시락 판매업이 전형적인 유형이다.

(4) 허영 · 향락의 욕구 충족

외식산업을 대상으로 한 새로운 형태의 욕구인 허영, 사치, 향락, 과소비의 욕구를 충족시킴으로써 자기만족, 자기과시, 행복감, 친밀감, 친숙감, 프라이버시의 충족을 느끼도록 해준다.

즉 소비자들이 "맛있거나 특별음식을 요리하는 곳을 잘 알고 있다." 또는 "새로운 음식을 제공하는 곳을 알고 있다"라고 주위에 말함으로써 자신을 인식시키고 싶은 욕구 등이 여기에 포함된다.

5. 외식산업의 성장배경

우리나라 외식산업이 급속히 발전하게 된 요인 및 배경은 한마디로 경제 · 사회 · 문화적 환경이 향상된 결과이다. 그 중에서도 특히 경제적 발전이 외식산업 발전에 가장 많은 영향을 미쳤으며, 소득수준 향상에 따라 사람들의 외식활동도 이제껏 맛보지 못했던 새로운 분위기와 맛, 서비스에 대한 질적인 욕구충족으로의 변화가 시작되었다. 한편, 사회 · 문화적으로는 핵가족화에 따른 식생활 패턴의 변화와 자동차의 증대로 이동성이 용이해지면서 외식을 하기 위한 이동거리가 넓어졌으며, 소비주체로써 신세대가 출현하면서 다양한 컨셉을 갖춘 외식업소들이 등장하였다.

그러나 우리나라 외식산업이 급속한 성장을 할 수 있도록 촉매역할을 한 것은 규모나 시스템차원에서 선진화된 해외의 유명 외식기업들이 국내 대기업과 손잡고 국내진출이 시작되면서 외식문화에 바람을 일으킨 것이다. 해외의 유명 외식 브랜드 기업과 대기업의 외식사업 진출에 따른 제품의 균일화, 대량생산의 매뉴얼화, 외식사업의 기업화 등 여러 가지 요인들도 바로 외식산업 발전의 배경이 되었다. 그 중에서도 특히 외국계 외식기업들은 점포전개, 점포의 레이아웃, 품질, 서비스, 직원교육에 대한 매뉴얼 등의 노하우를 갖추고 빠르게 점포의 확산과 더불어 잠재되어 왔던 고객의 욕구와 고객층을 파고들며 커다란 반향을 일으켰다.

〈그림 9-2〉 외식산업의 환경요인과 성장배경

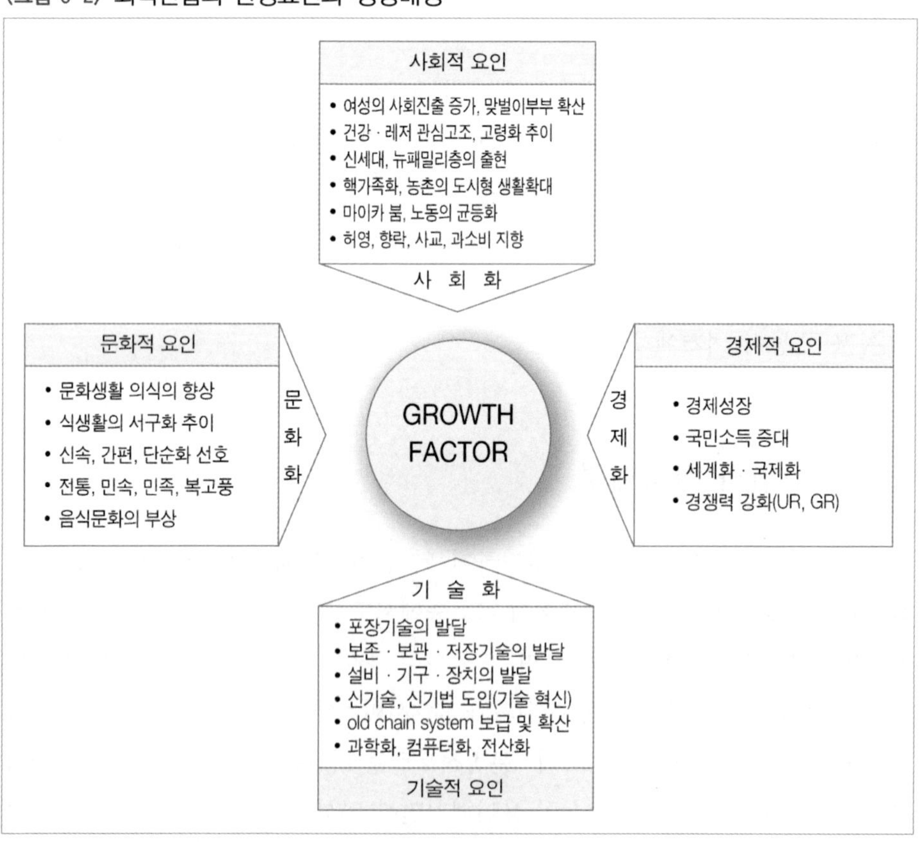

자료 : 홍기운, 최신외식산업개론, 대왕사, 1999.

제2절 외식산업의 현황

우리나라 외식산업은 1980년대의 성장기를 지나 1990년대에 접어들면서 그동안 시장을 주도해왔던 햄버거 · 피자 · 치킨 등과 같은 패스트푸드에서 탈피하여 최근에는 전국적으로 확산되고 있는 편의점의 등장과 함께 체인경영기법을 도입한 코코스, T.G.I. 프라이데이즈, 베니건스 등 패밀리레스토랑의 본격적인 진출로 외식산업은 새로운 국면에 접어들고 있다.

〈표 9-4〉 우리나라 외식산업 현황

구 분	업 종	사업체수(개)	
		2002	2003
일반음식점업	한 식 점	266,469	277,136
	중국 음식점	25,815	25,080
	일본 음식점	5,868	5,067
	서양 음식점	15,425	13,991
	기 타	3,457	3,485
기타음식점업		92,705	96,127
주 점 업		140,387	142,071
다 과 점		45,665	42,657
계		595,791	605,614
연간 총매출액(백만원)		40,491,040	44,263,469

자료 : 통계청(2003), 사업체 기초통계 정리.

외식업체 매출액 상위 10개 업체의 2003년 영업 현황을 살펴보면, 상위 10개사 중 햄버거와 치킨 중심의 패스트푸드가 5개 업체, 피자가 3개 업체, 패밀리 레스토랑이 2개 업체로 나타났다. 평균 성장률은 패스트푸드 업계가 5.6%, 피자 업계가 21.0%, 패밀리 레스토랑 업계가 44.5%로 나타나 BBQ를 제외한 대부분의 패스트푸드 시장 성장세가 급격히 둔화되고 있다.

업체별로 살펴보면, 1997년 IMF 관리체제를 시작으로 광우병 파동과 조류독감에 의한 경기침체에도 불구하고 점포수를 확장한 아웃백스테이크(53.3%), 도미노

피자(37.5%), BBQ(22.6%), 스카이락/빕스(22.6%)의 공격경영에 비해 KFC와 파파이스는 침체를 보였으며, 롯데리아는 감소현상을 보이고 있다.

〈표 9-5〉 국내외식업계 매출순위(상위 10개사)

(단위 : 억 원, %)

구 분		1	2	3	4	5	6	7	8	9	10
브랜드명		롯데리아	BBQ	피자헛	맥도날드	KFC	파파이스	도미노 피자	미스터 피자	스카이락·빕스	아웃백 스테이크
업체명		(주) 롯데리아	(주) 제너시스	한국 피자헛(주)	(주)신맥 맥킴(주)	(두산) 상사BG	(주)TS 해마로	(주)디피케이 인터내셔널	주)한국 미스터피자	CJ 푸드빌(주)	(유)오지정
매출액	'01	5,400	2,700	2,500	2,860	2,233	1,298	600	-	525	350
	'02	5,400	3,100	3,000	2,800	2,500	1,301	800	900	775	600
	'03	5,300	3,800	3,500	3,000	2,500	1,301	1,100	1,000	950	920
	'04	5,800	4,500	3,900	3,000	2,500	1,101	1,300	1,300	1,300	1,400
성장률	'01/'02	0	14.8	20.0	△2.1	12.0	0.2	33.3	-	47.6	71.4
	'02/'03	△1.9	22.6	14.3	7.1	0	0	37.5	11.1	22.6	53.3
	'03/'04	9.4	18.4	11.4	0	0	△15.4	18.2	20.0	36.8	52.2
업태		패스트 푸드	패스트 푸드	피자	패스트 푸드	패스트 푸드	패스트 푸드	피자	피자	패밀리 레스토랑	패밀리 레스토랑
시장점유율 (%)		22.7	16.3	15.0	12.8	10.7	5.6	4.7	4.3	4.0	3.9

자료 : 한국외식산업연감, 2005.

1. 한식시장

우리나라의 외식시장 규모는 2003년을 기준으로 주점업을 포함하여 총 60만 5천개 업소이다. 그 중 한식이 27만 7천개소로 전체의 45.8%를 차지하고(일반음식점업 기준 85.3%), 이어 중식이 2만 5천개 업소로 전체의 4%를 차지한다. 한식업소의 수를 고려하여 연간 평균매출액의 규모를 감안하여 계산해 보면 대략 20조원이 된다. 이 수치는 한국의 외식시장을 선도해가고 있는 패밀리 레스토랑 매출액 6천억원의 33배에 이르는 거대한 시장이다.

우리나라의 소비자에게 가장 친근하고 높은 평가를 받고 있는 한식시장은 무한한 가능성을 가지고 있지만, 일부 업체를 제외하고는 영세성을 벗어나지 못하고 있으며, 〈표 9-6〉에서와 같이 다양한 업종이 혼재되어 있다.

〈표 9-6〉 유명 한식체인 브랜드현황

업 종	브랜드명
갈 비	놀부생등심, 마포진짜원조 최대포, 이동갈비
부대찌개	놀부 부대찌개, 의정부 부대찌개
보 쌈	놀부보쌈, 원할머니보쌈, 장비보쌈, 장군보쌈
족 발	송가네 왕족발, 장충동 왕족발
오 징 어	우산국, 오가도, 울릉도 오징어보쌈
냉 면	함흥냉면, 고박사냉면, 고향랭면, 통일면옥
김 밥	김밥천국, 압구정김밥, 쌍동이네
닭 갈 비	불타는 닭갈비, 춤추는 닭갈비, 춘천 닭갈비

자료 : 신재영 · 박기영.

한식은 패스트푸드와 패밀리 레스토랑과 같이 메뉴를 집중 관리할 수 있는 범위가 한정적이며, 일품화하기가 어렵다는 점 등에서 체인화의 어려움이 있다. 그럼에도 불구하고 한국, 찹스(Chops), 우리들의 이야기 등이 한식의 패밀리 레스토랑화를 시도하고 있어 한식의 무한한 발전을 기대해 볼 만하다.

2. 패스트푸드

조류파동과 광우병 파동에 이은 최악의 경기불황으로 인하여 웰빙을 강조한 패스트푸드 업계는 국내 브랜드인 BBQ를 제외한, 해외 브랜드 모두 출점수 및 매출액이 감소한 상태이다.

2003년 패스트푸드 상위 6개사의 매출액은 2002년 대비 2.8% 증가한 1조 6천 7백억원으로 BBQ를 제외하고 성장둔화와 마이너스 성장률을 보이고 있으며, 2004년에는 2003년 대비 3.6% 증가한 1조 7천 8백억원을 예상하고 있다.

햄버거와 후라이드 치킨을 중심으로 셀프서비스 방식을 지향하고 있는 패스트푸드는 맥도날드, 버거킹, 웬디스, 하디스 등의 세계적인 브랜드와 롯데리아가 햄버거시장을 장악하고 있으며, 롯데리아는 햄버거시장의 상위 5대 업체 매출액의

60% 이상을 차지하고 있어 우리나라 햄버거시장을 주도해 나가고 있다.

후라이드 치킨은 비비큐(BBQ)와 KFC, 파파이스 등을 중심으로 치킨시장을 선도하며 활발하게 점포를 늘려가고 있다. BBQ는 2003년 조류독감에도 불구하고, 1,550개 점포에서 전년 대비 22.6% 성장한 3천 8백억원의 매출을 기록하며 외식업계 평균신장률에 비해 높은 성장세를 보여주고 있다. 2004년에는 총 1천7백 개 점포에서 4천 5백억원의 매출을 계획하면서 중국 및 스페인 시장진출에 힘입어, 미주 · 동남아 · 남미까지 시장진출을 검토하고 있다. 그밖에 1975년에 설립된 국내브랜드인 림스치킨은 해외진출을 시작하였으며, 페리카나, 멕시칸, 처가집통닭과 같은 국내브랜드도 나름대로 틈새시장을 파고들며 활발한 영업활동을 전개하고 있다.

〈표 9-7〉 패스트푸드 업계 연도별 시장규모 추이

(단위 : 억원, 개)

브랜드명	회사명	매출액						점포 수					
		2003	2004	2005	2006	2007	2008	2003	2004	2005	2006	2007	2008
롯데리아	(주)롯데리아	5,000	4,500	3,800	3,620	4,000	4,000	890	839	800	730	750	750
맥도날드	(주)신맥 맥킹(주)		-	-	-	-	-	343	328	305	300	-	235
버거킹	SRS코리아(주)	825	760	700	-	-	-	108	91	95	87	87	92
KFC	SRS코리아(주)	2,500	1,700	1,600	1,520	1,520	1,470	208	195	179	162	151	140
파파이스	(주)TS 해마로	1,301	1,000	-	611	498	478	210	180	150	123	120	96

자료 : 2009 유통업체연감.

3. 피 자

1985년 피자헛(Pizza Hut)이 도입된 이래 배달판매와 프리미엄 제품선전에 힘입어 급성장한 피자시장은 2003년 주요 6개 업체가 약 20%의 성장으로 6,213억원의 시장규모를 형성하였으며, 해마다 열기가 높아져 가고 있는 대표적인 업종으로 경쟁업체 간의 경쟁이 치열해지고 있다.

특히 도미노피자는 2003년 218개 점포에서 1천1백억원의 매출 달성으로 2002년 대비 37.5%라는 급성장을 보였으며, 미스터피자는 2003년 185개 점포에서 2002년 대비 11.1% 증가한 1천억원의 매출을 기록하였다. 피자헛의 독주가 여전히 예상되고 있는 가운데 기존 브랜드의 사세확장과 특이한 경영방법을 갖춘 신규브랜드 시장진입, 국내 자생브랜드와 택배시장의 활성화, 저가격 피자 브랜드의 등장 등으로 시장쟁탈전이 더욱 거세지고 있다.

〈표 9-8〉 피자업계 연도별 시장규모 추이

(단위 : 억원, 개)

브랜드명	회사명	매출액						점포 수					
		2003	2004	2005	2006	2007	2008	2003	2004	2005	2006	2007	2008
피자헛	한국피자헛	3,500	3,900	4,000	4,000	4,000	4,300	300	340	340	340	330	330
미스터 피자	(주)한국미스터 피자	1,000	1,500	1,800	2,400	3,200	3,900	218	247	250	300	320	350
도미노 피자	디피케이 인터내셔날(주)	1,000	1,500	1,800	2,400	2,500	3,000	190	220	280	287	289	305
피자 에땅	(주)에땅	-	450	800	1,200	1,500	-	-	162	268	303	350	-
파파 존스	(주)PJI Korea	-	50	120	250	310	350	-	-	39	54	65	70
빨간 모자	(주)꿈과 사랑	72	84	88	140	200	-	18	21	22	24	30	-

자료 : 2009 유통업체연감.

4. 패밀리 레스토랑

일반적으로 패밀리 레스토랑(family restaurant)은 타 업종에 비해 라이프사이클이 길고 매출외형 · 수익성 · 안정성장 등에 있어서 유망업태로 각광을 받아 왔지만, 투자규모가 크고 대규모로 점포면적 또한 크기 때문에 기업형태로 운영되고 있다(홍기운, 1999). 1988년 미도파가 일본의 브랜드와 합작으로 '코코스'라는 패밀리 레스토랑을 우리나라에 선보인 이래로 국내 대기업들이 해외 유명외식브랜드와 손을 잡고 대거 진출, TGI 프라이데이즈, 스카이락, 베니건스 등 많은 패밀리 레스토랑이 설립되어 외식산업의 붐을 일으켰다.

국내 브랜드의 패밀리레스토랑은 축적된 노하우와 자본의 부족으로 자생력을 갖지 못하고 있었으나, 최근에 제일제당이 VIPS, 미원이 나이스데이, 우성식품이 보노보스를 개점하는 등 대기업들이 자체 브랜드를 개발해 시장에 진입하거나 계획하고 있다.

〈표 9-9〉 패밀리레스토랑 업계 연도별 시장규모 추이

(단위 : 억원, 개)

브랜드명	회사명	매출액						점포 수					
		2003	2004	2005	2006	2007	2008	2003	2004	2005	2006	2007	2008
아웃백	(주)오지정	920	1,600	2,200	2,500	2,700	2,750	33	50	70	88	98	101
빕스	CJ푸드빌(주)	550	710	1,300	2,400	2,700	2,500	15	22	41	67	80	80
베니건스	롸이즈온(주)	760	826	880	1,000	853	938	19	20	26	31	32	30
TGIF	(주)푸드스타	800	1,000	1,100	1,300	1,100	800	25	33	39	51	51	30
마르쉐	(주)아모제	400	300	1,100	1,300	1,100	800	11	9	9	7	6	5
씨즐러	(주)바론즈 인터내셔날	140	180	210	220	170	140	5	6	7	8	8	5
토니 로마스	(주)썬앳푸드	137	146	153	158	120	99	7	7	7	7	6	5
카후 나빌	사보이F&B(주)	34	38	53	57	110	–	3	3	3	3	6	–

자료 : 2009 유통업체연감.

패밀리 레스토랑업계는 전반적인 경기불황에도 불구하고 2004년 업체당 매출규모 1천억원을 달성했으며, 2005년에는 공격적인 점포출점과 신규브랜드의 런칭, 건강지향 및 고객 트랜드에 맞춘 친환경 야채와 씨푸드 메뉴를 추가한 웰빙 메뉴를 새롭게 개발하고 해외진출 등을 모색하고 있다.

〈표 9-10〉 씨푸드 레스토랑 업계 연도별 시장규모 추이

(단위 : 억원, 개)

브랜드명	회사명	매출액			점포 수	
		2006	2007	2008	2007	2008
씨푸드오션	CJ푸드빌(주)	–	–	–	13	–
무스쿠스	(주)무스쿠스 인터내셔널	200	310	350	7	7
보노보노	(주)신세계푸드	18	200	350	2	4
오션스타	(주)제너시스	–	200	200	5	5
토다이	(주)아시안키친	140	180	230	2	5
마키노차야	(주)엘에프푸드	–	80	90	1	1

자료 : 2009 유통업체연감.

5. 커피전문점

1970년대 난다랑을 시초로 한 커피전문점은 입맛이 고급스러워진 고객들을 대상으로 독특한 컨셉을 가지고 1989년 영인터내셔널의 자뎅, 미스터커피의 미스터커피, 브래머, 왈츠 등이 선보였고, 1990년대 들어 보디가드, 메자닌, 샤갈, 샤카 등 커피 수입기기 판매업체, 인테리어 업체들이 커피전문점 시장에 가세하여 커피전문점의 고급화 추세를 부추기며 과투자 현상을 초래하여, 영세난립형태의 체인본부는 거의 대부분 소멸되거나 그 명맥만 유지하고 있는 실정이다.

최근에는 고급스러운 브랜드를 중심으로 대형매장을 선호하는 소비자 트랜드에 맞추어 스타벅스, 커피빈, 자바커피 등과 같은 대형 브랜드의 출점과 시애틀, 할리스 등의 고급커피 전문점이 등장하는 가운데 비교적 높은 성장률을 보이며 새로운 전성기를 맞이하고 있다.

2005년 커피업계는 쇼핑몰 · 병원 · 극장과 같은 숍인숍(shop in shop) 체계 등 다양한 매장 출점을 기점으로 '다양성'을 컨셉으로 한 사이드 메뉴 개발에 주력하고 있으며, 실제로 베이커리 카페와 델리, 샌드위치 전문점 등과의 경계를 허물며 매출규모 증대에 기여하고자 특화된 메뉴 개발에 주력하고 있다.

〈표 9-11〉 커피업계 연도별 시장규모 추이

(단위 : 억원, 개)

브랜드명	회사명	매출액						점포 수					
		2003	2004	2005	2006	2007	2008	2003	2004	2005	2006	2007	2008
스타벅스	(주)스타벅스 커피코리아	545	721	923	1107	1344	1600	83	109	144	188	233	282
할리스	(주)할리에이치앤앤	-	65	168	252	447	671	31	39	56	89	130	183
커피빈	(주)커피빈 코리아	240	312	460	-	-	-	25	34	43	81	110	150
엔제리너스	(주)롯데리아	60	94	130	172	330	650	14	21	28	37	91	148
탐앤탐스	(주)탐앤탐스	-	-	-	-	180	360	-	-	-	-	71	111
파스쿠찌	(주)파리크라상	75	128	-	250	-	-	11	14	22	29	41	44

자료 : 2009 유통업체연감.

제3절 외식산업의 발전방안과 전망

1. 국내외식산업의 문제점

국내외식산업은 산업기반이 정립되지 못한 상태에서 양적인 급성장 추세를 보여왔다. 미래의 유망산업으로 지속적인 성장이 기대되는 외식업계는 내외적으로 해결해야 할 몇 가지 과제를 안고 있다. 이를 살펴보면 다음과 같다.

(1) 경영노하우의 부족

일찍이 외식산업을 발전시킨 선진국의 다국적 외식업체에 비해 우리나라의 외식업체는 경영기법의 축적이 이루어지지 못한 실정이다. 대기업들은 해외브랜드들과 제휴하여 선진경영기법을 습득하고 있으나, 대부분의 영세 외식산업체들은 체계적인 경영이 이루어지지 못하고 있는 실정이다.

(2) 직업의식 결여

최근에는 많이 나아진 형편이지만 아직도 외식업소의 경영자와 종업원은 사회적으로 자부심을 갖고 떳떳이 밝힐 수 있는 직업이라고 할 수 없다. 외식업이 발전한 선진국에서는 전문직종으로 분류되면서 사회적으로 각광받고 있는데 반해, 우리나라에서는 직업의식의 결여로 전문적인 직업의식을 통해 얻을 수 있는 경영기법의 축적이 이루어지지 못하고 전문인력의 부족을 겪고 있다.

(3) 영세성

대부분의 외식업소가 가족 노동력 중심의 영세 생업형이기 때문에 직원교육, 서비스, 메뉴개발, 원가의식, 위생 등의 사항에 쏟을 여력이 없다.

(4) 주변산업의 미성숙

외식관련산업의 미발달이 외식산업 발전에 장애가 되고 있다. 그 중에서 가장 심각한 것이 주방기기 부문이다. 현재의 주방기기 회사들 대부분이 영세하고 기술수준이 낮기 때문에 외식업소에서는 품질관리와 대량생산에 어려움이 많다.

(5) 정부의 이해부족

다국적 외식기업의 국내진출이 본격화되고 새로운 개념의 신업종 및 업태출현이 가속화되고 있지만, 변화하는 사회 · 경제적 환경에 대처할 수 있는 법규 및 행정제도가 개선되지 못하고 규제위주의 전근대적인 제도가 지배하고 있다.

(6) 다국적 외식기업의 진입

다국적 외식기업의 국내진출은 선진화된 경영노하우를 전수받아 국내 외식산업이 성장할 수 있는 긍정적인 면도 있으나, 막대한 자본력과 우수한 경영시스템으로 무장한 이들 기업이 대거 국내에 진출하여 시장을 잠식하고 있다. 뿐만 아니라 여기에 일부 재벌도 가세하여 자체개발보다는 손쉬운 방법으로 다국적 외식기업의 국내진출에 앞장서고 있어 막대한 로열티가 국외로 유출되고 있다.

2. 외식산업의 발전방안

이러한 문제점들은 단기간 내에 모두 해결하기는 불가능하나 우선적으로 해결가능한 방안으로 다음 사항을 제시하고자 한다.

(1) 대규모화

영세한 자영업체들이 연합회나 리퍼럴(referal)조직을 구성해 식재료 및 양념을 중앙공급식으로 배달하는 현대적인 대단위시스템을 구축하면 규모의 경제를 추구할 수 있게 될 것이다(정익준, 1997).

(2) 종업원 교육 · 훈련 강화

정기적인 교육프로그램, 세미나 참석 등으로 종업원에게 전문기술의 습득과 직업의식을 고양시켜야 한다. 그리고 우수한 종업원에게 해외연수의 기회를 부여하여 선진외국의 기술을 배워오도록 해야 한다. 대학에 정규과정을 만들어 인력도 배출하고 새로운 분야로서 체계적인 틀 속에서 연구도 병행하는 노력이 수반되어야 한다.

(3) 독자브랜드의 개발

외국브랜드의 라이센스 사업은 한계가 있으며, 외국업체와 대등한 입장에서 승부를 걸기 위해 그동안 외국체인점을 운영했던 노하우를 가지고 품질과 가격에서 외국브랜드와 충분한 경쟁력을 갖춰, 이제는 독자적인 브랜드를 개발하여 능력껏 외식사업을 전개하고 있다. 최근 외국브랜드와 제휴관계를 맺고 외식산업에 뛰어들었던 대기업들이 독자브랜드 사업을 활발하게 전개하고 있다. 외국에 진출하고 있는 실정이다.

(4) 전통음식의 개발

건강식과 한국특유의 입맛을 겨냥하는 소위 신토불이 식품인 전통음식을 과학화한 식품을 개발함으로써 소비자의 기호에 적극 부응해야 할 것이다. 전통음식의 관광상품화는 우리 고유의 전통문화를 세계에 알리고 외화획득으로 국가경제발전에 기여할 수 있는 효과를 올릴 수 있다.

(5) 외식산업 관계법안의 재정비

외식산업이 경쟁력을 갖추고 사회 · 경제에 기여할 수 있는 산업으로 정착하기 위해서는 규제 일변도의 법규와 행정제도가 업계의 입장과 현황을 분석하여 현실에 맞게 합리적으로 운용되어야 하며, 정부의 적극적인 지원도 필요하다.

(6) 주변산업의 육성

외식산업 역시 다른 산업과 마찬가지로 혼자만의 노력으로 발전할 수는 없다. 최근에는 대형 외식업소와 다국적 외식기업의 외식업소를 중심으로 외국의 주방기기를 비싼 가격으로 수입하여 사용하고 있다. 주방기기산업에 대기업이 참여함에 따른 문제가 없는 것은 아니나, 어차피 외국제를 수입해서 써야 한다면 기술개발여건이 용이한 대기업이 참여하여 국내주방기기 산업을 발전시키는 것이 바람직하다.

3. 외식산업의 전망

외식산업은 서비스산업이자 성장산업이며, 미래지향적인 21세기 최첨단산업이다. 아울러 식품 · 유통 · 서비스산업의 최종복합산물이며 종합예술성 첨단산업이기에 적응성장기에 있는 국내 외식산업은 지금부터 21세기를 향한 변화와 발전을 모색해야 할 시점에 있는 것이다. 이와 같은 상황을 고려할 때 우리나라의 외식산업도 21세기에는 선진국과 같은 외식그룹의 출현이 예상된다(홍기운 1999).

과학 및 의학의 발달과 건강 · 영양 · 기능 위주의 식품개발로 수명이 연장됨으로써 고령층 인구가 급증하고 있다. 베이비붐 2세들의 특징 중에는 독신과 만혼 그리고 DINK(Double Income No Kid)족의 증가현상이 나타나고 있다. 이들은 자녀를 갖기보다는 자기개성을 중시하며 문화적인 생활을 즐기는 생활을 영위하기 때문에 가족 단란을 위한 외식은 찾아보기 어렵게 된다. 패스트푸드나 패밀리 레스토랑산업이 장기적으로 보아 쇠퇴가능성을 시사하고 있는 것도 이런 인구구조적인 측면에서 쉽게 예견할 수 있는 것이다.

신세대들은 부모 세대와는 다른 개성화 · 개인화 · 탈일상화 · 탈획일화를 주장하게 됨으로써 외식에 대한 니즈(needs)가 근본적으로 변화될 것으로 보인다. 이들은 새로운 컨셉을 추구하는 개방적인 신세대이기 때문에 고객개성을 중시하는 감성형, 진귀형, 에스닉, 절충형 등의 업종이나 업태를 발전시킬 수밖에 없다. 따라서 21세기의 외식산업은 형식이나 절차 등의 일관적 구조보다는 자기만족중심의 예술성이나 창의성에 의한 개념중시의 외식산업이 유망할 것으로 예견되고 있다.

(1) 양극화 현상

미래의 식당은 오늘날 패스트푸드가 지향하는 빠르고 간편함을 지속적으로 추구하는 '속도'중심의 기능적 편익을 중시하는 식당과 인간성 회복을 추구하면서 '보다 더 질 높은 인적 서비스'를 추구하는 '인간'을 바탕으로 하는 정서적 편익을 중시하는 식당으로 양극화가 일어나게 될 것이다.

(2) 개인식의 증가현상

가족단위의 일관된 식사보다는 개인별로 요구되는 식사가 증가하고, 개인의 감정이나 감성이 개입되어 음식을 선택하게 된다. 또 부모와 동행하지 않고 어린이 혼자만의 외식경향이 증가하고, 1일 3식의 식사패턴에서 1일 1식 혹은 1일 5식 등 다양한 소비패턴을 추구하게 된다. 특히 시간에 구애없이 식사횟수를 줄여서 또는 식사횟수를 늘려서 소량식사 개념의 식생활이 증가하게 되고, 아울러 독신미혼세대, 독거노인세대, 단신부임 직장인들의 중심으로 단독식사가 증가한다.

(3) 편식 및 유사식 형태의 증가

젊은 여성 및 남성의 비만이나 미용을 위한 다이어트성 편식이나 일상적인 식사형태는 아니지만 식사대용과 유사한 액체나 분말 등에 의해 만들어진 유사식의 증가현상이 두드러지게 나타난다. 예로서 우주항공식과 같은 유사식이 일반화 될 것이다.

(4) 외식행태의 다양화

식사에 대한 요구나 욕구는 양이나 가격중심에서 품질, 편의성, 가치가 중요시되면서 식사의 개성화 · 고급화 · 전문화에 대한 욕구가 강조되면서 건강식품, 영양식품, 기능성식품, 자연식품, 토속음식, 전통음식, 손으로 직접 만든 음식, 고품격 레스토랑 이용 등 다양한 욕구가 나타나게 될 것이다.

특히 사회 · 경제적 변화를 토대로 한 X세대, Y세대, 미시(Missy)족, 뉴패밀리(new family)족, 실버세대(silver age), 그린세대(green age) 등 신조어의 유행적 탄생 등 신개념중심의 외식시장이 세분화되면서 외식행태의 변화가 〈표 9-12〉와 같이 새로운 유형으로 출현하고 있다.

〈표 11-13〉 외식행태의 새로운 유형

외식 유형	외식행태의 내용
사교형	• 식사 목적성보다는 대화, 만남, 여가의 장소로 활용 • 사교와 친교의 장소로 변화
건강추구형	• 환자식 · 노인식 · 소아식 등 대상에 따른 메뉴 및 업태를 선택 • 기능성 · 건강성 · 다이어트성 외식선호 추이
식도락형	• 미식가형으로 식사목적 자체를 만끽하거나 예술적으로 수용 • 시간적 · 경제적 여유에 의한 즐기는 식사가 중심
민속민족 요리지향형	• 일명 에스닉 요리로 전통음식을 선호
레저추구형	• 식사의 개식화(個食化) 추이 • 식사 자체를 즐기는 레저차원에서 접근하여 교외, 관광지형태의 외식 추구
고급화지향형	• 중산층의 다량발생으로 인해 고급전문음식을 지향(식도락) • 요리를 포함한 토탈서비스의 기대심리로 고품격업태를 선호
서비스 및 분위기 지향형	• 음식의 맛보다는 분위기, 접객서비스 위생 및 청결 등의 업태를 지향 • 특히 편의시설과 인적 서비스가 우수한 업태를 선호
테마형	• 특정 테마스타일의 업태를 선호 • 유행적 · 패션적인 감각으로 새로움을 추구
절충지향형	• 음식의 절충(한식+양식+중식+일식 등) 및 접객서비스의 차별지향 • 건축양식의 절충(고전+현대, 목재+철근+시멘트, 동양+서양)
자연 및 천연지향형	• 기능성 음식, 지역별 향토음식, 자연 및 천연음식지향 • 교외의 전원스타일의 업태를 선호

자료 : 홍기운, 최신외식산업개론, 대왕사.

Tourism Business Management

제 10 장 관광교통업

제1절 관광교통업의 이해

1. 관광교통의 개념

관광과 교통은 그 동안 불가분의 관계를 형성하면서 발전해 왔다. 관광은 여행자가 일상생활을 떠나 매력의 대상이 되는 관광자원이나 관광시설을 찾아갔다가 돌아오는 회귀이동이다. 교통수단은 관광의 본질적인 요소 가운데 하나인 '회귀이동'(tour)을 담당하는 것이므로 관광의 필수불가결한 구성요소이다.

관광교통은 관광객을 관광목적지까지 신속 · 쾌적 · 안전하게 이동시키는 중간매체로서 역할과 열차 그 자체 관광객에게 일차적 매력물로서 역할을 담당하는 속성을 포함하고 있으면서, 관광객에게 포괄요금을 적용하여 전여행일정을 모두 책임지는 패키지상품으로 기능을 수행할 수 있다.

2. 관광교통의 분류

운송서비스체계에 따라서 항공 · 도로 · 철도 · 수상 · 기타로 구분할 수 있다. 역할에 따라서는 여행자의 거주지로부터 관광목적지까지 일반여객과 관광객 수송을 맡고 있는 '일반교통수단'과 거주지를 떠나 관광목적지까지 이동하는 관광객만을 실어 나르는 교통수단과 관광지 내에서 유람적인 여객수송을 담당하는 '특수

교통수단'으로 구분할 수 있다(이경모 · 김창수, 2004).

전자에 비하여 후자는 관광객의 이용에 의해서 그 경영이 유지되나, 전자의 일반교통수단은 본래의 역할인 일반여객의 수송과 화물수송에 있다. 그러나 일반교통수단은 관광사업에 있어서 필수적인 것이고, 일반교통의 발달이 있고 나서 특수 교통수단의 발전과 관광사업의 발전도 기대할 수 있는 것이다.

〈그림 10-1〉 관광교통수단의 역할에 의한 분류

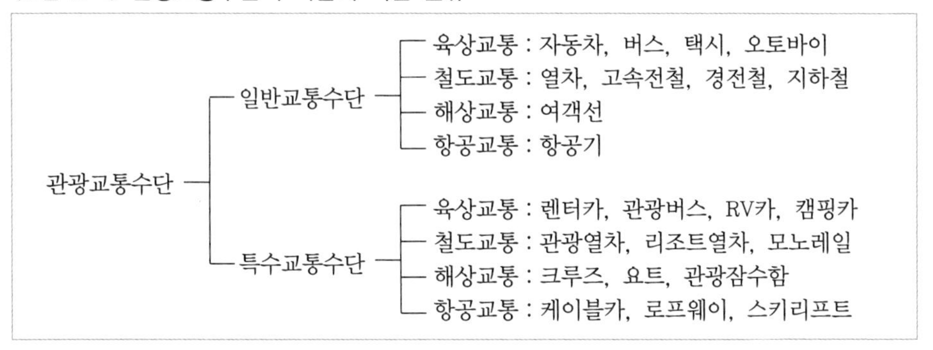

자료 : 이경모 · 김창수, 관광교통론, 대왕사, 2004.

3. 관광교통의 특성

(1) 무형재

관광교통은 흔히 즉시재 또는 무형재라 부른다. 일반적으로 유형재라 할 때에는 반드시 일정한 형태와 존속기간을 가지며, 그 생산과 소비는 각기 다른 때와 장소에서 이루어지는 것이 보통인데, 이와는 달리 교통서비스는 생산되고 있는 순간에 소비되지 않으면 실효를 거둘 수 없다. 다시 말해서 생산의 성격을 띠고 있기 때문에 생산된 교통서비스의 저장이 불가능하다. 이는 관광교통수요에 대하여 항상 이에 대응할 수 있는 적정규모의 수송시설이 사회적으로 존재하지 않으면 안된다는 것을 의미한다.

(2) 수요의 편재성

교통은 본원적으로 휴가기간, 주말, 출퇴근 시간 등 특정기간이나 특정시간에 수요가 집중되는 수요의 편재성이 나타난다. 특히, 관광교통은 통근 등과 같은 별도의 목적을 위하여 교통수단을 이용하는 파생수요와는 달라서 관광 그 자체가 목적으로 되어 있는 본원적 수요이기 때문에 수요의 탄력성이 매우 크다.

일반교통업은 운임이 갑자기 인상되었다고 해서 통근이나 업무상 출장을 포기할 수는 없으나, 관광교통업은 그 영향을 받아 위축되기 쉽다. 따라서 관광교통은 소득의 탄력성도 크고, 다른 한편에서는 기후와 사회적 · 경제적 조건의 변화에 영향을 크게 받게 된다.

(3) 자본의 유휴성

관광교통수요가 시간적 · 지역적으로 편재하고 있다는 것은 성수기를 제외하면 적재력이 항상 남아돌아 자본의 유휴성이 높다는 것이다. 도로 · 운반용구 · 동력이라는 교통수단을 구성하는 3대 요소를 생각해본다면 교통사업의 총비용 가운데서 차지하는 감가상각비, 고정인건비, 고정적 유지 · 관리비, 수리비 등의 이른바 고정비의 비율이 높고, 그 때문에 조업도의 증가에 따른 단위당 고정비의 감소가 강하게 작용하므로 조업률이 높은 만큼 평균비용이 감소된다. 따라서 가격을 내려서라도 좌석을 채우는 것이 효율적이기 때문에 특히 비수기에는 가격경쟁이 심해져 경영에 많은 어려움을 겪고 있다.

(4) 독점성

관광객과 관광자원의 매개체 역할을 수행하고 있는 관광교통은 이동을 전제로 하는 관광의 특성상 독점형태의 성격을 띠고 있다. 그러므로 대체 교통수단이 없을 경우에 운임이 크게 인상되었다고 해도 그 교통수단을 이용하지 않을 수 없다. 교통업은 이같은 독점에 따른 폐단이 크기 때문에 교통사업에 대한 통제는 사회문제로 논의되어 왔고, 정부의 통제 하에 운행되고 있는 경우가 많다.

제2절 육상교통

1. 철 도

(1) 철도의 개념

철도(railway, railroad)란 철도(rail) 위를 동력으로 차량을 견인하여 여객이나 화물을 운반하는 넓은 의미로 육상교통기관의 하나로 분류하고 있으나, 일정한 궤도를 운행하고 교통수단으로 그 역할의 중요성이 높아지면서 철도교통수단으로 분류하는 것이 일반적이다.

광의의 철도는 육상에 마련된 일정한 유도로(誘道路)에 따라 주행하는 지하철도(subway), 노면전차(tramway), 가공삭도(ropeway), 모노레일(monorail), 케이블웨이(cableway), 부상식 철도 등의 모든 것을 총칭하고 있다. 그러나 법률적으로는 철도란 「철도산업발전기본법」 제3조 제1호에 따른 철도를 의미하는데, 즉 "여객 또는 화물을 운송하는데 필요한 철도시설과 철도차량 및 이와 관련된 운영지원체계가 유기적으로 구성된 운송체계"를 말한다(철도사업법 제2조).

철도를 다른 교통수단과 비교하면, 신속성 측면에서는 항공기, 대량수송의 경제성 측면에서는 선박, 편리성 측면에서 자동차에 뒤지는 측면이 있으나, 교통기관의 가장 중요한 조건인 안전성 · 정확성이라는 측면에서는 타 교통기관에 비하여 매우 우수한 교통수단이다.

(2) 관광과 철도

① 국내 관광열차

국내 철도는 1899년 9월 18일 제물포~노량진 간에 33.2km의 경인철도를 개통한 이래로 지속적으로 발전하여 안전하고 편리한 관광교통수단으로서 국내외 관광객들에게 널리 이용되고 있다. 그러나 자가용 이용의 증가와 항공기 이용의 대중화가 실현되면서 관광객의 수요가 감소하기 시작하였다.

〈표 10-1〉 철도 관광상품 및 판매 현황 (단위 : 회, 명)

구 분		상품명	횟수	인원
계절별	봄꽃(6)	섬진강 매화, 구례 산수유, 벚꽃(진해, 경주, 쌍계사, 금산사, 월출산, 제천청풍), 충주 복사꽃, 철쭉(지리산, 소백산, 태백산, 보성 일림산), 동백꽃(여수, 선운사)	76	72,857
	하계피서(7)	해운대, 송정, 망상, 경포대, 대천, 춘장대, 만리포	2	1,692
	가을단풍(9)	설악산, 내장산, 지리산, 주왕산, 강천산, 소요산, 오대산, 적상산, 가야산	34	38,784
	겨울눈꽃(5)	태백산, 환상선순환, 대관령, 소백산, 덕유산	37	105,420
테마별	해돋이(6)	정동진, 추암, 영덕, 포항 호미곶, 해운대, 경주 감포	34	23,225
	성지순례(3)	강경, 구학, 제천	37	46,175
	섬/바다(10)	홍도/흑산도, 을릉도/독도, 거문도/백도, 제주도, 보길도, 청산도, 소매물도, 선유도, 외도/해금강, 삼천포	45	41,773
	정선5일장(1)	정선 5일장(레일바이크)	10	7,806
	새만금방조제(2)	김제, 군산	3	1,752
	기타(7)	향일암, 땅끝마을, 대관령, 안동하회마을, 보성차밭, 변산반도/내소사, 기타	203	201,705
축제별	1~3월(1)	화천 산천어(1월)	6	4,421
	4~6월(4)	오수의견축제(4월), 함평나비(5월), 옥천지용제(5월), 강릉단오제(6월)	14	9,844
	7~9월(3)	영동포도(8월), 북천 코스모스(9월), 안동국제탈춤(9월)	10	8,062
	10~12월(5)	풍기인삼(10월), 남강유등(10월), 강경젓갈(10월), 광천젓갈(11월), 기타	11	10,666
관광전용 열차	레일크루주 해랑	매주 화(2박3일), 토(1박2일) 운행	102	3,487
	와인시네마	와인시네마트레인(서울~영동간, 매주 2회 운행)	161	20,378
	바다열차	바다열차(강릉~삼척 간, 매일 3왕복 운행)	1,450	111,256
소 계			2,235	709,303

자료 : 코레일, 2012년 12월 31일 기준

〈표 10-2〉 외국인전용 철도상품 현황

상품명	인 원	수 입
KR-PASS	24,599	1,669
KR & Beetle Pass	741	59
한일공동승차권	2,004	94
계	27,344	1,822

자료 : 코레일, 2012년 12월 31일 기준.
주 1) KR & Beetle Pass : 일정기간 한일간 선박을 1왕복하고, KR패스를 이용하여 한국철도를 승차구간이나 횟수에 관계없이 자유롭게 이용할 수 있는 외국인 전용 선박연계 통합패스
• 상품구성 : 선박(후쿠오카~부산 간) + KR패스 + 선박(부산~후쿠오카 간)

2004년 4월 1일 개통된 KTX(고속열차)로 한나절 생활권을 반나절 생활권으로 바꾸는 혁명적인 생활문화 변화를 이룩하게 되었고, KTX와 일반철도와의 상호보완적인 결합은 고객의 욕구에 맞는 열차의 운행으로 보다 편리하고 쉽게 철도에 접근할 수 있게 되었다. 또한 지자체와 연계한 시티투어 상품개발은 물론 선박연계 및 해외상품, 계절요인을 반영한 상품, 문화예술축제와 연계한 상품의 개발 등을 통하여 관광객의 이용이 증가하고 있는 실정이다.

② 유럽의 철도

㉠ **유레일패스(eurail pass)**

한 장의 유레일패스만 있다면 유럽 20개국을 자유자재로 넘나들 수 있으며, 경비절감은 물론이고 다양한 부대 서비스도 이용할 수 있는 장점이 있다. 또한 열차뿐만 아니라 선박과 시내교통수단도 이용할 수 있다. 유레일패스는 간단히 말하면, 유럽 20개국의 국철구간을 일정기간 동안 거리나 승차의 횟수에 관계없이 마음대로 이용할 수 있는 일종의 열차할인 패스이다. 외국인을 위해 만들어진 이 할인패스는 유럽에서는 구입할 수 없으며, 따라서 유럽을 여행하려면 국내에서 출국전에 구입해야 한다. 이 패스를 이용할 수 있는 국가는 네덜란드 · 덴마크 · 노르웨이 · 오스트리아 · 핀란드 · 독일 · 그리스 · 프랑스 · 헝가리 · 아일랜드 · 이탈리아 · 룩셈부르크 · 루마니아 · 스페인 · 스웨덴 · 스위스 · 벨기에 · 크로아티아 · 포르투갈 · 슬로베니아 등 20개국이다.

ⓐ **유레일패스의 종류**

- 유레일패스
  일등칸을 이용하여 일정기간 동안 이용할 수 있는 승차권이다. 티켓에 명시된 날짜의 시작하는 날부터 끝나는 날까지 계속해서 주행거리·승차횟수·국경통과에 제한 없이 열차를 탈 수 있으며, 패스의 사용을 시작한 후 탑승하지 않은 날이 있다 하더라도 패스의 사용으로 간주한다. 통용기간에 따라 15일권, 21일권, 1개월권, 2개월권, 3개월권 등이 있다.
- 유레일 유스 패스
  유레일패스 중에서 26세 미만의 여행자들을 위하여 이등칸을 이용하는 조건으로 할인하여 주는 청소년할인권이다. 15일권, 21일권, 1개월권, 2개월권, 3개월권 등이 있다.
- 유레일 세이버 패스
  유레일패스를 2인 이상이 함께 구입하여 같은 여행일정으로 여행하는 조건으로 할인해 주는 패스이다. 1장의 패스에 구입하는 사람의 이름이 함께 쓰여지기 때문에 항상 함께 열차를 이용해야 한다. 가격이 저렴한 반면 따로 떨어져 여행할 수 없다는 단점이 있다.
- 유레일 플래시 패스
  24시간 단위로 지정된 기간만큼 탈 수 있는 티켓으로 한 곳에 오래 머무를 곳으로 이동하는 여행자들에게 유용한 패스이다. 기존의 유레일패스가 사용에 관계없이 유효기간만이 적용되는 단점을 보완하여 만든 것으로서 일정 본인이 사용한 날만 기록해 가며 사용할 수 있으며, 1등석·2등석을 2개월 내에 10일·15일 동안 사용하는 종류가 있다.
- 유레일 드라이브 패스
  유레일 이용과 차량대여(Hertz사)가 포함된 패스이다. 한 국가 내에서 차량 대여와 반납 도시가 같지 않아도 무관하여 여행자들이 편리하게 이용할 수 있다. 패스구입시 세금은 포함되어 있으나 보험은 별도이다. 2개월 내에 4일·10일 동안 사용하는 종류가 있다.

ⓑ **유레일패스의 사용시 유의점**

유레일패스를 사용할 때의 유의사항은 다음과 같다. 타인에게 양도가 불가능하고, 승차전 반드시 철도역원에게 사용일자(개시 · 종료일)와 승차확인 스탬프를 받아야 하며, 그렇지 않으면 벌금이 부과되므로 특별히 유의해야 한다. 패스는 발행일로부터 6개월 이내에 사용을 개시해야 하고, 사용 마지막 날의 자정 이전에는 모든 열차여행이 종료되어야 하며, 전혀 사용하지 않고 승차확인을 받지 않은 패스는 전세트를 발행후 1년 이내에 반환할 수 있고, 이 때 17%의 수수료가 공제된 후 환급된다.

〈표 10-3〉 유레일패스의 가격

(단위 : US$)

종 류 / 기 간	Normal	Saver	Youth	Child(4~11세)
15일	747	632	485	374
21일	968	822	628	484
1개월	1,202	1,020	782	601
2개월	1,697	1,442	1,104	849
3개월	2,094	1,786	1,364	1,047
Rail Protection Plan	14	17	14	14

※ Rail Protection Plan : 유럽 철도정책에 따르면 철도패스는 잃어버리든 도난을 당하든 환급불가! 이런 엄격한 규정을 고려해서 분실, 혹은 도난의 경우에 패스의 미사용 부분에 대해서 보상.

※ 4세 미만은 무료.

ⓛ **유로패스(euro pass)**

유로패스는 유럽국가들 중에 프랑스 · 독일 · 이탈리아 · 스페인 · 스위스 5개국을 기본으로 국가수와 여행일수에 따라 요금이 각기 달라지는 패스이며, 짧은 일정으로 유럽을 찾는 여행객들을 위해 인기있는 몇 개국을 저렴하게 이용할 수 있도록 유레일 본사에 의해 만들어진 패스이다. 주요 5개국 중 3개국 이상을 선택할 수 있으며, 오스트리아(35달러), 포르투갈(27달러), 벨기에 · 룩셈부르크(22달러), 그리스(28달러) 등의 인접 국가는 추가요금을 내면 여행할 수 있다.

③ 유럽철도 패스

유레일패스로 가능한 20개국 중 영국은 포함되어 있지 않으며, 따라서 영국여행시에는 영국철도패스를 소지하면 편리하다. 또 독일과 프랑스는 자국내 철도패스가 마련되어 있다.

〈표 10-4〉 영국철도패스 기간별 가격(2007년 1월 기준)

(단위 : US$)

종 류 / 기 간	일등석			이등석	
	성 인	노 인	청소년	성 인	청소년
4일	312	265	250	208	166
8일	446	379	357	297	238
15일	670	570	536	446	357
22일	851	724	681	586	453
1개월	1,006	855	805	670	536
Rail Protection Plan	10	10	10	10	10

〈표 10-5〉 프랑스 철도패스 기간별 가격(2007년 1월 기준)

(단위 : US$)

종 류 / 기 간	일등석			이등석	
	성 인	노 인	청소년	성 인	청소년
3일(1개월 내)	304	278	225	258	191
일별 추가요금	44	39	31	37	28
Rail Protection Plan	10	10	10	10	10

〈표 10-6〉 독일 철도패스 기간별 가격(2007년 1월 기준)

(단위 : US$)

기 간 \ 종 류	일등석		이등석		
	성 인	아 동	성 인	아 동	청소년
4일(1개월 내)	347	174	268	134	222
5일(1개월 내)	393	197	299	150	238
6일(1개월 내)	439	220	330	165	253
7일(1개월 내)	486	243	361	181	268
8일(1개월 내)	532	266	392	196	284
9일(1개월 내)	584	292	426	213	299
10일(1개월 내)	630	315	456	228	315
Rail Protection Plan	10	10	10	10	10

참고 레일 바이크, 폐철도를 이용한 관광상품

바람을 맞으며 시속 30km까지 내달릴 수 있는 철로 위의 자전거가 레일 바이크이다. 바퀴가 4개나 되니 위험하지도 않고 따로 기술이나 경험이 필요하지도 않으며, 성인 두 사람이 아이 둘을 데리고 탈 수 있어 가족단위 관광객에게 제격이다. 발로는 페달을 밟으면서도 탁 트인 주변 풍광을 제약 없이 감상할 수 있어 색다르다. 레일바이크는 코레일투어서비스와 지자체가 공동으로 폐철도를 이용하여 관광상품으로 개발하여 각광을 받고 있다.

강원도 정선군의 명물 레일바이크는 2005년 7월 1일 개장 이래 지난달 31일까지 약 2년 3개월간 50만명이 레일바이크에 탑승했으며 약 40억원의 매출액을 달성했다. 정선 레일바이크는 승객 감소로 폐쇄된 아우라지역과 구절리역 7.2km의 철로를 이용해 만든 시속 15~20km의 철길 자전거로, 남녀노소 누구나 안전하게 탈 수 있는 온 가족 레저 스포츠로 각광받고 있다. 싱그러운 자연의 내음과 수려한 풍광을 만끽할 수 있고, 무지개빛 조명이 어우러진 3개의 터널을 통과하는 재미에 '여치의 꿈', '어름치의 유혹' 등 독특한 형상을 한 카페들이 관광객들에게 더욱 다양한 볼거리를 제공한다. 게다가 최근 바다열차까지 함께 즐길 수 있는 무박 2일 패키지상품을 개발, 좋은 반응을 얻고 있어 레일바이크를 찾는 이들의 발길이 더욱 붐비고 있다. 레일바이크의 인기가 높아지면서 주말이면 밤을 새워야 할 정도로 표 구하기 전쟁이 벌어지고 있다.

경상북도 문경시는 2004년 4월 폐쇄된 철로를 이용해 외국 여행지에서나 볼 수 있는 철로자전거를 시범 운행했다. 반응이 좋아 올해 철로 양쪽에 안전망을 설치하고 철로자전거도 50대로 늘렸다. 2005년 3월 29일부터 공식 운행에 들어가는 철로자전거는 3개의 구간으로 운영된다. 운행구간은 왕복 4.0km로 1코스는 진남역 ~ 구랑리역 방향 2.0km, 2코스는 진남역 ~ 불정역 방향 2.0km, 3코스는 가은역(농공단지앞) ~ 먹뱅이(구랑리역) 방향

2.0km로 구간마다 색다른 체험을 제공하고 있다.

경기도 양평군은 중앙선 복선전철화 사업에 따른 폐선부지의 효율적 활용방안으로 레일바이크의 도입을 모색하고 있다. 폐선부지 13개 구간(53.4km, 155만7900m²)과 17개소의 터널, 29개소의 교량의 효율적 활용방안으로 맑은 물, 푸른 숲, 깨끗한 공기의 'Green(그린)'과 폐선부지의 활용 'Rail(레일)', 관광 · 체험 · 교육 · 먹거리의 'Tour(투어)'를 접목시킨 '양평 Green Rail Tour'를 준비하고 있다. 그중 석불역과 매곡역 구간은 활용방안이 가장 큰 구간으로 문화재청에 의해 근대문화유산으로 지정된 구둔역의 관광상품화와 주변지역을 영화촬영소, 미니어처 전시관, 특산물 판매점, 테마열차 운행, 레일바이크 운행방안을 고려하고 있다.

2. 전세버스

(1) 전세버스업의 개념

전세버스 운송사업이란 단체여객이나 관광객을 대상으로 영리를 목적으로 하여 출발지부터 목적지까지 이동시키는 자동차운송사업의 종류 중 하나로 운행계통을 정하지 않고 1개의 운송계약으로 버스를 사용하여 여객을 운송하는 사업을 말한다.

(2) 전세버스 관광상품의 형태

① 전세버스관광(charter tour)

전세버스는 학교, 회사, 협회 또는 계모임, 친목단체 등과 같은 자생단체에서 전세버스 운송업체의 운송서비스를 제공받아 스포츠행사, 박람회, 박물관, 쇼핑센터, 관광지 등을 여행하는 것이다. 이 상품은 단일목적지의 여행으로 숙박시설이 포함되나 관광안내원은 동반하지 않는다.

② 단체관광(escort tour)

국내에서 가장 많이 이용하는 관광버스의 형태이다. 단체의 대표와 여행사간 상담을 통하여 여행일정 및 관광목적지를 결정하여 계획된 운송서비스를 제공하는 것이다. 모든 일정표에 숙박 · 식사 · 쇼핑 · 관광지 등이 포함되며, 전 여정기간 동안 전문 관광안내원이 동반하여 여행 서비스를 제공한다.

③ 개별 패키지관광(independent package tour)

전세버스회사에서 특별한 이벤트나 계절상품, 유명관광지를 목적지로 한 특별기획 여행상품을 개별 여행자들이 모여 이용하는 운송관광상품이다.

④ 도시 패키지 관광(city package tour)

개별 패키지관광과 유사하나 일정한 도시 내의 주요관광지, 호텔, 음식점, 쇼핑센터 등을 여행하는 운송서비스를 제공한다.

⑤ 연계 교통관광(intermodal tour)

관광사업에 있어서 최근의 경향은 타 교통수단인 항공, 관광순항유람선, 여객선, 철도와 전세버스를 연결하는 여행운송서비스 제공의 관광형태이다. 미국의 암트랙서비스와 그레이하운드 9개 노선과 연계상품, 뉴욕시에서 플로리다주까지 1주일 버스관광과 그 후 1주일 카리브해 유람선 관광이 그 예이다. 우리나라는 관광열차와 연계한 형태와 제주도 여행시 항공기와 버스, 여객선과 버스를 이용하는 연계교통관광형태가 가장 전형적으로 이루어지고 있다.

(3) 전세버스 현황

우리나라는 1948년 서울~온양간 관광전세버스 면허가 최초로 발급되어 운행되기 시작하였으나, 한국전쟁으로 사실상 중단되었다. 그 후 정부가 관광에 대한 관심이 높아지면서 1961년 최초의 관광법인 「관광사업진흥법」이 법률 제689호로 제정 · 공포되었다. 여기에 관광사업의 종류로 전세버스업이 관광교통업으로 신설되어 발전하면서 1973년에는 80여개 업체에 총보유대수가 951대에 이르렀다. 그러나 1975년 관광사업진흥법이 관광기본법과 관광사업법으로 나누어지면서 관광사업법의 관광사업종류인 관광교통업은 제외됨에 따라 전세버스 운송사업은 자동차운송사업의 하나로 발전하면서 현재에 이르고 있다.

〈표 10-7〉 전세버스 운송사업 등록 현황 (2012년 12월 말 기준) (단위 : 개, 대)

시 · 도	업체수	등록대수	시 · 도	업체수	등록대수
서 울	142	3,714	강 원	58	914
부 산	58	1,745	충 북	95	1,778
대 구	47	1,916	충 남	116	2,470
인 천	53	2,060	전 북	94	1,885
광 주	30	861	전 남	101	2,029
대 전	29	736	경 북	118	1,983
울 산	18	709	경 남	126	2,611
경 기	443	12,169	제 주	56	1,973
			계	1,584	39,553

자료 : 국토해양부, 2012년 12월 31일 기준

2009년말 현재 전세버스 업체수와 차량등록대수는 〈표 10-7〉과 같다.

3. 자동차대여업

(1) 자동차대여업의 개념

자동차대여업이란 rent-a-car, 곧 '차를 빌려줌'이라는 뜻이며, 이것을 상행위의 일종으로 편성시킨 rent-a-car system, 혹은 car rental system이라고 한다. 이와 같이 렌터카란 자동차를 대여하는 상행위로서 보통 자동차 자체만을 대여하는 것으로 인식하고 있으나, 오늘날에는 광의의 개념으로 자동차를 이용하는 고객의 요구에 부응하여 자동차 자체와 이에 부과되는 시스템을 제공하는 시스템산업이라는 새로운 수송시스템이라고 해석한다. 곧, 자동차 자체의 대여와 이미 부과되는 다양한 서비스를 포함하여 고객에게 필요할 때 필요한 장소에서 필요한 만큼 빌린다는 이용자의 요구에 부응하는 점에서 서비스사업이라고 한다.

자동차대여업의 시작은 1916년 미국 네브래스카주 오마하에 살고 있던 사운더(Sounder) 형제에 의해 시작되어, 1918년에 허츠(Hertz), 1947년에 에이비스(Avis)와 내셔널(National)이 영업을 시작하였다. 오늘날 자동차대여업은 전세계적인 산업으로 성장하였다. 허츠 · 에이비스 · 버젯 · 내셔널 등 4개 회사가 미국 전체시장 중

85%를 점유하고 있으며, 국제시장에서도 비슷한 점유율을 보이고 있다.

(2) 자동차대여업의 특성

관광교통수단을 크게 분류하면 철도 · 버스 · 항공기 등의 공공교통기관과 자동차(my car)로 대표되는 사적 교통기관으로 분류할 수 있는데, 자동차대여사업(rent a car)은 이 중간에 틈새시장을 파고든 '제3의 교통기관'의 위치에 있다고 볼 수 있다.

자동차대여업이 제3의 교통기관으로 불리는 이유는 ① 철도 · 항공기 · 버스 · 택시 등의 공공수송기관의 보완적 교통수단과 도시주변, 근교, 관광지 등의 공공수송기관의 대체교통기관으로서의 기능을 발휘하고 있다는 점, ② 유통부문 및 기업활동에서 업무용 자동차의 부담경비와 휴가철 자동차 선호 이용자들이 그들의 관광목적 및 경비상 렌터카 사용이 증가하고 있다는 것이다.

또한 자동차대여업의 매력은 타교통수단과 비교하여 필요한 때마다 차를 빌릴 수 있어 차를 운전하고 싶고 드라이브를 즐기고 싶으면서 비밀성을 보장받고 싶은 사람들의 이용이 가능하다. 특히 장거리여행시 일부러 차를 이용하지 않고도 다른 신속하고 안전한 타교통수단을 이용한 수 목적지에서 보조차(second car)의 기능을 담당하면서 여행자들에게 기동성을 보장하여 줄 수 있다.

또한 렌터카 이용시스템 측면에 있어서도 여행자들에게는 다음과 같은 이점이 있다.

① 보험 : 안심하고 이용
② 차의 상태 : 차의 새로움(신차종), 점검 · 정비, 차내외 청결
③ 차형과 양 : 이용자의 요구에 부합되는 차종, 급, 기호에 맞는 차, 수요에 상응하는 풍부한 보유대수
④ 예약 : 현지에 직접 가지 않아도 손쉽게 가까운 곳에서 예약
⑤ 세트 상품 : 타교통기관 및 숙박시설과의 편리하고 경제적인 결합
⑥ 지역망 : 영업지점망에 의한 이용자에게 편리성 제공
⑦ 요금제도 : 사회적 가치관으로 보아 타당한 요금수준을 보장

(3) 자동차대여업과 타관광사업과의 관계

① 철도 · 항공기와의 결합수송 서비스

사람의 여행수요 중에서 '여행과정의 모두를 마이카로'라고 하는 것은 합리적 현대사회의 현실로는 극히 불합리한 이야기다. 시간적으로도, 경제성의 면에서도 사람은 철도나 항공기를 이용할 때가 많다. 따라서 철도의 고속성 · 안전성의 장점, 혹은 항공기의 장거리 고속성의 장점과 아무래도 자동차가 아니면 안된다고 하는 자동차가 갖는 기동성을 감안하여 스케줄을 세워서 여행을 하게 된다.

각각 특성있는 교통수송수단 중에서 여행하는 사람이 각각의 필요에 알맞은 방법으로 터미널에서 연계승차가 되는 시스템을 요구한다. 이러한 렌터카는 장시간 차를 운전하여 드라이브를 즐긴다든지, 사업상 몇 군데의 방문지가 있다든지, 밀실성이 있는 이동하는 방이라는 자가용적 특성을 요구하는 사람에게 많이 이용된다. 따라서 역에서 철도로, 공항에서 항공기로의 교통수단을 연계할 수 있는 시스템(fly/drive package)이 해외 여러 나라에서도 널리 이용되고 있다.

② 여행업자와의 제휴

여행중 렌터카를 사용하는 경우, 렌터카의 예약과 더불어 당연히 철도와 항공기의 예약도 필요하게 되는데, 이는 목적지까지의 교통수단으로서 철도와 항공기를 연계하여 이용하기 때문이다. 특히 성수기인 경우에 렌터카 예약이 절대 필요하고, 더불어 렌터카를 장시간 사용하면 숙박이 수반되어야 하므로 호텔 등의 예약이 필요하게 된다. 따라서 여행업자에게서 하나의 패키지상품으로 구입하는 것이 유용할 수도 있다. 렌터카업자는 필연적으로 이러한 여행업자와 제휴하여 여행의 편리성 향상에 노력을 기울여야 한다.

③ 관광산업과의 제휴 등 부가가치 서비스

관광지의 렌터카 회사는 그 지역 내에 있는 관광명소 · 관광시설 등과도 제휴하거나, 책임 있는 토산품점 등을 추천하거나 한다. 예를 들면, 관광지역 입장료의 할인 등 부가적인 서비스를 제공하는 것은 렌터카의 상품개발이라는 이점은 물론, 지역관광사업체에 있어서도 커다란 이점을 제공하는 것이라 할 수 있다. 렌터카를 이용한 관광활동은 단지 자연경관을 감상하는 것만이 아니고 지역의 신뢰성 있는 리조트 · 여가사업체와 제휴함으로써 관광객의 편리성에도 기여하게 된다.

④ 경쟁사업과의 역할분담

렌터카의 경쟁사업으로서 대표적인 것은 택시가 있다. 택시나 렌터카 모두에 각각 장 · 단점이 있고, 한편으로는 분명히 경쟁되는 점과 역할분담면도 있다.

택시는 직업전문운전자가 운전하기 때문에 안심하고 타게 되며, 친절하고, 지리에 밝고, 안내도 자세하게 받으며, 기념사진 등도 걱정없이 해결해 준다. 반면 요금은 약간 비싸며, 프라이버시면의 문제와 식사 때 마음쓰임이 필요한 것 등이 불리한 점이 되고 있다. 렌터카는 완전 밀실성이 있고, 프라이버시가 지켜지며, 자기가 운전대를 잡고 운전 그 자체를 즐길 수 있다. 그리고 자신이 좋을 때 바라는 장소에 언제나 갈 수 있고, 어느 곳에서나 정차할 수 있는 자유가 있다. 또한 장시간 이용하면 요금이 상대적으로 저렴하다.

이와 같이 택시와 렌터카 각각의 특성을 명확하게 살린 형태로 역할을 분명히 주장하고 여행자에게도 이해를 구하여 양 업계의 보다 나은 발전을 위하고, 나아가서 여행자의 편리성 향상에 도움이 되는 방향으로 협력을 해야 할 것이다.

(3) 자동차대여업 현황

우리나라 렌터카는 지금으로부터 30년 전인 1975년 10월 승용차 30대로 서울에서 처음으로 영업을 시작한 것이 효시이며, 초창기의 어려운 여건에서 답보하다가 '86아시안게임과 '88서울올림픽대회를 개최하면서 발전의 계기를 맞이하였다. 특히 경제발전과 더불어 국민소득수준이 향상되어 시민의 여가생활이 활성화되어지고, 각종 국제회의 및 외국 바이어, 외국관광객의 왕래가 늘어나면서 렌터카 이용객도 증가하고 있다.

〈표 10-8〉 자동차대여사업자 등록 현황

(2012년 12월 말 기준)

시 · 도	업체수	등록대수		
		승 용	승 합	계
서 울	242	235,754	12,622	248,376
부 산	33	3,036	514	3,550
대 구	41	5,988	496	6,484
인 천	30	2,944	281	3,225
광 주	62	8,027	305	8,332
대 전	32	4,507	229	4,736
울 산	7	641	60	701
경 기	188	17,965	1,643	19,608
강 원	17	1,861	330	2,191
충 북	24	4,088	364	4,452
충 남	26	3,479	335	3,814
전 북	16	1,770	131	1,901
전 남	19	2,007	180	2,187
경 북	24	2,331	255	2,586
경 남	26	2,960	232	3,192
제 주	51	8,817	1,182	9,999
계	838	306,175	19,159	325,334

자료 : 국토해양부, 2012년 12월 31일 기준

제3절 해상교통

1. 해상교통의 본질

(1) 해상교통의 개념

해상교통(marine transportation) 또는 해운(shipping)이라 함은 해상에서 선박을 이용하여 사람·화물을 운송하고 그 대가로서 운임을 받는 상행위를 말한다. 이

중에서도 해상교통은 다극화시대에 살고 있는 경제인들의 활동을 원활히 하고, 물적 유통을 효율적 · 경제적으로 이전시킴으로써 경제발전의 주된 수단으로 역할을 수행하고 있다.

그러나 최근에는 해상교통의 역할이 물적 유통뿐만 아니라 사람을 운송하는 상행위로서 역할이 점점 증가하고 있다. 특히 도서주민의 교통수단으로 이용되어 왔던 여객선은 교육수준과 생활수준의 향상에 따른 여가선용의 방법으로서 미지의 바다에 대한 동경과 해양레포츠활동 등이 급속히 확산되면서 해안관광을 겸한 연안여객선 운항이 활성화되고 있다. 또한 해양관광산업이 본격적으로 개발되면서 해양관광을 목적으로 해상유람을 즐기고자 하는 관광객들을 대상으로 특급호텔 수준의 시설과 서비스를 제공하면서 주요항구도시 및 해안관광자원을 운항하는 크루즈가 해양관광객의 교통수단으로서 그 가치가 높아지고 있다.

(2) 해상교통의 특징

교통이라 함은 해상교통 · 육상교통 · 철도교통 · 항공교통과 이들의 결합에 의한 복합교통으로 구분할 수 있다. 교통형태의 특수성은 안전 · 정확 · 신속 · 편리 · 쾌적 · 자유 등과 경제성이 타운송수단과 비교하여 우위성을 확보하는 데 있다.

해상교통을 육상교통 · 철도교통 · 항공교통과 비교하여 그 특성을 살펴보면 다음과 같이 요약할 수 있다.

① 사람 및 재화의 대량수송

교통기관 중에 선박만큼 단위수송능력을 가진 것은 없다. 항공교통은 신속성은 확보되나 운송량이 제한되고, 철도는 객차의 연결의 대형화로 승객 및 화물의 운송량을 늘리고 있으나 한계가 있다. 그러나 해상교통은 일시에 승객과 화물을 일정한 지역으로 대량이동이 가능하므로 대량수송의 표본이 되고 있다.

② 원거리수송

해상교통은 항구와 항구, 섬과 섬, 바다와 바다, 대륙과 대륙을 연결하는 원거리 수송을 담당하고 있다.

③ 운송비의 저렴성

해상교통은 육상교통과 같이 도로 · 철도와 같은 시설이 필요하지 않으며, 1회에 대량수송이 이루어지기 때문에 단위당 수송비가 저렴하다. 일반적으로 거리면에서 해상운임과 철도운임을 비교하면 해상교통이 절반 정도에 불과하다.

④ 운송로의 자유성

국제법에 따라 공인된 '공해자유론'은 해양자유의 원칙(freedom of sea)에 따라 공해에 있어서 자유로운 항해가 보장됨에 따라 급속한 해운업의 발전을 가져와 다른 교통수단보다 해상교통이 크게 활성화되었다.

⑤ 운송형태의 국제성

해상교통에 있어 선박은 상호국적에 영향을 받지 않고 원칙적으로 항만에 입출항이 가능하고 주항로가 공해상이라는 점이 특정 국가의 성격을 벗어나 공해상에서 타국적의 선박과 경쟁하는 국제성을 띠고 있다.

⑥ 운송시간의 지연성

해상교통의 속력은 육상교통보다 평균속도가 늦고, 항공교통속도와는 비교할 수 없을 정도로 속도가 느리다. 세계 주요 정기선의 속력은 시간당 18~45노트이고, 부정기선은 12~18노트로 항해함으로써 신속성을 필요로 하는 사람과 화물의 이동에는 한계가 있다.

(3) 해상교통 현황

해상교통은 대외무역의 증대에 따른 수출입화물의 운송수단뿐만 아니라 해안관광자원개발 및 도서지역의 관광교통수요에 따라 여객 및 관광객 운송수단으로서도 그 수요가 날로 증가하여 해상관광교통 수단의 역할 중요성이 매우 높아지고 있다.

최근 국민생활수준의 향상과 새로운 관광욕구, 삼면이 바다인 우리나라의 지리적 특성은 육지와 가까운 도서지역의 관광객 수요가 급증하고 있는 것은 물론, 멀리 백령도, 고군산군도, 홍도, 거문도 · 백도, 울릉도 등도 관광지화가 이루어지고 있어 경치가 수려한 도서지역에 대해서는 지역개발차원에서도 관광자원의 개발과 보존의 필요성이 강조되고 있다.

도서지방을 운항하는 국내여객선은 108항로 159척이 운항하고 있으며, 여객선의 고속화, 대형화, 카페리화 등 연안여객선의 현대화 및 쾌속화 등이 추진되고 있다. 국제여객선 정기운항은 1970년 6월 부산~시모노세키간 훼리호 취항을 시초로 2006년 12월말 기준 한 · 중간 15개 항로, 한 · 러간 1개 항로, 한 · 일간 8개 항로 등 총 24개 항로가 운항되고 있으며, 향후 인접국 간을 연결하는 신규항로를 지속적으로 개발하고 있다.

2. 크루즈

(1) 크루즈의 개념

크루즈는 영어로 'cruise ship tour', 'cruse ship travel' 혹은 'cruise'로 표현되기도 하는데, 선내에 객실 · 식당 · 스포츠 및 레크리에이션 시설 등 관광객의 편의를 위한 각종 서비스시설과 부대시설을 갖추고 순수한 관광활동을 목적으로 관광자원이 수려한 지역을 순회하며 안전하게 운항하는 선박을 말한다.

일반적으로 크루즈여행이란 "유람선을 이용한 독특한 관광여행으로 정기노선의 여객선이 아닌 여행업자 또는 선박업자가 포괄요금으로 여행객을 모집하여 운영하는 것으로서, 다수의 매력적인 항구를 여행하는 형태"를 뜻한다. 곧, 크루즈 내에 숙박 · 위락시설 등 관광객을 위한 각종 시설을 갖추고 여행자의 요구에 적합한 선상활동 · 유흥 · 오락프로그램 등 선상행사와 최고의 서비스를 제공하는 것은 물론, 매력적인 지상 관광자원 및 관광지를 다양하게 관광시키는 종합여행시스템을 말한다.

(2) 크루즈의 특징

해상관광교통으로서 여객선은 여객의 수송을 목적으로 하고, 카페리는 사람과 차량을 싣고 주요 항구 간을 수송하기 위하여 정기적으로 운항하는 것을 특징으로 하며, 쾌속여객은 소규모 선박으로서 고속성을 특징으로 하고 있다. 이에 비하여 크루즈는 대형 이상의 선박으로서 적당한 속력으로 장기간 운항함으로써 마치 육지의 대규모 특급호텔 또는 소도시를 옮겨 놓은 듯한 최고급의 시설을 갖춘 여객선이다. 이러한 크루즈는 다른 해상관광교통과 비교하여 다음과 같은 뚜렷한 특징을 가지고 있다.

① 운항목적이 지역간의 화물이나 여객수송이 아니라 순수관광목적이다.
② 관광자원이 수려한 항구 및 지역만을 운항한다.
③ 크루즈 내에는 식음료 · 숙박 · 게임 · 스포츠 등 다양한 관광객 이용시설이 구비되어 있다.
④ 서비스가 최고수준이며, 호화롭다.
⑤ 비정기적으로 운항하는 대형 선박(1만톤급 이상) 또는 초대형 선박(3만톤급 이상)이다.

(3) 크루즈의 종류

기본적으로 크루즈는 세계일주 및 태평양 · 대서양 횡단 등을 운항하는 대양 크루즈(ocean cruise), 파티 크루즈 여행 및 미니 크루즈 여행이라고 칭하는 것으로 1주일간의 단기관광을 위주로 하는 레저 크루즈(leisure cruise), 라인강 · 볼가강 · 나일강 · 미시시피강 등 강을 따라 운항하는 리버 크루즈(river cruise), 계약기간 동안 고객의 요구대로 운항하는 전세 크루즈(charter cruise) 등 4가지 유형이 있다.

이외에도 크루즈는 운항장소, 활동범위, 운항유형 및 서비스수준 등을 기준으로 〈표 10-9〉와 같이 분류할 수 있다.

〈표 10-9〉 크루즈의 유형

기 준	종 류	비 고
운항장소	내륙크루즈	호수, 하천 운항
	해양크루즈	바다 운항
활동범위	국내크루즈	해양법상 국내영해 운항
	국제크루즈	자국내, 자국외 모두 운항
운항유형	항만크루즈	주요항구 운항
운항유형	도서순항크루즈	경관이 좋은 섬들 순회
	파티크루즈	특별한 이벤트, 파티 개최
	레스토랑크루즈	식사, 만남을 목적
	장거리크루즈	대형선박, 장거리, 장기간 운항
	외항크루즈	외항여객선에 오락시설을 갖춤
서비스수준	대중크루즈	선박규모, 운항거리, 기항지수 등에 따라 차등화
	호화크루즈	
	특수목적형 크루즈	

자료 : 김천중, 크루즈사업론, 학문사.

(4) 크루즈사업의 현황 및 전망

세계적으로 크루즈시장 규모는 레저산업 가운데 가장 빠른 성장세를 보이며 꾸준히 증가하고 있고 향후 전망도 밝은 것으로 예상되고 있다. 세계 크루즈시장의 규모는 2004년 1,335만명 수준에서 지속적으로 확대되고 있으며 북미지역이 60~70%, 유럽 20~25%, 아시아지역이 10~15%를 차지해 왔다. 1990년대 중반 이후 최근까지 크루즈시장은 연평균 약 8% 정도의 높은 증가율을 보이며 확대되어 왔고, 2010년경까지 약 5% 내외의 증가율이 예상되고 있다(홍성인, 2006).

〈그림 10-2〉 세계의 크루즈시장 규모 및 전망

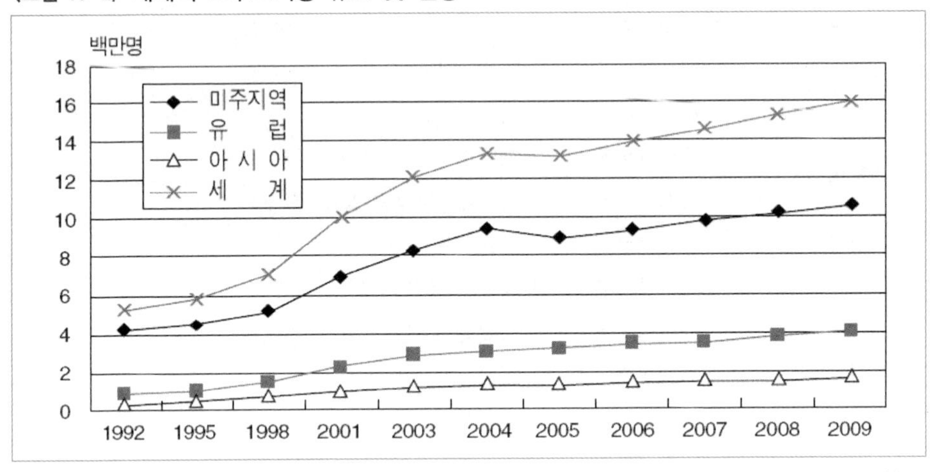

자료 : G. P. Wild(International) Limited, Outlook and New Opportunities for the Cruise Industry to 2014, May 2004.

크루즈시장을 지역별로 살펴보면, 시장을 주도하고 있는 북미지역은 2004년 승객수 기준 69.7%의 시장점유율을 보이고 있고 대형 크루즈선사인 Carnival, RCCL 및 Star사가 전체 북미시장의 90% 이상을 차지하고 있다. 유럽의 크루즈시장은 영국, 독일, 이탈리아, 스페인 및 프랑스 등이 주도하고 있으며, 영국은 유럽내 최대 규모의 시장을 형성하고 있고 이탈리아는 승객수의 빠른 증가를 보이고 있다. 한편, 아시아 지역은 아직 시장형성 초기 단계인 국가가 많지만 2008년 중국의 북경 올림픽, 2010년 상해 엑스포를 계기로 크루즈시장 활성화가 기대되고 있다. 최근까지 아시아시장은 말레이시아의 Star사가 주도해 왔으나 Carnival 및 RCCL에서도 시장진출을 도모하고 있는 것으로 알려지고 있다.

세계 크루즈산업은 Carnival, RCCL, Star 등 대형 3사가 주도해 오고 있다. 특히 Carnival사는 Holland America Line & Windstar Cruises 합병(1989)을 시작으로 Seabourn Cruise(1992), Cunard Line(1998), Costa Cruises(2000) 등을 차례로 인수했고, 2003년 P&O Princess, AIDA Cruises를 합병한 이후 공격적 마케팅으로 크루즈시장을 주도하고 있다.

한편, 아시아권 시장을 주도하고 있는 Star Cruises는 신형 선박으로의 교체와 함께, 아시아권에는 기존 중형 크루즈선을 배치하고, 새로운 대형 크루즈선은 북미시장에 투입하여 북미시장을 공략하고 있다. 이밖에 부진한 실적을 보였던 Festival, Ocean Club, Regal, Royal Olympic 등의 업체들은 2004년 도산하였고, Airtours(Sun Cruises)는 크루즈사업을 중단하는 등의 세계 크루즈시장의 구조 변화가 이어졌다.

〈표 10-10〉 주요 크루즈업체의 선박보유 현황(2005)

(단위 : 척, 천 GT, %, 년)

업 체	국 적	척 수	보유 규모		적당 규모	평균 선령
				점유율		
Carnival	미국	79	5,416	46.9	68.6	9.5
RCCL	노르웨이	29	2,481	21.5	85.5	8.1
Star Cruises	말레이시아	16	963	8.3	60.2	10.6
Mediterranan	스위스	7	308	2.7	44.0	16.3
N.Y.K Cruises	일본	4	197	1.7	49.3	10.3
기 타	-	128	2,179	18.9	17.0	24.1
계	-	263	11,544	100.0	43.9	16.6

자료 : ISL Cruise Fleet Register 2005/2006, 홍성인, 2006 자료 재인용.

주요 크루즈업체들의 선박보유 현황을 살펴보면 Carnival사가 79척, 약 542만 GT를 보유하여 46.9%의 높은 점유율을 나타냈다. 이어 RCCL사가 248만 GT를 보유, 21.5%의 점유율을 보였으며, 특히 RCCL사는 대형선 보유비율이 높아 선박의 1척당 규모가 약 8만 5,500GT에 이르는 것으로 나타났다.

한편, 크루즈선사에서 신규로 발주하는 선박의 규모가 점차 커지는 등 크루즈선의 대형화 추세가 이어지고 있다. 크루즈선의 규모별 비중 변화 추이를 보면 1985년에 6만 GT 이하가 약 94%였으나 2005년에는 34.8%로 감소하고 있고 대형선 이상의 선박 비중이 45.6%로 크게 증가하고 있다(홍성인, 2006).

디즈니, 유람선 사업 확장…12만톤 2척 새로 발주

월트 디즈니가 유람선사업 확장을 발표했다.

로버트 아이거 월트 디즈니 최고경영자는 22일 유람선사업 확장을 위해 12만2,000t짜리 유람선 2척을 발주하는 의향서를 독일 조선기업 마이어 베르푸트와 교환했다고 밝혔다.

발주하는 유람선은 각각 1,250개의 객실을 가진 규모로 척당 8억 6,000만~8억 9,000만 달러가 투입될 것으로 추정되며, 지난 98년 유람선 사업을 시작한 월트 디즈니는 현재 8만 3,000t짜리 유람선 2척을 보유하고 있다. 새로 발주하는 유람선은 오는 2011년과 2012년 취항할 예정이다.

한편, 아이거는 지난해 11월 9일 디즈니의 사업확장 계획을 공개하면서 캘리포니아주 애너하임과 플로리다주 올랜드의 기존 테마파크들에 '토이 스토리 마니아'를 추가 건립할 것이라고 밝혔다. 비용은 최고 9억1700만달러가 투입될 것으로 설명됐다.

디즈니는 지난해 테마파크 리조트 및 유람선 사업 등을 통해 모두 100억달러의 매출을 기록했다. 이 부문의 세계시장 규모는 1,200억달러로 추산되고 있다.

[자료원 : LA 지사, 미주중앙일보 2007. 2. 26] 관광 I&I 정보 재인용

제4절 항공운송업

1. 항공운송사업의 이해

(1) 항공운송사업의 개념

「항공법」 제2조 규정에 따르면 항공운송사업이란 항공기를 사용하여 타인의 수요에 응하여 여객(passenger)과 화물(cargo) 및 우편물(mail)을 싣고 항로를 이용하여 국내외 공항에서 다음 공항까지 운항하는 최현대식 운송시스템을 말한다. 이와 같은 항공운송시스템은 항공운송이 갖는 기술적 · 경제적인 특성으로 인하여 가장 체계화된 교통시스템과 정보조직망을 활용하여 인적 · 물적 운송체계가 완벽하게 구축된 운송서비스이다.

그러므로 항공운송사업이란 "항공사가 항공기를 사용하여 국내 및 국외를 이동하는 여객과 화물 및 우편물을 운송하는 서비스를 제공하고 항공요금과 항공운임

을 받아 경영해 나가는 사업체"라고 규정할 수 있다.

(2) 항공운송사업의 구성요소

항공운송사업을 구성하는 기본적 요소는 3가지로 구성되는데, 운송수단인 항공기, 항공기의 이·착륙 장소와 여객출입국 서비스를 제공하는 공항 및 터미널, 항공기의 운항로이자 운송권을 확보해 주는 항공노선이다.

① 항공기

항공운송서비스는 항공기의 운항에 의해 직접 생산되고 소비된다. 따라서 항공기는 항공운송시스템 구성요소로서 절대적인 위치를 점하는데 안전성, 항공기의 속도, 적재력과 쾌적성, 항공기의 정비 및 부품의 조달용이성 등이 동시에 확보되어야 한다. 항공기의 선정과 수명은 항공운송사업 발전의 중요한 요소이다.

② 공항

공항은 운송시스템의 능률에 많은 영향을 미치고 있으면서도 소홀히 취급되는 경향이 있다. 공항의 중요성은 단순히 접근이 용이한 입지문제 뿐만 아니라 기상조건 및 여객들의 출입국 관리능력, 즉 출입국 여객의 원활한 처리 또는 흐름을 보장해 줄 수 있는 내부시설의 확보가 중요하다. 이와 함께 공항으로 연결되는 대중교통망과 거리 그리고 다양한 교통수단 간을 상호 연결시킬 수 있는 수송체계를 확립하는 것이 중요하다.

③ 항공노선

항공운송사업에 있어 항공노선을 개설하고 확보한다는 것은 노선의 운항권, 곧 영업권을 확보한다는 의미이다. 따라서 항공사로서는 확보하고 있는 항공노선의 수 또는 그 광협의 정도에 따라 항공사의 지위, 항공사의 발전 및 수익확보 가능성, 특정시장에서의 점유율을 평가하는 척도가 된다.

(3) 항공운송사업의 분류

항공운송사업은 모두 「항공법」의 적용을 받아 운용되고 있는데, 항공운송사업과 항공기사용사업 그리고 기타 항공기이용사업 등 세 가지로 크게 분류되고 있다.

① 항공운송사업

㉠ 정기항공 운송사업

지점과 지점간의 항공노선을 개설하여 정해진 일시에 여객 · 화물을 운송하기 위하여 항공기를 정기적으로 유상 운송하는 사업을 말하며, 국제민간항공기구(ICAO)는 정기항공사업을 다음과 같이 정의하고 있다.

ⓐ 대부분의 정기운송사업을 경영하는 항공사들은 자사의 운항시각표를 인쇄하여 일반여객들에게 배포하며, 국제적으로는 「OAG」(Offical Airline Guide)에 수록해서 세계적으로 자사항공사의 운항시간표를 공시한다.

ⓑ 정기항공 운송사업자는 국제항공운송협회(IATA)로부터 항공사 코드(airline code)와 운항하는 두 지점의 도시코드(city code)를 부여받는다.

ⓒ 정기항공운송업은 공공성이 강하므로 수요에 관계없이 정해진 운항시각표에 따라 운항하여야 함과 동시에, 일반여객들이 쉽게 읽을 수 있도록 운송약관 등과 같은 운항조건을 공시하여야 한다. 뿐만 아니라 운항의 정시성을 확보하여야 하며 경영사정을 이유로 사업을 임의로 중지하거나 노선의 운항을 휴항할 수 없다.

㉡ 부정기항공 운송사업

정기항공운송은 정시성과 공공성이 강조되지만, 부정기항공운송은 불특정한 지점을 불특정의 일시에 채산성 위주로 운항하는 것을 말한다. 부정기항공운송은 특정구간을 불특정시에 수시로 운항하는 운송과 항공기를 수요자의 요구에 따라 전세(charter)수송하는 두 가지로 분류된다. 전자는 대부분의 경우 운임을 공시(公示)하여 여객을 모집하고, 여객이 일정 수에 이르면 운항하는 방법을 취한다. 후자는 수요자의 요구에 의하여 지정된 구간을 항공기 전부를 임차(賃借)하여 운송하는 것인데, 이것은 항공기의 수송력을 최대한 활용할 수 있어 저운임에 의한 대량수송이 가능하므로 최근 급속한 성장을 보이고 있는 사업분야이다.

② 항공기 사용사업

항공기를 이용하여 사진촬영, 약재살포, 보도 · 취재 · 순찰 등의 여객 · 화물운송 이외의 사업을 도급받아 하는 항공사업을 말한다.

③ 기타 항공기 이용사업

㉠ **항공기 취급업** : 공항에서 항공기의 정비 · 급유 · 하역 기타 지상조업을 하는 운송업을 말한다.

㉡ **항공레저스포츠업** : 초경량 비행장치, 인력활공기, 기구 등을 이용하는 항공레저스포츠업을 말한다.

㉢ **항공운송 알선업** : 항공운송사업자의 항공기를 이용하여 화물을 혼재하여 운송하는 업을 말한다.

㉣ **항공운송 총대리점업** : 항공운송사업자를 위하여 여객이나 화물의 운송계약체결을 대행하는 업을 말한다.

㉤ **항공화물 운송대리점업** : 항공운송사업자나 항공운송 총대리점업자를 위하여 화물운송 계약체결을 대행하는 업을 말한다.

㉥ **상업서류 송달업** : 항공편을 이용하여 수입 · 수출 등에 관한 서류와 견본물품등을 송달해 주는 업을 말한다.

㉦ **도심공항 터미널업** : 공항이 아닌 도시중심에서 항공여객이나 화물운송 · 처리에 관한 편의를 제공하기 위하여 이에 필요한 시설을 해놓고 운영하는 업을 말한다.

(4) 항공운송사업의 특성

① 안전성

모든 교통기관은 안전성을 가장 중시하지만, 그 중에서도 항공운송사업이 지상과제로 삼고 그 유지에 노력하고 있다. 초기의 항공운송의 안전성은 낮았으나, 과학기술의 발달과 더불어 모든 첨단기술의 집합체인 항공기의 출현으로 고도의 안전성을 확보하였으나, 아직도 항공기는 안전성에 문제가 있다는 과거의 이미지가 쉽게 불식되지 않고 있다.

항공운송사업의 안전성은 항공기 제작 및 정비기술의 발전, 항공기의 운항 및 유도시스템의 진전, 공항 활주로의 개선 등에 힘입어 이제는 거의 완벽할 만큼 그것이 보장되고 있어 다른 교통기관의 추월을 불허하고 있다.

② 고속성

항공운송의 중요한 가치 중 하나는 고속성이다. 이 고속성이 고객을 유인하는 흡인적 요소이자 다른 교통기관의 추월이 불가능하게 만드는 요소이다. 이 고속성은 전 세계의 주요 도시를 상호간에 연결하는 항공노선망을 구축하여 시간적 · 거리적 장애를 극복함으로써 이용객의 증대를 가져와 국제교통체계를 항공 중심으로 이끌었다. 특히 항공운송의 고속성은 국내항공운항보다는 일정한 고도에 올라 순항할 때이므로 순항거리가 긴 국제노선일수록 항공운송의 고속성이 발휘된다.

③ 정시성

항공기 이용객들은 항공사의 정시성 확보여부를 항공사 선택기준으로 삼는 경향이 있는데 이는 운항정시성이 항공사의 신뢰성과 직결됨을 의미한다. 그러나 항공운송은 타 교통기관에 비하여 항공기의 정비 및 기상조건에 의하여 크게 제약을 받는 특성이 있기 때문에 정시성 확보에 많은 어려움이 있다. 따라서 항공운송사업에 있어 극복하여야 할 중요한 과제이다.

④ 쾌적성 및 편리성

폐쇄된 공간에서 고가의 요금을 지급하고 장거리여행을 하는 승객을 위한 객실시설, 기내 서비스 및 안전한 비행을 통한 쾌적성이 중요하다. 최근 항공업계의 두드러진 동향은 항공사들이 동일한 기종(機種)을 보유 · 운항하기 때문에 항공기 자체만으로는 상품 차별화가 어렵기 때문에 쾌적성과 안락감을 향상시킬 수 있는 각종 시설을 기내에 추가함으로써 서비스 경쟁에서 우위를 차지하려는 노력이 이루어지고 있다.

⑤ 노선개설의 용이성

항공운송은 육상과 철도교통과 같이 도로나 철로의 건설과 관계없이 공항이 있는 곳이면 항공노선의 개설이 용이하다는 것이다. 따라서 노선의 제약을 받지 않으면서도 수요에 부응하여 운항편수의 증감, 기종선정 등 공급을 탄력성 있게 조정해 나가면서 운항할 수 있다.

⑥ 경제성

항공운송의 경제성은 여객운임의 저렴성이다. 타교통수단과 비교하여 절대적으로 비싼 것은 사실이지만, 항공운송의 발전으로 타 교통기관에 비교하여 상대적으로 저렴해지고 있으며, 항공운송으로 절약되는 시간의 가치를 감안한다면 항공운송의 경제성은 매우 높다.

⑦ 공공성

정기항공운송사업은 특히 공공성을 중시하고 이를 지켜야 한다. 이러한 공공성의 유지 필요성 때문에 어느 업종보다 정부의 규제와 간섭이 많다. 뿐만 아니라 항공운송사업은 국제성을 띠고 있어 국익과 밀접한 관계가 있다.

⑧ 자본집약성

항공운송사업은 규모의 경제(economy of scale)가 발휘되는 사업이다. 특히 대량운송시대를 맞이하여 항공사간의 경쟁은 막대한 자본을 투자하여 경쟁우위를 확보해야만 하는 자본집약적인 사업이다. 이에 따라 항공운송사업의 출자형태도 100% 민간출자보다는 반관반민(半官半民)인 국책적 기업형태, 정부가 전액 출자하는 국유회사의 형태가 타산업보다 많이 나타나게 된다. 항공기 B747-400 대당가격은 1억 5,000만달러(한화 약 1,400억원)이다.

2. 관광과 항공교통

(1) 항공기의 발달과 여행내용의 변화

항공산업의 발달에 따른 항공기의 보급화와 대형화는 항공운송시장의 변화를 가져왔다. 특히 소득수준의 향상, 의식수준 변화, 여가시간의 확대 등으로 관광시장의 수요가 확대되면서 관광객들의 항공기의 이용은 급격히 증가하였다. 여행범위에 있어서도 국내여행중심에서 국제여행중심으로 변화되었고, 달나라를 여행목적지로 하는 초기의 우주여행을 예고하고 있다. 또한 여행사들은 항공기의 발달에 따라 타관광교통수단과 연계하여 관광객의 요구에 맞는 다양한 주제관광상품 개발의 여건을 마련해 주었다.

시대별 새로운 항공기의 출현에 따라 여행범위 · 항공시장 · 여행정보 입수원의 변화과정을 요약하면 〈표 10-11〉과 같다.

〈표 10-11〉 시대별 항공기의 발달과 여행내용 변화

시 기	주요항공기 기종 · 속도	여행범위	항공시장	여행정보 입수
1929	• 기종 : Ford, Jokker, Tri motors • 속도 : 100~125(MPH)	국내여행과 근거리 여행	• 유한계층 • 사용관광객	항공사, 여행사, 우편, 전화문의
1949	• 기종 : DC-B, DC-10 • 속도 : 250~300	국내여행과 인접국가 여행	• 중산층 • 상용관광객 • 정기노선개설	전화문의 증가
1969	• 기종 : CD-8, DC-9, B-707 • 속도 : 500~600 • 제트여객기의 등장	국내 장거리 여행과 대륙간 여행	• 항공승객 증가 : 관광객, 주말여행자, 해외여행자	전화문의, 컴퓨터 이용
1979	• 기종 : B-747, 콩코드 • 속도 : 500~1,300 • 아음속(마하 0.8~0.9)의 초음속여객기 동시 취항 • 광동체 여객기 등장	대륙간 여행과 무착륙여행	• 대중교통수단으로 정착 • 다양한 항공요금 • 여행상품보급 • 항공시장 다변화 • 여행가격안정	전화, 컴퓨터, 팩스 이용

시 기	주요항공기 기종 · 속도	여행범위	항공시장	여행정보 입수
1989	• 기종 : 제2세대 항공기 상업화 • SST(마하2 이상) • STOL(단거리 이착륙기)	대륙간 여행과 초장거리여행	• 대중교통수단으로 확대 • 안정된 항공요금 • 여행대중화 • 항공시장 다변화	전화, PC통신, Fax이용, CRS, 여행정보은행
2009	• 기종 : 제3세대 항공기 등장 • SST(수소연료이용) • VSTOL(수직상승 여객기)	대륙간 여행과 세계일주, 우주여행	• 초기단계의 우주 여행	HomeVideo 이용

자료 : 김창수, 관광교통론, 대왕사.

(2) 항공교통에 의한 관광지 개발

관광자원으로 가치는 우수하나 접근성이 양호하지 못하여 개발하지 못한 많은 섬이나 지역이 전적으로 항공운송 서비스의 개시로 여행시간의 단축, 항공요금의 하락 등으로 경제적 거리와 시간적 거리가 단축되면서 세계적인 관광휴양지로 개발된 사례를 찾아 볼 수 있다. 남태평양의 '괌과 싸이판', 태국의 '푸켓', 말레이시아의 '랑카위', 인도양 서부의 '세이셀(Seychelles)', 인도양의 섬나라 '마우리티우스(Mauritius)', 인도양의 공화국 '맬다이브(Maldive)', 한국의 제주도 등이 항공운송 서비스의 개시로 대륙에서 수천마일 이상 떨어져 있던 오지의 섬이 유명한 관광지로 자리매김하게 된 것이다.

(3) 항공운송업과 관광사업체의 제휴

항공사는 매출액 증대와 이윤증대, 안정된 수입원을 확보하기 위하여 다양한 사업을 수행하기도 한다. 화물수송과 여객수송에 의하여 벌어들이는 운임수입만으로는 기업확장과 안정된 기업경쟁을 바랄 수 없다.

오늘날 많은 항공사들이 기본업무인 운송사업 이외에 관련된 사업을 포함하는 다각적 사업을 수행함으로써 기업계열화를 추구하고 있다. 항공사가 기업계열화, 기업결합, 협업체제형태로 영업신장과 수익증대를 꾀하는 것은 오늘날 추세이다. 이를 유형별로 보면 다음과 같다.

① 내부적 결합관계

수송업무와 유사한 업종을 계열화하거나 관광관련 업종을 계열화하는 경우이다. 이렇게 함으로써 부서, 동일그룹내 기업간의 업무협조, 시설·장비의 공동이용, 유휴시설 장비의 활용, 전문기술과 경험의 교류, 재료공동구입을 통한 원가절감 등 다양한 이점이 있다.

㉠ **유사업종의 결합**

운수업종의 기업을 자회사로 두어 종합교통운송 경영체제를 갖추는 형태이다. 항공사가 전세버스·렌터카·화물운송업과 같은 지상운송업을 산하기업으로 운영함으로써 항공·지상운송의 일관성 유지, 시장개척, 연결수송, 관광코스의 개발(fly-land형 패키지 투어)에 큰 도움을 준다. 항공사가 유치한 관광객을 타기업의 지상교통수단을 의존하지 않고 자기계열기업의 것을 이용하면 일관되고 신속한 여객운송 서비스체제를 갖추게 된다.

㉡ **이종업종의 결합**

항공사가 동종업종이나 유사업종이 아니지만 여객의 유치·수송·모객과 관련하여 다른 업종과 업무제휴를 하는 경우가 많다. 제휴업종은 그룹내 기업일 수도 있고, 외부기업일 수도 있다. 예컨대, 항공사와 여행사, 호텔 등 관광업체와 업무상 제휴를 하는 경우가 있다. 항공사가 자회사로서 여행사를 별도로 운영하는 예를 많이 찾아 볼 수 있다. 그룹내 여행사가 관광객을 모집하여 모회사인 항공사에 송객시켜 주거나 항공사와 여행사가 공동판촉하여 관광객을 유치하여 자사항공기를 통해 관광객을 수송하고, 국내관광은 여행사가 분담하는 형태가 있다. 한편, 경우에 따라서 항공사가 동일계열기업 체인호텔과 횡적 업무협력관계를 맺어 항공사가 유치해 줄 여객들을 동일그룹내 호텔로 연결시켜 호텔을 이용토록 하는 예도 있다.

② 외부적 결합관계

항공사가 동일그룹내 관련기업을 두어 자본 · 경영에 의한 지배력을 행사하는 기업계열화 운영방식과 달리 기업간의 독립성을 유지하면서 다만 업무상 협력관계를 맺는 경우가 있다.

상호협력 · 의존관계를 맺는 기업들은 유수기업의 대외신뢰도, 이미지, 조직망을 통하여 시장개척과 판촉에 유리한 위치를 누릴 수 있으며, 가맹기업 또는 협력기업들이 동일한 브랜드로 강력한 이미지를 국내외시장에 심을 수 있고, 기업이미지 통합전략(CI : Corporate Identity)으로 소비자들에게 높은 신뢰감을 줄 수 있다.

㉠ 동종기업간의 결합

항공사가 제3의 항공사와 업무제휴관계를 맺어 상호편익을 도모하는 경우이다. 이 경우에는 공항시설 공동이용, 항공기 상호접속을 통한 승객인계수송, 공항탑승업무 · 화물수송에 상호협조(승객예약관리 : check-in boarding)를 받도록 협약을 통해 결속하고 있다.

아시아나항공은 세계 최대 항공사인 미국 아메리칸 항공(AA)과 제휴, 태평양 노선을 공동운항하고, 양사의 마일리지 제도 공유, 공동마케팅 등 모든 분야 협력을 확대하기로 하였다. 이에 앞서 대한항공도 미국 델타항공과 포괄적인 업무제휴를 맺었다. 네덜란드의 KLM은 노스웨스트와, 미국 유나이티드는 독일 루프트한자와 각각 제휴관계를 맺고 있다.

㉡ 이종기업간의 결합

항공사가 다른 업종의 기업들과 업무제휴를 맺어 공동판촉, 공동고객관리, 상호정보교환, 통일된 시장전략추구 등 상호편익을 도모하는 경우이다. 이에 해당하는 업종은 주로 관광기업들이며, 국내외 호텔, 렌터카회사, 전세버스회사, 관광유람선회사, 여객선회사 등이다. 이와 같은 이종기업간의 업무제휴형태는 〈표 10-12〉 외국항공사의 외부기업과의 결합관계에서 잘 보여 주고 있다.

〈표 10-12〉 외국항공사의 외부기업과의 결탁관계

항공사	국내 제휴 항공사	외국제휴 항공사	호 텔	렌터카 회사	유람선 회사
American	Frontier	British Air Ways, KLM	Sheraton, Inter-Continental	Avis	Holland America
Eastern	TWA	SAS, British Caledonia	Mariot	Hertz	-
PANAM	Air Atlanta	-	Sheraton, Inter-Continental	Hertz	-
TWA	Eastern	Qantas	Hilton Mariot	Hertz	
United	Braniff	Air France, Lufthansa, SAS	Westin	Hertz Budget	Royal Viking
Western	Skywest	-	Sheraton	Budget	-

자료 : 김창수, 관광교통론, 대왕사.

3. 항공교통 현황

(1) 항공운송노선 현황

항공운송은 가장 중요한 장거리 교통수단으로서 5대양 6대주를 연결하고 있어 국제관광의 발전에 크게 이바지하고 있다. 그간 항공운송시장 환경은 '규제와 보호'가 중요시되었으나, 세계화, 자유화, 민영화의 큰 축을 중심으로 '경쟁과 협력'에 의한 시장원리가 강조되는 추세이며, 최근 항공자유화 및 항공사 간의 전략적 제휴, 지역간 통합운송시장의 확산으로 다양한 형태의 경쟁구도가 형성됨에 따라, 당분간 이러한 시장원리가 강조되는 기조는 크게 변화하지 않을 것으로 전망된다.

우리나라의 항공산업은 1989년 해외여행 자유화 및 경제성장에 따른 생활수준 향상 등에 따라 항공운송수요 증가로 이어져 1993년 이후 10년간 여객 5.8%, 화물 7.0%의 높은 항공수요 증가율을 보이며 내실 있는 성장을 이룩해 왔다. 그러나 최근 고유가와 계속되는 세계경제 침체로 인해 항공운송수요의 성장 분위기 또한 다소 영향을 받을 것으로 예측되고 있다.

국내선의 경우 고속도로의 확충(서해안고속도로, 중앙고속도로, 대전~진주간 고속도로) 및 고속철도 개통 등의 대체 육상교통수단의 고속화에 따른 영향으로 인하여 제주도 연계노선을 제외한 내륙을 연결하는 항공수요는 크게 감소하거나 마이너스 성장을 나타내고 있다.

〈표 10-13〉 연도별 국내선 운항 현황 (단위 : 천 회)

노선명	2003	2004	2005	2006	2007	2008	2009	2010	2011	2012
김포-제주	39	35	35	36	45	53	56	59	66	70
김포-김해	32	25	22	22	21	21	23	21	20	19
김포-울산	13	12	10	10	9	9	9	8	6	5
김포-광주	10	8	7	6	5	5	5	5	5	5
김포-여수	6	6	6	6	6	6	5	5	6	6
김포-대구	13	5	2	1	1	-	-	-	-	-
김해-제주	12	11	11	12	13	13	15	16	17	18
제주-대구	6	6	6	6	6	6	6	8	6	6
제주-광주	6	7	6	6	6	6	6	5	6	6
기타노선	28	22	16	14	21	21	22	20	19	21
계	165	137	121	119	133	140	147	147	151	156

자료 : 국토해양부

〈표 10-14〉 연도별 국내선 수송실적 (단위 : 천 명)

구 분	2004	2005	2006	2007	2008	2009	2010	2011	2012
여객	18,892	17,158	17,181	16,848	16,990	18,061	20,216	20,980	21,602

자료 : 국토해양부

국제선 운항현황을 보면 1952년 3월 자유중국과 최초로 항공협정을 체결한 데 이어 〈표 12-15〉와 같이 2012년 12월 말 기준으로 구주 25개국을 비롯하여 총 93개국과 항공협정을 체결하였으며, 이중 49개국 158개 도시에 국제선 정기편이 운영되고 있다.

〈표 10-15〉 항공협정 체결국가 현황

지 역	복수제	단수제
미주(10)	미국, 브라질, 멕시코, 아르헨티나, 캐나다, 칠레, 페루, 에콰도르, 파라과이, 파나마	–
러시아/CIS (8)	러시아, 우즈베키스탄, 카자흐스탄, 키르기즈스탄, 우크라이나, 아제르바이젠, 벨라루스, 투르크메니스탐	–
서남아(6)	인도, 네팔, 파키스탄, 스리랑카	방글라데시, 몰디브
동북아(6)	중국, 일본, 대만, 홍콩, 마카오, 몽골	–
동남아(10)	말레이시아, 싱가폴, 베트남, 인도네시아, 태국, 필리핀, 부르나이다루살람, 미얀마, 캄보디아, 라오스	–
아프리카(12)	케냐, 모로코, 알제리, 남아프리카공화국, 수단, 튀니지, 에티오피아, 쉐이셸	지부티, 라이베리아, 나이지리아, 가봉
대양주(5)	뉴질랜드, 호주, 피지, 팔라우, 파푸아뉴기니	–
구주(25)	영국, 프랑스, 독일, 네덜란드, 폴란드, 스위스, 벨기에, 북구3국(스웨덴, 노르웨이, 덴마크), 오스트리아, 스페인, 헝가리, 몰타, 체크공(구 체코슬로바키아), 핀란드, 불가리아, 루마니아, 구 유고(국가해체), 포르투갈, 룩셈부르크, 아이슬란드, 터키, 이태리, 그리스	–
중동(11)	아랍 에미레이트, 바레인, 이집트, 이란, 오만, 카타르, 이스라엘, 사우디아라비아	이라크, 요르단, 쿠에이트
계 93개국	84개국	9개국

자료 : 국토해양부, 2012년 12월 31일 기준

〈표 10-16〉 국제 항공노선 현황

• **항공노선 수**

(단위 : 노선)

구 분	2004	2005	2006	2007	2008	2009	2010	2011	2012
국제노선수	289(43)	309(52)	300(58)	297(70)	274(65)	248(57)	273(57)	314(63)	332(71)
국적항공수	144(11)	156(12)	153(51)	184(55)	183(53)	175(60)	185(56)	192(49)	212(54)
구주	20	21	22	31	30	30	31	27	28
대양주	5	4	4	6	6	6	6	5	4
동남아	27	32	44	50	50	49	51	35	44
일본	33	33	42	44	43	49	49	38	39

구 분	2004	2005	2006	2007	2008	2009	2010	2011	2012
중국	28	33	49	55	51	44	50	36	40
미주	34	37	23	41	39	41	41	35	35
기타	8	8	20	12	17	16	19	16	22
외국항공사	145	153	147	182	156	130	145	185	191

주1) 국제노선수의 ( )는 국적사와 외항사 간 중복 노선
주2) 국적항공사의 ( )는 국적사의 운항노선 중 지역 간 중복 노선수

〈표 10-17〉 국제 항공노선 현황

• **국제선 노선별 운항 현황**

(단위 : 주/회)

구 분	2004	2005	2006	2007	2008	2009	2010	2011	2012
국적사	950	1,009	1,147	1,300	1,357	1,383	1,504	1,674	1,872
증감(%)	9.6	6.2	13.7	13.3	4.4	1.9	8.7	11.3	11.8
일 본	275	292	340	328	331	359	374	436	510
중 국	187	204	260	345	344	328	343	376	408
동남아	206	223	258	310	343	348	375	426	498
미 주	164	167	144	180	191	199	227	243	228
유 럽	66	76	98	102	99	92	100	108	146
기 타	52	45	47	35	49	57	85	85	82
외항사	618	746	901	1,102	1,003	744	916	1,022	1,089
증감(%)	8.4	20.7	20.8	22.3	-9.0	-25.8	23.1	11.6	6.5

자료 : 국토해양부.

국제선 수송실적을 보면 〈표 12-18〉에서와 같이 2012년에는 국제항공 여객수송이 4,796만명을 수송하여 전년대비 12.4% 증가율을 기록하였다.

〈표 10-18〉 연도별 국제선 수송실적

(단위 : 천 명)

구 분	2004	2005	2006	2007	2008	2009	2010	2011	2012
여객	26,931	29,684	32,707	36,856	35,237	33,682	40,265	42,648	47,960

자료 : 국토해양부.

참고 [미국] 소형 항공기에 의한 항공혁명

최근 승객 525명을 태울 수 있는 대형항공기가 출현한 이후로 사람들은 한꺼번에 많은 사람을 실어 나를 수 있는 대형항공기가 차세대 항공기로 자리잡을 것이라고 생각했다. 하지만 실제는 이와 반대로 소위 지역항공기(Regional Jet)로 불리는 소형항공기가 차세대 항공기로 주류를 이루게 될 것이라는 전망이 나오고 있다.

에어버스 A380 SuperJumbo 제트기가 로스앤젤레스 국제공항에 착륙했을 때 많은 사람들을 이 대형항공기가 차세대항공기가 될 것이라며 환영했다. 하지만 슈퍼점보제트기가 터미널게이트로 이동하던 바로 그 순간에 그 옆에는 이미 또다른 형태의 차세대 항공기가 정착해 있었다. 그것은 다름 아닌 지역운항 소형항공기다. 지역운항 소형항공기는 특히 미국 국내여행자들 사이에 인기가 많아 차세대항공기로서 자리잡을 가능성이 큰 것으로 전망되고 있다.

United Express사, American Eagle사와 같이 미국 내 지역간을 운행하는 소형항공사들이 운행하는 소형항공기들이야말로 차세대 항공기로 부각될 것 같다. 지역항공기(Regional Jets) 또는 'RJs'라 불리는 소형항공기들은 'Bombardier', 'Embraer'와 같은 발음하기조차 힘든 항공제작사들에 의해 만들어지고 있으며, 잘 알려지지 않은 항공사들을 통해 운항되고 있다. 이들 지역항공기들은 지난 2000년 580대에서 금년도에 1,680대로 7년간 3배나 증가하였다.

오늘날 미국항공 승객의 1/4이 지역항공사를 이용하고 있으며 이들 항공사들이 운항하는 비행기의 60% 정도가 소형항공기(Regional Jets)이다(소형항공기를 명확히 구분하는 기준은 없지만 대략 100석 미만의 항공기를 지역항공기라 할 수 있다).

슈퍼점보제트기인 A-380의 경우 잦은 연착에 대한 뉴스 때문인지 아직까지 어떤 항공사에도 납품이 되지 않고 있으며, 이보다는 크기는 조금 작지만 비교적 대형항공기인 보잉 787기(Dreamliner)의 경우도 승객이 매우 편안한 여행을 할 수 있도록 설계되었지만 내년도까지 납품계획이 없는 상황이다.

최근 소형항공기들은 대형항공기에 비해 뒤지지 않는 편안함을 제공하고 있다. Embraer 190(100인승)이나 CRJ900(88인승)과 같은 최신 소형항공기를 타 본 사람들은 이들 소형항공기들이 대형항공기보다 훨씬 편하다고들 말하고 있다. 이들 소형항공기들은 차세대 대형항공기들이 추구하는 넓은 공간과 조용함을 모두 갖추고 있다.

예전에는 Idaho, Aspen과 같은 미국의 소도시에는 속도가 늦은 구형항공기만이 운행이 가능했으나, 최근 제작되는 소형항공기들은 미국대륙의 어느 공항에도 착륙이 가능하며, 비행속도도 대형항공기에 비해 크게 뒤지지 않을 정도로 성능이 개선되었다. 이에 따라 항공사들의 소형비행기 주문도 증가하고 있다. America Airline 이 운영하는 지역항공사인 America Eagle은 1998년 처음으로 소형항공기를 확보한 이래 현재 총 231대를 보유하고 있으며, Northwest항공도 소형항공기 보유대수가 2001년 64대에서 최근에는 전체의 1/4 이상인 142대로 증가하였다.

소형항공기들을 탈 때 받을 수 있는 서비스는 대형항공기와는 다르다. 승객수가 적기 때문에 보다 개별적이고 세심한 서비스가 소형항공기에서는 가능하다. 하지만 소형항공기의 경우 화물에 대한 제한은 엄격한 편으로 대부분의 소형항공기에는 여행객이 일반적으로 사용하는 바퀴달린 여행가방을 탑재할 공간이 없다. 소형항공기의 또다른 큰 차이는 탑승절차이다. 대부분의 소형항공기들이 작은 공항을 운항하기 때문에 탑승자들은 최근에는 지역운항 소형항공기들이 대형항공기들과 같은 좋은 시설들을 탑재하고 있다. Jetblue사가 도입한 최신 소형항공기의 경우 가죽시트와 위성TV등 대형항공기들이 갖추고 있는 시설들을 갖추고 있다. 시카고, 덴버, 워싱턴 등에서 운항되는 GoJet항공사의 'Bombardier CRJ 700기'의 경우 항공좌석을 3등급으로 구분하여 운항하고 있다.

결국 지역운항 소형항공기들이 일으키고 있는 항공혁명의 핵심을 바로 이것이다. "여객기의 경우 항공기의 사이즈는 전혀 문제가 되지 않는다."

[자료원 : National Geographic Traveller誌 10월호, 관광 I&I 재인용]

Tourism Business Management

제 11 장 테마파크

제1절 테마파크의 이해

1. 테마파크의 정의

테마파크(theme park)란 주제가 있는 공원이란 뜻으로, 어떠한 테마(theme)를 설정하여 그 테마를 실현시키고자 각종 시설물, 건축물 그리고 조형물 등을 전개하고 실현시킨 곳이라고 할 수 있다. 특히 첨단과학기술은 인간의 창의력과 결합되어 테마파크를 꿈과 희망이 있는 이상향의 세계를 현실세계에 구현하는 꿈의 공간으로 만들고 있다.

테마파크에 대한 여러 학자들의 정의를 살펴보면, 프레이어(Freyer)는 "테마파크란 관광객들에게 새로운 형태의 여가를 제공해 주는 완전히 인공적인 공원이며, 대부분 당일 관광지로써 구성된다"고 하였으며, 밀맨(Milman)은 "테마파크는 다른 공간과 시간의 분위기를 창출해내고, 건축물과 경치, 훈련된 종사원, 탑승물, 식음료 그리고 상품들이 선정된 주제에 맞게 조화됨으로써 지배적인 분위기를 집중시킨다"고 하였다. 라이언(Lyon)은 "테마파크는 깨끗하고 높은 수준의 경관과 탑승시설물 뿐만 아니라 테마가 있는 구역들로 이루어진 건물들"로 정의를 내렸다.

테마파크와 관련된 기업들은 Marriot사는 "환상을 유발시키는 분위기를 만들기 위하여 여흥 및 상품과 풍속 및 건축양식의 연장을 조합한 특별한 주제나 사적지를 지향한 가족 여흥의 장"으로 테마파크를 정의하였으며, 롯데월드는 "특정테마를 중심으로 구성되고 주제의 상호 연관적 기능제고가 가능토록 연출, 운영되는 모든 계층의 사람들을 위한 창조적 휴식공원"으로 정의를 내리고 있다. 일본개발은행연구소는 "명확한 테마를 설정으로 제반시설 · 구경거리 · 음식 · 쇼핑 등을 조합한 폐쇄적인 엔터테인먼트 공간을 구성하고 고객을 받아들여 놀이에서 휴식에까지 일괄하여 종합적으로 즐기도록 하는 새로운 형태의 위락시설"로 정의를 내리고 있다.

위에서 살펴본 학자들과 기업들의 정의와 테마파크의 역사 등을 비추어 볼 때 테마파크의 개념은 다음과 같은 내용을 포함한다.

① 위락공원으로부터 유래 · 발전한 것으로서 위락공원적 성격이 강하며, 박물관, 박람회, 기타 문화적 시설을 위시한 영리적 · 비영리적 시설 모두를 포함한다.

② 특별한 주제를 가진다.

③ 특이성, 청결, 정돈, 안전 등을 철학으로 흥미있고 환상적인 분위기를 연출한다.

④ 표적시장의 폭이 넓다. 즉 특정 연령층을 대상으로 하지 않고 노인, 어린이, 모두를 포함한 가족시장을 표적으로 한 가족 여흥의 장소이다.

⑤ 고도의 노동집약성과 자본집약성을 갖는다.

⑥ 양질의 서비스를 제공하다.

⑦ 특정한 역사. 문화적인 것을 가지고 있으며 주위 사람들과 공동된 체험을 할 수 있다.

이상의 정의들을 종합하면, 테마파크란 특정한 테마를 설정하여 각종 오락시설과 편의시설, 건축물과 조형물, 공연과 이벤트, 식음료 및 상품 등의 소재를 이용하여 테마에 맞는 공간을 연출하여 방문객들에게 흥미와 즐거움을 제공하는 비일상적이고 배타적인 공간이다.

2. 테마파크 분류

테마파크는 위치한 지역여건에 따른 공간적 분류와 테마파크를 구성하고 있는 개발컨셉 및 시설에 따른 주제별 분류, 그리고 목적과 기능에 따라 분류할 수 있다.

(1) 주제별 분류

테마파크가 가지고 있는 독특한 주제에 따라 분류하면 사회 · 민속 · 역사형, 생물형, 산업형, 예술형, 놀이형, 환상적 창조물형, 과학하이테크형, 자연자원형 등으로 분류할 수 있다.

〈표 11-1〉 테마파크의 주제별 분류

분류방식	개발컨셉	개발방법	비 고
사회 민속 역사	민가, 건축, 민속, 공예, 예능, 외국의 건축풍습	어느 시대 어느 지역을 특징하는 민가나 건축물 또는 분위기를 조성 또는 역사내용과 인물에 중점을 두고 환경과 상황을 재현하여 민속, 문화, 시대상을 표현	민속촌, 롯데월드
생물	동물, 새, 고기, 식물	생물의 생식환경을 재현하여 정보수집, 실현 쇼 등을 구성	
산업	광산, 유적, 지역산업, 전통공예, 산업시설	지역산업시설이나 목장 등을 개방, 전시하고 체험시키는 형태를 취한 것으로 체재 및 반복방문이 가능	
예술	음악, 미술, 조각, 영화, 문학	영화세트, 미술작품의 야외갤러리, 정원 및 음악이벤트 등의 환경을 이용	
놀이	스포츠 게임, 어뮤즈먼트기계	스포츠 활동, 건강 등의 아이템을 도입하여 시설구성	드림랜드, 서울랜드, 에버랜드
환상적 창조물	캐릭터, 동화, 만화, 서커스, 사이언스 픽션	동화나 애니메이션의 캐릭터를 중심으로 이야기의 일부를 재생하거나 SF세계 등을 주제로 비일상성을 중심으로 구성	
과학 하이테크	우주, 로봇, 바이오, 통신, 교통, 컴퓨터	우주, 통신, 교통, 에너지, 바이오테크놀러지 등 현대과학기술의 정보와 모습을 전시하거나 우주체험의 시뮬레이션을 도입해 우주 및 과학체험의 장을 구성	대전엑스포 과학공원
자연자원	자연경관, 온천, 공원, 폭포, 하천	관광단지, 위락단지내 온천, 스포츠시설 등을 복합시켜 체재형 파크로 구성	경주월드

자료 : 박호표, 관광학의 이해, 학현사,

(2) 공간적 분류

테마파크의 공간적 분류는 자연공간과 도시공간, 그리고 주제와 활동을 조합하여 다음의 4가지로 분류할 수 있다.

〈표 11-2〉 테마파크의 공간적 분류

분류방식	사 례
자연주제형	동물원, 식물원, 수족관, 바이오파크 등
자연활동형	자연리조트형파크, 바다 · 온천형파크 등
도시주제형	외국촌, 역사촌, 사이언스파크
도시활동형	도시리조트형파크, 어뮤즈먼트파크, 워터파크

자료 : 박호표, 관광학의 이해, 학현사.

(3) 목적 · 기능별 분류

테마파크를 구성하는 주테마를 중심으로 테마파크의 목적과 기능에 따라 이를 분류해 보면, 크게 학습형, 산업형, 오락형 테마파크로 구분해 볼 수 있다.

〈표 11-3〉 테마파크의 목적 · 기능별 분류

구 분	주요주제	내 용
학습형 테마파크	자연	자연현상, 바다, 물고기, 조류, 야생동물 등
	역사	역사, 유적, 민가, 거리, 설화, 동화 등
	예능 · 예술	영화, 연극, 만화, 회화, 조각, 문예, 전통예능 등
산업형 테마파크	1차산업	꽃, 과일, 목장 등
	2차산업	광산업, 공예업, 양조업, 과자업, 완구업, 제조업 등
	3차산업	전통공예 및 특산물의 전시판매 등
오락형 테마파크	외국풍물	특정국가의 거리, 교류 등
	연예	캐릭터, 연예, 과학 등
	놀이와 건강	워터파크, 스포츠, 온천 헬스 등
	유원지 및 게임	유원지, 게임센터 등

3. 테마파크의 특성

테마파크에 주로 사용되는 테마는 반복되는 일상생활의 지루함에서 벗어나고자 하는 현대인의 심리를 이용한 새로운 환상이나 공상의 세계, 혹은 옛시절을 그리워하는 기억 저편의 향수를 불러일으키는 내용, 또는 역사의 한 부분을 재현하는 내용, 시공을 초월하여 다른 나라의 한 부분을 재현하는 등의 비일상적이고 비현실적인 내용을 주로 하고 있으나, 그 적용대상에 따라 소재의 범위는 거의 무한하다. 따라서 테마파크는 일반 공원과는 다른 몇 가지 특성을 가지고 있다.

(1) 구조적 특성

① 테마성

테마파크는 하나의 중심적 테마 또는 연속성을 가지는 몇 개 테마들이 연합으로 구성되는 것이므로 테마성은 테마파크에 있어서 생명이라 할 수 있다. 따라서 각각의 주된 어트랙션, 전시 · 놀이 시설들은 테마를 실현하도록 계획된다. 테마성에 대해서는 무엇보다도 '디즈니랜드'가 가장 적합한 사례가 될 것이다. '디즈니랜드'의 테마는 창시자 월트 디즈니의 철학에 기초한 것으로, 모든 연령의 어린이를 위하여 일상성을 완전히 차단한 공상과 모든 인간의 마음속에 잠재해 있는 유아본능이나 놀이본능에 소구하는 별세계 공간으로, 그곳에서 서민의 마음속에 잠재해 있는 스타성이나 변신소망을 실현시켜 주고 있다.

테마성의 또 한 가지 주안점은 지역밀착도이다. 테마파크의 성패는 보다 넓은 지역에서 어느 정도 고정고객을 확보할 수 있느냐에 달려 있다. 테마파크는 재방문객이 없다면 존속할 수 없기 때문이다. 따라서 단순한 주제나 빌려오거나 모방한 테마나 진기함만을 자랑하는 테마는 한번 체험하면 식상하기 때문에 창의적인 독특한 테마와 지역주민에게 친근감을 주는 테마설정이 중요하다. 지역개발의 견지에서 자매관계에 있는 해외도시의 거리풍경을 재현하는 테마내용은 테마파크 소재로서 어느 정도 설득력이 있다.

② 통일성

테마파크는 관람객에게 통일적인 인상을 심어 주게 되면 일단 성공적인 것으로 볼 수 있다. 즉 주어진 테마에 의한 건축양식, 조경, 위락의 내용, 등장인물에서 식당의 메뉴, 판매상품, 심지어는 종업원의 제복, 휴지통의 모양이나 색깔에 이르기까지 통일된 이미지를 형성하기 위해 고안된다. 이러한 모든 요소가 균형과 조화를 이루는 또 하나의 독립된 세계를 창출하는 것이다.

③ 비일상성

테마파크는 하나의 독립된 완전한 공상세계로서 일상성을 완전히 차단한 비일상적인 유희공간이다. 따라서 관람객들은 테마에 의해 연출된 비일상적인 공간에서 관람객이기보다는 참여하는 참가자로서 그 공간에 맞는 비일상적인 행동을 일으킨다.

비일상적인 유희공간으로의 뛰어난 연출구성을 보이고 있는 테마파크는 역시 '디즈니랜드'일 것이다. '도쿄 디즈니랜드'의 경우 입구부분에서 입장객의 흥분을 유발시키는 연출력이 매우 뛰어나다. 입구의 '월드 바자'는 옛날 서부개척시대 미국의 거리를 보여줌으로써 아메리칸 드림을 불러일으키고, 거리의 노폭을 점점 좁게 하다가 나가는 곳의 광장 전면에 갑자기 신데렐라성을 등장시켜 극적인 효과를 거두고 있다.

일반적으로 유희시설, 이벤트쇼 중심의 '참여형' 테마파크의 경우에는 끊임없이 새로운 시설, 새로운 이벤트쇼의 도입이 이루어지고 있다. 닛코 에도 빌리지(Nikko Edo Village)는 시설면적 16만㎡로 작은 편이지만 내부 7개의 극장에서 1회 30분 정도의 시대극을 쉬지 않고 상연하여 입장객을 지루하지 않게 하고 있으며, 그 다양함과 신선함을 유지하기 위해 수백 명의 배우를 고용하고 있다.

한편, 거리풍경관광 중심의 '관람형' 테마파크에 있어서도 획기적인 비일상적 분위기를 창출하기 위해 노력하고 있다. 종래 테마파크에서의 물품판매는 기념품 정도의 수준이었으나, '하우스 텐보스'의 경우 초대형 쇼핑센터 '바사쥬'를 개장하여 고급 · 고감도 상품을 취급하고 있다. 이 중에서는 이탈리아 중심의 유명 패션 디자이너와 제휴하여 자체 브랜드 상품을 취급하며 여기에서의 정보수집을 통해 '하우스 텐보스' 자체 상품의 라이프스타일을 창출하기도 한다.

테마파크는 비일상화를 창출하기 위하여 무한의 설비투자를 계속할 수는 없으므로 프로그램 투자에 역점을 두어야 할 것이다. 이러한 의미에서 '참여형' 인 '닛코 에도 빌리지'가 이벤트쇼 강화라고 하는 프로그램 자체에 힘쓰고 있으며, '관람형'인 '하우스 텐보스'가 자체 라이프스타일을 창출한다는 프로그램 개발에 부심하고 있는 것은 미래 테마파크의 방향제시를 하고 있는 것으로 볼 수 있다.

④ 배타성

테마파크는 특정의 테마설정에 의한 비일상적인 유희공간으로서 현실과의 차단을 통해 체험하게 되는 가상 · 허구의 공간이다. 예를 들면, 디즈니랜드에 일단 발을 들여 놓으면 바깥세계가 전혀 보이지 않는다. 또한 내부에서도 다른 테마부분은 서로 보이지 않게 하며, 바깥세계를 포함하여 디즈니랜드 전체를 조망할 수 있는 부분도 없다. 이는 꿈의 세계를 바깥의 일상적인 세계와 단절시키기 위한 노력인 것이다. 현실의 차단이 얼마나 효율적으로 이루어지고 있느냐가 테마파크 성공의 관건이 되며, 테마설정이 독특하면 독특할수록 다른 테마와 차별이 되는 폐쇄적인 완전한 독립공간을 만들 수 있다. 테마파크의 배타성을 유지하기 위해서는 다음과 같은 조건이 필요하다.

㉠ 광대한 공간이 필요하다. 테마파크를 외부와 단절하고 비일상적인 공간을 확보하기 위해서 필요한 요소가 바로 넓은 공간이다.

㉡ 포용력 있는 개념(concept)이 필요하다. 개념에 어울리지 않는 것은 설치하지 않아야 하므로 개념 자체가 광의의 의미를 갖지 않으면 안된다.

㉢ 시설의 일품성이다. 어디가도 흔히 볼 수 있는 것이 아닌 특정 테마파크의 독자적인 것을 만들기 위해서는 보통 이상의 많은 비용이 필요하다. 또한 개념에 근거하여 시설을 창안하고 디자인하여 제작하기 위한 노하우와 기술축적이 전제되어야 하며, 이것이 불충분하면 처음부터 독자적이고 개성이 강한 테마파크를 만들기는 어려울 것이다.

㉣ 뛰어난 오퍼레이션이 필요하다. 특히 종업원은 테마파크의 테마성을 유지하기 위한 절대적 요소라고 해도 과히 틀리지 않는다. 개념을 이해하고 그것에 따라 실천할 수 있도록 순차적인 인재확보와 교육 시스템이 필요하다.

⑤ 종합성

테마파크 산업을 구성하는 요소들은 광범위한 분야와 관련되어 있다. 특히, 기획단계의 컨설팅, 건설단계의 디자인, 음악, 운영단계의 이벤트, 인재육성, 지원시설로서의 매점, 레스토랑, 호텔, 부동산 관리 등은 기존의 서비스업을 포함한 총체적인 테마파크의 성격을 더욱 부각시키고 있다.

테마파크를 계획할 때에는 이러한 폭넓은 분야에 대해 각기 계획을 수립하여 통합시켜 나가야 하며, 테마파크와 관련된 각종 부대시설은 설정된 테마의 성격을 보다 강화시키고 실현하기 위해 필요한 여러 가지 기능, 즉 거리풍경 · 유희시설 · 볼거리 · 쇼핑 · 음식 · 서비스 등에 있어 적정 수준과 균형을 이뤄야 한다.

(2) 경영적 특징

① 입지의존성

테마파크는 주제에 따른 방향성만 잘 선택하면 입지와 무관하게 성립되는 유연한 산업이다. 스키장이나 마리나시설 등의 여가산업과 비교해 볼 때 이들은 지역적 특성에 따라 사업성이 크게 좌우되지만, 테마파크는 자연조건에 크게 영향을 받지 않고도 성립될 수 있는 성장 잠재력이 높은 산업이다.

그러나 다른 상업시설과 마찬가지로 시장의 규모 및 환경이 비교적 양호한 곳에 위치하는 것이 바람직하다. 즉 주변에 배후도시가 있으며 접근성이 좋은 곳으로 개발되지 않는 곳이 좋다. 개발되지 않는 곳이 좋은 이유는 테마파크가 비교적 넓은 토지를 요구하는데 비해 자본의 회수기간이 비교적 길기 때문에 초기 토지구입 등에 비용이 적게 투자되는 것이 바람직하기 때문이다.

② 막대한 초기 투자비

테마파크는 초기 투자가 막대하고 개장 후에도 고객들을 지속적으로 끌어들이기 위해 추가적인 시설도입이 필수적이다. 특히 설비의 개보수와 교체, 필연적으로 발생하는 추가비용의 증가 등은 개장 후 수지를 악화시킬 수 있는 요소들이다. 따라서 테마파크 사업은 막대한 자금이 소요되기 때문에 자금동원력이 뛰어난 대기업이 아니면 운영하기 어려운 사업이다. 최근에는 테마파크가 대형화하는 추세에 있어 대기업 단독으로 투자하기에는 자금부담과 위험부담이 너무 크기 때문에 기업과 공공단체가 공동으로 투자하는 제3섹터방식의 개발이 많이 이루어지고 있는 실정이다.

일반적으로 테마파크의 초기투자액은 예비비를 포함해서 연간 매출액의 2배가 적정(2.5배가 최대)한 것으로 되어 있다.

③ 하드웨어와 소프트웨어의 빠른 진부화

테마파크 경영에 있어서 비중이 하드웨어 부문이 크지만 소프트웨어 부문도 적지 않아 소프트웨어의 진부화가 예상외로 빠르기 때문에 감가상각을 빨리 해야 한다. 특히, 도시형 테마파크에서는 투입된 고객유인시설들의 라이프사이클이 보통은 3개월, 짧은 것은 1개월 정도로 대단히 짧아지고 있다. 새로운 시설을 계속 투입하려면 소프트웨어와 하드웨어의 연구개발에 막대한 자금이 투자되어야 한다.

④ 인적서비스 의존성

테마파크는 고도의 인적 · 집약적 산업으로 인건비 비중이 높은 편이다. 테마파크 개장 후에는 매출액에서 차지하는 인건비의 비중을 25%이하로 낮추는 것이 바람직하다. 그러나 연중 영업하지 않는 파크의 경우에는 인력을 탄력적으로 운영할 필요가 있지만 파트타이머(part timer)의 교육훈련비도 적지 않다. 제3섹터가 사업주체인 테마파크에서는 파트타이머의 훈련비를 적게 예상하는 경우가 많고 노무관리가 엉성해 인건비의 비중이 높아 수지를 악화시키는 사례도 발견되고 있다.

⑤ 입장객 체류시간과 매출액의 비례

테마파크의 매출액은 파크내의 체류시간에 비례한다. 따라서 고객들이 파크 내에 오래 머무르게 하는 것이 중요한데, 고객을 끌어들일 수 있는 시설의 배치와 종류는 신중히 선택해야 한다. 일본의 주요 테마파크의 시간당 소비단가는 1,200~1,300엔 정도이며 평균체재시간은 3~6시간 정도이다. 따라서 소비단가를 높이기 위해서는 매력있는 시설의 조성과 이벤트로 체류시간을 늘려야 한다.

⑥ 음식 · 상품 판매의 중요성

테마파크내에서의 음식 및 상품판매시설은 소비단가를 높이는데 중요하다. 특히 테마파크 입장권 및 시설이용료 등의 기본수익 외에 테마파크 내에서의 음식 및 상품판매시설(특히 캐릭터상품)은 객단가를 높이는데 있어 매우 중요하다. 따라서 이들 시설의 운영은 직영(直營)으로 하는 것이 좋으나 상품관리가 허술한 경우가 많다. 테마파크에서 이익의 원천이 음식·상품 판매라는 것을 감안한다면 보다 철저한 관리가 필요하다.

4. 테마파크의 구성요소

테마파크는 기본적으로 탑승시설, 관람시설, 공연시설, 식음료시설, 상품 및 게임시설, 고객편의시설, 휴식광장 그리고 지원관리 시설 등 8가지의 요소로 구성되어 있다. 8가지 구성요소 중 어느 한 가지라도 빠지게 된다면 테마파크로서 성격을 상실하게 될 수 있다. 즉 위의 8가지 기본구성요소에다 고객위주의 마케팅적인 사고방식과 독특한 이벤트가 복합적으로 운영될 때 그 테마파크는 더욱 발전할 수 있다.

(1) 탑승시설

탑승물은 속도감, 비행감을 느끼거나 주위의 전경을 관람하기 위해 이동, 회전, 선회하는 놀이시설을 총칭하는 것으로 성인용과 아동용으로 구분되며, 주로 재미와 모험, 그리고 환상적인 특징이 있다.

(2) 관람시설

스크린이나 기타의 장소에 나타나는 영상 및 이에 준하는 시각적 효과를 관람하거나 스스로 참여하여 즐길 수 있는 시설의 총칭을 말한다.

(3) 공연시설

캐릭터, 캐스트(디즈니랜드에서는 고객을 guest, 종사원을 cast라고 부름) 등이 출연하여 주제에 적합한 연주와 쇼를 통하여 생동감 넘치는 공원으로 만드는 행위 및 공간을 말한다.

(4) 식음료 시설

단지 유형시설로서의 요리나 음료가 제공되는 것이 아니고, 인간의 서비스가 부가되기 때문에 식음료서비스산업이라고 말하기도 한다.

(5) 상품 및 게임시설

테마파크의 상징이 되는 캐릭터를 이용하여 제작된 상품이며, 방문자들이 게임을 통하여 만족을 느끼게 하는 장소를 말한다.

(6) 고객편의시설

테마파크를 방문한 고객에게 하루를 유쾌하게 생활할 수 있도록 하는 최대한의 편의와 안전을 위한 것이다.

(7) 휴식광장

각종 놀이시설의 보완적인 시설로서 방문객들이 휴식을 취할 수 있는 시설이나 공간이다.

(8) 지원관리시설

방문객의 활동이나 시설이용상 편의를 도모하기 위한 지원관리시설이다.

제2절 테마파크의 현황

1. 세계 50대 테마파크

2005년도 이용자수로 선정한 세계의 50대 테마파크는 다음 〈표 11-4〉와 같다. 매직킹덤, 디즈니랜드, 도쿄디즈니랜드, 도쿄 디즈니 씨, 파리 디즈니랜드, 엡콧센터, 디즈니 MGM 스튜디오 테마파크, 디즈니 애니멀 킹덤, 유니버셜 스튜디오 재팬, 에버랜드 등이 상위 10위를 차지하였다.

상위 1위에서 8위까지 매직킹덤, 디즈니랜드, 도쿄 디즈니랜드, 파리 디즈니랜드, 엡콧 센터, 디즈니 MGM 스튜디오 테마파크, 디즈니 애니멀 킹덤은 모두 테마파크계의 대부라고 할 수 있는 디즈니랜드 계열의 테마파크가 차지하고 있다.

세계 50대 테마파크 중 절반 이상인 27개의 테마파크가 미국에 위치하고 있다. 이는 비교적 역사적 유물이 부족한 미국에서 디즈니랜드와 같은 대형 테마파크를 개발해 자국민은 물론 세계적으로 관광객을 유치하고 있는 반면, 각 도시마다 크고 작은 테마파크를 만들어 다양해진 국내외의 관광수요에 부응하고 있기 때문이다. 미국의 테마파크 발전의 기본적 토대는 미국 오락산업의 기술축적과 발달이다. 특히 할리우드를 중심으로 한 영상산업의 기술축적은 테마파크산업의 발달에 크기 기여하였는데, 종합산업으로서 디자인, 음악, 연출, 조명, 의상 등 테마파크와 관련되는 많은 분야에서 영화산업의 축적된 경영기술을 적극적으로 활용하였기 때문이다(이봉석외 1998).

테마파크의 발상지인 유럽은 세계 10대 테마파크에 파리 디즈니랜드밖에 들지 못했다. 이는 1년 중 절반이 겨울철이어서 햇볕을 볼 수 있는 기간이 짧다는 점과 국민성, 미국과는 다른 여가의식 등으로 테마파크가 별로 활성화되지 못했기 때문이다. 그러나 1992년 파리에 파리디즈니랜드의 개장으로 테마파크에 대해 관심을 가지기 시작했으며, EU통합으로 전 유럽의 관광객을 대상으로 테마파크 개발에 박차를 가하고 있다.

〈표 11-4〉 2005년 세계 테마파크 입장객수 상위 50위 현황

순위	공원명(위치)	입장객	순위	공원명(위치)	입장객
1	매직킹덤(디즈니월드) (미국플로리다 레이크 부에나)	16,160,000	26	파라마운트 케나다 원더랜드 (케나다 온타리오 메이플)	3,660,000
2	디즈니랜드 (미국 캘리포니아 애너하임)	14,550,000	27	노츠 베리 팜 (미국 캘리포니아 부에나 파크)	3,470,000
3	도쿄 디즈니랜드(일본)	13,000,000	28	포트 어벤츄라(스페인 살루)	3,350,000
4	도쿄 디즈니 씨(일본)	12,000,000	29	파라마운츠 킹즈 아일랜드 (미국 오하이오 킹즈 아일랜드)	3,330,000
5	파리 디즈니랜드 (프랑스 마르네-라-발레)	10,200,000	30	에프텔링(네털란드 카슈벨)	3,300,000
6	엡콧 센터 (미국 플로리다 레이크 부에나)	9,917,000	31	리세베리(스웨덴 고튼버그)	3,150,000
7	디즈니 MGM 스튜디오 테마파크 (미국 플로리다 레이크부에나)	8,670,000	32	모레이즈 피어스 (미국 뉴저지 와일드우드)	3,130,000
8	디즈니 애니멀킹덤 (미국 플로리다 레이크 부에나)	8,210,000	33	씨더 포인트 (미국 오하이오 쌘더스키)	3,110,000
9	유니버셜 스튜디어 재팬 (일본 오사카)	8,000,000	34	가르다랜드(이탈리아 카스텔루오바 델 가르다)	3,100,000
10	에버랜드(한국 경기도)	7,500,000	35	산타크루즈 비치 보드워크 (미국 캘리포니아)	3,000,000
11	롯데월드(한국 서울)	6,200,000	36	식스플레그즈 그레이트 어드벤처 (미국 뉴저지 잭슨)	2,968,000
12	유니버셜 스튜디오 올랜도 (미국 올랜도)	6,130,000	37	식스플레그즈 그레이트 아메리카 (미국 일리노이 거니)	2,852,000
13	블랙풀 프레저 비치(영국)	6,000,000	38	식스플레그즈 매직 마운튼 (미국 캘리포니아 발렌시아)	2,835,000
14	디즈니즈 캘리포니아 어드벤처 (미국 캘리포니아 애너하임)	5,830,000	39	허쉬파크 (미국펜실베이니아 허쉬)	2,700,000
15	아일랜드 오브 어드벤처 (미국 올랜도)	5,760,000	40	부쉬 가든 (미국 버지니아 윌리암스버그)	2,600,000
16	씨월드 플로리다(미국 올랜도)	5,600,000	40	스즈카 써키트(일본 스즈카)	2,600,000
17	요코하마 학케이지마 씨 파라다이스(일본)	5,300,000	40	바켄(덴마크 크란펜보르그)	2,600,000
18	유니버셜 스튜디오 할리우드 (미국 캘리포니아 유니버셜 씨티)	4,700,000	40	해피 벨리(중국 선전)	2,600,000
19	어드벤처 돔(미국 라스베가스)	4,500,000	44	알톤 타워즈(잉글랜드 스테포시어)	2,400,000

순위	공원명(위치)	입장객	순위	공원명(위치)	입장객
20	부쉬 가든 템파베이 (미국 플로리다 템파베이)	4,300,000	45	윈도 오브 더 월드(중국 선전)	2,390,000
21	티볼리가든(덴마크 코펜하겐)	4,100,000	46	돌리우드(미국 테네시 피존 포그)	2,360,000
21	씨월드 캘리포니아 (미국 샌디에이고)	4,100,000	47	식스플레그즈 오버 텍사스 (미국 알링톤)	2,310,000
23	오션파크(홍콩)	4,030,000	48	식스플레그즈 멕시코 (멕시코 멕시코시티)	2,279,000
24	유로파-파크(독일 러스트)	3,950,000	49	캠프 스누피 (미국 미네소타 브루밍톤)	2,200,000
25	나가시마 스파랜드(일본 구와나)	3,800,000	50	파라마운츠 케로윈즈 (미국 노스캐롤라이나 샬럿)	2,130,000

자료 : (사)한국종합유원시설협회(www.kaapa.or.kr).

2. 아시아 테마파크의 현황

아시아지역의 테마파크도 급성장을 하여 세계 50대 테마파크에서 도쿄 디즈랜드 3위, 도쿄 디즈니 씨 4위, 유니버셜 스튜디오 재팬이 9위, 한국의 에버랜드가 10위, 롯데월드가 11위, 요코하마 학케이지마 씨 파라다이스 17위, 홍콩의 오션파크 23위, 일본의 나가시마 스파랜드 25위를 차지하고 있다.

입장객수로 분석한 「2005년 아시아의 10대 파크」를 살펴보면 일본, 한국과 중국 등 3국이 아시아 테마파크시장을 주도하고 있다. 일본은 1위에서 3위까지를 차지하는 등 10위권에 6개의 테마파크가 진입하고 있어 아시아 테마파크의 중심지가 되고 있다. 한국은 에버랜드가 4위에 롯데월드가 5위를 차지하였다. 중국의 테마파크 시장도 급성장하고 있어 홍콩의 오션파크가 7위에, 선전의 해피밸리가 9위에 진입하였다.

2000년대 관광산업의 중심지로 기대되는 아시아 지역에서는 테마파크 개발은 상당히 활발히 진행되고 있다. 도쿄 디즈니랜드에 이어 홍콩 디즈니랜드의 개장과 중국 베이징의 디즈니랜드 유치추진에 이어 한국에서도 세계 유수의 테마파크 유치를 추진하고 있어, 향후 아시아 지역이 테마파크의 중심지가 됨은 물론, 북미지역과 유럽을 앞질러 갈 것으로 전망되고 있다.

〈표 11-5〉 2005년 아시아 · 태평양 테마파크 입장객 수 상위 10위 현황

순위	공원명(위치)	입장객수	순위	공원명(위치)	입장객
1	도쿄 디즈니랜드(일본)	13,000,000	6	요코하마 학케이지마 씨 파라다이스(일본 요코하마)	5,300,000
2	도쿄 디즈니 씨(일본)	12,000,000	7	오션파크(홍콩)	4,030,000
3	유니버셜 스튜디오 재팬(일본 오사카)	8,000,000	8	나가시마 스파랜드 (일본 구와나)	3,800,000
4	에버랜드(한국 경기도)	7,500,000	9	스즈카 써키트 (일본 스즈카)	2,600,000
5	롯데월드(한국 서울)	6,200,000	9	해피 벨리(중국 선전)	2,600,000

자료 : (사)한국종합유원시설협회(www.kaapa.or.kr).

3. 국내 테마파크의 현황

우리나라 테마파크는 에버랜드, 롯데월드, 서울랜드로 대표된다. 테마파크의 효시는 서울 대공원내에 있는 서울랜드라고 할 수 있다. 물론 그 이전에도 이와 유사한 개념으로 개발되어진 공원이 있으나 본격적으로 테마파크의 개념을 가지고 개발한 것은 처음이었다.

1988년 5월 10일 경기도 과천시에 개장된 서울랜드는 우리나라 최초 본격적 테마파크로 규모는 비교할 수가 없으나 그 시설과 구조면에서 외국 테마파크와 유사하다. 에버랜드는 지역적 요소를 배경으로 한 대규모 위락공원에서 출발하여 현재는 완전한 테마파크로 탈바꿈을 한 상태이다. 이와는 달리 롯데월드의 경우 상대적으로 좁은 공간에 최대한의 효율을 높인 실내 테마파크(indoor theme park)로 현존 공원의 문제점인 기후의 영향을 극복한 전천후 공원이다.

우리나라 테마파크는 2005년도 입장객 기준으로 에버랜드가 세계 10위, 롯데월드가 11위를 차지할 정도로 성장하여 입장객 기준으로 디즈니랜드를 비롯한 세계적인 테마파크들과 우위를 겨루고 있다.

그러나 우리나라 테마파크들은 자금투입규모면에서 외국의 대형 테마파크기업들에 비해 열세에 있으며, 좁은 국토와 인구의 도시집중으로 테마파크의 70%이상이 수도권에 집중되어 있어 상권에 한계가 있으며, 기본개념과 다양한 주제개발이 부족하여 주로 입지선행형 개발을 하고 있다.

이를 극복하기 위해서는 첫째, 민간기업과 정부가 공동으로 참여하는 제3섹터 방식의 개발과 외국의 대형 테마파크기업들과 체인화경영으로 자금 부족문제를 해결할 수 있을 것이다. 둘째, 농촌이나 목장, 어촌 등의 테마로 1차 산업과 관련된 현장학습과 캠핑활동이 가능한 농장형 테마파크의 개발과 광산지대를 재개발하여 조성한 산악형 테마파크의 개발, 쇼핑센터와 결합한 테마파크, 드라마나 영화세트를 이용한 테마파크, 나비 · 새 · 곤충 · 파충류 · 식물 등의 생물을 이용한 테마파크, 전통문화유산을 이용한 테마파크와 같이 독창성과 지역성을 살린 소규모의 테마파크 개발로 테마의 부재와 상권의 한계성을 극복할 수 있다.

〈표 11-6〉 국내 테마파크의 입장객수 추이

(단위 : 천명, %)

업체명	2000년	2001년	2002년	2003년	2004년	2005년
에버랜드	8,179	7,903	8,567	8,018	8,197	8,650
롯데월드	7,289	7,431	7,847	7,539	5,738	5,062
서울랜드	2,820	2,969	2,709	2,415	2,080	1,896
한국민속촌	1,804	1,677	1,813	1,539	1,446	1,387
서울어린이대공원	1,438	1,517	1,678	1,836	1,918	1,955
수도권 계	21,530	21,497	22,614	21,342	19,379	18,950
우방타워랜드	2,568	3,092	3,093	2,327	2,145	1,911
통도환타지아랜드	1,259	13,211	1,291	11,321	857	868
경주월드	1,082	147	1,125	017	882	918
금호패밀리랜드	801	821	885	1,048	893	917
대전꿈돌아랜드	672	700	584	658	661	820
부곡하와이랜드	826	793	877	805	868	772
전주드림랜드	664	662	665	723	613	571
지방 계	7,782	8,536	8,520	7,710	6,917	6,777
전국 한계	29,402	30,033	31,134	29,052	26,296	25,727

자료 : 서천범, 레저백서 2006, 한국레저산업연구소, 2006.

최근에는 지역의 특색을 살리고 활용할 수 있는 차별화된 전략으로 테마파크 사업을 추진하는 지차체들이 늘고 있다. 현재 지차체들이 추진 중인 테마파크는 11개이다.

〈표 11-7〉 주요 지자체들의 테마파크사업 추진계획

추진지역	테마파크명	주요내용
태백시	국민안전체험 테마파크	• 97만 4천m^2 면적에 1980억원의 사업비를 투자할 이 사업은 2005년 10월 착공해 2008년 10월 준공할 계획
원주시	한지 테마파크	• 한지의 고장 원주에 2007년까지 조성계획
보은군	영상 테마파크	• 속리산국립공원 인근에 사극영화를 전문으로 촬영할 수 있는 영상테마파크 조성계획
충주시	세계무술 테마파크	• 13만 5천여m^2 의 터에 오는 2006년까지 국비와 지방비 각 150억원씩을 투입해 무술 테마공원을 조성할 예정
장수군	물 테마파크	• 번암면 동화댐 제방밑 부근 11만 9,013m^2 에 60여억원의 사업비로 물을 이용한 자연형 공원을 2008년까지 조성
순천시	문화 테마파크	• 관내 오천동 홍내동 일대 20만 8천평에 총사업비 1천억원을 3단계로 나누어 투자
진도군	진도 테마파크	• 4만여평의 부지에 총사업비 161억 6,600만원이 투자되는 대형사업, 2006년 개장 예정
통영시	윤이상 테마파크	• 사업비 80억원을 들여 올해부터 도천동 윤이상의 생가복원을 시작으로 5,700m^2 부지에 광장 · 야외 음악무대 등을 조성하는 윤이상 테마파크 조성(2006년 완공 예정)
부산시	동네 테마파크	• 2004년부터 2008년까지 1,080억원을 투입해 각 구 · 군별로 1~ 2개 이상씩 고유의 지리 · 지형을 활용하거나 역사 · 전설 등을 소재로 하는 테마파크 조성계획
양돈축협	돼지 테마파크	• 동물농장 · 박물관 등을 갖춘 '돼지 테마공원' 조성사업 추진
의령군	농경문화 테마파크	• 의령읍 정암리 일원 5만여평에 170여억원을 들여 전통농경문화 테마파크를 조성, 2006년 본격 공사에 들어가 2007년말 준공할 계획
인천시	청소년 테마파크	• 청소년수련원의 공연장 · X게임장, 인천대공원의 인라인 스케이트장, 해양생태공원의 갯벌체험장 등 32개 각종 소재를 연결할 수 있는 프로그램을 구축
고양시	한류우드	• 한국의 대중문화에 세계적 IT기술 접목시킨 신개념의 동아시아 문화 창출 • 차세대 세계 엔터테인먼트의 메카로 육성 • 한류 스타거리, 게임월드, 각종 공연장, 한류 쇼핑센터, 벤처타운, 호텔 • 2008년/20억달러(2조원)
서 울	제2롯데월드	• 잠실 롯데월드 옆 16만평 부지에 112층의 세계 최고층 타워, 백화점 · 호텔 등의 시설 • 그러나 고도제한 등의 문제점이 상존 • 미정/1조5천억원

자료 : 김창수, 테마파크의 이해, 대왕사, 2007.

제3절 테마파크의 미래

테마파크기업을 둘러싼 환경이 급격히 변화하고 있다. 이에 따라 새로운 환경에 대한 적응과 적극적인 관리는 테마파크기업 경영자의 커다란 과제가 되고 있음을 의미한다. 환경에의 적응능력은 곧 테마파크기업의 전략과 성과에 큰 영향을 미치게 된다. 따라서 테마파크를 둘러싼 미래 환경의 변화에 대하여 살펴볼 필요가 있다.

(1) 테마의 다양화

테마파크의 생명은 다채로운 테마이다. 테마파크의 좋고, 나쁨은 바로 이 테마에 의해 결정된다. 지금까지 테마파크는 방문객에게 단순히 놀고 즐기는 오락중심의 활동을 제공하였다. 그러나 관광 인식의 변화에 따라 테마파크는 재미, 흥미와 동시에 교육 및 문화적인 면을 추구하고 있다. 또한 관광형태의 변화에 따라 참여관광을 유도하고 있으며, 테마파크의 시설도 이러한 측면에서 고려되어지고 있다. 지금까지의 평범한 테마파크의 시설들을 가지고 새로운 관광객을 유인하는 데에는 한계가 있었다. 다시 말하면, 단순히 보며, 즐기거나, 쉽게 따라 할 수 있는 시설은 시간이 흐를수록 방문객의 흥미를 반감시키게 되어 있다. 따라서 개성화, 동적화와 더불어 교육적 효과가 큰 프로그램 등을 많이 개발하고 있다.

현존하는 대다수 테마파크들의 테마개념을 보면 꿈과 모험, 그리고 미래(디즈니랜드), 과거시대의 역사재현(넛츠베리담의 서부개척 시대, 한국민속촌), 음악과 문화(오프리랜드의 컨트리 뮤직), 영화산업(유니버셜 스튜디오, MGM 스튜디오), 산업공장(허쉬쵸콜렛 파크), 물과 어류(씨월드, 오션파크), 국가나 대륙(부시가든 다크콘티넨탈, 롯데월드의 중세국가), 도전과 용기(식스플래그 매직마운틴)와 같이 다양하다. 테마의 다양화 현상은 사회발전이나 과학기술의 발전, 테마파크 이용객들의 욕구변화에 맞추어 변하기 때문에, 단일 테마보다는 테마에 대한 부수적인 테마들의 결합에 의하여 복합적으로 테마를 연출하는 신축적인 운영기법이 널리 채택되고 있다.

(2) 시설의 첨단화

오늘날 신기술의 발달은 테마파크 기획자에게 그것을 더 다양하게 이용할 수 있는 기회를 제공해 주고 다음 세대의 테마파크로 이끌어 가는 지표가 된다. 특히, 컴퓨터는 하드웨어적 그리고 소프트웨어적인 테마의 개발에 가장 큰 역할을 하며, 하드웨어와 소프트웨어와의 결합을 가능케 해 주는 촉매제이다. 그리고 오늘날 새로운 하이테크 테마의 선두로서 가상현실(virtual reality)이 인간과 컴퓨터간의 새로운 패러다임을 이끌어 오고 있으며, 미래관광에서도 그 사용이 현저할 것이다.

최근 디즈니사는 미국 올랜도와 시카고에 가상현실 테마파크인 'Disney Quest'를 설립할 계획을 발표했다. 'Disney Quest'는 디즈니사의 마법과 고도의 상호작용 기술을 접목시켜 나이에 상관없이 모든 고객들이 모험을 만끽할 수 있는 새로운 개념의 공간으로, 가상공간 속에서 뗏목을 타고 급류타기도 할 수 있으며 선사시대로 돌아가 공룡을 사냥할 수 있고, 시뮬레이터 안에서 자신이 직접 디자인한 롤러코스터도 탈 수 있으며, 특수 마스크를 쓰고 디즈니만화영화의 악당들과도 싸울 수 있다.

(3) 기업규모의 대형화

테마파크산업은 일관되고 특정한 테마를 구성하기 위해 거대한 자본과 고도기술, 전문화된 인적 자원 등이 필요할 뿐만 아니라 개발공정기간도 상당히 오래 소요되며, 자본회전율도 타산업에 비해 상대적으로 낮은 약점을 가지고 있어, 세계적으로 테마파크를 개발 · 운영하고 있는 업체는 대부분 대기업이다.

따라서 중소기업이나 공공기관이 참여하기에는 매우 어려운 실정이다. 이러한 점들을 극복하고 비용절감을 위한 첨단과학기술 도입과 개발 컨소시엄 형성 등 테마파크업체별로 다양한 방안 등이 모색되고 있는 한편, 최근 소득증대, 여가시간 증가, 자동차수 증가 등으로 관광수요 급증과 관광형태의 다양한 변화 등 관광환경의 변화현상에 힘입어 대기업들은 대자본을 통한 과감한 테마파크 개발로 인하여 테마파크의 규모는 날로 대형화되고 있다.

미국의 경우 Walt Disney Company, Busch Entertainment, HBJ, Six Flags, King's Entertainment 등 상위 5개사가 전체 테마파크 입장객의 80%이상을 점유하고 있다.

일본의 테마파크산업은 계속적으로 규모가 대형화되고 있어서 세계 50대 파크중 8개 파크가 일본에 있으며, 특히 도쿄 디즈니랜드의 연간 입장객수는 1,600만명 이상을 기록함으로써 단위 파크별 입장객수로서는 세계 최대 규모로 나타나고 있다.

테마파크산업은 테마파크의 규모와 해당국가의 경제규모 내지는 국민생활의 여가활동 수준과 밀접한 관계가 있음을 알 수 있으며, 경제규모가 커질수록 테마파크산업의 규모도 점차 대형화되고 있다.

(4) 경영기법의 고도화

테마파크 대형화의 최대 요인은 대형 파크건설과 운영을 가능케 하는 산업기술의 발전이다. 이용자측에서 보면 대형시설에 의해 다양한 레저수요를 충족시킬 수 있으므로 대단히 좋은 일이다. 그러나 문제는 테마파크를 개발하는 기업의 사정이다. 아무리 대형시설을 만들어 놓아도 매력이 없고 경영이 부실하다면, 소비자들로부터 외면과 함께 기업의 성과 역시 저조할 것이다. 특히 테마파크에 있어서 비수기인 겨울철의 집객대책이 경영상의 큰 문제가 되고 있다.

최근 미국 테마파크산업의 해외진출이 두드러지게 나타나고 있다. 그 대표적인 경우가 월트디즈니 프로덕션의 일본 도쿄디즈니랜드와 프랑스 파리근교의 유로디즈니의 진출이다. 미국은 축적된 테마파크 경영기술을 해외로 수출하여 막대한 외화를 벌어들이고 있다. 기술 · 용역수출의 실례로써 도쿄디즈니랜드 운영회사인 오리엔탈랜드와 체결한 개발과 경영에 관한 기술용역료인 로열티 조건을 보면, 입장수입의 10%, 기념상품 및 매출액의 5%, 계약기간은 45년으로 되어 있다.

이러한 합작 계약조건과 도쿄디즈니랜드의 연간 매출액 규모를 감안할 때 실로 막대한 외화획득효과가 있다. 따라서 우리나라의 기존 테마파크기업들도 국내의 신규테마파크기업이나 지자체사업 또는 동남아를 중심으로 하는 개발도상국가를 상대로 한 경영기술 제공에 따른 로열티 수입을 창출하여 국제 무역수지의 개선을 도모할 필요가 있다.

(5) 사업의 다각화

미국 최대의 엔터테인먼트 기업인 월트디즈니는 신임 아이즈너(Eisner, M. D)회장 취임이후로 사업의 다각화에 박차를 가하는 등 변신을 시도하여 획기적인 성공을 거두었다. 월트디즈니 프로덕션의 사업다각화 내용은 점차 테마파크 위주에서 탈피하면서 업종 다각화와 규모 확대전략을 추진하고 있다. 그 예로 먼저 영상부문 사업확대를 들 수 있다. 아이즈너는 테마파크의 입장료를 올리는 한편 비디오와 영화, 서적, 잡지, 레코드 등을 제작하고, 디즈니의 캐릭터를 사용할 수 있는 허가도 받아내는 등 사업을 다각화하였다. 그로 인해 1984년 매출액의 1%에 불과했던 영화, 비디오 부분은 급성장을 거듭하여 테마파크사업 매출액을 앞질렀고, 전 매출액의 48%에 이르는 매출실적을 올릴 정도로 성장하였다.

월트디즈니 프로덕션은 도쿄디즈니랜드에 이어 유로디즈니를 건설하는 등 해외 사업을 확충하는 한편, 스포츠사업에도 진출하고 있다. 디즈니랜드가 있는 캘리포니아에 프로야구 구단을 인수했을 뿐만 아니라 아이스하키 팀까지 인수하여, 야구경기가 없는 겨울에도 아이스하키 관람객들을 테마파크로 유도할 수 있게 하였다. 월트디즈니는 또한 미디어사업에도 진출하였는데, 금세기 최고의 인수·합병(M&A)이라고 하는 디즈니와 ABC의 합병이 바로 그것이다.

또한 디즈니의 사업다각화 전략과 함께 식스 플래그(Six Flag)그룹의 영상사업부문 진출과 유니버셜 스튜디오의 일본진출을 위시한 기존 테마파크들의 해외사업확장 시도가 꾸준히 이루어지고 있으며, 국내의 유수한 테마파크들도 종전의 단순한 복합형 관광시설의 운영을 시도하고 있다.

(6) 체재형 테마파크

부시 엔터테인먼트사는 1억 달러를 투자하여 부시 가든즈 테마파크에 아프리카를 테마로 한 800실 규모의 호텔을 건설하기로 하였으며, 유니버셜 스튜디오사도 랭크사와 합작으로 테마파크 부지 안에 750실 규모의 리조트 호텔과 1,200실 규모의 로얄발리 호텔 등 2개의 호텔 개발을 추진하고 있다.

월트디즈니사는 이미 1971년부터 테마파크 내에 호텔을 운영하고 있으며, 매출액이 운영수익 중 상당부분을 차지하고 있다. 초반에는 2개의 호텔로 시작했으나 현재는 16개의 테마리조트단지를 운영하고 있다. 디즈니사는 앞으로 테마파크 내에 호텔을 늘릴 계획이라고 밝히고 있다. 뿐만 아니라 도박과 환락의 밤을 파는 도시로 알려졌던 라스베이거스도 종전까지의 카지노와 향락지향적이었던 지역관광 이미지와는 전혀 다른 가족관광과 건전한 여가생활 중심의 체재목적형 관광지로의 변신을 시도하여 대성공을 거두고 있다.

이처럼 체재형 테마파크의 등장은 가족 레저에 적합한 복합적 오락기능의 레저시설을 갖추고 있어서 가까운 거리에서, 편안하고, 고급스럽게 그리고 일정한 시간 내에 즐길 수 있어 현대인의 여가성향에 부합되기 때문이다.

(7) 가족중심의 테마파크

경제발전, 의학발전 등으로 사회는 점차 고령화시대로 진입되고 있으며, 노인인구의 사회생활 참여가 나날이 높아가고 있다. 이에 따라 테마파크도 시설을 재정비 또는 보완하여 나가고 있다. 즉 10대와 20대의 젊은 층에 폭발적인 인기를 끌고 있는 탑승시설(라이드시설, 롤러코스터 등)보다는 노년층이나, 가족 전체가 즐길 수 있는 놀이시설의 도입을 고려되어야 하며, 단순히 놀고, 즐기는 것보다는 교육적 성격이 가미된 역사, 문화 및 첨단과학 기술을 응용한 새로운 놀이시설이 개발되어야 한다.

테마파크를 찾는 관광객 중 어린이가 차지하는 비중이 상당히 높은 것처럼 보이나, 실제 내방객 중 성인과 아동의 비율을 살펴보면 어린이 층의 규모가 생각보다는 훨씬 적은 것으로 나타난다. 따라서 앞으로 테마파크시설들은 어느 한 계층을 위한 파크보다는 모든 계층을 포함한 종합적이며, 체계적인 가족중심의 테마파크 개발과 운영이 필요할 것으로 전망된다.

Tourism Business Management

제12장 리조트

제1절 리조트의 이해

1. 리조트의 개념

리조트(resort)의 어원은 프랑스어의 고어인 resortier(re=again, sortier=to go out)에서 유래된 것으로 "자주 방문한다"라는 의미정도로 해석하고 있다. 영어에서 리조트(resort)라는 의미는 'a place to which people go often, customarily or generally(사람들이 통상적으로 자주 찾게 되는 장소)', 'a person or thing that one goes or turns to for help or support(사람들이 도움이나 지원을 받기 위해서 찾아가는 사람이나 수단)' 등으로 해석되고 있다.

우리나라는 법 규정상 리조트라는 개념에 상응하는 명확한 규정은 없으나, 「관광진흥법」에 규정하고 있는 종합휴양업이나 전문휴양업과는 유사하다고 할 수 있다.

일본에서는 리조트법(종합휴양지역정비법)에서 리조트를 "양호한 자연조건을 가지고 있는 토지를 포함한 상당규모의 지역에 있어서 국민이 여가 등을 이용하려고 체재하면서 스포츠, 레크리에이션, 교양문화활동, 휴양, 집회 등의 다양한 활동을 할 수 있도록 종합적인 기능이 정비된 지역"이라고 정의하고 있다. 이 정의에 의하면 리조트는 체재성, 자연성, 휴양성(보양성), 다기능성, 광역성 등의 요건을 겸비하고 있어야 하는 것으로 해석하고 있다(노무라 종합연구소, 2000년의 리조트사업).

리조트는 휴양 및 휴식을 취하면서 레크리에이션 및 여가활동을 즐기는 체재형 관광지이다. 따라서 생활에 필수적인 숙박시설, 식음료시설과 레크리에이션시설을 갖춘 종합단지(complex)로, 대표적인 레크리에이션 시설로는 스키, 골프, 수영, 테니스, 수상스포츠, 마리나 시설, 각종 오락 및 유흥시설이 있고, 숙박시설로는 호텔, 콘도미니엄 등이 있으며, 식음료시설로 레스토랑, 바 등을 갖추고 있다.

2. 리조트의 분류

리조트는 그 이용형태나 입지조건 및 주제 등에 의해 몇 개의 종류로 분류할 수 있다.

(1) 입지조건에 의한 분류

① 산악 고원형 리조트

웅대한 산지 · 산악 등의 경관과 넓은 고원, 풍부한 산림자원을 활용한 형태의 리조트이다. 이와 같은 리조트에서는 풍부한 자연환경을 살려 하이킹 코스, 환경적응코스, 캠프장, 삼림욕 등 자연 그 자체를 체험하고 자연과의 교류를 즐기고 심신의 건강을 회복할 수 있는 시설 등의 배치가 바람직하다.

② 해양형 리조트

대도시 거주자의 수요에 대응한 스포츠기지로서 이 리조트의 특징은 3S(sand, sea, sun)를 주제로 해수욕장, 요트, 수상스키, 윈드서핑 등을 중심으로 호텔, 레스토랑 등이 해안가에 배치되는 것이 많다. 주로 젊은 층의 마린 레저(marine leisure)에 표적을 맞춘 것이 많으나, 요즘은 온난한 기후조건을 살려서 고령층 혹은 가족단위를 위한 보양과 간호를 겸한 형태의 리조트 계획도 보이고 있다. 우리나라는 해양형 리조트로서의 적정입지는 많으나 아직 구미와 같은 마린 리조트 호텔을 중심으로 한 형태는 거의 없다.

③ 도시근교형 리조트

대도시권 주변부에 입지하며 각종 레저, 레크리에이션 시설을 중심으로 등급이 높은 시설이 배치되는 경우가 많다. 이러한 리조트의 특징은 교통시간이 짧고, 유원지, 테마파크, health care 등으로 주말체재형(1박 정도)으로 충분히 즐길 수 있도록 되어 있다.

(2) 주제에 의한 분류

① 스포츠형 리조트

㉠ 마린 스포츠

해안, 요트, 선착장, 마리나, 낚시터, 윈드서핑기지, 다이빙 교실, 마린 스포츠 시설을 중심으로 호텔 등의 숙박체재기능과 레스토랑, 쇼핑 등의 상업기능을 배치한 리조트이다. 우리나라에서는 이제까지 여름철 이용에 한정된 경향이 있으나, 해수욕 등의 비치활동에서 각종의 마린 스포츠와 크루징 등 마린레저활동의 종목이 확대되고 또한 그 이용자도 일반화되어지기 때문에 연간을 통한 이용이 행해지고 있다.

㉡ 스키 스포츠형

산악과 고원의 지형과 적설 조건에 따라 다양한 형태의 스키리조트가 있다. 호텔 등의 숙박, 체재기능을 중심으로 레스토랑, 쇼핑 등의 시설이 배치되지만 젊은 세대의 이용자가 즐길 수 있는 장소와 거주기능이 높은 숙박시설을 구비하는 것이 중요한 요건으로 되어 있다. 스키장 입지조건은 인구의 집적지(대도시권)로부터 3~4시간 이내(한계 5시간) 권역이며 될 수 있으면 고속도로 IC에서 가깝고 자동차에 의한 접근성이 용이해야 한다.

㉢ 야외 스포츠형

테니스 · 골프 등의 스포츠 리조트를 들 수 있다. 테니스코트의 경우 대규모로 정비된 곳은 없으나 부대시설로서 여러 개의 코트를 갖고 있는 리조트는 곳곳에서 볼 수 있다. 일반적으로 테니스코트사업은 토지이용효율이 나쁘고 채산성이 큰 사업이 아니어서 합리적인 운영방법이나 독자적인 노하우가 필요하며 골프는 모든 연령층, 남녀의 구별없이 체재형 리조트 지역에 있어 필요한 스포츠시설이다.

② 컨트리 리조트

전원 · 목장형의 리조트로써 원류는 영국 귀족이 가지고 있는 대저택과 농장이며, 서민적 형태로써는 독일의 구라인가루텐(미니농장) 등이다.

③ 어드벤처 리조트

대자연 속에서 원시적 체험생활을 하는 리조트로서 수렵, 계곡, 낚시, 등산, 골프 등의 단기능을 가지는 리조트이다.

④ 수공예품 취미형

미술품 제작 · 지역의 전통공예품 체험을 위한 수공예품센터 등 예술활동과 취미를 살린 여가활동이 행해지는 리조트이다. 창작활동을 중심으로 한 예술가, 작가가 집단적으로 생활하는 예술가촌 등의 예를 들 수 있다.

⑤ 오락 · 연예형

고도의 오락적 요소에 의해서 이용객의 유치를 꾀하고 매력을 형성해 리조트를 형성해 나가는 형태로서 미국의 디즈니랜드, 프랑스의 유로 디즈니랜드 및 도박을 오락으로 한 라스베이거스, 일본 나가사키의 오란다촌, 도쿄의 디즈니랜드 등을 들 수 있다. 단지 오락유흥기능뿐만 아니라 점차 숙박체재기능을 부가하여 복합적인 리조트로서 정비되어 가고 있다.

⑥ 가족 레크리에이션형

주로 가족 동반 등의 레크리에이션 수요에 대응한 레크리에이션 기지이다. 주택 등의 거주시설을 첨가하여 Lodge, Pension 등의 숙박시설을 갖추어 어린이가 즐길 수 있는 체험형 레크리에이션 시설, 학습시설, 실내 스포츠시설 또는 심신단련장 등이 정비되어야 할 것이다. 또한 가족 모두 즐길 수 있는 패밀리레스토랑, 쇼핑 몰 등도 요구되어지며 또한 유아 등을 위한 긴급의료체제 정비도 필요하다.

(3) 이용형태에 의한 분류

① 주말형 리조트

당일형 또는 1박형으로 이용되는 리조트로 대도시 주변에 주로 많이 입지를 한다. 이 리조트는 손쉽게 이용가능한 것이 특징이다. 스포츠 레저나 오락적인 요소가 부여되는 것이 필요하다. 이후 주휴 2일제의 완전정착에 수반한 대도시권에 거주하는 사람들의 여가활동의 장소로서 점점 그 수요의 증대가 예상된다.

② 장기체재형 리조트(호텔, 별장, 콘도미니엄)

중심이 되는 숙박시설의 종류에 따라 호텔중심형, 별장중심형, 콘도미니엄중심형으로 나눌 수 있다. 반정주형으로 이용되기 때문에 생활공간으로서의 기능의 충실이 요구되며, 각종 스포츠 레크리에이션시설을 병설하는 등 체재기일의 장기화를 꾀하여 소비액을 확대하는 것이 필요하다.

③ 정주형 리조트(실버타운 등)

장기에 걸친 정주형의 체재가 행해지는 리조트, 정주를 전제로 하기 때문에 리조트의 가장 필요로 하는 특징이라고 할 수 있는 생활기능이 최고의 수준이다.

(4) 조직에 의한 분류

① 폐쇄시스템

전형적인 예로 프랑스의 클럽메드(Club Med)를 들 수 있다. 이것은 리조트 내에서 모든 활동이 가능하도록 계획되어져 있고 리조트생활의 모든 면에서 이용자가 즐길 수 있도록 프로그램과 시스템이 구성되어 있다. 또한 독자적인 인재활용법(G.O=Gentle Organizer, G.M=Gentle Member)을 이용한 철저한 man to man서비스를 제공하고 있다.

② 개방 시스템

리조트 주변지역에 다양한 시설의 복수배치 형태군을 갖고 주변녹지지역과의 녹지이용을 전제로 한 리조트를 말한다. 일반적으로 리조트생활은 그곳에서 생활행위 전반이 대상이 되나 개개의 활동은 다양하기 때문에 획일적 서비스로서는 만족할 수 없다. 이와 같은 체재의 거점에 있어서 다양한 선택성을 제공할 수 있는 정보거점이 있고, 여러 가지 레크리에이션 활동이 가능한 배치형태군의 존재가 필요하다.

(5) 사업형태에 의한 분류

① 분양형 사업

분양형 사업이란 토지와 시설을 구입 · 건설하고, 그 소유권은 매매계약에 따라 이용자에게 분양한다. 토지의 권리는 소유권의 매매가 일반적이지만, 다른 지역권 설정 또는 임차권 등의 경우도 포함한다. 분양형 사업의 경우 자본투자는 반드시 판매에 의해 회수되는 자본회전형 사업이다.

〈표 12-1〉 리조트의 분류

분류기준	종 류
입 지	• 산악고원형 • 해양형 • 도시근교형
주 제	• 스포츠형 – 마린 스포츠형 – 스키 스포츠형 – 야외 스포츠형 • 컨트리형 • 어드벤처형 • 수공예품 취미형 • 연예 · 오락형 • 가족레크리에이션형
이용형태	• 주말형 • 장기체재형 • 정주형
조 직	• 폐쇄형 • 개방형
사업형태	• 분양형 • 시설운영형

② 시설운영형 사업

시설운영형 사업이란 토지와 시설을 구입·건설하고 이용자에게 그 시설로부터 연속적으로 산출되는 서비스를 제공하는 것이다. 시설 등의 자본투자는 고정자산으로 사업주에게 귀속되고, 그 자금회수는 시설영업에 의해 발생하는 수익에 대응한 감가상각비에 의해 실현되는 것이다.

3. 리조트의 기본시설

체재성이 요구되는 리조트는 숙박시설과 이에 부속되는 식음료시설, 문화·위락시설, 스포츠시설, 상업시설 등의 부대시설로 구성된다. 이러한 시설물은 리조트의 입지나 유형에 상관없이 리조트를 운영하는데 필요한 기본적인 시설이며, 입지적인 특징이나 자연환경의 특징에 따라 특별한 활동이나 레크리에이션을 지원하기 위한 별도의 특수시설들이 추가되어지기도 한다.

(1) 숙박시설

숙박시설을 구성하는 대표적인 것은 호텔과 콘도미니엄을 들 수 있으며, 리조트 계획시 전체 이미지를 결정짓는 가장 중요한 시설이자 투자가 가장 많이 요구되는 시설이다. 숙박시설은 전체 리조트와 유니트의 형태, 유형 및 질을 결정하는 기준이기 때문에 리조트의 계획 초기단계부터 신중히 다루어져야 한다.

(2) 식음료시설

고객들의 식습관과 기호의 변화는 리조트에 있어 식음료시설의 디자인과 운영에 상당한 영향을 주었다. 최근에는 정해진 시설내의 식당에서 의례적인 식사를 반복하는 것으로부터 멀어져 가는 추세이다. 따라서 다양해진 개인의 선호도에 따라 더 많은 기회가 제공되어야 하며, 그러기 위하여 고려해야 할 사항은 다음과 같다.

① 다양한 소규모 식사공간으로 구성된 레스토랑을 만들고 각각 분명한 개성과 분위기를 연출한다.

② 숙박객들이 리조트 내의 레스토랑을 쉽게 이용할 수 있도록 계획되어야 한다.

③ 호텔, 콘도, 유스호스텔의 투숙객들이 레스토랑, 커피숍, 그릴, 바, 카페, 스낵식당 등을 이용할 수 있도록 배치되어야 한다.

④ 퐁듀 레스토랑, 바비큐, 토속식당과 같은 전문 레스토랑과 바는 숙박시설과 공동으로 혹은 아웃소싱되어 독립적으로 운영될 수 있으며, 특별한 맛이나 특색있는 음식을 제공한다.

최근에는 하나의 리조트에서 여러 개의 레스토랑을 운영하는데 생기는 어려움을 해소하고, 분산된 주방과 저장시설, 그 밖의 지원시설의 수와 규모를 줄이기 위해 많은 양의 음식을 동시에 조리할 수 있는 대형 메인주방을 배치하여 집중적으로 처리하는 추세이다.

(3) 레크리에이션시설

리조트가 도심지호텔과 구별되는 가장 큰 특징 중에 하나는 다양한 스포츠시설을 구비하고 있다는 점이다. 스포츠시설 계획에 있어서 고려되어야 할 사항은 이용객의 유형과 그 지역의 기후조건, 그리고 강조하고자 하는 리조트의 이미지 등이다.

특히 골프, 스키, 테니스, 볼링 등 주요 스포츠시설은 고객의 기호와 선호도에 따라 선정되어야 하며, 수영장이나 각종 수상스포츠시설은 리조트가 위치한 지역의 날씨와 자연환경에 큰 영향을 받는다. 일반적으로 리조트가 갖추어야 할 스포츠시설을 알아보면 다음과 같다.

① 운동장

운동장과 잔디밭은 리조트의 개발에 부수적으로 조성되는 경우가 많으며, 어른과 아이들 모두가 이용한다. 이용가능한 스포츠로는 간단한 기구 외에 별도의 시설이 필요없는 배드민턴, 배구, 농구, 족구 등이 있으며, 그 외에 다양한 용도(캠프파이어, 야외콘서트, 야외극장, 단체 야외행사장 등)로 사용할 수 있다.

② 골프장

골프코스는 규모가 큰 리조트를 제외하면 꼭 필요한 시설은 아니다. 정규홀은 40~60ha의 면적을 필요로 하며, 특히 건조한 지역에서는 경제적으로 운영상 부담이 크고, 낭비적인 공간이 되기도 한다. 하지만 최근 골프인구의 급증에 따른 초과수요 현상의 지속과 그린피 인상 등으로 활황국면을 유지하고 있으며, 국내 리조트 기업들도 높은 수익성으로 인한 비수기 타개책과 부유층을 유인하는 매력요인으로 리조트 건설 초기부터 골프장 건설을 추진하고 있다.

③ 수영장 및 사우나

수영장은 모든 유형의 리조트에서 꼭 필요한 시설이며, 보통 사우나, 마사지룸, 피트니스 센터와 복합적으로 구성된다. 산지리조트나 추운 지역에 위치한 리조트의 경우 온수의 제공을 기본으로 하고, 규모가 큰 풀은 수온을 유지하고 날씨에 상관없이 실내화하고, 작은 규모의 풀과 별도의 얕은 수심의 풀은 어린이나 수영을 못하는 이용자의 강습을 위하여 필요하다. 수영장은 단지 스포츠만을 위한 시설이 아니라, 휴식, 일광욕, 오락 같은 많은 행위를 수용할 수 있다. 또한 야외만찬이나 바의 배경무대로 쓰일 수 있다. 그래서 대부분의 리조트에서는 실내 · 실외 수영장을 리조트단지 내에 설치하여 운영하고 있다.

④ 승마장

승마장은 리조트에 인기있는 시설로 외국의 리조트에서는 빠르게 증가하는 추세이며, 여름과 겨울철에 모두 이용이 가능하며 전원지역 리조트에서 증가하고 있는 추세이다. 승마코스는 산책길로서 리조트 주변을 따라 개발되어야 하며, 이를 연장시켜 승마코스나 며칠간의 승마여행 코스를 개발할 수도 있다. 이를 위해서 목적지마다 별도의 숙박시설 및 코스 상에 약 30km마다 서비스 시설을 마련하여야 한다.

⑤ 동계형 스포츠시설

우리나라의 대표적인 관광시즌은 주된 이용시기가 봄, 여름, 가을에 편중되어 있으며, 겨울철에 이용할 수 있는 휴양시설로는 스키리조트 정도이다. 4계절형 리조트로서의 기준을 충족하기 위해서는 관광비수기인 겨울철에도 방문객들이 즐겨 이용할 수 있는 동계형 레저시설을 구비하는 것이 필요하다. 대표적인 동계형 스포츠시설로는 눈썰매장과 스키장 시설을 들 수가 있다.

⑥ 기타 시설

문화 · 위락 시설에는 위의 시설 이외에도 리조트의 매력을 증가시키기 위하여 또는 기후나 자원의 제약을 극복하기 위한 여러 시설이 있다. 여기에 포함되는 시설로는 축제나 전시회를 위한 다목적 홀, 야외극장, 체육시설, 식물원, 동물원 등을 들 수 있다.

4. 리조트경영의 특성

리조트사업은 일반적인 호텔사업과 다르게 사업경영이나 시설면에서 다양한 특성을 가지고 있다. 이를 살펴보면 다음과 같다.

(1) 입지의존성

리조트는 소비자가 직접 방문하여 상품을 구매하지 않으면 판매가 이루어지지 않는 특성이 있다. 기존의 리조트입지보다 더 좋은 시장입지가 생겼더라도 리조트 자체를 이동하여 상품을 판매할 수 없다. 따라서 리조트에서 입지는 사업의 성패를 결정짓는 중요한 요인이다.

리조트에서 휴식과 휴양을 취하기 위해서는 깨끗한 자연환경이 필요하며 리조트의 특성에 따라 눈, 바다, 온천 등의 특수한 자연환경이 요구되기도 한다. 따라서 리조트사업이 성공하기 위해서는 이러한 자연환경을 갖추고, 자급자족이 가능하고, 휴가시장이 정확히 설정되어 있으며, 관광객의 만족을 이끌어 낼 수 있는 장소의 선정이 선행되어야 한다.

(2) 인적서비스 의존성

상용호텔과 달리 리조트에 온 관광객은 여유있는 만족을 기대하고 있어 고객에게의 질적 서비스가 리조트경영의 성공에 있어 중요한 요소들이며, 직원의 태도는 환대와 서비스의 질을 결정하는 중요한 요소이다.

다양한 취향의 고객들을 대상으로 높은 서비스와 재치 있는 천차만별의 서비스는 규격화되고 자동화된 기계설비에 의해서는 바랄 수 없다. 리조트사업에 있어서는 서비스의 기계화나 자동화는 경영합리화의 입장에서 제약을 받게 되고 인적자원인 종사자에 대한 의존도가 자연히 높아지는 것이다. 리조트가 작으면 작을수록 개인적 서비스의 기대가 더 높아진다. 이는 곧 관광객들이 가족적인 서비스를 받을 수 있도록 직원들이 서비스를 제공해야 한다는 것을 나타낸다.

또한 리조트의 업무는 고도로 전문화되어 있고 일년 내내 정적인 일을 하는 일시적 호텔보다 광범위한 책임이 뒤따르는 융통성이 많은 업무이다. 특히 사계절 휴양지에서의 리조트호텔은 비 · 성수기 동안에 많은 인사이동을 통해 주된 업무 이외에도 다른 업무를 함께 병행할 수 있도록 전문화된 기술이 필요하다.

(3) 막대한 초기 투자비

리조트사업을 전개함에 있어 가장 큰 문제점이 대규모 토지취득과 시설의 건설 및 인프라 시설확충에 거액의 예산이 투자된다는 점이다. 리조트 단지의 시설 자체가 하나의 제품으로 판매되기 때문에 대규모 단지를 위한 토지의 확보, 숙박시설로서 호텔이나 콘도미니엄의 건물, 다양한 부대시설과 내부시설의 설비, 스포츠시설을 위한 토목공사와 장비설치, 그에 따른 비품 및 집기 등을 완전히 갖추어 놓아야만 리조트 상품으로서의 가치를 지니게 된다.

리조트기업들이 막대한 자본투자에 대한 위험성을 극복하기 위한 방안의 하나로 토지취득에 있어서는 값싼 토지를 취득하여 초기 토지구입 자금을 줄여 나아가는 접근방법이 필요하고, 막대한 초기 투자자금의 조기회수가 가능한 콘도미니엄이나 골프장, 스키장 등을 적극 건설하여 이들 시설물에 대한 사전 분양을 통하여 건설비용을 회수하는 것이 바람직하다.

(4) 높은 고정경비

리조트사업은 타 업종에 비해 대규모 복합시설 건설을 위한 막대한 자본을 투자하는 반면, 투자자본의 회수는 결국 매출에 의해 회수될 수밖에 없으므로 매출은 극대화하고 지출경비를 줄이는 것이 바람직할 것이다.

기업을 성공적으로 운영하려면 모든 지출을 억제해야 되는데, 리조트사업은 고정경비인 인건비, 각종 시설관리 유지비, 감가상각비, 급식비, 세금 및 수선비, 일정기간마다 최신 기종의 장비교체 및 신규구입 등 고정지출이 과다하여 리조트 운영에 압박을 받게 된다. 특히 지출비용 중 인건비가 40% 이상을 점유하고 있어 원가계산에 상당한 압력을 받게 된다.

따라서 대다수의 리조트 기업들은 영업이익이 단기간에 일시적으로 신장되지 않으므로 종사원을 대량으로 고용해야 하는 성수기에는 산학실습생이나 아르바이트생을 고용하여 고정경비의 억제를 통해 경영내실을 꾀하고 있다.

(5) 계절성

리조트들은 특성에 따라 여름 또는 겨울 리조트로 분류되어진다. 계절적 특성을 가지고 있는 리조트는 눈이 많이 내리는 때나 따뜻한 날씨가 지속되는 90일에서 120일 정도로 짧게 운영되는 경우가 많다. 성수기에는 객실공급이 절대 부족하고 비수기에는 리조트의 시설이나 상품을 저장해 놓을 수가 없어 수지의 불균형을 초래하기 마련이다. 따라서 환경에 적응력이 강하고 체질화된 경영조직으로 어려움을 극복해 나가는 효율적인 경영기법이 절실히 요구되고 있다. 비수기를 극복할 수 있는 방안으로는 레크리에이션 시설의 추가건설과 독창적인 행사와 이벤트 개최를 통해 4계절형 리조트로 변신하는 것이 필요하다.

(6) 장기체재에 적합한 시설

리조트는 장기적 숙박을 하므로 이에 따른 충분한 공간유지가 필수적이다. 리조트에서의 평균체재기간이 길어짐에 따라 각 방에 옷장과 침실, 오락을 위한 적정한 공간이 구성되어야 하며, 골프코스, 테니스코트, 올림픽시설 규모의 수영장, 산책로, 그리고 다른 레크리에이션 장소 등 활동에 필요한 공간이 필요하다.

멀리 떨어져 있거나 새 리조트에 위치한 호텔은 호텔구내에 종업원 숙소를 필요로 하며, 많은 리조트에서 종업원의 대다수는 2~3세대가 지속되므로 종업원의 주택 문제가 해결되어야 한다는 특성이 있다. 종업원 숙소를 설계하는데 있어서 사생활의 보호를 고려해야 하며, 학교, 쇼핑 등과 같은 다른 사회적 기관들과의 접근성도 고려되어야 한다.

(7) 부대시설 수입

리조트는 객실과 식음료 수입뿐만 아니라 골프나 스키 등 다른 오락시설과 같은 인기있는 레크리에이션 활동에서부터 많은 수입을 얻고 있다. 수익의 원천을 제대로 파악하여 관광객들에게 다양한 레크리에이션 기회를 제공하여 줌으로써 수익을 증진시키는 특성이 있다.

(8) 시설의 조기 노후화

리조트시설의 상품 자체가 건물과 스포츠시설, 그에 따른 장비로 이루어지고 있으므로 이를 이용하는 고객들에 의하여 쉽게 그리고 빨리 훼손되거나 파손되기도 한다. 또한 유행의 회전속도가 빠르므로 쉽게 시설의 노후화가 온다. 결과적으로 상품의 경제적 효용가치가 가속하여 쉽게 상실되는 경우가 많다.

일반적으로 리조트단지 내 숙박시설로서 호텔이나 콘도미니엄 건물의 수익성이 가능시되는 사용연한은 15~20년으로 보고 있으며, 평균 5년마다 객실내부 시설의 대대적인 개보수작업이 이루어지게 된다.

그러나 실제로는 이보다 더 심하게 시설의 노후화가 빠르게 진행된다. 주요 이유로는 고객의 만족도가 다양해지고 리조트기업 간의 시설경쟁이 심화되어 리조트의 시설이 곧 그 리조트의 상품가치를 판단하는 기준으로 작용하기 때문이다.

(9) 국제적인 분위기 연출

리조트는 불특정 다수의 고객이 이용할 수 있는 다국적기업이기 때문에 건축물의 디자인이나 장식물, 서비스 제공, 운영시스템 등이 국제화되어야 한다. 즉 유형적인 하드웨어 서비스나 경영시스템인 소프트웨어 서비스, 그리고 방문고객에 대한 개인서비스인 휴먼웨어서비스가 국제화되어 다국적 호텔기업으로서의 경영시스템과 시설상의 국제적 분위기가 연출되어야 한다.

세계적으로 유명한 리조트일수록 그 리조트만의 독특한 디자인이나 분위기를 통해 경쟁리조트들과 차별화를 이루고 있으며, 리조트 자체의 테니스대회의 개최, 요리경연, 갬블링, 환영파티, 기념일 행사, 테마가 있는 행사 등을 통해 이미지와 전통을 이어가는 특성이 있다.

제2절 유형별 리조트사업

현재 우리나라에서 운영 중인 리조트는 산악고원형으로 스키장중심으로 구성되어 있다. 따라서 다른 경쟁업체들 비교해서 특별한 시설이나 컨셉을 가지지 않고 차별화되지 못하고 있다 이러한 이유는 좁은 국토에서 기후에 차이가 없고 산지가 많기 때문이다. 운영면에 있어서도 초기투자자본의 조기회수를 위하여 콘도미니엄 분양을 중심으로 이루어지고 있다.

1. 스키리조트

스키리조트는 스키장을 기본으로 다른 레크리에이션시설을 갖춘 종합휴양지를 의미하는데, 특히 4계절이 뚜렷한 우리나라의 경우 비수기 기간이 너무 길어 스키장만을 운영하기보다는 골프장, 콘도미니엄 등을 복합적으로 갖추는 것이 일반적이다.

스키리조트는 눈이라고 하는 천연자원이 가장 핵심적인 상품으로 다른 리조트에 비해 계절성이 강하다. 또한 스키로 활강하기에 적합한 경사도를 확보하기 위해서는 산악지대에 위치하는 것이 가장 큰 특징이다.

〈표 12-2〉 국내 스키리조트 시설현황

위 치	스키리조트	개장일	슬로프	리프트	슬로프 면적(m)
강원도(10개소)	용평리조트	1975.12.	29	15	3,436,877
	알프스리조트	1984.12.	6	5	442,036
	비발디파크	1993.12.	12	10	1,322,380
	휘닉스파크	1995.12.	21	9	1,637,783
	웰리힐리파크	1995.12.	18	9	1,368,756
	엘리시안강촌	2002.12.	10	6	609,674
	한솔오크밸리	2006.12.	9	3	797,695
	하이원리조트	2006.12.	18	10	4,991,751
	오투리조트	2008.12.	19	6	4,799,000
	알펜시아	2009.12.	7	3	671,180
경기도(6개소)	양지파인	1982.12.	10	6	368,683
	스타힐	1982.12.	4	3	502,361
	베어스타운	1985.12.	7	8	698,181
	서울스키장	1992.12.	4	3	278,182
	지산포레스트	1996.12.	10	5	500,000
	곤지암리조트	2008.12.	13	5	1,341,179
전 북	덕유산리조트	1990.12.	34	14	4,037,600
충 북	사조리조트	1990.12.	9	4	656,986
경 남	에덴밸리	2006.12.	7	3	1,052,012

자료 : 한국스키장사업협회

'겨울철 스포츠의 꽃'으로 불리는 스키는 1990년대 중반이후 국민소득 수준의 향상, 자유시간의 증가 등으로 빠르게 보급되고 있다. 1989년 이전까지는 용평, 양지파인, 베어스타운 등 5개소에 불과했으나, 1990년에 무주리조트와 사조마을이 개장해 총 7개소로 늘었다. 그후 1992년에는 서울, 대명홍천이 1995년에는 현대성우, 휘닉스파크 등이 문을 열어 총 11개소로 늘어났다. 그리고 1996년 지산스키장, 2002년 강촌스키장, 2006년 오크밸리 스키장이 개장함으로써 〈표 12-2〉와 같이 전국에 운영 중인 스키장은 14개소에 달하고 있다.

이를 지역별로 보면 운영 중이거나 건설 중인 스키장의 대부분이 경기도 · 강원도에 편중되어 있음을 알 수 있다. 이는 이들 지역이 눈이 많이 내리고 눈의 질이 좋은데다 수도권의 스키어를 유치하는데 유리하기 때문이다.

스키붐이 조성되면서 스키인구도 크게 증가할 것으로 보인다. 스키장 이용객수는 2004/05시즌의 497만 7천명에서 2006/07시즌의 529만명, 2008/09시즌에는 591만명 그리고 2010/11시즌에는 627만명에 달해 2004/05시즌보다 30.7% 증가할 것으로 예상된다(서천범, 2005).

최근에는 겨울철에 한국은 방문하는 많은 외래관광객들이 스키장을 찾고 있어 새로운 관광상품으로 각광받고 있다. 2004년 스키시즌에 우리나라를 찾은 홍콩, 싱가포르, 말레이시아와 같은 동남아 국가의 관광객은 90%이상이 스키장을 이용한 것으로 나타났다.

〈표 12-3〉 국내 스키장 이용객수 전망

(단위 : 만명)

시 즌	2004/05	2006/07	2008/09	2010/11
스키장 이용객	4,797	5,291	5,910	6,268

자료 : 서천범, 레저백서 2005, 한국레저산업연구소, 2005.

그러나 아직 스키에 대한 사회적 관념이 사치소비성 사업으로 인식하여 입장료에 특별소비세를 과세하고 있으며, 부동산투기의 한 방편으로 인식하여 중과세를 부과하고 있어 법인세법상 스키장시설에 관한 불이익을 받고 있다. 뿐만 아니라, 골프장과 함께 환경파괴의 주범으로 인식하여 환경영향평가시 제한을 받는 사항이 많고, 자연환경보전법상 행위제한과 보전부담금 부과대상이 되고 있다.

향후 스키장사업을 예측해보면 수요측면에서는 전망이 좋으나 스키장사업을 계획하고 있는 업체가 많아 공급측면에서의 경쟁이 치열할 것으로 보인다. 콘도미니엄 사업과 마찬가지로 경기도 · 강원도지방의 영동고속도로 주변에 밀집하여 리조트 벨트가 형성될 것이다. 교통이 편리하므로 기존의 도시근교형 스키장이 발전할 것이며, 숙박시설 없이 당일이용형으로 개발되는 대도시 근교에 소규모 스키장 개발이 활발히 추진될 것으로 예상된다.

그리고 스키 붐이 조성되면서 실내스키돔(ski dome)도 인기를 끌 것으로 보인다. 겨울철 스키시즌은 물론 4계절 운영되고 수도권이나 대도시권에 위치하면서 스키어를 유혹할 것으로 예상된다. 실내 스키돔을 건설 · 운영하는데는 많은 자금이 필요하지만, 입장료가 높기 때문에 수익성도 좋을 것으로 예상된다.

2. 골프리조트

골프리조트는 골프장을 기본으로 각종 레크리에이션시설이 부가적으로 설치되어 있는 리조트를 의미한다. 일반적으로 골프장은 컨트리클럽과 골프클럽으로 나누고 있다. 컨트리클럽(country club)은 골프코스 외에 테니스장, 수영장, 사교장 등을 갖추고 있으며 회원중심의 폐쇄적인 사교클럽의 성격을 가지고 있다. 골프클럽(golf club)은 다소 부대시설이 있을 수 있으나 골프코스가 중심이고 회원제이긴 하나 컨트리클럽에 비해 덜 폐쇄적이다.

이용형태에 따라서는 회원제 골프장과 퍼블릭 골프장으로 구분된다. 회원제 골프장(membership course)은 회원을 모집하여 회원권을 발급하고 예약에 의해 이용케 하는 골프장으로 회원권 분양에 의해 투자자금을 조기에 회수하는 것이 용이한 장점이 있다. 퍼블릭 골프장(public course)은 기업이 자기자본으로 코스를 건설하고 방문객의 수입으로 골프장을 경영하는 형태로 누구나 이용할 수 있고 이용요금도 저렴한 편이지만 투자비 회수에 장기간이 소요된다는 단점이 있다.

〈표 12-4〉 전국 지역별 골프장 현황(2011.1.1. 기준)

구 분		경기	강원	제주	전북	경북	전남	충북	인천	충남	대전	울산	대구	경남	부산	합계
운영중	회원제	79	20	26	4	20	12	15	2	10	1	2	1	16	4	212
	퍼블릭	48	21	14	13	21	16	12	3	7	2	1	1	7	2	168
	군	7	4	–	–	3	1	3	–	3	1	3	2	3	–	30
	합 계	134	45	40	17	44	29	30	5	20	4	6	4	26	6	410
건설중	회원제	10	17	3	4	5	3	5	–	2		–	–	7	–	56
	퍼블릭	16	8	2	8	8	7	4	1	9		1	–	10	–	74
	합 계	26	25	5	12	13	10	9	1	11		1	–	17	–	130

자료 : 한국골프장경영협회, 2011.

세계 각국의 골프장에 대한 공급을 살펴보면 미국은 15,700개, 일본 2,220개, 태국 180개, 말레이시아 150개, 심지어 도시국가인 싱가포르도 11개인데 비해 한국은 〈표 12-4〉에서 보듯이 194개의 골프장에 불과하다. 이처럼 부족한 골프장은 회원권 및 부킹문제로 외국 골프관광객의 감소 및 내국인의 해외골프 관광등 상당한 부작용 및 경제손실을 자초하고 있다. 따라서 국내 · 외의 골프수요를 충족시키기 위해서는 골프장 수의 확대는 필수적이라고 할 수 있다.

현재 우리나라 지역별 골프장 현황은 서울에 인접한 북부지역의 경부고속도로 또는 중부고속도로 인접지역에 대부분 위치하고 있으며, 서울 · 인천 · 경기 등 대도시지역에 편중현상이 나타나고 있다. 새로 건설되는 골프장은 수도권이 어느 정도 포화상태를 보임에 따라 주로 강원도와 제주도에 집중될 것으로 예상된다.

골프장 건설시 환경파괴에 대한 문제점 등은 골프장 허용면적의 적정화, 골프장 건설시 자연지형지물의 이용, 골프장 건설시 종다양성의 보존, 토양보존, 비료사용의 적정화, 농약살포의 적정화 등을 통해 환경오염을 최소화시킬 수 있다. 또한 부지난 및 지역주민들과의 갈등을 피하기 위해 쓰레기 매립지, 폐광지역 등의 불모지를 개발, 활용할 수 있을 것이다. 이런 불모지 골프장 사업들은 지역주민은 물론 지방자치단체들이 적극적으로 나서면 골프장 건설이 용이해지는 것은 물론 골프에 대한 부정적인 인식을 바꾸는 계기도 될 것으로 예상된다.

산지가 70%인 우리의 실정을 감안할 때 국토개발차원에서 비생산적인 유휴지를 골프장으로 개발함으로써 국가발전과 국민경제에 이바지할 수 있다.

3. 마리나리조트

마리나리조트(marina resort)란 해수욕, 보트타기, 요트타기, 수상스키, 스쿠버다이빙, 바다낚시, 해상 · 해중탐사 등 다양한 해양 레크리에이션활동을 즐길 수 있는 체재를 위한 종합적인 레저 · 레크리에이션시설 또는 지역을 말한다. 마리나리조트는 바다를 중심으로 하는 위락활동이라는 점에서 내륙의 호수와 강변의 수변위락활동과는 구별되고, 활동대상의 범위도 넓다.

마리나리조트 개발형태는 해변형, 마리나형, 종합휴양형, 기능전환형, 신규개발형으로 분류할 수 있는데, ① 해변형은 해수욕을 중심으로 하며, 주로 해변을 이용하는 해양레크리에이션을 진흥하는 형태고, ② 마리나형은 마리나를 중심으로 해양성레크리에이션 기지화를 목표로 하는 형태이고, ③ 종합휴양형은 장기체재를 염두에 두고 종합적 휴양지 개발을 지향하는 형태이고, ④ 기능전환형은 어항 · 창고 등을 포함하여 기존기능을 전환시켜 새로운 레크리에이션적 수변이용을 촉구시키는 형태이며, ⑤ 신규개발형은 대규모 인공개발을 통하여 해양성 레크리에이션 공간을 새롭게 조성하는 형태로 타 기능도 포괄적으로 포함하여 개발을 전개하는 형태이다. 이를 국외 및 국내의 사례를 통해 알아보면 〈표 12-5〉와 같다.

〈표 12-5〉 해양레저시설의 개발형태

형 태	내 용	해외사례	국내사례
해변형	해수욕을 중심으로 하고 그밖의 해변 이용을 포함하는 해양성 레크리에이션을 진흥하는 형태	파타야 비치(태국) 존스비치(미국) 구다비치(인니) 코파카바나(브라질)	해운대, 경포대 등의 해수욕장
마리나형	마리나를 핵으로 하여 해양성레크리에이션 기지화를 목표로 하는 형태	마리나 델 레이(미) 천사의 마리나(프) 실 숄 베이(미) 롱 비치 마리나(미)	도남단지(충무) 수영만(부산)
종합휴양형	장기 체재를 염두에 두고 종합적인 휴양지 개발을 지향하는 형태	마이애미비치(미) 와이키키 비치(미) 코스타 델 솔(스페인)	돝섬(마산) 중문(제주)
기능전환형	어항, 창고 등을 포함하여 기존기능을 전환시켜 새로운 레크리에이션적 수변이용을 촉구시키는 형태	센토카사린독(영) 미스테이크시보트 파 뉴얼 홀마킷(미)	
신규개발형	대규모적인 인공개발을 통하여 해양성 레크리에이션공간을 새롭게 조성하는 형태. 타 기능도 포괄적으로 포함하여 개발을 전개	랑그독루시용(프) 미션베이파크(미) 메사두아비치(인니) 아라모아나파크(미)	

자료 : 박호표, 1997.

우리나라에서는 선진 외국의 마리나의 형태와 비교하면 마리나리조트라고 할 만한 지역은 없으나, 요트를 계류할 수 있는 마리나의 형태를 갖춘 곳은 2개소가 있는데, 공공마리나의 형태를 갖춘 부산수영만 요트경기장과 민간마리나의 형태를 갖춘 충무마리나 리조트가 있다. 아직까지는 두 곳에 불과하지만, 3면이 바다인 점과 해양스포츠에 대한 수요가 증가한다는 점을 감안한다면 앞으로 마리나리조트의 개발가능성은 충분한 것으로 생각된다.

참고 충무마리나리조트

민간 마리나 형태로서 경남 통영시에 위치하고 있는 충무마리나 리조트는 한국 최초의 육·해상 종합리조트로서 미개발된 부분을 포함하여 총규모는 14,966m²(육상 11,566m², 해상 34,000m²)이며, 해상의 계류장은 통영시로부터 공유수면을 임대하여 사용하고 있다. 계류능력은 130척(육상 40척, 해상 90척)으로서 요트를 포함한 다양한 종류의 해양레저스포츠와 해양관광을 즐길 수 있는 곳이다.

풍광이 뛰어난 충무 바닷가에 위치한 콘도미니엄은 272실의 객실을 갖추고 있는데, 어느 객실에서나 쪽빛 남해 바다와 아름다운 충무항을 감상할 수 있도록 설계되어 있다.

주요시설은 마리나 시설과 자체에서 보유하고 있는 총 24척의 요트(모터요트 15척, 세일요트 9척)와 요트클럽하우스, 요트수리소, 요트급유소, 요트적치장 등의 복합시설을 갖추고 연중무휴 회원제로 운영하고 있다.

4. 온천리조트

온천은 일반적으로 화산지대 및 화산활동이 있는 지역인 아이슬란드, 뉴질랜드, 일본을 비롯하여 남·북미화산대에 속해 있는 미국, 캐나다, 에콰도르, 콜롬비아, 바하마 등지와 유럽 중부내륙국인 독일, 헝가리, 체코, 루마니아, 폴란드 등에 많이 분포하고 있으며, 특히 아이슬란드는 세계 최대의 온천보유국으로 전국에 수천개소의 온천이 있다. 일본에는 개발·미개발·폐쇄된 곳을 포함하여 현재 13,000개의 온천이 있는데, 그 중 숙박시설이 갖추어진 온천은 1,900개소에 이른다. 이 중에서 세계적으로 유명한 온천은 독일의 Baden-Baden, 캐나다의 Banff, 미국의 Yellowstone Park, 일본의 아따미(熱海) 등을 꼽을 수 있다.

우리나라에서 온천의 과거 왕이나 왕족 또는 귀족 등이 이용해오다가 일본인들에 의하여 1910년대부터 근대적인 온천으로 개발되기 시작하였으며, 1970년대 이후 민간주도의 온천개발사업이 대규모로 이루어져 세계에서 유래를 찾아 볼 수 없을 정도로 많은 수의 온천이 짧은 기간 내에 개발되어졌다. 1990년대에는 지방화시대를 맞이하여 각 지방자치단체들이 세수확보를 위해 온천개발에 적극적으로 참여하기도 하였다.

우리나라의 온천은 조선시대부터 역사를 갖고 있는 동래, 유성, 온양, 백암, 마금산과 일제치하시대에 개발된 해운대, 이천, 수안보, 덕산, 도고, 덕구온천 외에도 최근에 인위적인 굴착에 의해서 개발된 온천들을 포함하여 2005년 12월 말 현재 135개의 온천지구와 105개의 온천공보호구역이 지정되어 있다. 2005년 온천이용업소는 606개 업소로 총 5,225만 명이었다. 그 중에서도 어느 정도 부대시설을 갖추어 리조트의 여건을 지닌 온천리조트는 약 24개소 정도가 있으며 그 현황을 살펴보면 다음과 같다.

〈표 12-6〉 시 · 도별 온천현황

시 · 도	계	지정면적		개별계획수립(지구)	이용시설(개소)	연간이용자(천 명)
		보호지구(천 ㎡)	보호구역(천 ㎡)			
서 울	10	150	61	–	9	2,279
부 산	35	2,967	256	2	74	7,225
대 구	14	1,785	63	3	10	1,723
인 천	16	4,955	80	–	1	47
광 주	3	950	2	1	2	305
대 전	1	939	–	–	58	2,508
울 산	11	3,818	723	2	10	1,112
경 기	48	23,184	321	10	20	3,629
강 원	55	20,972	358	11	31	3,963
충 북	21	19,635	48	7	33	1,786
충 남	32	11,937	71	8	91	11,636
전 북	27	21,757	77	7	4	428
전 남	18	13,017	142	7	44	2,528
경 북	94	50,748	409	24	79	11,071
경 남	51	14,620	320	5	58	6,804
제 주	13	6,864	97	1	4	294
합계	449	197,998	3,028	88	528	57,338

자료 : 행정안전부, 2011년 12월 31일 기준

온천요양은 요양지에서 상당한 기간 체재하면서 병을 고치기 때문에 생체반응을 일으킨다는 의미로 쿠어(Kur)요법, 반응요법이라고도 불려지고 있고 이와 같은 온천요양과 휴양에 적합한 시설을 온천리조트라고 부른다. 온천리조트는 Health Resort에 상당하는 말로서 요양지보다는 넓은 의미로, 보양 · 휴양 · 레크리에이션의 어느 뜻에도 적합하며 건강유지에 큰 도움을 주는 곳이란 의미로 사용되고 있다.

온천리조트는 평균적인 체재기간이 다른 리조트에 비해 길기 때문에 레크리에이션이나 영화관람, 음악회 등의 문화활동을 제공해야 하며, 좋은 환경이 무엇보다도 우선되는 만큼 공원, 정원, 호수나 연못, 야외휴식공간, 산책로 등의 시설물을 갖추는 것이 중요하다.

국내 온천의 이용형태는 여관, 호텔, 콘도미니엄과 같은 숙박시설과 밀접한 관련성을 맺고 있기 때문에 온천리조트는 숙박시설 중심의 관광지가 형성되는 것이 일반적이며, 1980년대 후반까지도 국내 국민관광시설의 상당수가 온천을 중심으로 발달했었다. 그러나 최근까지도 대부분의 국내 온천리조트의 개발유형은 가족단체여행이나 편리한 교통수단으로 이용객들이 원하는 장소에 쉽게 접할 수 있는 장소에 소규모 숙박시설 하나만으로 시작되는 정체된 개발이 주를 이루고 있는 것이 사실이다.

우리나라 온천리조트는 선진국의 온천리조트에 비해 자원으로서 뒤떨어지지 않으며 그 이상의 효용을 가지고 있다. 하지만 리조트마다 특성이 없고 획일적인 개발방식과 단순한 이용시설로 인해 건강 · 보양을 목적으로 하는 체류형보다는 단순경유형 숙박관광지로서의 역할밖에는 하지 못하고 있는 곳이 대부분이라 할 수 있다.

현재 우리나라의 온천은 각 지역적 특성이 반영되지 못하고 온천이 갖는 치료, 요양의 기능이 무시되어 공공이용을 위한 공간의 마련보다 영리추구를 위한 숙박시설, 식당, 유흥시설의 비대현상으로 숙박환락지로서의 성격이 크게 나타나는 등 많은 문제점을 야기하였다. 따라서 우리나라도 온천의 성분과 효능에 대한 체계적인 연구를 통해서 외국의 경우처럼 워터파크와 같은 레크리에이션시설과 함께 온천병원, 운동시설로서의 기능이 중심이 된 온천리조트의 개발이 필요하다.

현재 우리나라에서 온천리조트라고 분류할 수 있는 시설은 1979년에 개장한 부곡하와이와 한화리조트에서 운영하고 있는 설악리조트(워터피아), 아산 스파비스와 덕산의 스파캐슬 등이 있다.

〈표 12-7〉 온천리조트의 분류

분 류	특 징
자연형 온천관광지	온천수가 자연 그대로 용출되는 온천지
요양 및 휴양온천지	치료에 탁월하거나 숙박시설이 갖추어진 온천지
리조트형 온천지	숙박시설과 대규모 위락시설이 갖추어진 온천지

자료 : 유도재, 2006.

온천수를 이용한 리조트

1. 부곡하와이

경남 창녕군의 부곡온천단지 내에 위치한 부곡하와이는 1982년 3월 25일 개장한 건강지향형 워터파크이며, 종합휴양지로 개발된 대표적인 예이다. 처음에는 건강지향형 시설이 주를 이루었으나 점차 유희기능와 레저기능이 추가되어 현재는 4계절 워터파크로 운영되고 있다. 주요시설로는 160실의 숙박시설, 실내시설로는 수영장, 무대, 레스토랑 및 판매시설, 대정글탕, 야외시설로는 야외수영장, 야외무대, 동 · 식물원, 하와이 랜드, 양궁장, 바비큐장, 테니스장, 골프연습장 등을 갖추고 있다.

2. 설악워터피아

설악워터피아는 온천을 주제로 한 실내외 복합형 테마파크로서 기존의 콘도시설, 놀이공원 및 골프장 등과 연계해 리조트화한 예이다. 주요시설로는 동해바다를 바라보며 온천욕을 즐길 수 있는 노천탕을 비롯해 슬리아더, 파도풀, 유수풀 등과 벤치자쿠지, 버섯탕, 아쿠아포켓 등 운동과 오락을 동시에 즐길 수 있는 10종의 액션스파와 4레인의 야외수영장 등을 갖추고 있다. 특히 바위탕, 폭포탕, 연인탕, 동굴탕 등 수영복을 입고 온천욕을 즐길 수 있는 실외 스파레저는 어린이를 동반한 가족객들에게 인기가 높다.

3. 아산스파비스

수도권에서 1시간 내에 접근 가능한 아산스파비스는 국내 최초로 온천수를 이용한 수치료 입욕프로그램, 건강체크, 건강식단 등을 통하여 건강을 증진시키는 신개념의 테마온천으로서 수중운동 및 수치료를 할 수 있는 600여평 규모의 대형 실내 바데풀(bode pool) 시설이 있다. 이외에도 한방클리닉, 건강전문식당, 실외온천풀, 남녀대욕장, 23개의 이벤트탕과 노천탕 등 건물내 28개의 부대시설과 눈썰매장, 야외공연장, 피크닉장, 배드민턴장, 미니축구장 등 옥외부대시설 등이 있다. 특히 국내 최초의 동서양 협진병원인 한방클리닉에서 제공하는 입욕프로그램과 바데풀을 연계해 각 개인별 특성에 맞는 입욕프로그램을 제공하고 있다.

4. 덕산스파캐슬

덕산스파캐슬은 600년 전통의 덕산온천수(49℃)를 이용함으로써 4계절 연중 실내 · 외 스파 및 워터파크 시설을 모두 이용할 수 있다. 대체의학을 기반으로 마음과 정신의 자연적 치유를 촉진시키는 수십여 가지의 특화된 프로그램과 고급화된 서비스와 시설로 한국 최고의 워터파크를 지향하고 있다. 주요시설로는 실내스파에는 바데풀과 다양한 찜질방과 사우나를 갖추고 있으며, 노천스파에는 각종 놀이시설과 10여 가지의 이벤트탕을 갖추고 있다. 뷰티/헬스스파에서는 다양한 마사지와 대체의학을 기반으로 한 각종 테라피와 웰니스 프로그램을 제공하고 있다.

제3절 리조트개발의 문제점과 미래

1. 리조트개발의 문제점

(1) 대규모의 초기투자

리조트사업은 일반적으로 거대한 토지취득, 시설건설과 기반정비에 거액의 초기투자가 필요하기 때문에 자본력이 없으면 참여하기 어려운 자본참여 한계성을 가지고 있으며, 투하된 자본을 회수하는데 소요되는 기간이 다른 산업에 비하여 장기간 걸리게 된다. 따라서 참여가능한 기업도 자본력이 있는 소수의 대기업으로 국한될 수박에 없다. 공공과 민간이 공동개발을 하는 제3섹터방식의 개발도 가능하다.

따라서 입지선정시 토지가격을 고려하여 비교적 가격이 낮은 용지를 매입하도록 하여야 하며, 콘도미니엄, 골프장, 리조트맨션 등의 분양을 통해서 투자자금의 조기회수를 위해 노력해야 한다.

(2) 장기휴가보급의 곤란

휴일 · 휴가제도 특히, 유급휴가의 취득일수는 구미에 비해 상당히 기간이 짧고, 또한 유급휴가가 권리로서 충분히 인식되어 있지 않은 분위기에 있다. 그래서 우리나라에서는 장기휴가형 리조트 생활은 아직 보급되어 있지 않고 바캉스법과 같은 장기휴가에 관한 법적 조치가 취해지지 않는 한 정착하기까지에는 상당한 시간이 소요될 것이다.

(3) 계절성

리조트 이용수요는 생활품수요와는 달리 탄력성이 크며, 경제적 · 사회적 · 자연적 영향요인에 따라 내 · 외적 영향을 받는다. 그 중에서도 계절과 기후 등의 자연환경영향을 크게 받는다.

계절성에 의해 특정 시기에 수요가 집중하여 혼잡의 차가 격심하다. 특히 관광자원의 유무에 따라서 여름휴가와 스키시즌은 이용객이 많고 그 외의 비수기 때에는 아직 많은 문제가 도사리고 있다. 적어도 5~6개월간 완전가동이 보장되지 않는다면 연간을 통해서 이윤확보에 어려움이 있기 때문에 비수기 대책을 강구하는 것이 무엇보다도 중요하다.

따라서 리조트기업은 4계절 이용가능한 다양한 시설을 구비하여 안정적인 수요확보를 위해 노력해야 한다. 동계형인 스키장은 여름철에는 잔디썰매장 개장, 서바이벌 게임장, 수련회, 연수원 등으로 활용하고, 해양형의 경우에는 온천, 눈썰매장의 개장 등으로 겨울철 수요를 확보할 수 있다.

(4) 고가의 이용요금

아직 우리나라에서는 숙박 · 음식 · 교통비가 비싸다. 리조트 개발은 고급지향형이 많고 초기투자가 크고 인건비나 유지비가 비싸기 때문에 소비자에게 큰 부담이 주어진다고 볼 수 있다. 앞으로는 고령자나 대중지향의 저렴한 시설도 기대해야 할 것이다.

(5) 해외리조트와의 경합

해외 리조트의 경우 4계절 이용이 가능하고 가격 면에서도 비교적 싸고 해외체험을 할 수 있는 점, 면세점에서 쇼핑을 할 수 있는 것 등 이점이 많다. 특히 우리나라의 특성상(남북관계, 사계절이 뚜렷함) 해양관광지 개발이 미약하므로, 괌, 사이판이나 동남아시아 해양리조트와 경쟁이 예상된다. 또한 클럽메드(Club Med)과 같이 인적 서비스를 전면적으로 내세우며 소프트적인 면에서 상당히 중점을 두고 있다. 우리나라도 해외 리조트와 비교할 수 있는 매력을 갖추는 것이 중요하다.

(6) 시설의 획일성

우리나라는 국토가 좁아 지역 간에 지형 · 기후의 차이가 없기 때문에 리조트간의 특성을 찾기가 어렵다. 따라서 리조트는 지역의 장점을 살려 경쟁업체와 차별화된 독창적인 주제를 가져야 한다. 독창성을 가지기 위해서는 인간과 문화, 역사, 산업, 자연 등의 지역자원을 잘 활용해야 한다.

(7) 지역이해의 조정

리조트개발을 통해서 지역사회에 여러 가지 혜택을 주는 것도 사실이지만, 실제리조트의 개발에 있어서는 자연환경의 훼손, 물가 및 지가의 상승, 생활환경의 악화 등의 문제가 발생할 수 있으므로 지역 이해의 조정이 조화롭게 이루어질 수 있도록 지역주민과 협력해서 최대한 노력해야 한다.

2. 리조트의 미래

국민소득 수준이 향상되고 자유시간이 늘어나 가족단위의 레저생활이 보편화되어서 종합휴양지인 리조트에 대한 수요가 크게 늘어날 것으로 보인다.

수요측면에서는 레저패턴이 단순숙박 · 관광형에서 체류 · 휴양형으로 변화함에 따라 자연 속에서 숙박하면서 즐길 수 있는 대형 리조트 수요를 증가시키는 요인으로 작용하고 있다.

공급측면에서는 한화그룹이 2008년까지 4년간 3,226억원, 대한전선이 2015년까지 총 1조 5천억원의 자금을 리조트산업에 투자하기로 하는 등 대기업들이 관심을 가지고 적극 진출하고 있다.

리조트개발에 있어서도 현재까지는 산악형이 주종을 이루었으나 앞으로 우리나라가 3면이 바다인 지리적 여건으로 해안형 리조트 개발이 활기를 띨 것으로 보인다. 휴가철 장소 선호도에서 바닷가가 단연 1위를 차지하고 있다는 점에서도 개발 가능성이 있음을 알 수 있다.

다만, 환경문제가 심각하게 대두되어 생태환경을 중시하면서 자연을 훼손시키는 리조트 개발은 크게 제약을 받을 것으로 전망된다. 따라서 자연을 보호, 관리하면서 개발하는 생태중심의 리조트가 크게 늘어날 것으로 예상된다.

Tourism Business Management

제 13 장 관광쇼핑업

제1절 관광쇼핑업의 이해

1. 관광쇼핑업의 정의

오늘날 복잡 · 다양해지고 있는 관광활동에 있어서 쇼핑관광은 관광활동의 부수적인 역할이 아니라 필수분야의 관광활동으로 등장하여 독립적인 관광사업으로 자리잡아 가고 있다.

쇼핑관광이란 쇼핑을 주된 목적으로 하여 행하는 여행을 말한다. 그러나 쇼핑을 목적으로 하지 않더라도 어떠한 목적의 여행을 막론하고 거의 모든 여행자가 관광지에서의 쇼핑활동을 즐기고 있다는 사실을 고려할 때, 쇼핑관광을 '쇼핑을 주 목적으로 하는 여행'으로 제한하기보다는 '여행자가 그들의 욕구에 따라 관광지에서 물건을 구매하는 행위를 포함하여, 먹기, 구경하기 등 그 과정에서 부수적으로 일어나는 모든 행위'라고 볼 수 있다.

관광쇼핑업은 과거에는 관광객들에게 관광경험의 추억을 떠올릴 수 있는 토속적이고 향토색이 짙은 각종 특산물을 판매하는 토산품점, 기념품점을 의미했지만, 최근에는 이런 특산물위주의 관광기념품점에서 벗어나 1 · 2차 산업의 생산품을 판매하는 해당 지역민들의 일상생활권에 자리한 각종 판매업(쇼핑센터, 면세점, 직판장, 특산물매장, 재래시장 등) 모두를 의미한다.

현재 법적으로는 「관광진흥법」상의 관광객이용시설업 중 외국인전용기념품판매업과 「관세법」상에서 보세판매장만을 규정하고 있지만, 현실적으로 백화점, 이태원상가, 남대문시장, 동대문시장과 같은 재래시장 등은 외래관광객들이 즐겨찾는 쇼핑공간이 되고 있다.

2. 관광쇼핑상품의 이해

(1) 관광쇼핑상품의 정의

여행지에서 쇼핑을 할 때, 여행자들은 자신들이 사는 곳에서는 구하기 어려운 여행지의 특산품을 구입하기를 즐긴다. 따라서 관광객을 대상으로 하는 쇼핑품목 하면 향토특산품을 떠올리는 것도 바로 이러한 이유에서이다. 향토특산품은 풍토 · 입지조건에 크게 영향을 받고 그 지방에서만 생산되는 산물 또는 장소이동을 하여 가공 · 생산을 하면 그 특성 · 성분 · 품질 · 형질 · 가치 · 맛에 변화나 변질을 초래하여 상품가치가 현저히 떨어지는 산물을 의미한다. 이처럼 전통적 방식에 의해 국내 재료로 생산되는 제품을 일컫는 용어는 향토특산품 외에도 토산품, 농가공산품, 산업공예품, 전통공예품, 공예품, 특산품, 관광토산품, 관광기념품, 명산물 등 이루 헤아리기 어려울 만큼 다양하다.

그러나 최근 여행자들이 지역고유의 특산품이 아니라 해도 여행지에서 상품가격이 자신들의 거주지 가격보다 싸거나, 품질 또는 디자인이 우수한 경우에는 이를 구매하는 성향이 높아지고 있다. 결국, 소비시장 수요를 예견하고 대응하여 다양한 계층의 수요자의 욕구를 충족시키고 만족을 줄 수 있는 속성을 갖춘 산물이면 어떠한 형식에 구애받지 않고 쇼핑상품으로서 인정하는 것이 바람직할 것이다. 따라서 관광객이 구매하는 공산품뿐만 아니라 농수산품, 임산물(버섯, 산채 등), 향토음식도 훌륭한 쇼핑상품으로 자리잡을 수 있다.

따라서 쇼핑관광의 대상이 되는 쇼핑품목을 향토특산물에 제한하기보다는 수입품까지를 포함하는 모든 판매 가능한 물품으로 규정하는 것이 합리적이라고 할 수 있다.

(2) 관광쇼핑상품의 특성

관광객들이 관광지 방문 후 이를 기념하거나 추억을 되살리려고 지역특유의 기념품이나 특산품을 구입한다. 이는 이동불능의 무형재를 구입하는 관광을 구체화하려는 인간의 욕구 때문이다. 따라서 관광쇼핑상품은 일반상품과는 다른 특성을 가지게 된다.

① 국민적 색채가 풍부하게 담겨 있고, 민족문화를 배경으로 한 예술적 가치가 있어야 한다. 타국가나 타 지역에서 볼 수 없는 것으로 관광쇼핑상품에 자국의 전통성이 담겨 있어야 한다.

② 견고하고 부피가 작으며, 휴대가 편리해야 한다. 오늘날 시대의 흐름은 동·서양 구별없이 국제화로 품질이 견고하고, 고급스러운 것을 찾으며, 여행 시 휴대가 편리하도록 상품이 소형인 것을 선호하는 추세이므로 이에 맞는 감각이 필요하다.

③ 관광객기호를 충족시켜야 한다. 국가별·성별·연령별·학력별·소득별 등의 관광객의 특성으로 인해서 관광쇼핑상품의 기호가 제각기 다양하기 때문에 각 시장층에 맞는 다양한 상품개발을 해야 한다.

④ 운송이 용이한 포장이어야 한다. 미관상 아름다우나 파손의 우려가 있는 포장이라면 구입을 선뜻 원하지 않을 것이다. 포장 시에는 내용물의 형태와 품질보존의 여부, 포장재료는 안전하고 튼튼한가의 여부 등을 고려해야 한다.

⑤ 가격의 합리적이며 적절해야 한다. 구매자는 값이 저렴하고 품질이 높은 상품을 찾는다. 그러므로 생산자는 양질의 상품을 저렴하게 생산하는 방안을 강구해야 한다.

⑥ 오래 보존할 수 있어야 한다. 관광쇼핑상품을 사는 가장 큰 이유는 상품을 통해서 관광경험을 회상하고자 다른 사람들과 자신의 경험을 공유하고자 하기 때문이다. 따라서 관광쇼핑상품은 견고해서 오랜 기간 동안 보존할 수 있어야 한다.

3. 관광사업에 있어서 관광쇼핑의 위치

쇼핑은 이제 더 이상 관광의 부수적 행위가 아니라 숙박이나 볼거리 등과 대등하게 관광객들의 주요 활동의 하나이다. 관광객들은 관광지를 선택할 때 그 곳에서 좋은 물건을 살 수 있는지, 또 여행지에서 구입한 물건들의 품질이나 가격 등이 신뢰할 수 있는 것인지 따위에 대해 점점 더 많은 관심을 보이고 있으며, 여행에서 돌아온 후 여행경험을 판단할 때에도 쇼핑경험이 여행지의 이미지 형성에 큰 영향을 미친다.

한 나라가 관광국으로서 얼마나 성공적으로 성장하였는지를 측정하는 방법 중의 하나가 쇼핑부문 및 유흥오락부문의 지출규모나 비중을 살펴보는 것이다. 관광객들의 지출은 일반적으로 크게 교통비(항공료 제외), 숙박비, 음식비, 쇼핑비, 유흥비로 나뉜다. 이 가운데 교통비, 숙박비, 음식비는 '하드웨어'라고 불리고 쇼핑비와 유흥비는 '소프트웨어'라 불리는데, 그 이유는 교통비, 숙박비, 음식비의 지출은 불가항력적이어서 쇼핑비나 유흥비와는 달리 그 지출이 탄력적이지 못하기 때문이다. 하드웨어의 판매는 먼저 대규모의 투자를 요구하고 수입에 있어서는 그 증가가 매우 제한적인 것은 관광산업에 있어서도 다른 산업과 마찬가지이다. 반면, 소프트웨어의 판매는 하드웨어처럼 대규모의 투자를 하지 않고도 아이디어만으로도 상품의 개발이 가능하며 그 수입도 거의 무한대로 증가시킬 수 있다.

중국이나 일본 그리고 동남아 여러 나라들과 비교하여 관광매력에 있어서 그다지 우월한 위치를 점하지 못하고 있는 우리나라의 관광산업 경쟁력을 감안해 볼 때, 쇼핑 및 유흥비 지출이 차지하는 중요성이 더욱 크다고 하겠다.

제2절 관광쇼핑업의 현황

1. 쇼핑관광의 현황

우리나라의 쇼핑관광은 관광산업의 발전과 함께 꾸준히 발전하여 왔다. 현재 우리나라가 쇼핑을 통해 벌어들이는 외화는 관광수입의 중요한 부분을 차지한다. 우리나라를 찾는 외래관광객들의 쇼핑품목, 쇼핑장소, 쇼핑금액 등의 현황을 살펴보면 다음과 같다.

(1) 쇼핑품목

1960년대에는 인삼, 도자기, 칠보, 나전칠기, 수예품, 목공예품 등 주로 전통 공예품이 외국인들에게 인기있는 품목이었으며, 1970년대에는 기존의 전통토산품 외에 자수정과 인형, 완구, 의류(기성품, 양복) 등이 인기를 얻었다. 1980년대에 들어서자 전통토산품 외에도 귀금속 및 보석류와 공산품 그리고 식품 등 외국인의 쇼핑대상 품목이 다양화되기 시작하였는데, 외국인들이 선호하였던 귀금속 및 보석류로는 금은세공품, 옥돌공예품, 자수정 등이 있었고, 공산품으로는 의류, 신발, 피혁제품, 모피 등이, 식품으로는 건어물, 김치 등이 많이 팔리기 시작하였다. 1990년대 들어서는 의류나 김치 등의 상품이 급격한 인기를 얻으면서 외국인 대상 판매품목 가운데 상위권을 차지, 향후 유망품목으로 떠오르게 됨에 따라 인삼을 제외하고 거의 모든 전통토산품은 외국인들의 주요 쇼핑대상 품목에서 10위권 밖으로 밀려났다.

한국관광공사가 2005년 실시한 '방한 외국인 쇼핑실태조사'에 따르면, 외국인 관광객의 주요 쇼핑품목은 김/건어물, 김치/장류 등 '한국 식료품'이 28.9%로 가장 많은 비중을 차지했으며, 다음으로는 '의류(12.2%)', '인삼/차/한약재(12.2%)', '전통민예품 · 기념품(10.1%)' 등으로 나타났다. 국가별 쇼핑품목은 일본은 '김/건어물(21.0%)', '김치/장류(14.3%)' 등 식료품이 상위를 차지하여, 상대적으로 한국 음식에 익숙한 일본인들이 식료품을 많이 구매하는 것으로 나타났다. 구미(歐美)의 관광객은 '전통민예품/기념품(20.3%)', '의류(16.6%)' 등으로 한국적 특색을 지닌 '전통기념품'이나 상대적으로 가격과 품질이 우수한 '의류'에 대한 구매가 높은 특징을 보이고 있다. 중화권 관광객은 '인삼/차 · 한약재(22.3%)'를 가장 많이 구매하여 우리나라의 인삼이나 차 등에 대한 선호도가 높은 것을 알 수가 있다.

〈표 13-1〉 국가별 쇼핑품목

국가별	1순위	2순위	3순위	4순위	5순위
일 본	김/건어물 (21.0)	김치/장류 (14.3)	피혁/신발류 (11.9)	향수/화장품 (10.0)	기타 식료품 (9.6)
구미주	전통민예품/기념품 (20.3)	의류 (16.6)	술/담배 (10.7)	피혁/신발류 (9.3)	보석/ 안경/ 액세서리 (8.2)
중화권	인삼/차/한약재 (22.3)	기타 식료품 (14.3)	의류 (13.0)	향수/화장품 (9.5)	전통민예품/기념품 (9.0)

자료 : 한국관광공사, 방한외국인 쇼핑실태조사, 2005.

(2) 쇼핑장소

우리나라의 특별한 쇼핑매력이 세계에 알려지기 시작한 것은 1978년 PATA 총회, 1983년 ASTA 총회의 서울개최를 통해서였다. 그 이전에는 외국인들의 쇼핑장소는 주로 공항면세점이나 관광기념품점이 고작이었다. 그러나 당시 회의에 참가했던 여행업 관련자들을 통해 이태원 상가, 인사동 골동품상가, 남대문시장 등 독특한 매력을 지닌 한국의 시장이나 쇼핑상가들이 전 세계에 알려지기 시작하였고, 이후 이들 지역은 한국관광 하면 빼놓지 않고 떠오르는 명소가 되었다. 공항면세점이나 관광기념품점에서의 쇼핑이 단순히 쇼핑목적만을 만족시키는 무미건조한 것인 것과는 달리 이태원, 인사동, 남대문시장 등에서의 쇼핑은 쇼핑을 하면서 동시에 세계 어느 곳에서도 찾아 볼 수 없는 한국에서만의 독특한 경험을 즐길 수 있다. 공항면세점이나 관광기념품점에서의 쇼핑을 위해 한국으로의 여행을 결심하는 경우는 거의 없다고 볼 수 있지만, 한국의 독특한 매력을 듬뿍 가지고 있는 이들 지역에서의 쇼핑은 외국인들의 한국여행을 유인할 수 있는 좋은 요소로 작용한다는 점을 감안할 때, 이들 지역의 인기는 매우 바람직한 것이라 볼 수 있다.

1980년대 중반 이후 공항면세점을 이용하는 외국인의 구성비는 상대적으로 계속 줄어들고 있는 반면, 남대문시장, 동대문시장, 인사동 등의 재래시장과 백화점의 이용률은 계속해서 늘어나고 있다. 1980년대 중반에는 쇼핑장소가 공항면세점에 집중되었던데 비해, 2005년도에는 그 선호도가 공항면세점(25.5%), 백화점(15.5%), 시내면세점(15.1%), 할인점(8.8%), 동대문시장(8.4%), 남대문시장(8.2%), 이태원 시장(4.4%) 등의 순으로 다양화되고 있는 것으로 나타났다. 특히 백화점, 남대문시장, 동대문시장, 인사동, 일반상가의 이용률은 매년 꾸준하게 증가하고 있음을 알 수 있다. 이는 쇼핑시설 및 쇼핑자원의 증가 및 다양화에 따라 외국인들을 유인할 쇼핑매력이 다양화되고 있는 바람직한 현상으로 볼 수 있다.

국가별 쇼핑장소를 살펴보면, 전체적으로 면세점 및 백화점이 주류를 이루는 가운데 타 국가에 비해 구미주는 '이태원시장', 중화권은 '동대문시장' 이용률이 상대적으로 높게 나타났다.

〈표 13-2〉 방한 외국인 국가별 쇼핑장소

국가별	1순위	2순위	3순위	4순위	5순위
일 본	공항면세점 (22.6)	시내면세점 (18.8)	백화점 (17.3)	할인점 (8.9)	남대문시장 (8.4)
구미주	공항면세점 (29.5)	백화점 (12.5)	이태원시장 (10.9)	할인점 (7.8)	남대문시장 (6.1)
중화권	공항면세점 (25.4)	시내면세점 (19.0)	백화점 (15.9)	동대문시장 (14.3)	할인점 (10.7)

자료 : 한국관광공사, 방한외국인 쇼핑실태조사, 2005.

(3) 쇼핑금액

2005년도 방한 외국인의 1인당 평균 쇼핑금액은 317달러였으며, 국가별로는 중화권 387달러, 일본 271달러, 구미주 266달러로 중화권 관광객은 씀씀이가 큰 반면, 일본이나 구미주 관광객은 상대적으로 알뜰한 쇼핑행태를 보이고 있다.

〈표 13-3〉 외국인 관광객 1인당 쇼핑금액

국가별	중화권	일본	구미주	전체
쇼핑금액	387$	271$	266$	317$

자료 : 한국관광공사, 방한외국인 쇼핑실태조사, 2005.

쇼핑 품목별 평균 구입액을 살펴보면, 인삼/차/한약재 구입금액이 352달러로 가장 높았으며, 다음으로는 전자제품 291달러, 피혁/신발류 279달러, 의류 210달러 등의 순으로 나타났다. 인삼/차/한약재는 1인당 쇼핑금액이 가장 높은 중화권 관광객이 제일 많이 구매하는 품목으로 전체 품목 중 가장 높은 구입액을 보였으며, 다음으로 전자제품, 피혁/신발류 등 구입단가가 높은 공산품들의 구입액이 높은 순위를 나타내고 있다. 한편, 일본인이 가장 많이 구입한 김/건어물, 김치/장류 등 식료품은 쇼핑 단가가 낮아 품목별 구매순위가 11~12위에 머물렀다.

〈표 13-4〉 외국인 관광객 1인당 쇼핑금액

순 위	1위	2위	3위	4위	5위	6위
구입품목	인삼/차/한약재 (352)	전자제품 (291)	피혁/신발류 (279)	의류 (210)	보석/액세서리/안경 (180)	향수/화장품 (107)
순 위	7위	8위	9위	10위	11위	12위
구입품목	전통민예품/기념품 (101)	식료품 (71)	술/담배 (59)	기타품목 (55)	김치/장류 (47)	김/건어물 (39)

자료 : 한국관광공사, 방한외국인 쇼핑실태조사, 2005.

2. 관광쇼핑업의 현황

한국 방문 외래객들이 선호하는 쇼핑장소는 공항면세점에서 벗어나 남대문시장, 동대문시장, 인사동 등의 재래시장과 백화점 등으로 다변화되고 있다.

(1) 면세점

면세점은 관광객들이 해외여행을 하는 동안 물건을 구매하는 첫 번째 장소와 마지막 장소가 되는 중요한 곳이다. 우리나라에서는 외국인 관광객의 쇼핑편의를 제고하고 효과적인 외화획득을 위한 제도로 각종 면세제도를 시행하고 있다. 면세제도에는 사전면세제도와 사후면세제도가 있다. 사전면세제도는 물품구입시 세금이 이미 면세되어 있는 제도로서 보세판매장과 관광기념품판매장이 있으며, 사후면세제도는 물품구입시 세금이 포함된 가격으로 구입하고 해당 세액을 사후에 환급받는 제도로서 사후면세판매장이 이에 해당된다.

〈표 13-5〉 보세 판매장 및 내국인 면세점 현황

구 분	업체명	주 소
외교관	한국보훈복지의료공단	서울 서초구 반포동 723-26
시내 (10)	동화면세점	서울 종로구 세종로1가 211-1
	호텔롯데	서울 중구 소공동 1
	호텔신라	서울 중구 장충동2가 202
	롯데월드	서울 송파구 잠실동 40-1
	SK네트웍스워커힐	서울 광진구 아차성길 175
	AK리테일	서울 강남구 삼성동 159코엑스
	호텔롯데 부산	부산 부산진구 부전동 503-1
	파라다이스 부산	부산 해운대구 중동 1128-78
	호텔롯데 제주	제주 서귀포시 색달동 2812
	호텔신라 신제주	제주 제주시 연동 252 20
출국장 (17)	한국관광공사 인천공항	인천 중구 운서동 2851
	호텔신라 인천공항	인천 중구 운서동 2851
	호텔롯데 인천공항	인천 중구 운서동 2851
	AK글로벌 인천공항	인천 중구 운서동 2851
	AK글로벌 김포공항	서울 강서구 방화동 712-1
	한국관광공사 인천항1	인천 중구 항동 7가 1-2
	한국관광공사 인천항2	인천 중구 항동 7가 1-2
	한국관광공사 부산항	부산 중구 중앙동4가 15-4
	호텔롯데 김해공항	부산 강서구 대저2동 2350
	호텔롯데 제주공항	제주도 제주시 용담2동 2002
	파라다이스부산 대구공항	대구 동구 지저동 400-1
	한국관광공사 평택항	경기도 평택시 포승읍 만호리 570
	한국관광공사 청주공항	충북 청원군 내수읍 입상리 산5-1
	한국관광공사 군산항	전북 군산시 소룡동 1-8번지
	한국관광공사 무안공항	전남 무안군 망운면 피서리 71번지
내국인 (4)	JDC 제주공항	제주 제주시 용담2동 2002
	JDC 제주항1	제주 제주시 건압동 918-31
	JDC 제주항2	제주 제주시 건압동 918-1
	JDC 시내(ICC)	제주 서귀포시 중문동 2700
계	30개	

자료 : 문화체육관광부, 2012년 기준 관광동향에 관한 연차보고서, p. 102.

사전면세제도 중 대표적인 보세판매장과 사후면세점 운영현황을 살펴보면, 2009년 12월 말 현재 외교관 판매점 1개, 시내 판매점 10개, 출국장 판매점 16개, 제주 내국인 면세점이 3개 등 총 30개의 면세점이 운영 중에 있다.

〈표 13-6〉 외교관 · 시내 · 출국장 · 면세점 이용현황 및 구매실적

(단위 : 천 명, 천달러, %)

구 분			내국인	구성비	외국인	구성비	계
외교관·시내·출국장면세점	인원	2005	11,864	75	3,876	25	15,740
		2006	14,462	82	3,183	18	17,645
		2007	16,352	85	2,927	15	19,279
		2008	13,616	74	4,772	26	18,388
		2009	10,530	56	8,373	44	18,903
	금액	2005	1,142,018	56	880,982	44	2,023,000
		2006	1,584,063	67	784,353	33	2,368,416
		2007	1,881,722	71	755,572	29	2,637,294
		2008	1,558,859	59	1,083,400	41	2,642,259
		2009	1,213,105	43	1,589,805	57	2,802910
제주내국인면세점	인원	2005	1,672	97	45	3	1,717
		2006	1,859	97	53	3	1,912
		2007	1,907	98	44	2	1,951
		2008	2,006	98	33	2	2,039
		2009	2,324	98	37	2	2,361
	금액	2005	147,039	98	2,775	2	149,814
		2006	186,762	98	3,489	2	190,251
		2007	206,871	98	3,381	2	210,252
		2008	214,241	99	2,532	1	216,773
		2009	228,631	99	2,898	1	231,529

자료 : 문화체육관광부, 2009년 기준 관광동향에 관한 연차보고서, p. 96.

사후면세판매장이란 우리나라를 찾은 외국인 관광객이 물건을 구입하고 물품대금에 포함되어 있는 부가가치세와 특별소비세를 환급받을 수 있는 사후면세제도가 적용되는 쇼핑시설로 2009년 12월 말 현재 전국에 2,629개 업체가 운영 중에 있다.

〈표 13-7〉 연도별 사후면세 판매장 현황

(단위 : 개)

구 분	2003	2004	2005	2006	2007	2008	2009
판매장 수	1,321	1,876	2,126	2,006	2,208	2,208	2,629

자료 : 환급창구운영사업자 : (주)글로벌리펀드코리아 1,919개, (주)텍스프리코리아 710개.
문화체육관광부, 2009년 기준 관광동향에 관한 연차보고서, p. 97.

(2) 백화점

외국인들의 쇼핑장소 중 면세점 다음으로 선호도가 높은 곳이 백화점이다. 도심에 위치하고 있어 교통이 편리하고 시내호텔들과도 인접하여 이용하기 편리한 대형 백화점들을 이용하는 외국인 관광객이 증가하고 있다. 이러한 추세에 대응하기 위해 백화점에서는 한국의 특산품 외에도 세계적으로 유명한 브랜드의 다양한 제품을 구입하려는 외국인 쇼핑객을 위해 매장에 영어나 일어 등 외국어에 능통한 직원을 새로 배치하여 외국인 손님의 쇼핑을 돕고 있다.

(3) 재래시장 및 쇼핑센터

우리나라를 방문하는 외래관광객들이 증가하고 여행에 대한 정보가 많이 알려지게 되면서 관광기념품의 구매장소가 전통적인 토산품판매점을 벗어나 현대적 시장으로 확대됨과 동시에 선호품목도 민예품, 공예품 위주에서 탈피하여 일반 공산품, 의류, 피혁류 등이 인기상품으로 부상하게 되었다. 현대적 시장구조를 갖추고 여러 가지 종류의 질 좋은 상품을 값싸게 구매할 수 있는 장소와 기회가 주어짐에 따라 단조롭고 제한된 토산품(공예품, 민예품)보다도 공산품 형태의 상품을 더 많이 찾는 여건을 조성하게 된 것이다.

재래시장 중 이태원 상가, 동대문시장, 남대문시장은 관광특구로 지정되어 있으며, 최근에는 명동지역도 많은 외국인들이 찾고 있다.

(4) 관광기념품점

관광기념품점이라 함은 외국인 관광객의 쇼핑편의를 제공하고 효과적인 외화획득을 도모하고자 관광지 주변에 설치된 기념품점을 의미한다. 2006년 현재 한국관광공사에 등록된 관광기념품점은 총 28개 업체가 있다.

〈표 13-8〉 관광기념품점 현황

순 위	명 칭	주요 판매품목	위 치
1	이승복기념관휴게소	계방산 일대 토산품 및 기념품	강원 평창군
2	평화의댐 안보관 휴게실	기념품	강원 화천군
3	원주가평잣집	잣	경기 가평군
4	에버랜드 기념품판매장	캐릭터상품 및 기념품 매장, 필름 · 카메라매장, 생활용품	경기 용인시
5	한국도요	도자기	경기 이천시
6	경도관광기념품점	토산품	경북 경주시
7	신라민예사	민예품	경북 경주시
8	봉화태백산특산물직판장	농산물, 잡곡류	경북 봉화군
9	한국관광명품점 안동점	관광기념품	경북 안동시
10	한국관광명품점 포항점		경북 포항시
11	한국민속식품	식품류(김치, 젓갈, 인삼, 초콜릿, 한과, 건어물, 해산물), 민예품	부산 강서구
12	앤	자수정, 가방, 인삼, 티셔츠, 란제리, 스카프, 김치, 액세서리, 민예품 등	부산 중구
13	조수정 한지 그림 갤러리	스카프, 넥타이, 쿠션, 손수건, 핸드백 등	서울 강남구
14	새마을관광식품	김치, 돌김	서울 강서구
15	서아통상	토산품, 인삼제품	서울 마포구
16	한국관광명품점	관광기념품(칠기, 자수 공예품 및 도자기 등)	서울 종로구
17	강화토산품판매장	화문석, 화방석, 꽃삼합, 접자리 벼게, 자동차시트	인천 강화구
18	고창 전통자수 전시 판매장	전통자수, 전통공예품, 특산품, 선물용품	전북 고창군
20	남곡 민속 도자기	도자기	전북 김제시
21	남원시 농특산물 전시판매장	남원 특산품	전북 남원시
22	장암전통문화예술촌	벼루(Inkstone)	전북 장수군

순 위	명 칭	주요 판매품목	위 치
23	전주공예품전시판매관	합죽선, 태극선, 목공예품, 석공예품, 왕골가방, 칠기상, 제기, 돗자리	전북 전주시
24	전북인삼농협	수삼, 건삼, 표고, 더덕, 산나물 등	전북 진안군
25	한림공원(다화원 휴게소)	한림공원 기념품, 제주토산품, 캐릭터상품, 필름, 생활용품	제주 북제주군
26	한림공원(쌍용각 휴게소)	한림공원 기념품, 제주토산품, 캐릭터상품, 필름, 생활용품	제주 북제주군
27	(주)한국기념품백화점	토산품	제주 제주시
28	풍산백화점	자수정 가공 · 판매, 일반기념품	제주 제주시

자료 : 서태양 외, 국제관광쇼핑론, 기문사, 2006.

제3절 관광쇼핑업의 활성화 방안

관광산업중 쇼핑관광의 중요성도 더해졌다. 예전에는 관광에서 일어나는 부수적인 활동으로만 여겼으나, 이제는 관광의 주목적이 쇼핑인 경우가 늘고 있고, 쇼핑을 하기 위해 해외여행을 하는 경우도 많다. 이제 쇼핑관광은 지역경제, 나아가 국가경제 활성화의 중요하고도 효과적인 수단으로 인식되고 있다. 관광쇼핑업의 문제점과 이를 해결하기 위한 활성화를 위해서 몇 가지 방안을 제시하면 다음과 같다.

1. 관광쇼핑업의 문제점

관광쇼핑업은 생산업체와 판매업체 모두가 영세하여 전근대적인 생산과 경영방식으로 외래수요의 증가와 외래객의 욕구변화를 따라 가지 못하고 있는 실정이다. 우리나라 관광쇼핑업이 당면하고 있는 문제점들을 생산업체의 문제점과 판매업체의 문제점으로 나누어 제시하면 다음과 같다.

(1) 관광쇼핑상품 생산업체의 문제점

① 영세한 생산시설

현재 관광쇼핑업체들은 가내수공업, 가족기업, 단위조합을 통한 협동생산, 농어촌의 유휴노동력, 미숙련기능보유자, 고령노동인력 등에 의존하고 있으며, 이러한 생산구조의 기업형태로는 우수한 상품생산을 기대하기 어려운 실정이다. 품질개량, 디자인 개선, 생산규모의 확대 등을 위한 자본 영세성, 생산자금 차입에 있어서 낮은 담보능력, 전문기능인 부족, 시장개척 부재 등은 관광쇼핑산업의 발전에 커다란 저해요인이 되고 있다.

② 특색있는 기념품 및 디자인개발 미흡

기념품은 그 지방의 특색있는 재료와 기술로 개발되어야 하나, 거의 모방에 의존한 제품 일색으로 관광객의 흥미를 유발시키지 못하고 있다. 기념품은 한국적인 것일수록 좋은 것인데, 중국풍 또는 서양풍의 제품같이 보이는 기념품이 많고, 한국적 특색있는 다양한 기념품이 적다. 한편, 동일제품이라도 디자인 여하에 따라 제품의 가격을 올릴 수 있으며 관광객들의 구매욕구를 불러일으킬 수 있으나 관광지의 기념품은 천편일률적이다.

③ 조잡한 품질

우리나라의 기념품은 끝마무리의 미숙, 도금처리의 미흡, 값싼 원료, 색상의 부조화, 부실한 포장, 우수기념품의 홍보 미흡, 일부품목의 고가 등이 제품의 이미지를 저하시키고 있다.

④ 부실한 포장

일반적으로 포장의 기능은 상품보호기능과 판촉기능의 두 가지를 내포하고 있다. 견고하면서도 제품별 특성에 맞는 색상이나 모양이 우수한 포장용기는 상품의 부가가치를 높여주는 역할을 한다. 그러나 우리나라 기념품의 경우 상품의 보장상태가 극히 부실할 뿐만 아니라 포장용기나 포장상자 및 포장물의 재질이 비교적 저질제품으로 제품의 이미지를 떨어뜨리고 있다.

(2) 관광쇼핑판매업체의 문제점

① 판매업체의 영세성

관광쇼핑상품 판매업체들은 일부 호텔 등의 거대자본에 의한 면세점 외의 대부분의 관광기념품이나 토산품판매점들은 자본과 조직에 있어 매우 영세적이다. 이러한 약점은 대부분 유통단계의 구조적 특성에서 오는 거래규모의 영세성이나 관광기념품 자체의 특수성에 기인한다. 대부분의 관광기념품 판매업체들의 대부분이 연간 5,000만원 미만의 매출액과 2~3명의 종사원을 고용하고 있다. 이러한 영세성은 경영부진과 홍보부족을 초래하여 수지균형의 악화를 초래하고 있다.

② 업체의 난립

외국인 관광수요의 증가로 급증하게 된 관광기념품이나 토산품점 등의 관광쇼핑업체들은 불법업체들이 난립하여 거래질서를 문란시키고 관광객에게까지 심각한 피해를 끼치고 있다. 이들 업체들은 불량상품을 팔거나 부당요금을 받고 불친절한 서비스를 제공하는 등의 횡포가 심해 한국관광의 이미지를 흐리게 하고 있다. 이들 대부분 업체들이 영세하여 각 지역 간에 산재된 동업자들끼리도 고객을 유치하기 위하여 무리한 저가경쟁으로 인하여 무질서한 거래가 이루어지고 있는 것이다.

③ 가격체계의 불합리

외래관광객이 관광기념품구입시 불편사항으로 제기하는 사항 중 하나가 '가격' 문제이다. 현재 정확한 생산원가계산이 정착되지 않은 채 생산자가 임의로 정하는 가격 또는 상인들이 정당한 근거제시도 없이 일방적으로 정하는 시세에 따라 정해진다. 동일한 제품이라도 판매장소, 출하시기, 거래당사자의 차이에 따라 일관성이 없는 가격이 형성되며, 상거래 관습이나 정당한 거래관계에서 이루어지는 가격결정이 아니라 불공정한 거래환경에서 맺어지는 가격체계가 지배적이다.

이러한 문제들 외에도, 외국인을 주 고객으로 하는 관광기념품점들 중 몇 개 대형업체를 제외하고는 여행사에서 유치 알선하는 단체관광객에의 의존하고 있다. 이런 업체들은 여행사에게 쇼핑알선수수료를 제공하기 위해 시중보다 비싼 가격을 설정하여 관광객들의 불신을 사고 있다. 그리고 여행사들도 쇼핑알선수수료를 위하여 관광객들이 선호하는 재래시장이나 백화점보다는 이런 관광기념품점으로 관광객들을 유도하고 있어 외래관광객들의 불만의 대상이 되고 있다.

2. 관광쇼핑업의 활성화 방안

관광쇼핑업이 활성화되기 위해서는 한국을 대표할 수 있는 쇼핑상품의 개발이 우선되어야 할 것이다. 그리고 이러한 상품을 만들 수 있는 전문인력을 양성하고 제작된 상품을 전시 · 판매할 수 있는 시설의 설립 더불어 품질의 엄격한 관리를 위한 인증제도의 도입이 필요하다. 그리고 쇼핑관광객을 증가시키기 위해서는 이벤트 개최와 철저한 사후관리제도의 도입이 필요하다.

(1) 상징적인 관광쇼핑상품의 개발

훌륭한 브랜드는 무명상품을 유명하게 만들 수 있다. 관광객의 구매촉진을 위해서 광고 못지않게 시장성이 높은 상품마다의 고유 브랜드가 개발 · 사용되어 널리 신뢰성을 심어주는 것이 필요하다. 세계 유명관광상품에서 볼 수 있듯이 관광시장에 소개되는 상품들은 브랜드를 보면 구매충동을 느끼게 하고, 그 상품의 품질을 믿게 된다. 따라서 우리나라를 대표할 수 있는 독특한 상품을 개발하고 매력적인 이미지를 부여함으로써 고유의 브랜드를 개발 · 홍보하여 전 세계에 널리 알려야 한다.

우리나라에는 주요 경쟁국들보다 비교우위에 있는 쇼핑관광자원들이 있다. 인삼, 도자기, 나전칠기 · 목각제품의 특산물 외에도, 섬유나 의류, 피혁제품, 반도체, 신발류 등은 품질이나 혹은 가격에서 경쟁력이 있는 상품이거나, 잠재력이 있는 상품들이다. 이러한 제품들이 유통되는 쇼핑시설로서 남대문시장, 동대문시장, 이태원상가, 용산전자상가, 테크노마트 등은 이미 상당한 인지도를 확보하고 있기 때문에 새로 대형 쇼핑센터를 건립한다던가 하는 노력없이도 기존에 형성되어 있는 시장을 중심으로 쇼핑관광 상품화하는 것이 필요하다.

싱가포르나 홍콩의 쇼핑시설은 주로 대형 쇼핑몰이나 쇼핑센터, 아케이드 등의 쇼핑시설로서 수입된 외국브랜드 상품들이 많은 것과 비교할 때, 우리의 재래시장은 충분히 비교우위가 될 수 있는 장점을 갖고 있다.

(2) 전문 인력의 양성

관광상품의 질적 수준 향상을 위해서는 제품의 생산에 필요한 전문기능 인력의 양성 및 관리가 무엇보다 중요하다. 특히 우리나라 전통공예기술의 전승·발전을 위해 전문교육기관을 마련, 전통공예에 대한 전반적인 이해와 전문과정을 이수한 후 보유자로부터 이수과정을 밟게 함으로써 이론과 실제를 겸한 전문가 양성이 이루어지도록 해야 할 것이다. 그리고 이러한 전수회관의 전수교육이나 상설판매장을 널리 알려 교육과 전시, 판매활동이 활성화되도록 함으로써 우리 전통공예의 보존과 계승에 기여할 수 있다. 그리고 각 대학의 공예과, 산업디자인과 등 공예관련학과를 전공한 우수한 인적자원이 관광기념품업계에 진출하여 공예산업이 발전할 수 있도록 실질적인 산학협동이 활성화되어야 한다.

(3) 품질인증제도의 도입

앞에서 우리나라 관광상품의 문제점 중 가장 심각한 것이 질 낮은 모조품의 양산 및 대량유통을 들 수 있겠다. 값이 싸다고 허술하게 만들면 바로 그 점 때문에 우리 공예품에 대한 경제적 손실 이상의 손실을 입게 되는 것이다.

정부나 지방자치단체 등에서 품질과 성능의 검증을 통하여 합격한 제품에 대하여 품질보증을 하는 '공예품품질인증제도'를 적극 활용하여 생산업체간 선의의 경쟁을 유도, 품질향상을 도모할 수 있게 될 것이다. 이러한 우수공예품 인증과 함께 국내의 여러 품질인증제도, KS마크, Q마크, GD마크 등에 대한 홍보도 필요하다. 엄격한 심사를 거쳐 품질인증을 실시하고, 이에 합격한 제품들은 일정한 품질이나 디자인 수준을 충족시키는 것이므로, 상품에 대한 적극적인 홍보로 쇼핑관광에 연결시키도록 하는 것이 필요하며, 일단 이러한 인증을 받은 제품에 대해서는 사후관리를 철저히 하여 제품의 불량 등으로 인한 이미지 손실을 방지하는 장치가 마련되어야 한다.

(4) 종합 공예단지 및 관광기념품 센터 설립

우리나라 관광기념품산업은 영세한 업체가 대부분으로 제품의 생산뿐 아니라 판로 개척에 직접 나서야 하는 등 생산과 판매의 이중고 속에서 전문적인 경영이 이루어지기 힘든 실정이다. 업체들이 우수한 제품의 생산에만 전념할 수 있도록 종합공예단지나 관광기념품 센터 등을 설립해서 전국 각 지방의 특색이 있는 관광기념품, 공예품을 한자리에 모아 전시 · 판매함으로써 관련업체들의 판로를 확보해 주는 한편, 한국 전통문화의 이해와 대국민 인식을 제고하는 교육의 장으로도 활용하고 각종 한국 관광안내 카탈로그에 게재하는 등 국내외에 홍보하여 외국인 관광객의 필수코스로 자리잡게 만들어야 한다. 이러한 시설로 "무형문화재 전시관", "명장전시관"을 예를 들 수 있다.

(5) 쇼핑관련 이벤트 개최

싱가포르에서는 외국인 관광객 유치활동의 일환으로 매년 대바겐 세일 행사를 개최하여 관광수입에 큰 기여를 해왔다. 태국은 Amazing Thailand Grand Sale을 실시하는데, 이 기간 중 방콕시내의 호텔들은 세일기간에 맞춰 특별요금으로 객실을 제공한다.

우리나라는 1999년부터 실시한 '코리아 그랜드 세일' 캠페인을 지자체로 행사를 이관하여 'Hi Seoul Grand Sale' 및 'Busan Grand Sale' 등으로 변경 · 실시하고 있다. 'Hi Seoul Grand Sale'은 백화점, 면세점, 호텔 등 약 5,000개 업체에서 5~70%의 가격할인 및 'Hi Seoul Festival'의 '한류의 밤, 세계의 소리, 세계의 빛, 8도 대동민속놀이' 및 각종 공연행사를 실시하여 외국인들에게 방문동기를 부여하고 볼거리를 제공하고 있다.

이러한 행사가 성공하기 위해서는 쇼핑과 직접 관련된 업계(백화점, 면세점, 쇼핑센터, 대형상가, 기념품점 등)는 물론이거니와 호텔이나 항공사, 여행사, 더 나아가 카드사 등과의 공동 마케팅도 중요하다. 쇼핑과 관련된 다른 분야에서의 각종 편의 제공이나 할인율 적용 등으로 행사의 시너지효과를 높일 수 있어야 한다.

(6) 엄격한 사후관리

내외국인의 관광관련 불편신고 사항에서 나타난 주요 문제점에 대한 개선 방향을 제시하여 관광관련 업계의 자율적인 불편해소방안을 강구하고 서비스 개선을 유도하기 위해 1977년 6월 30일 관광사업개선 전담반내에 관광불편신고센터가 설치되었다. 신고방법은 방문면담, 서신, 전화, 엽서, PC통신, 인터넷 등 다양한 방법으로 가능하며, 24시간 신고체제를 유지하고 있으며, 처리는 사안에 따라 해당기관에 이송하거나 공사에서 직접 처리하고 있다. 처리결과에 대해서는 신고인에게 결과를 개별 회신하여 주며, 접수처리된 신고현황 및 사례를 분석, 관계기관 및 업계 배포를 통한 불편사항의 사전 예방 및 제도개선을 도모하고 있다.

이러한 쇼핑관광 관련 불편신고에서 나타난 제반 문제점들을 해결하기 위해서는 가격표시제제도 도입, 모범업체 지정 마크 부착하는 방안 등을 도입할 수 있다. 이런 제도는 싱가포르 등에서 이미 도입, 정착된 제도로서 싱가포르의 경우 일종의 〈우량상점 공인제도〉인 SGC(Singapore Gold Circle) 제도를 시행하고 있으며, 일단 이 로고를 부착한 가게는 공정한 가격, 좋은 상품 및 양질의 서비스를 갖춘 모범업소로 인정받고 있는 예를 들 수 있다.

Tourism Business Management

제 14 장 관광농업

제1절 관광농업의 이해

1. 관광농업의 정의

관광농업은 농촌의 소득증대, 지역개발, 환경보전, 도시민의 휴양지로 또는 도시민과 농촌주민과 서로의 이해를 촉진하기 위한 도 · 농 교류의 장소제공 등을 목적으로 1차산업인 농업에 3차산업인 관광산업을 접목시킨 관광활동이다. 관광농업의 범위는 농촌지역을 대상으로 하는 관광활동이라는 정의에서 시작되어 최근에는 농촌지역의 역사 · 문화 · 자연을 포괄하는 개념적 정의로 확대되고 있는 추세이다. 지역에 따라 녹색관광(green tourism), 농업관광(agricultural tourism), 농촌관광(rural tourism)이라는 명칭을 사용하고 있다.

관광농업이 오랜 기간에 걸쳐 자연발생적으로 성장해온 유럽에서는 '농촌경관을 최대한 보존하면서 최소의 투자로 농어촌 지역을 도시민의 관광수요에 대응케 하는 관광활동이며 농어민이 참여하는 농어촌 본연의 농어업활동을 전제로 한 소득증대사업을 위한 관광활동'이라고 정의를 내리고 있으며, 일본에서는 '농어촌 지역에서 자연, 문화, 사람과의 교류를 즐기는 체재형의 관광활동으로 주말농장이나 관광농장에서 농업활동 및 여가활동이나 농촌 속에서 하이킹, 테니스, 캠핑, 사이클링, 감상, 채집 등의 활동을 하는 업'이라고 정의를 내리고 있다(한국관광공사, 1996). 우리나라에서는 관광농업은 농업을 관광대상으로 한 여행형태로서 좁은 의미로는 농업경영의 견학, 관찰, 연수 등을 일컫고, 넓은 의미로는 농업을 대상으로 한 레크리에이션(류선무, 1997)이라고 정의를 내리고 있다.

이러한 정의들을 살펴볼 때, 관광농업은 '농어촌 지역의 자연환경과 지역특산물 등을 활용하여 관광농업시설, 판매 · 직판시설, 체험 · 관찰시설, 편익 · 휴양시설, 체육 · 운동시설 등 농업관련시설들을 갖추고 이를 이용하게 하거나 숙박 · 음식 등을 제공하는 업'으로 보는 것이 가장 타당하다(한국관광공사, 1996).

2. 관광농업의 분류

관광농업은 입지유형, 이용자의 이용형태, 개발방식, 경영방식 등에 의해 구분할 수 있다.

(1) 입지유형에 의한 분류

입지유형은 관광자원의 특성, 농어촌 관광활동의 목적, 이용자의 관광활동의 장소적 선택에 따라 다양하다. 특히 우리나라는 삼면이 바다와 산악지대, 평야지대 등으로 형성되어 있어 입지조건에 따라 유형을 선정하게 된다. 입지유형에 의한 분류는 산촌지역과 산간벽지, 산촌 및 광산촌 등을 대상으로 한 '산촌 · 촌락형'과 도시근교지역의 농촌마을단위를 대상으로 한 '농촌마을형' 그리고 해안 · 도서어촌지역을 대상으로 한 '해안 · 어촌형'으로 분류할 수 있다.

〈표 14-1〉 입지유형에 의한 관광농업의 분류

입지유형	유형별 특성
산촌 · 촌락형	• 산촌지역의 산간벽지, 산촌 · 광산촌을 대상으로 한 유형 • 고원지대에서 고랭지 채소, 산채, 약초 등의 채취, 판매 • 관광목장, 관광농장, 삼림욕장 등
농촌마을형	• 도시근교지역의 농촌마을단위를 대상으로 한 유형 • 도시근교지역 농촌마을에서 채소류, 과일류 등의 재배, 판매 • 관광과수원, 관광농원, 주말농장, 관광화원, 내수면양어장 등
해안 · 어촌형	• 해안 및 도서지역의 어촌을 대상으로 한 유형 • 해안 · 도서지역에서 해초류, 어패류, 조개류 등의 채취 · 판매 • 연안어업, 내수면 어업 등

자료 : 한국관광공사, 농어촌관광개발 활성화방안연구, 1996.

(2) 이용형태에 의한 분류

자연 속에서 여가를 보내며 자신의 건강과 취미생활을 즐길 수 있는 농어촌 관광활동장소로서 이용형태에 의한 분류로는 생산수단 대여형, 농산물 채취형, 이용장소 제공형으로 구분할 수 있다.

① 생산수단 대여형

생산수단 대여형은 농지를 일정한 면적으로 나누어 그 구역내 토지와 과수수목, 작물에 필요한 농기구 등 생산수단을 대여해 줌으로써 농산물을 자기 스스로 직접 재배하여 생산하는 즐거움과 생산 · 재배한 농산물을 소비하는 즐거움을 가지는 형태를 말한다.

② 농산물채취형

농산물채취형은 재배한 농작물을 관광농원, 주말농원의 이용자로 하여금 직접 채취하도록 하는 형태로서 얼마만큼 채취하고, 채취한 농산물을 어떻게 처리할 것인가에 따라 그 방법이 다양하다. 즉 당사자간 협의에 따라 계약기간내 이용자가 원하고 채취할 수 있는 양만큼 채취하도록 허용하고 있으나, 농산물 채취량이 양적으로 한정되어 있을 경우 제한하는 경우도 있다.

농민들이 생산한 농산물을 이용자가 직접 채취함으로써 농산물의 신선도, 농산물의 채취과정에서 얻을 수 있는 즐거움이 있으며, 경영자는 재배 · 판매에서 얻는 소득보다는 이용자가 직접 채취 · 소비하여 얻는 소득이 많음으로써 농가소득의 극대화를 가져올 수 있다.

③ 이용장소 제공형

이용장소 제공형은 농어촌관광 경영자가 자기의 관광농원, 관광목장, 관광화원, 관광과수원, 내수면 어장 등을 이용자가 관찰, 감상 또는 견학하도록 개방하고 동시에 관광휴양시설을 제공하는 형태를 말한다. 즉 생산수단대여형이나 농산물채취형에 비하여 3차산업의 성격이 강하다.

시설종류에 따라 전체 시설에 대한 입장료 및 이용료를 부과하거나, 식당이나 숙박 등 특정시설 이용시에 이용료를 받는 방법 등이 있다.

〈표 14-2〉 이용형태에 의한 관광농업의 분류

이용형태	형태별 특성
생산수단 대여형	• 임대기간을 생육기간 또는 1~2년 계약 • 토지만 임대 또는 토지, 농기구, 경작기술 임대 • 농작물 소유방법은 일부 필요량 또는 전부 소유
농산물 채취형	• 채취한 농산물을 이용자가 필요량만큼 소비 • 채취한 농산물을 이용자가 전량을 모두 소비 • 채취한 농산물을 이용자의 필요량과 경영자가 소비
이용장소 제공형	• 입장료, 이용료를 전부 부과하는 방법 • 제반시설 이용시에만 부과, 입장료 포함 • 동식물의 전 생육과정 견학 및 시설이용의 활용

자료 : 한국관광공사, 농어촌관광개발 활성화방안연구, 1996.

(3) 경영방식에 의한 분류

① 전문적 경영

도시자본 또는 농업활동을 하지 않는 사업자가 농업을 관광객을 끌어들이는 유인수단으로 활용하는 전문경영의 형태이다. 연중 영업을 하며, 과일 · 축산 · 관엽식물 등을 활용한 농업부문과 숙박 · 음식부문 그리고 토산물 판매부문이 결합된 복합적인 운영형태이다. 대규모 경영이며 신규자본의 투자가 크다.

② 부업적 경영

농업을 주업으로 하고, 농산물 수확시기만 관광객을 대상으로 영업을 하는 부업(副業)의 형태이다. 따라서 경영규모가 작고 신규자본의 투자가 적다.

(4) 개발방식에 의한 분류

농어촌 관광개발은 농어촌지역의 균형발전과 지역주민의 소득증대를 위해 개발방식은 공공기관과 민간사업 등 민 · 관 합동개발형, 지방자치단체, 농어촌진흥공사, 공공기관이 주체가 되어 추진하는 공공주도개발형, 그리고 민간개발사업자가 독자적으로 추진하는 민간주도개발형이 있다.

① 민 · 관 합동개발형

민 · 관 합동개발형은 민간과 공공기관이 합동으로 농어촌 관광개발을 추진하는 방식으로 공공기관이 사업시행자로서 개발의 주체가 되나 민간자본의 참여로 농어촌 관광개발의 사업초기에 투자재원 확보가 용이한 사업개발방식이다.

② 공공주도개발형

공공주도개발형은 지방자치단체, 농어촌진흥공사, 농협, 수협, 축협, 임협 등 공공기관 및 법인체에서 농어촌관광개발의 주체가 되어 개발하는 방식으로 수익성보다는 공공성이 강한 기반시설이나 농어촌휴양시설 등을 중점적으로 개발한다.

③ 민간주도개발형

민간주도개발형은 지역주민 또는 개인이 영리를 목적으로 하여 수익성 위주의 시설을 개발하는 방식으로 사업성을 고려한 종합적인 농어촌 관광개발을 위해 지역주민, 토지소유자들이 개발한다.

〈표 14-3〉 개발방식에 의한 분류

개발유형	유형별 특성
민 · 관 합동 개발형	• 공공기관, 민간사업자에 의한 합동개발방식 • 농협, 수협, 축협, 민간사업자로 제3섹터 구성 • 「민」의 자본력, 「관」의 행정력을 최대한 활용
공공주도 개발형	• 공공기관이 주체가 되어 추진하는 공공개발 방식 • 지방자치단체, 농어촌진흥공사, 농협, 수협, 축협 등 공공기관 • 사업의 공익성과 수익성을 동시에 추구하는 사업
민간주도 개발형	• 민간개발사업자가 독자적으로 추진하는 민간개발방식 • 기업체, 토지소유자 및 개인 등 민간사업자가 사업추진 • 개발사업비의 지원, 농어촌지역의 균형개발촉진

자료 : 한국관광공사, 농어촌관광개발 활성화방안연구, 1996.

3. 관광농업의 입지조건 및 시설

(1) 관광농업의 입지조건

관광농업이 성공적으로 운영되기 위해서는 개발단계부터 입지성, 접근성, 주변 관광자원, 시장성 등을 고려하여 입지선정을 해야 한다.

① 입지성

농업시설이 가능하도록 완만한 경사지가 좋으며, 자연경관과 주변지역과의 조화를 이룰 수 있어야 한다. 주변지역에 기존관광농업시설이 있거나 기존마을에 인접하거나 근거리에 위치해야 한다. 관광객에게 휴식과 편의를 제공할 수 있는 시설과 여유공간을 충분히 갖출 수 있는 지역이어야 한다.

② 접근성

자가용의 이용이 편리한 지역이어야 하며 버스 · 열차 등의 대중교통을 이용하는 경우에도 접근이 용이하도록 접근도로가 개발된 지역이어야 한다.

③ 주변관광자원

근거리에 기존관광지, 역사 · 문화적 자원, 자연경관, 인공적 자원, 특수자원 등의 관광자원이 분포되어 있고, 이들 자원과 유기적인 연결이 가능한 지역이 적정하다.

④ 시장성

대중교통수단을 이용하여 1시간 이내의 거리인 30~50km 이내에 중소도시나 대도시 등 적정규모의 배후도시가 있는 도시근교지가 적정하다.

(2) 관광농업에 주요활동 및 시설

관광농업은 기존의 관광농원 · 주말농원 · 팜스테이 · 민박 등을 포함하는 폭넓은 의미로 지역여건에 따라 다양한 유형 또는 테마로 개발될 수 있다. 관광농업의 프로그램은 활동프로그램과 공간프로그램으로 구분할 수 있다. 활동프로그램(activity program)은 체험 · 교류 · 판매 · 숙박 · 식음 등 관광농업의 다양한 활동으로 이용자들을 위한 조직화된 일정과 일정한 규모, 적절한 시간과 공간상의 배분을 통해 일련의 프로그램을 제공한다. 공간프로그램(space program)은 관광농업에서의 다양한 활동이 이루어질 수 있도록 공간과 시설 · 장비 등을 개발하고 운영하는 일련의 프로그램이며, 이용자들의 활동내용과 규모에 따라 공급된다. 농촌관광에 필요한 시설에는 농촌민박 · 관광농원 · 자연휴양림 · 향토음식식당 등 체류시설과 농특산물 가공시설 · 판매장 등 농특산물 관련시설 및 공방 등 체험시설 등이 있다. 기타관광정보 · 안내센터와 향토문화전시관 등 관광편의시설이 포함된다(강신겸, 2007).

시설은 입지와 주변지역의 제반 여건에 적합한 시설을 선정하여, 관광농업이 지역경제, 자연환경, 농어민의 일상생활에 미치는 부정적인 영향을 최소화하는 범위 내에서 유치한다. 특히 호화 및 과다한 시설형태를 배제하고 농원의 자연적인 경관과 조화를 이룰 수 있는 시설을 도입하는 것이 필요하다.

〈표 14-4〉 관광농업의 주요활동 및 시설

구 분		활 동	시설 및 설비
상품	민 박	• 민박 서비스 제공, 환경정비, 주변관광지 연계 여행	• 민박 및 부대설비 • 농특산물 가공시설 • 농산물판매장 • 체험 및 실습공간 • 편의시설 • 기타
	이벤트	• 축제, 소규모 이벤트, 반짝시장, 문화예술행사	
	농특산물	• 농산물, 특산물, 기념품, 민속공예품	
	체험상품	• 농업체험, 농촌생활체험, 향토음식체험, 공예체험 등 프로그램 • 회원제 주말농장 또는 체험농장	
운영	경 영	• 마을(지역)가꾸기 계획수립, 민박경영, 체험프로그램의 운영	• 안내표지판 • 인터넷 및 컴퓨터 • 교육센터 • 정보센터 • 기타
	마케팅	• 상품기획, 홍보, 판촉, 도시민 유치, 정보제공, 민관공동 마케팅 • 국제교류, 회원제도	
	지역 이미지	• 친절 및 쾌적성 · 편리성, 심벌 마크(팸플릿), 인터넷 홈페이지	
	인식제고	• 주민들의 공감대 형성 및 참여, 교육 프로그램	

자료 : 강신겸, 농촌관광, 대왕사, 2007.

(3) 관광농업의 수익모델

관광농업은 대규모 리조트나 관광단지에서 경험할 수 없는 농촌다운 매력, 즉 한적하고 소박한 아름다움을 상품화하는데 있으므로, 농촌주민이 관리 가능한 범위와 규모로 사업을 시작하여 점차 확대해 나가는 것이 바람직하다. 관광농업을 통해 수익을 창출하기 위해서는 복합경영이 필요하다. 즉 농업이라는 1차산업을 중심으로 생산한 농산물을 가공하는 2차산업, 농산물직판장과 숙박시설 및 음식점경영 등 3차산업적인 분야에서 종합적으로 사업기회를 발굴하여 부가가치를 높이는 것이다.

각 농가 및 마을의 여건에 적합한 수익원을 발굴하여 수익모델을 설정하는데, 관광농업의 핵심 수익원인 농산물의 생산과 판매 및 이를 바탕으로 다양한 체험 프로그램과 농촌민박 · 식당 · 기념품판매 등을 결합하여 주 아이템과 부 아이템으로 구분하여 포트폴리오를 작성하는 것이 바람직하다. 예를 들어 관광지 인접마을로 많은 관광객들이 방문하는 마을은 '민박+농산물판매+식당'을 핵심수익원으로, 전형적인 농촌마을은 '농산물판매+체험 프로그램'운영을 핵심수익원으로 하여 사업을 전개하는 형태이다(강신겸, 2007).

〈그림 14-1〉 관광농업의 수익모델

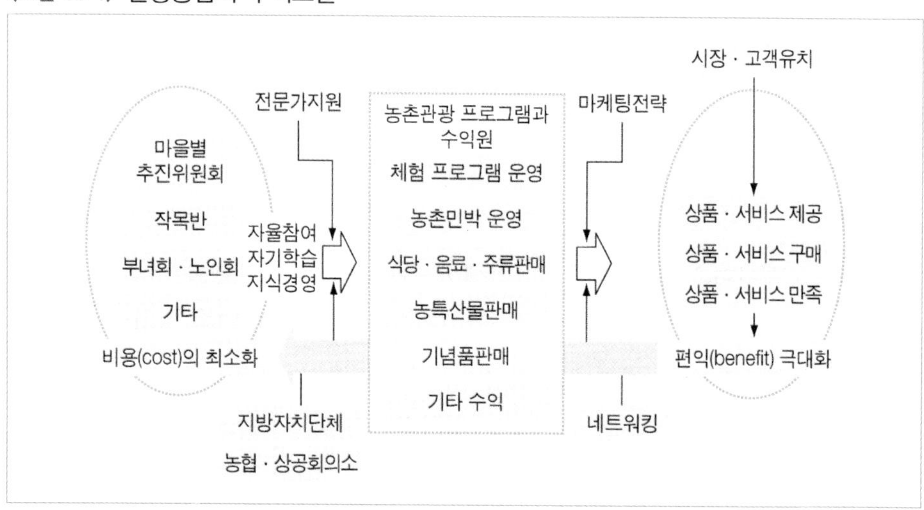

자료 : 강신겸, 농촌관광, 대왕사, 2007.

4. 관광농업의 효과

(1) 고용창출

관광농업은 새로운 수입원이나 추가적인 수입원을 창출함으로써 농업, 농장, 농산품생산에 종사하는 인력을 개발하고 고용증대 효과를 가져와 젊은이들을 농촌지역에 머물도록 유도할 수 있으며, 도시민들의 귀농(歸農)을 촉진할 수 있다.

이와 같은 고용증대 효과는 우루과이 라운드와 같은 농업 여건의 변화와 이농현상에 따른 노동력부족, 농촌인구의 고령화 · 부녀화, 농산물 가격의 불안정 등으로 농업부문 종사자가 더욱 감소할 것으로 예상되기 때문에 특히 중요하다.

(2) 환경보호(농촌경관의 보존)

관광농업은 자연적 환경, 문화적 가치를 배경으로 하나의 농지 또는 지구를 개발함으로써 도시민의 휴식관광과 레크레이션 장소로서 제공되며 농촌문화가 소멸되기 쉬운 유산과 전통적 민예품, 유 · 무형의 문화재를 보존하고 도시와 농촌이 서로 이해하고 상호 경제교류를 하는 장소로서의 역할을 기대할 수 있다.

그리고 국토자원을 효율적으로 이용 · 개발 · 보전하여 소규모 투자로 소득을 올릴 수 있으며 자연환경을 최대한 보존할 수 있다. 지역주민들은 경제적 이익을 증대시킬 수 있는 관광농업을 활성화시키기 위해서 환경오염을 최대한 줄이게 되고 환경파괴를 지역주민 스스로가 방지하도록 노력하게 된다.

(3) 새로운 관광자원의 개발

대다수 농촌지역은 핵심적인 레크리에이션과 관광자원, 호텔과 같은 이용시설 부족으로 인해 성장에 제한을 받는다. 투자자들은 흔히 관광객을 유치할 수 있는 잠재력이 증명되지 않는 지역에는 관광자원이나 이용시설에 투자하지 않는다. 농촌지역은 비교적 적은 투자를 가지고도 획기적인 관광개발을 시작할 수 있다. 기존의 농업과 농산품사업에 관광을 접목시키는 것이 관광산업을 발전시키고 다각화할 수 있는 하나의 방법이다. 농업관광은 관광객들에게 독특한 야외 레크리에이션, 쇼핑, 교육 및 문화체험의 기회를 제공할 수 있다.

(4) 지역개발 효과

관광농업은 도·농간 교류를 촉진하기 위한 다양한 휴식공간 개발로 도시민에게 휴양장소를 제공하여 관광욕구를 해소하여 주고, 농어민에게는 소득증대의 기회로 연계되어 도·농간의 소득격차 해소는 물론 지역균형개발 및 지역경제를 발전시키는 역할을 한다.

농촌사회는 관광농업으로부터 또다른 방식으로 편익을 얻을 수 있으며 신규상업과 기존사업의 확대로 경제적 다각화를 꾀할 수 있다. 농촌지역을 방문하는 관광객들은 방문지에서 사업을 하거나 거주를 할 수 있다. 인터넷 등과 같은 원거리 통신의 발달로 이러한 현상은 실제로 발생할 확률이 높다.

(5) 교육의 장소

〈그림 14-2〉 농업관광의 유형 및 편익창출 관계

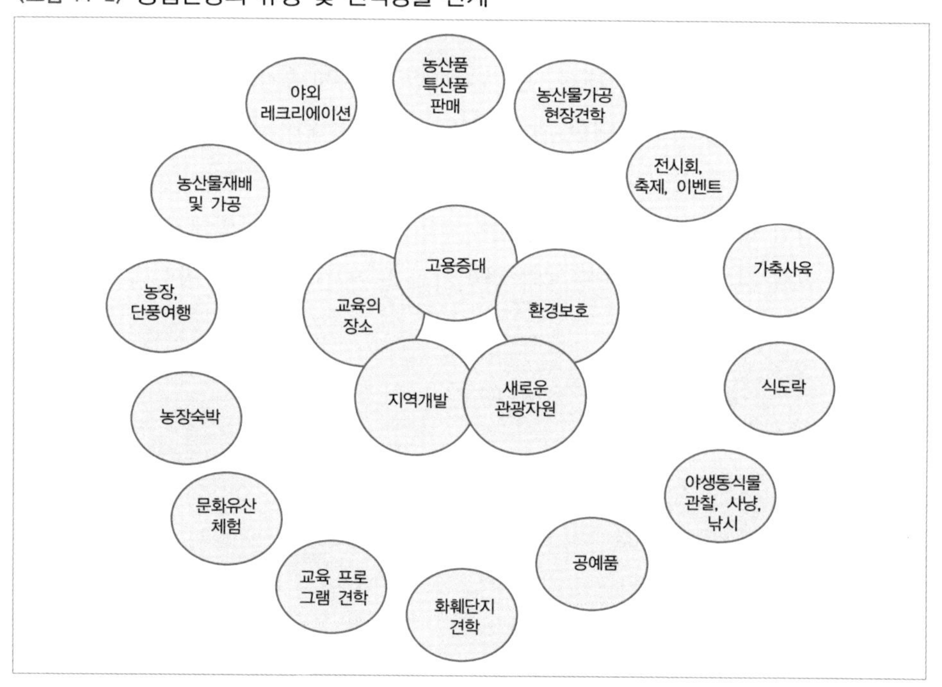

자료 : 한국관광공사, 농업관광의 발전방향, 관광정보 1997년 11월호에서 재작성.

관광농업은 관광객들과 그 자녀들(특히 도시출신)에게 농산물 생산 및 환경보호와 관련된 복잡한 문제를 교육하는 장소로 활용될 수 있다. 대다수 관광객들은 농업이나 농산품에 대한 접촉기회가 제한되어 있다. 이들이 농업이나 농산품, 환경에 대하여 갖고 있는 생각이나 견해들은 대부분 매스미디어나 특정 이해집단에서 나온 것들이다. 농업을 주제로 한 설명, 관광안내, 그리고 관광객과 농부와의 대화를 통해 관광객들은 자원보호문제, 경제적 풍요와 농업, 자원보호의 연관성, 농지와 토지보존의 중요성, 환경과 식량의 질을 보존하기 위해 농업생산에 이용될 수 있는 여러 가지 기술과 기법에 관한 이해를 높일 수 있다.

제2절 관광농업의 운영과 현황

1. 관광농업 시장규모

관광농업은 최근 교육수준의 향상, 역사·문화유산에 대한 관심 증가, 여가시간의 증가, 농촌으로의 접근성 개선, 건강에 대한 관심의 증가, 자연식품에 대한 수요가 증가하고, 환경보호에 대한 관심 증가, 스트레스로부터 벗어나기 위한 자연에 대한 욕구의 증대 등으로 인하여 새로운 관광상품으로 각광받고 있다. 또한 지역의 균형적인 발전, 농촌경제의 활성화, 고용증대, 건전한 국민여가의 활용 등의 편익으로 인해 정부, 지방자치단체와 관련기관 등이 관광농업을 적극적으로 추진하고 있다.

〈표 14-5〉 농촌관광 시장규모 예측

(단위 : 천명, %)

구 분	2001년	2005년	2008년	2011년	증감률
국내관광총량	329,929	507,436	536,876	605,968	6.3
농촌관광총량	30,930	67,507	100,123	145,955	16.8
농촌관광구성비	9.4	13.3	18.6	24.1	

자료 : 한국농촌경제연구원, 우리나라 농촌관광 발전 방향 및 방안, 2003.

이러한 환경변화에 따라 관광농업은 빠르게 성장하고 있다. 국내총관광량에서 농촌관광시장은 2005년 기준으로 국내관광시장의 13.3% 차지하고 있으며, 이에 대한 수요는 비약적으로 확대될 것으로 예측된다. 국내관광총량에서 농촌관광이 차지하는 비율은 2001년 9.1%에서 2011년 24.1%까지 증가할 것으로 예상된다.

2. 관광농업 현황

우리나라의 관광농업은 1960년대부터 대도시 근교를 중심으로 시작되었는데, 1970년대 들어서는 부동산 붐을 타고 부동산업자들이 주말농장과 임대농원을 도시근교 농촌지역에 조성하여 분양한 사례는 있었으나 농원경영능력과 운영부실로 부동산투기만 조장하고, 참여회원들에게는 막대한 경제적 손실만 주고 대부분 없어졌다(김홍운, 1997).

그러던 것이 1980년대에 도시 · 농촌간 소득격차가 심화되면서 정부는 농업소득증대 정책을 수립하기 시작하였는데, 1984년 12개의 관광농원개발 시범지구가 조성되어 본격적인 관광농업이 발전되기 시작하였다. 초기에는 농산물 직매농원 형태로 시작되어 임대농원, 장소제공농원, 종합레저 관광농원과 더불어 아동자연학습농원, 청소년 심신단련농원, 휴식농원형태로 발전하게 되었다. 1990년대에 들어서는 농어촌휴양단지, 관광농업, 민박마을 등 관광소득원을 다양하게 개발하기 시작하였다.

2000년 이후에는 농촌과 관광활동의 단순결합으로 생각했던 과거와는 달리 농촌의 풍성하고 깨끗한 자연경관과 지역의 전통문화 · 생활과 산업을 매개로한 도시민과 농촌주민간의 체류형 교류활동으로 개념을 변화하고 있다.

정부 각 부처는 농업 및 농촌에 대한 위기의식이 고조되고, 주5일 근무제 도입이 임박하면서 경쟁적으로 관광농업관련시책을 경쟁적으로 도입하고 있다. 행정자치부에서는 2001년부터 '아름마을가꾸기' 사업을 시작하였으며, 농림부에서는 '녹색농촌체험마을'사업, 농촌진흥청에서는 '농촌전통테마마을'사업, 농협에서는 '팜스테이마을', 산림청은 '산촌생태마을조성'사업, 해수부는 '어촌체험마을사업', 문화관광부는 '문화역사마을 가꾸기' 사업을 실시하고 있다.

〈표 14-6〉 중앙정부 부처별 마을가꾸기 사업현황(2007)

사업명	부처명	투자액	주요 사업내용	
			하드웨어	소프트웨어
녹색농촌체험 마을사업	농림부	2억원	농촌체험기반시설, 마을경관 조성, 생활편의시설	주민교육, 컨설팅 등
농촌마을종합 개발사업	농림부	40억~70억원	정주기반시설 이외에 농촌관광관련 시설(문화·복지시설, 농촌관광시설, 경관시설, 운동·휴양시설)구축	주민교육, 컨설팅, 홈페이지 개발, 마을축제 지원 등
전통테마 마을사업	농촌 진흥청	2억원	체험/학습시설, 생활편의시설, 마을환경 정비, 경관 조성	마을주민교육, 소득자원 개발, 홍보, 프로그램 개발
산촌생태 마을조성 (과거 산촌종합 개발사업)	산림청	14억원	농촌관광관련 사업메뉴로 산촌체험 및 녹색관광 시설(산촌체험숙박시설, 삼림욕장, 임업 및 산촌체험시설, 등산로 등 산촌관광 기반시설)이 있음. 이외에 생활개선, 생산기반시설 등이 설치될 수 있음	마을리더 및 주민교육·훈련, 마을 및 숲 해설가 양성, 홍보·마케팅 지원, 마을캐릭터(브랜드) 개발, 마을홈페이지 구축, 마을컨설팅, 공사감리 등 * 2007년도 사업부터 실시
어촌종합 개발사업	해수부	35억원	공공 생산기반시설, 관광기반시설 및 생활환경개선 사설 사업을 지원	
어촌체험 마을사업	해수부	5억원	관광안내소, 진입로, 주차장, 샤워장, 화장실 등의 관광기초기반시설	컨설팅, 실사설계, 주민교육 훈련, 팸플릿 제작 등
정보화 마을사업	행자부	3억원	마을정보센터(커뮤니티센터) 구축, 컴퓨터보급	마을홈페이지 제작, 정보센터 운영교육, 민박, 농촌 체험 교육 지원
문화역사 마을 가꾸기	문광부	20억원	경관개선, 상징물 설치, 관광상품개발	역사마을체험 프로그램 및 마을운영 프로그램 개발

자료 : 농림부, 농림어업인 삶의 질 향상 및 농산어촌 지역개발 시행계획, 2007.

(1) 농촌관광사업

① 관광농원사업

관광농원사업은 농촌의 쾌적한 자연환경과 전통문화, 풍습 등을 농촌체험·관광자원을 개발하여 국민의 여가수요를 농촌으로 유치하므로써 도시와 농촌의 교류를 촉진하고 이를 통해 농촌지역과 농업인의 소득증대를 도모하는 사업이다. 이같은 목적에 따라 전체면적의 20%이상은 반드시 과수 · 화훼 · 축사 · 양어장 등 농업 · 농촌과 관련된 체험시설을 갖추도록 하고 농림어업인, 영농조합법인과 같은 농업 관련단체가 운영하도록 되어 있다.

2006년 12월말 현재 운영 중인 관광농원은 전국적으로 383개소가 있으며, 이들 관광농원은 체험시설 외에도 숙박시설, 체육시설, 휴양시설 등 다양한 시설을 갖추어 이용자의 편의를 도모하고 있으며, 농원에 따라서는 고구마 · 밤 등 농작물 수확체험, 순두부 · 인절미 등 전통음식 만들기, 연날리기 · 썰매타기 등 전통놀이 체험, 야생화 · 반딧불이 · 메뚜기 관찰 등 자연학습(생태관광) 등 다양한 체험프로그램을 마련 · 운영하여 도시민 등의 눈길을 끌고 있다.

〈표 14-7〉 지역별 관광농원 개발 현황

구 분	광주	경기	강원	충북	충남	전북	전남	경북	경남	제주	계
농원수	1	14	67	29	44	32	64	41	64	27	383

자료 : 문화관광부, 2006년도 관광동향에 관한 연차보고서, 2007.

② 녹색체험마을 개발

녹색농촌체험마을사업은 주 40시간 근무제 등으로 증대되고 있는 도시민의 농촌관광 수요를 농촌으로 유치하여 농외소득 증대 등 농촌활력 증진을 도모하기 위한 목적으로 개발되고 있다. 2006년 현재 전국에 190개의 녹색농촌체험마을이 조성되어 도시민의 다양한 수요에 맞는 휴양 · 체험공간으로 활용되고 있다.

〈표 14-8〉 녹색농촌체험마을 현황

구 분	계	2002	2003	2004	2005	2006
마을수	190	18	26	32	47	67

자료 : 문화관광부, 관광동향에 관한 연차보고서, 2006.

(2) 어촌관광사업

어촌체험마을은 어업인이 중심이 되어 운영되는 체험마을로 다양한 체험프로그램을 구비하여 방문자가 창조적으로 보고, 듣고, 참가하여 즐길 수 있고, 지속적인 자연환경 보존과 정비로 어촌지역을 관광자원화하는 등 어촌계와 지역주민들이 참여하는 관광으로 발전시켜 어업 외 소득 증대로 어촌사회의 활력을 회복하는 계기를 마련하고 있다. 2006년 12월말 현재 시 · 도별 어촌체험마을은 부산 1개, 인천 3개, 경기 5개, 강원 4개, 충남 5개, 전북 4개, 전남 11개, 경북 5개, 경남 7개, 제주 4개 등 전국에 49개 마을이 지정되어 있다.

주요체험프로그램은 갯벌체험, 패류체험, 조업체험, 바다낚시, 해조류채취 및 말리기, 조개잡이, 염천체험 및 스킨스쿠버 등이 있다.

〈표 14-9〉 시 · 도별 어촌체험마을 지정 현황 및 프로그램

시 · 도	시 · 군	마을명	주요 체험 프로그램
계	95개 마을		
부산 (2)	강서구	대항마을(2003)	육수장망(숭어), 대구잡이(호망), 김 양식장체험, 갯바위낚시
	기장군	고우마을(2001)	후릿그물, 바다낚시, 해변산책
인천 (3)	옹진군	영흥면 진두마을 (2003)	갯벌체험, 패류채취 및 시식, 망둥어 낚시, 해상경관체험
	중구	무의동 큰무리 마을(2004)	조업체험, 갯벌체험. 바다낚시, 해양경관감상, 국사봉 등산
	강화군	길상면 동검리 마을(2005)	갯벌낚시, 승선체험, 바다낚시
	서구	세어도마을(2006)	갯벌체험, 밭농사체험, 바다낚시, 족구 등
	중구	포내마을(2008)	바다진입데크, 휴식터, 화장실, 세족장, 안내소 등
경기 (8)	안산시	선감마을(2001)	유어장, 갯벌체험, 농업체험, 바다낚시
	화성시	궁평마을(2001)	갯벌체험, 승선체험, 바다낚시, 전통음식 요리 및 시식
	화성시	서신면 전곡마을 (2003)	어선승선체험, 낚시유어선, 갯벌체험, 양식장체험
	화성시	서신면 제부마을 (2003)	갯벌체험, 맨손어업, 해상경관체험, 낚시유어선, 바지락가공체험
	시흥시	정와동 오이도 마을(2004)	조업체험, 바다낚시, 갯벌체험, 주변문화유적탐방, 해양경관감상
	안산시	단원구 대부북동 종현마을(2005)	유어장 갯벌체험, 농업체험, 바다낚시
	화성시	우정읍 국화마을 (2005)	갯벌체험, 바다낚시

시·도	시·군	마을명	주요 체험 프로그램
	화성시	우정읍 매향2리 마을(2006)	갯벌체험, 고기잡이체험, 바다낚시 등
	화성시	서신면 백미리 마을(2008)	안내소, 파고라, 세면장, 산책로, 조형물 등
강원 (7)	삼척시	장호마을(2001)	바다낚시, 승선체험, 스킨스쿠버, 창경바리
	양양군	현남면 남애마을 (2002)	바다낚시, 갯바위낚시, 정치망, 해안산책, 특산물시식
	고성군	죽왕면 오호마을 (2003)	바다낚시, 정치망 · 채낚기어선승선체험, 해조류채취 및 말리기
	동해시	동해시 대진마을 (2004)	정치망 · 채낚기어선승선체험, 갯바위낚시, 오징어맨손잡이, 해수욕
	강릉시	강동면 심곡마을 (2005)	승선체험, 바다낚시 및 갯바위 낚시, 스킨스쿠버 활동
	속초시	장사동 장사마을 (2006)	낚시유어선, 어업체험, 갯바위해초류채취, 스킨스쿠버체험
	강릉시	강동면 정동리 마을(2007)	창경바리선, 기반시설확충 등
	고성군	현내면 초도마을 (2008)	주차장신설, 화장실리모델링, 안내판, 야외무대, 화진포 노래비 등
	속초시	대동면 외옹치 마을(2009)	안내센터, 화장실 등
충남 (8)	서천군	송석마을(2001)	갯바위낚시, 바다낚시, 패류채취, 모래찜질, 해수욕
	서천군	서면 월하성마을 (2002)	바다낚시, 양식어업, 야간횃불조업, 갯벌마사지, 건강망체험
	서천군	비인면 다사리 마을(2004)	김양식체험, 어선어업체험, 바다낚시체험, 갯벌체험, 독살체험
	서천군	종천면 당정마을 (2005)	갯벌낚시, 바다낚시, 류어장 채취체험
	태안군	고남면 영목마을 (2005)	선상바다낚시, 갯벌조개잡이, 어촌체험, 유람선 관광
	태안군	이원면 만대마을 (2005)	갯벌체험, 갯바위낚시, 전통어업체험, 어선어업체험
	태안군	대야도마을(2006)	갯벌체험, 선상체험, 바다낚시, 가두리낚시체험
	태안군	근흥면 용신도 마을(2009)	종합안내센터 등
전북 (7)	고창군	심원면 하전마을 (2002)	갯벌맨손낚시, 김 · 미역말리기, 장어요리체험, 축제식 낚시

시 · 도	시 · 군	마을명	주요 체험 프로그램
	고창군	심원면 만돌마을(2003)	건각망체험, 후릿그물체험, 바다낚시, 김양식장체험
	부안군	변산면 모항마을(2004)	지인망체험, 정치망체험, 바다낚시, 갯벌체험, 해수욕
	군산시	옥도면 장자도 마을(2005)	전통어장체험 및 갯벌체험, 등산자전거 일주, 장자도 선상유람, 바다낚시, 스킨스쿠버
전남(29)	보성군	선소마을(2001)	갯벌체험, 어업체험(지인망, 건간망)
	함평군	함평읍 석두마을(2002)	갯벌생태체험, 정치망체험, 해수찜질, 나비축제
	무안군	해제면 송계마을(2003)	정치망체험, 갯벌체험, 갯바위낚시체험, 양식장체험
	진도군	임회면 죽림마을(2003)	채낚기체험, 해조류 채취체험, 김가공건조, 해상경관체험
	순천시	해룡면 와온마을(2004)	조개잡이, 짱뚱어 · 주꾸미낚시, 갯벌체험, 해수찜질
	강진군	대구면 하저마을(2004)	어선승선체험, 조개잡이, 갯벌체험, 도요자체험, 바다낚시
	영광군	염산면 두우리 마을(2004)	염전체험, 조개잡이, 숭어잡이, 갯벌체험, 해수욕장
	여수시	경호동 외동마을(2005)	해상낚시, 갯벌체험, 양식어업체험, 농사체험, 오동도 등 인근관광지 탐방
	고흥군	포두면 남성마을(2005)	별자리 관찰, 해변산책, 일광욕
	고흥군	대덕읍 신리마을(2005)	갯벌체험 및 고기잡이
	해남군	송지면 사구마을(2005)	사구미해수욕장
	신안군	압해면 수락마을(2005)	갯벌체험, 게매기 및 독살체험 등
	여수시	돌산읍 소율마을(2006)	해상바지선, 선상낚시, 갓김치담그기, 경작체험 등
	고흥군	금산면 금장마을(2006)	갯벌체험, 패류채취체험, 바다낚시, 김양식 견학 등
	보성군	벌교읍 진석마을(2006)	갯벌체험, 어업체험, 해안경관 및 습지저서 동식물 채취
	장흥군	안양면 수문마을(2006)	해수탕체험, 해수욕장체험, 해맞이 체험, 천문과학관 견학

시·도	시·군	마을명	주요 체험 프로그램
전남 (29)	장흥군	관산읍 사금마을 (2006)	바다낚시체험, 맨손고기잡이, 해수욕장체험, 등산 체험 등
	강진군	마량면 서중마을 (2006)	갯벌 및 어장체험, 바다낚시, 김 건조체험장, 과수원 체험
	해남군	북평면 오산마을 (2006)	고막 및 바지락캐기, 바다낚시, 개메기체험, 영농체험
	신안군	흑산면 읍동마을 (2006)	패류채취체험, 바다낚시체험, 어업체험, 낚지잡이 체험
	여수시	남면 안도마을 (2007)	관광안내소, 당산산책로, 개매기체험장, 공원, 지압로 등
	고흥군	두원면 풍류마을 (2007)	갯벌진입로, 개매기체험장, 안내소, 음수대 등
	보성군	회천면 동율마을 (2007)	관광안내소, 진입도로, 주차장
	강진군	대구면 백사마을 (2007)	안내소, 안내판, 세족장, 가로등, 생태공원 등
	진도군	진도읍 청용마을 (2007)	화장실, 세족장, 안내판, 안내데크
	신안군	암태면 추포마을 (2007)	안내소, 주차장, 공원, 소형체험선, 연결로, 체험장
	여수시	화정면 적금마을 (2008)	안내소, 안내판, 공원, 소형체험선, 연결로, 체험장
	고흥군	대서면 안남마을 (2008)	종합안내판, 낚시뗏목, 고막선별기, 판매장, 개막이, 화장실 등
	신안군	암태면 둔장마을 (2008)	해안데크, 원두막, 세족장, 개막이그물, 안내소 등
	신안군	증도면 우전마을 (2009)	방문객센타, 종합안내판, 낚시잔교, 갯벌체험로 등
	진도군	금갑리 접도마을 (2009)	체험관리소, 주차장, 개메기체험장, 안내판, 경관가로등
경북 (8)	영덕군	대진1리 마을 (2001)	스킨스쿠버, 수상스키, 제트스키, 승선체험, 바다낚시
	영덕군	영덕읍 대탄마음 (2002)	스킨스쿠버, 정치망체험, 미역채취 및 건조, 은어잡이
	영덕군	축산면 경정마을 (2003)	대게잡이체험, 정치망체험, 스킨스쿠버, 수산자원 연구소견학
	울진군	평해읍 거일마을 (2004)	양식장체험, 갯바위낚시, 스킨스쿠버, 온천욕, 유적지탐방

시 · 도	시 · 군	마을명	주요 체험 프로그램
경북 (8)	영덕군	영덕읍 석리마을 (2005)	갯바위 낚시체험, 어류경매 및 어촌생활체험, 해안 산책로 및 해안경관 감상, 자연돌김 채취 및 건조
	울진군	북면 나곡1리마을 (2005)	자연산 미역채취 및 건조체험, 바다낚시체험, 해안 경관체험
	울진군	기성면 구산마을 (2006)	자연산 미역채취 및 건조체험, 바다낚시체험, 해안 경관체험
경남 (18)	남해군	지족마을 (2001)	죽방령관람, 갯벌체험, 바다낚시, 개불채취, 승선체험
	남해군	설천면 문항마을 (2002)	원시돌발어업, 낚시유어선, 갯바위낚시, 갯벌맨손체험
	고성군	하일면 동화마을 (2003)	굴양식체험, 정치망체험, 공룡전시관견학, 갯벌체험
	남해군	창선면 냉천마을 (2003)	갯벌체험, 각망어장체험, 야간횃불조업, 바다낚시
	통영시	욕지면 유동마을 (2004)	정치망 · 자망체험, 해조류말리기, 패총체험, 해상 경관감상
	거제시	남부면 도장포 마을(2004)	멸치건조, 조개잡이, 갯바위낚시, 유적지탐방, 해수욕
	사천시	서포면 다맥마을 (2005)	굴따기, 전어잡기, 가두리낚시, 갯지렁이잡기, 승선 체험, 바다낚시, 바다수영, 캠프파이어
	하동군	금남면 대도마을 (2005)	해상콘도식 낚시, 갯벌체험, 해수풀장, 지안망 및 가두리양식체험
	마산시	진동면 고현마을 (2006)	갯벌체험, 미더덕까기체험, 바다낚시, 해수탕체험
	통영시	산양읍 연명마을 (2006)	바다목장화견학, 몽돌지압체험, 바다낚시, 유어낚시, 산행체험
	거제시	사등면 계도마을 (2006)	낚시체험, 역시문화경관체험, 건강육성체험, 어업체험
	남해군	삼동면 은점마을 (2006)	갯벌체험, 스킨스쿠버, 일출광장 및 해안등산로체험
	통영시	산양읍 궁항마을 (2007)	종합안내센타, 잔디광장, 피크닉테이블, 계류시설 등
	사천시	대포동 대포마을 (2007)	수상가옥시설, 독살, 전통어업체험시설, 세족장, 안내판
	거제시	남부면 쌍근마을 (2007)	종합안내소, 주차장, 야영장, 족구장, 샤워장, 산책로 등
	남해군	남해군 유포마을 (2007)	종합안내소, 체험물보관장, 해변소공원, 홈페이지 등

시·도	시·군	마을명	주요 체험 프로그램
	거제시	거제시 이수도 마을(2008)	마을환경정비, 폐교리모델링, 낚시데크, 레포츠시설 등
	남해군	남해군 항도마을 (2008)	안내소, 전망데크, 낚시터, 갓후리체험어구, 전시장 등
제주 (7)	북제주군	고산마을(2001)	바다낚시, 갯바위낚시, 무인도탐방, 바릇잡이, 수월봉오름산책
	남제주군	남원읍 위미마을 (2002)	바다낚시, 갯바위낚시, 스킨스쿠버, 해안가바릇잡이
	서귀포시	하예마을(2003)	어선승선체험, 바다낚시, 조개·보말줍기, 스킨스쿠버
	서귀포시	강정마을(2004)	어선승선체험, 정치망체험, 해양경관감상, 해할현상 체험
	서귀포시	송산동 보목마을 (2005)	바다낚시, 보말잡이 및 각종 해양체험, 보목 자리돔 큰잔치 매년 개최
	서귀포시	중문동 중문마을 (2006)	유어장체험, 바다레포츠체험, 요트체험, 바다낚시, 하이킹체험
	제주시	구좌읍 하도 (2009)	해여체험안내센타, 불턱, 원담복원 및 정비 등
	제주시	애월읍 구엄 (2009)	관광안내센타, 돌염전복원 및 체험시설 정비 등
	서귀포시	안덕면 사계마을 (2009)	관광안내센타, 돌염전복원 및 체험시설 정
계	102개 마을		
자료 : 문화체육관광부, 2009년 기준 관광동향에 관한 연차보고서, pp.227~230.			

자료 : 문화체육관광부, 2012년 기준 관광동향에 관한 연차보고서, pp. 257~260.

제3절 관광농업의 문제점과 발전방안

1. 관광농업의 문제점

(1) 관주도형 개발

농어촌개발사업의 시행에 있어 지나치게 관주도형이며 아직 농어민의 자발적인 발전을 저해하는 행정규제가 너무 많고 관리·운영에 있어 격차가 많이 발생하고 있다. 담당공무원들의 관광농업에 대한 전문지식과 인식부족도 문제점으로 지적되고 있다.

(2) 지원 · 협력체계 미흡

농촌 · 도시, 민 · 관의 유기적인 협력체제가 미흡하고, 인근 주민의 직접 참여가 결여된 상태에서 개별경영의 형태로 운영되고 문제가 되고 있다. 정부, 지방자치단체, 농어업생산단체 등의 농어민에 대한 교육 및 홍보활동, 재정적 지원도 아직까지 미흡한 상태이다.

(3) 무리한 시설투자

관광농업조성상의 문제점으로 관광농업경영자가 관광농업과 대규모 관광단지와의 개념혼동으로 관광상품개발보다 위락시설, 숙박시설 등에 무리한 투자를 하고 있는 실정이다.

(4) 운영상의 문제

관광농업 경영자는 대부분 농민출신으로 이들은 경영과 서비스에 대한 이해가 부족하여 서비스산업의 성격을 띤 관광농업의 운영에 많은 어려움을 겪고 있다.

(5) 특화상품개발 미흡

관광농업이 성장하면서 각 지역마다 비슷한 상품을 판매하고 있는 실정이다. 지역성이 강조되고 독특한 아이디어를 갖춘 상품의 개발이 필요한 실정이다. 이러한 특화상품을 개발할 수 있는 전문인력의 양성이 필요하다.

(6) 기반시설 미흡

관광농원이나 농어촌 휴양단지에 대한 진입로 포장, 주차장 설치, 가로등 설치, 방역사업, 상수도 시설 등 기반시설의 설치가 미흡하고, 산간오지 마을은 관광객 유치가 전무하여 적극적인 홍보활동 지원이 요망된다.

(7) 비수기 대책 결여

주변 관광지가 해수욕장 · 강변 등인 경우에는 성수기를 제외하고는 거의 방문객이 없으며, 특히 겨울철 비수기 때의 해결방안으로서 다양한 시설과 프로그램의 개발이 요구된다.

2. 관광농업의 발전방안

관광농업의 발전을 위해서는 정부는 법적 지원과 세제상의 지원을 적극적으로 시행하고 업계에서는 전문지식의 습득, 특화된 관광농업상품의 개발, 적극적인 홍보, 비수기 타개책을 강구하여야 한다. 이러한 발전방안들을 구체적으로 살펴보면 다음과 같다.

(1) 정부의 적극적인 지원

정부는 학계와 업계의 협력을 얻어 체계적이고 합리적인 관광농업발전을 위한 제반사항을 연구 · 검토하여 정책적 · 제도적 장치를 마련하고, 국가농업경제의 발전이라는 차원에서 세제상의 지원과, 관광농업 기반시설확충을 위한 대대적인 지원을 해야 한다. 특히 중앙정부내의 관광관련부서 및 지방행정부서에 전문지식과 풍부한 현장경험을 갖춘 관광농업 전문가를 육성해서 체계적인 정책수립과 현장지도가 가능하도록 해야 한다.

(2) 전문지식 습득과 서비스정신 함양

관광농업경영자는 농업기술뿐만 아니라 경영에 관한 전문적인 지식과 서비스정신을 함양해야 한다. 이를 위해서 관광농업경영자는 외국의 성공적인 관광농업을 견학하여 선진기술을 배우고 각종 교육에 적극 참여하여 전문적인 지식의 습득에 노력해야 한다.

(3) 특화된 관광농업상품 개발

지역의 향토성이나 역사성을 고려하여 관광객의 욕구를 충족시켜 줄 수 있는 독창적인 특화상품의 개발과 적정한 시설을 설치하도록 해야 한다. 특히 동일단지 내 또는 근거리지역 간의 관광농원 조성시 작목재배의 내용이나 유기시설, 편의시설물의 설치종류 등을 사전에 협의하여 중복되지 않도록 하고, 시설의 확장시에도 상호간 중복되거나 경쟁이 되지 않도록 한다.

(4) 효과적인 비수기 타개책 수립

비수기를 타개하기 위해서는 농 · 수 · 축 · 임산물 생산의 작부체계를 세우고 여러 종류의 작물이나 가축 그리고 품종(조생, 중생, 만생)을 배합해서 연중생산체제를 갖추거나 여러 가지 프로그램을 개발해서 이벤트행사를 연중 또는 월별로 복합적으로 운영해서 관광객의 안정적 유치가 가능하도록 해야 한다. 이벤트 행사는 우천 시에 대비해서 실시할 수 있는 프로그램과 관광객이 많이 방문했을 경우 수용할 수 있는 시설의 준비와 운영조직이 뒷받침되어야 한다.

〈표 14-10〉 이벤트 관광상품의 예

구 분	이벤트행사내용
관광농원	감자 캐기, 고구마 캐기, 딸기 따기, 산채 뜯기, 과일 따기, 젖소관리(젖짜기) 등
체험활동	씨앗뿌리기, 나무 가꾸기, 동식물의 생태관찰 및 실험, 천체관찰, 목공예
농산가공활동	김치담그기, 손칼국수 만들기, 두부 만들기, 떡만들기, 한과 만들기
도시교류활동	모심기, 벼베기, 예절 배우기, 유적지 방문, 농업관련 공장 · 기관 견학
농축수산물 판매	향토음식, 농기구, 씨앗, 비료, 무공해 농 · 수 · 축 · 임산물

자료 : 한국관광공사, 농어촌관광개발 활성화 방안 연구, 1996.

(5) 적극적인 홍보

영세성으로 인한 부족한 홍보를 극복하기 위해서 전국적으로나 지역관광농업사업체들이 공동으로 홍보활동을 전개할 수 있다. 정부 · 지방자치단체나 농협은 국민들의 건전관광유도 및 자연환경 보전, 지역개발 그리고 농어촌의 소득향상

측면에서 관광안내판 설치, 신문 · TV 등 홍보매체를 통한 선전과 농어촌 관광의 소개책자를 제작 · 배포하는 등 적극적으로 홍보활동을 지원해야 한다.

(6) 도 · 농간의 교류의 증진

초 · 중고생의 농촌체험학습, 도시민과 농촌부녀자와의 교류증진, 도시 아파트 단지와 시골 농촌마을과의 자매결연, 도시학생과 농촌학생의 상호 방문교류, 1사 1촌 운동, 관광농원에서의 기업체 연수활동, 농촌에서 휴가보내기 운동 등을 통해서 도시와 농촌간의 교류를 증진한다.

제 4 편 관광사업의 미래

제15장 관광사업의 미래

제15장 관광사업의 미래

제1절 관광시장의 미래

1. 개괄적 관광전망

세계적으로 저명한 연구소들은 21세기 유망산업으로 정보 · 통신, 환경관련 산업과 함께 레저, 생활문화, 오락, 관광 · 여행산업을 거론하고 있다. 또한 앨빈 토플러, 존 나이스비츠 등 세계적인 미래학자들도 관광관련 산업이 세계 최대산업이 될 것이라고 예측하고 있다. 이러한 예측들을 통해 볼 때 관광은 이미 석유, 자동차산업과 함께 20세기 최대의 산업으로 성장하였으며, 21세기에도 환경, 정보통신산업과 함께 세계최대의 산업으로 입지를 더욱 강화할 것으로 보인다.

세계관광기구(UN World Tourism Organization)는 2020년 관광전망에서 21세기에는 휴대폰이나 구찌의 구두, 롤렉스 시계가 아닌 관광지를 방문한 것이 가장 귀중한 패션 액세서리가 될 것이고, 디자이너 브랜드의 의류가 아닌 우주복을 즐겨 입게 될 것이다. 휴가 때에는 집에서 멀리 떨어진 남들이 가보지 못한 오지나 우주를 탐험하게 될 것이라고 한다. 그 결과 여행기간이 늘어나서 1995년 전체 여행 중 18%였던 장기여행은 2020년에는 24%로 증가하게 될 것이다.

2020년이 되면 모든 생활 전반에 걸쳐 과학기술이 침투되지 않은 분야는 없을 것이다. 극단적인 경우에는 다른 사람과의 접촉 없이 평생을 살 수 있게 될지도 모른다. 그러나 궁극적으로 사람들은 인적교류를 갈망하게 되고, 이를 달성하기 위한 주요수단이 바로 관광이 될 것으로 전망되고 있다.

아직 초기단계에 있는 인터넷을 통한 호텔예약, 항공권 구입, 여행정보 수집 등이 2020년에 이르러서는 보편화되고, 인터넷이나 관광안내용 내비게이션 등의 과학기술발전으로 여행지 선정과 정보습득이 용이해짐에 따라 관광객들은 지금보다 훨씬 빠르고 간편하고 저렴하게 여행을 즐길 수 있게 될 것이다.

관광사업 경영자들은 세계관광기구에서 제시한 관광환경의 시대조류와 세계관광의 주요전망 및 이정표를 면밀히 검토함으로써 새로운 기회요인을 발견하고 이를 활용해서 이익을 극대화시킬 수 있는 전략을 찾을 수 있을 것이다.

〈표 15-1〉 관광환경의 변화

① 세계화(Globalization)에서 지역화(Localization)로 변화
② 관광목적지 선정 및 판매망 구축시 전자기술이 막강한 영향력 발휘
③ 신속 · 편리한 여행(Fast Track Travel) : 여행수속의 간소화 및 신속화 중시
④ 소비자들은 CD-ROM 지도, 인터넷을 통한 관광시설 검색, 인터넷상에서 할인 숙박요금을 제공하는 브로커, 출발직전 저렴한 항공요금을 알려주는 전자메일 등을 통해 여행시장에서의 직접적 통제력을 강화
⑤ 관광객 성향의 양극화 : 모험지향형 대 휴양지향형으로 이원화
⑥ 지구촌의 축소화 : 전에 가보지 못했던 낯선 곳으로의 여행 증가 및 우주관광시대의 개막
⑦ 해외여행의 일상화
⑧ 3Es(Entertainment, Exitement, Education)를 결합한 주제별 관광상품 개발
⑨ 관광객 유인수단의 확대 및 다양화를 위한 선결조건으로서 관광목적지의 "이미지"가 중시됨(예 : 스페인은 자국 관광홍보 방향을 "저가 패키지 목적지" 중심에서 "문화와 아름다움이 있는 목적지"로 전환)
⑩ 아시아 관광객이 세계관광을 선도
⑪ 지속가능한 관광개발 및 윤리적 관광을 위한 소비자운동의 영향력 증대
⑫ 점증하는 소비자의 사회 · 환경의식과 무절제한 여행소비 충동간의 갈등 심화

자료 : UNWTO, Tourism 2020 Vision.

〈표 15-2〉 세계관광의 주요 전망 및 이정표

연 도	주요전망
2000	• 연간 외래객 5천만명 유치하는 국가가 3개국으로 확대(프랑스, 미국, 스페인) • 지중해 연안국의 연간 관광객수 2억명 돌파
2001	• 아프리카 남부의 관광객수 1천만명 육박(1990년도의 5배) • 동아시아/태평양 인바운드 관광객 1억명 돌파
2002	• 세계관광객수 7억명 돌파 • 중동지역 외래관광객 사상 최초로 2천만명대 진입 • 동아시아/태평양지역의 해외여행자수 1억명 초과
2003	• 북미 및 중/동부유럽 인바운드 관광객 각각 1억명 돌파 • 북유럽 인바운드 관광객, 사상 최초로 5천만명 상회
2004	• 카리브해 제국, 인바운드 관광객 2천만명 유치 • 서유럽 아웃바운드 관광객 2억명 기록
2005	• 세계관광객수 8억명 돌파 • 유럽인구의 노령화 심화(60대 이상 인구가 20대 이하 인구를 상회)
2006	• 동북아시아 아웃바운드 관광객 1억명 돌파
2007	• 지중해 동부 유럽제국, 사상최초로 인바운드 관광객 2천만명 유치 • 중동지역을 방문하는 북미주관광객 1백만명 돌파
2008	• 세계관광객 9억명 돌파 • 대양주 인바운드 관광객 1천만명 육박 • 지중해연안국, 인바운드 관광객 2억 5천만명 유치 • 아프리카대륙으로의 북미주 관광객 1백만명 돌파
2009	• 세계 장거리 해외여행자수 2억명대 진입(14년만에 배증) • 중국, 외래관광객 5천만명 유치 • 발칸제국 인바운드 관광객 5천만명 도달 • 유럽의 인바운드 및 아웃바운드 부문 공히 관광객수 5억명 돌파 • 동북아시아 인바운드 및 아웃바운드 관광객이 사상 최초로 각각 1억명대에 진입 • 남아시아로의 인바운드 관광객 1백만명대 진입 • 600개의 좌석을 보유한 A3 기종 항공기 등장
2010	• 세계관광객 10억명 돌파 • 남아시아 인바운드 관광객 1천만명 도달(11년만에 배증) • 동아시아/태평양 지역이 미주지역을 제치고 세계 2위의 인바운드 시장으로 부상(1위는 유럽) • 서유럽 인바운드 관광객 1억5천만명 도달 • 중동지역 아웃바운드 송출규모, 사상최초로 2천만명 육박
2011	• 인도양 제국의 인바운드 관광객 1억명 돌파(10년만에 배증) • 남아시아 아웃바운드 관광객, 사상 최초로 1천만명 초과
2012	• 남부유럽 인바운드 관광객, 1천5백만명 육박 • 유럽의 아웃바운드(장거리 해외여행) 관광객, 1억명 돌파

연 도	주요전망
2013	• 세계 해외여행자 11억명 돌파 • 북미주 역내 해외여행자 1억명 돌파
2014	• 유럽의 세계 인바운드 관광객 점유율 50% 이하 하락
2015	• 세계 해외여행자수 12억명 기록 • 우주여행시대 개막 • 태평양제도 인바운드 관광객 1천만명 도달 • 동북아시아 아웃바운드 관광객 2천만명 기록(9년만에 배증) • 동남아시아 아웃바운드 관광객 5천만명 돌파 • 중부/동부유럽 아웃바운드 관광객수 1천만명 육박
2016	• 세계관광객수 13억명 돌파 • 중동 인바운드 관광객 5천만명 돌파(11년만에 배증) • 중국, 외래관광객 1천만명 유치 • 동남아시아 인바운드 관광객 1천만명 육박 • 아프리카 아웃바운드 관광객 5천만명 기록(12년만에 배증) • 세계 역내관광객 총규모 10억명 도달(18년만에 배증)
2017	• 프랑스 인바운드 관광객 1억명 육박
2018	• 세계관광객수 14억명 돌파 • 아시아인의 유럽 방문자수가 미주지역 방문자수를 초과
2019	• 1000개의 좌석을 보유한 단엽(single wing) 여객기 등장
2020	• 세계관광객수 15억명 돌파 • 미국 인바운드 관광객 1억명 육박(미국 방문 상위 7개국 관광객이 총 5천만명을 초과) • 남아프리카 아웃바운드 관광객이 10년만에 2배 증가 • 동아시아/태평양 지역의 아웃바운드 관광객이 4천만명을 기록(2002년도의 4배)

자료 : UNWTO, Tourism 2020 Vision.

2. 2020년의 관광시장 전망

(1) 세계관광시장

세계관광기구(UNWTO)에 따르면 2020년의 국제관광객은 16억명, 일일 평균 관광수입은 2조~50억달러에 이를 것이다. 이는 1998년 통계인 국제관광객수 6억3,513만명의 약 2.5배, 관광수입 4,393억달러의 5배로, 세계관광기구는 앞으로 20년간 국제관광객수와 관광수입이 연평균 각각 4.3%, 6.7%씩 증가할 것으로 예측하고 있다.

결과적으로 관광은 세계 최대의 산업으로 부상할 뿐만 아니라, 전대미문의 거대산업으로 성장하게 될 것으로 기대된다.

〈표 15-3〉 2000~2020년간 세계 인바운드 관광객수

연 도	2000	2010	2020
관광객수	668백만명	1,006백만명	1,561백만명
연평균 성장률	3.4%	4.2%	4.5%

자료 : UNWTO, Tourism 2020 Vision.

1998년 외래관광객을 가장 많이 유치한 나라는 프랑스, 스페인, 미국, 이탈리아의 순이었으나, 2020년에는 중국이 1억 3,700만명의 관광객을 유치하여 세계 1위의 관광지로 부상하게 될 것이다.

미국은 1억 240만명, 프랑스 9,330만명, 스페인 9,100만명, 홍콩이 5,930만명의 관광객을 유치하여 중국의 뒤를 따르게 될 것이며, 러시아도 성장가도에 진입하여, 세계 최대관광지 10위권 안에 포함될 것이라고 예측하고 있다. 최근 인기를 얻고 있는 태국, 싱가포르, 인도네시아, 남아프리카 등도 적지 않은 관광객을 유치할 것이나, 10위 대열에는 포함되지 못할 것으로 전망하고 있다.

〈표 15-4〉 2020년 세계최대의 관광목적지

순 위	국가명	관광객 (백만명)	1995~2020 연평균 성장률(%)
1	중국	137.1	8.0
2	미국	102.4	3.5
3	프랑스	93.3	1.8
4	스페인	71.0	2.4
5	홍콩	59.3	7.3
6	이탈리아	52.9	2.2
7	영국	52.8	3.0
8	멕시코	48.9	3.6
9	러시아	47.1	6.7
10	체코	44.0	4.0

자료 : UNWTO, Tourism 2020 Vision.

아웃바운드 측면에서는 1억 6,350만명의 독일인이 해외여행을 함으로써 세계 제1의 관광객 송출국은 독일이 될 것이다. 일본은 1억 4,150만명으로 2위를, 미국이 1억 2,330만명으로 3위를, 중국이 1억명으로 4위를, 영국이 9,610만명으로 5위를 기록하게 될 것으로 전망하고 있다.

이와 함께 여행의 형태측면에서는 장거리 여행과 장기여행의 비중이 점차 늘어나 1995년의 18%에서 2020년에는 24%가 될 것으로 WTO는 전망하고 있다.

(2) 태평양 · 동아시아 관광시장 전망

동아시아 · 태평양의 주요 국가들은 향후에도 지속적인 관광 성장세를 유지할 것으로 전망된다. 그 중에서도 특히 경제가 회복단계에 있거나 신흥 관광국으로 부상하고 있는 나라들의 빠른 성장이 예상된다. 2020년에는 동지역의 10대 관광국에 총 3억 4,400만명의 관광객이 방문할 것이며, 이들 국가들이 동아시아 · 태평양 인바운드 관광의 86%를 점유할 것으로 전망된다. 여기에 일본과 대만을 더한다면 점유율은 91% 이상으로 늘어날 것이다.

〈표 15-5〉 지역별 세계 인바운드 관광객 전망 (단위 : 백만명)

구 분	추 이			예 측		
	1985	1990	1995	2000	2010	2020
아프리카	9.7	15.1	20.4	27.4	47.0	77.3
미주	64.3	93.6	110.5	130.2	190.4	282.3
동아시아/태평양	31.1	54.6	81.4	92.9	195.2	397.2
유럽	211.6	282.9	335.6	393.4	527.3	717.0
중동	7.5	9.0	13.5	18.3	35.9	68.5
남아시아	2.5	3.2	4.2	5.5	10.6	18.8
누 계	**326.7**	**458.2**	**565.5**	**667.7**	**1,006.4**	**1,561.1**
역내지역(a)	265.9	378.2	463.3	544.1	790.9	1,183.3
장거리지역(b)	60,8	80.0	102.2	123.7	215.5	377.9

자료 : UNWTO, Tourism 2020 Vision.
주) (a) 역내지역(Intraregional)에는 송출국이 확인되지 않은 입국자도 포함된다.
(b) 장거리(Long haul)지역은 역내지역을 제외한 모든 지역을 말한다.

중국은 장거리 휴가여행자 및 상용관광객의 증가와 막대한 중국계 교포 등을 기반으로 동 지역 최대의 인바운드 국가로 부상할 것이다. 태국, 인도네시아, 말레이시아, 호주, 베트남 및 필리핀 등도 역내 및 장거리 휴가여행자를 대량 유치하게 될 것이다.

향후 동 지역의 주요 아웃바운드 송출국가로는 중국, 일본, 한국, 호주 등을 꼽을 수 있다. 중국의 아웃바운드 관광은 연평균 12.3%(세계 평균의 약 3배)가 성장, 2020년도에 약 1억명이 해외로 여행함으로써 세계 4대 관광송출국으로 등장할 전망이다. 일본은 1995년부터 연평균 7.5%, 2000년부터는 8%대의 성장세를 유지하여, 2020년에 총 1억 4,200만명이 해외를 방문할 것이다. 한국은 1995년부터 2020년까지 연평균 6.3%의 성장률을 기록하여 2020년에 총 2,200만명의 해외여행자를 배출할 전망이다. 호주는 연평균 5.6%가 성장하여 2020년에 총 1,500만명이 해외여행을 할 것으로 예측된다.

〈표 15-6〉 동아시아 · 태평양의 10대 관광국

국 가	2020년 관광객수 (백만명)	연평균 성장률 (1995년~2020년)
중국	130.0	7.77
홍콩 특별행정구(중국)	56.6	7.09
태국	36.9	6.91
인도네시아	27.4	7.66
말레이시아	25.0	4.96
호주	17.6	6.40
싱가포르	15.4	3.55
베트남	13.5	9.65
필리핀	11.3	7.72
한국	10.3	4.11

자료 : UNWTO, Tourism 2020 Vision.

제2절 관광사업의 미래

1. 관광사업의 미래환경

(1) 경제적 환경

경제성장은 인구구조 변화와 더불어 관광산업 발전의 가장 중요한 요인이다. 경제성장(실질성장)과 관광객증가의 함수관계를 통계를 통하여 측정해보면 1%의 경제성장은 관광객 증가에 별다른 동인(動因)이 되지 못하지만, 2.5%의 경제성장은 관광객수를 4% 증가시킨다. 5%의 경제성장은 10%의 관광객증가를 유발하며 1%미만의 경제성장은 관광객 감소를 유발한다는 것으로 나타났다.

세계경제는 1990년대 말 침체기에 들었지만, 장기적으로는 UNWTO(UN World Trade Organization)체제하에서 자본 및 인적교류가 자유화되면서 경제규모의 확대, 기술발전 등으로 지속적인 성장을 할 것으로 예측되고 있다.

또한 아시아, 남아프리카, 남미지역 개발도상국의 경제성장은 관광객의 급속한 증가를 가져와 관광시장이 확대될 것이다. 특히, 13억의 인구를 가진 중국과 10억의 인도는 세계관광시장의 새로운 주역으로 등장하게 될 것이다.

(2) 사회 · 문화적 환경

고령인구의 증가, 근로 여성의 증가와 맞벌이 부부의 증가, 독신의 증가, 늦은 결혼, 무자식 부부의 증가 등의 추세는 기존 인구구조의 틀을 점차 변화시켜가고 있으며 여행인구, 여행횟수의 증가요인이 되고 있다. 이밖에도 관광수요의 증가를 유발하는 인구학적 측면을 살펴보면 국제적인 근로자의 이동, 재택근무, 유급휴가 증가 및 자율시간근무제도의 확산, 조기 퇴직, 여행정보의 보편화 등이 있다. 인구구조의 변화와 이에 따른 관광수요의 증가는 여행상품의 변화를 유발한다.

여성의 역할강화에 따라 가족중심 · 여성중심적인 관광상품과 능력있는 고령화시장의 증대에 맞춘 건강 · 보양적 관광상품, 독신자의 증가와 핵가족화로 인한 개별여행의 증가와 장거리 · 장기여행상품의 주류를 이루고, DIY 상품 · Skeleton 상품 등이 개발되고 모험관광, 교육 · 문화관광이 증가하게 될 것이다. 반면에, 기존의 패키지 식의 여행상품은 점차 감소할 것으로 예상된다.

(3) 정치적 환경

동유럽의 탈공산화와 자본주의 체제 도입, 구소련의 붕괴, EU통합과 항공운송의 자유화노력, 입국 통관절차의 간소화, 환경보호운동 등 캠페인의 국제화 등 지금까지 사람들의 이동과 무역의 이동을 막았던 요소들과 장애물이 제거되어 관광사업은 더욱더 발전하게 될 것이다.

탈공산화와 자본주의 체제의 도입으로 동유럽과 구소련 · 중국 등이 새로운 관광지로 부상되고 있으며, 중동지역도 안정을 찾아감으로써 기존의 관광지에 식상해진 관광객들에게 새로운 관광대상이 되고 있다. 최근에는 북한이 금강산과 개성을 개방하여 새로운 관광지로 부상하고 있다.

그러나 국지적으로 종교 · 인종분쟁이 발발하고 있어 전쟁, 테러, 범죄와 위생(전염병, AIDS) 등은 여전히 관광의 장애요인으로 존재하고 있다.

(4) 환 경

환경문제는 이제 한 국가만의 문제가 아니라 전 지구적인 문제가 되었다. 관광사업이 지속적으로 발전하기 위해서는 환경문제를 반드시 고려해야 한다.

최근 국제환경관련기구 및 관광기구에 의해 추진되어온 각종 정책의 추세로 볼 때, 환경에 관한 문제는 지속적으로 관광사업에 영향을 미칠 것으로 보이는데, UR의 타결에 이은 "그린라운드(Green Round)"는 무역과 환경보호를 연계하여 환경보호에 비협조적인 국가에 대하여 통상제제를 가하는 움직임이 나타나게 될 것이다(한국관광공사, 1997).

과거 관광은 무분별한 개발로 인해 환경파괴의 주범으로 지목받기도 했으나, 최근에는 환경에 대한 관심이 증가하면서 등장한 생태관광(ecotourism), 녹색관광(green tourism), 지속가능한 관광개발(sustainable tourism development) 등 환경친화적 관광은 환경보호단체의 지지속에 지속적인 성장을 할 것이다. 뿐만 아니라, 관광기업들에게도 환경문제는 기업의 성장과 생존에 핵심적인 요인으로 등장하고 있다.

(5) 기술 환경

컴퓨터, 통신, 교통기술의 발전은 관광사업의 발전에 획기적인 변화를 요구하고 있다. 컴퓨터와 통신기술의 발전은 관광객들이 인터넷, CRS(Computer Reservation System), GDS(Global Distribution System), CD-ROM 등을 통해서 원하는 관광지의 정보를 언제든지 찾을 수 있으며, 직접 방문하지 않고도 온라인(on-line)상에서 쇼핑을 할 수 있게 하였다. 관광업계도 컴퓨터와 통신기술의 발전으로 자동화 · 전산화로 인력감축과 생산성향상으로 수익성이 향상과 인터넷을 통한 호텔의 예약, 항공좌석의 예약, 전자탑승권의 발급이 가능하게 되었을 뿐만 아니라 인터넷 여행사의 등장을 가져왔다.

교통기술의 발전은 초고속화, 대량수송을 가능케 하여 고속전철, 초음속항공기, 단거리 이착륙기, 수직 이착륙기 등의 등장으로 관광객들의 이동을 안전하고 경제적이며 신속하게 하여 관광수요를 증가시키고 있다.

앞으로는 기술의 발전은 우주여행과 심해여행 그리고 가상체험관광도 가능케 하여 새로운 관광업종이 등장하게 될 것이다.

(6) 관광인력

관광사업의 종사인력 부족문제는 점차 악화될 전망이다. 선진국의 경우 교육열의 약화로 관광서비스 인력자체의 감소를 야기할 것이며, 개발도상국의 경우 관광산업의 급속한 팽창으로 상대적인 인력감소 현상이 초래될 것이다.

따라서 관광업계는 업무자동화로 개개인의 업무량이 줄어들어 한 사람이 여러 가지 영역의 업무를 처리할 수 있게 되어 여러 영역에서 폭넓은 경험과 지식이 있는 전문인력을 선호하게 될 것이다. 반면에 어떤 시장에서는 관광산업의 인식이 제고되어 유능한 구직자가 넘쳐날 것이고, 인터넷 등을 통하여 타업계에서 쉽게 일자리를 얻어 이동할 것이다. 21세기에는 인적자원관리와 교육훈련이 더욱 중요한 문제로 대두될 것이다.

2. 미래 관광사업

(1) 우주관광

공상과학에서나 가능했던 우주관광은 여행상품이 지녀야 하는 이국적이고 모험적인 요건을 모두 충족시키는 인류사상 최대의 관광상품이 될 것이다.

우주관광 시장에서는 10개 가까운 기업들이 벌써부터 열띤 경쟁을 벌이고 있다. 전직 미 항공우주국(NASA) 관리들이 '89년 설립한 루너코프는 일반인들을 달까지 수송해 달표면을 걷는 체험을 제공하는 달관광상품을 개발중이고, 디즈니 MGM스튜디오와 유니버설 스튜디오, 올랜도 월트디즈니월드 등은 미래 우주여행과 연계한 대규모 테마파크 사업을 준비하고 있다.

본격적인 우주여행을 위해서는 무엇보다도 일반인들을 저렴한 비용에 실어 나를 수 있는 우주항공기의 등장이 요구되고 있다. 이를 위해 NASA를 비롯한 미국의 보잉 및 맥도널 더글러스, 일본의 JRS와 가와사키중공업 등이 20여명의 승객을 싣고 지구궤도를 3시간 정도 비행할 수 있는 미래형 우주민항기 개발사업에 몰두하고 있다. 우주로켓 기지사업을 담당하는 일본 다네가시마사는 20년 뒤 지구상에서 발생하는 로켓발사량의 75%를 우주관광 산업이 점유할 것으로 전망했다.

얼마전 미국에서 실시된 레저여행 국민의식 조사에 따르면 조사대상자의 40%가 "우주여행을 위해서라면 10,000달러를 기꺼이 쓸 수 있다"고 응답했으며, 일본 로켓학회가 실시한 조사에서는 50대 이하 일본인의 80%가 우주여행을 희망하고, 전체 대상자의 70%가 "3개월치 월급에 해당되는 비용을 감수할 수 있다"고 응답했다.

(2) 우주호텔

지구를 내려다 보면서 우주의 장관을 즐길 수 있는 우주호텔건설 계획이 구체적으로 추진 중에 있다. 이 우주호텔들은 현재 우주정거장처럼 지구궤도상에 위치하거나, 달이나 화성에 위치하여 관광객들을 유치할 것으로 보인다.

호텔체인업체 힐튼 인터내셔널사는 달에 5천명을 수용할 수 있는 높이 3천25m의 돔형 호텔건설을 추진하고 있다. 미항공우주국(NASA)과 협력해 호텔을 설계중인 달 호텔은 태양열로 에너지를 공급받게 되며 해변과 농장까지 갖출 것이라고 한다(한국일보, 1998. 4. 20).

미국의 윔벌리, 앨리슨, 통&구(WAT&G)社도 오는 2017년 개장하는 우주호텔 건설계획과 설계도를 공개했는데, 패키지 여행객 100명을 수용하는 이 호텔에는 야채 재배를 위한 수경정원, 근육약화 방지를 위한 체육관, 궤도비행 중 관광객들이 우주유영을 경험할 수 있는 시설 등이 건설되며, 인근 우주정거장으로의 '1일 소풍'도 이루어질 것이라고 한다.

그리고 독일과 미국의 합작기업인 다임러 크라이슬러사는 지구 500km 상공 우주에 호텔을 건설, 2020년에 개관할 계획이다. '갤럭티가'로 명명된 이 우주호텔은 여러 개의 링이 중심축을 둘러싸고 있는 형태로 축의 상단부에는 구조캡슐이 중심축과 링을 연결하는 통로에는 식당이 들어서며 링에는 4명까지 잘 수 있는 수십개의 침실이 배치된다. 링은 지름이 147m나 된다(동아일보, 1999.10.4).

일본기업들도 우주호텔을 계획하고 있다. 시미즈그룹은 한번에 64명의 관광객을 맞을 수 있는 우주호텔 건설을 준비중이며, 가와사키그룹은 지구와 우주호텔을 정기적으로 오가는 우주왕복선을 설계중이다.

힐튼의 우주호텔건설 발표 이후, 6,000여명의 독일인이 1인당 8만마르크(약 5,200만원)나 되는 우주관광을 위해 예약했으며 한 것으로 알려졌다. 한편, 전문가들은 우주여행이 5만달러 이하의 패키지 상품으로 제공될 때 시장성을 갖게 될 것이라고 한다.

(3) 인터넷 관광업

21세기에는 인터넷이 대중화되어 인터넷을 이용한 관광사업들이 많이 발생하게 될 것이다. 인터넷 관광업체들이 크게 증가하고 있는 이유는 정보로 이루어진 무형상품이어서 전자상거래에 적합하고, 고객들이 24시간 동안 정보를 검색할 수 있으며, 동일조건과 상품의 가격을 비교하기에도 쉽고 바뀐 정보를 수시로 볼 수 있어 인쇄물보다 정확하기 때문이다.

현재 가장 성행하고 있는 사업으로는 인터넷 여행사, SOHO 여행업, 인터넷 카지노, 사이버 여행사 등이 유망한 사업으로 들 수 있다.

① 인터넷 여행사

특히, 여행업계는 가까운 장래에 사이버업체들을 추축으로 재편될 것이다. 인터넷여행사는 1990년대초 처음 등장한 이래 1998년말 현재 세계여행시장에서 약 10%를 점유하고 있다.

인터넷 여행업이 가장 빠르게 성장하고 있는 미국의 경우 2001년께 사이버업체들이 여행시장의 30%를 장악할 것으로 추정되고 있다.

사이버여행업체들이 급증하면 기존의 소매여행업체들은 입지가 위축될 전망이다. 소매여행업체들은 새로운 정보시스템을 구축하거나 전문테마여행업체로 변신할 것으로 보인다. 결국 여행업계는 대형도매여행업체와 초소형 소매업체로 양분될 것으로 전망된다(한국경제, 1999).

② SOHO형 관광업

개인 창업자가 집이나 작은 사무실에다 컴퓨터를 설치한 뒤 여행컨설팅업이나 민박사업을 벌리는 SOHO(Small Office Home Office)관광업도 늘어날 것이다. SOHO 관광업은 적은 투자비용으로 창업이 가능해 명퇴자들이 선호하고 있다.

③ 가상체험(virtual reality)

사이버공간에서 원하는 관광지를 경험하게 되는 사이버 관광(가상체험)이 등장하게 될 것이다. 가상체험은 사전평가가 불가능한 관광상품을 사전평가가 가능하도록 할 수 있다. 그리고 세계 유명관광지 뿐만 아니라 현실에서는 여행하기 어려운 우주여행, 심해여행, 그리고 인체여행 등도 가능하게 할 수 있다.

이러한 가상체험은 대용량의 자료를 처리할 수 있는 소형컴퓨터와 이를 이용할 수 있는 소프트웨어의 개발에 따라 더욱 각광을 받을 것으로 예상된다.

④ 인터넷 카지노

집안에서 컴퓨터를 통해 마우스조작만으로 포커나 슬롯머신, 경마 같은 도박을 즐길 수 있는 인터넷 카지노도 성행하게 될 것이다. 이미 지난 1996년부터 웹상에 등장하기 시작한 인터넷 카지노는 2000년에는 전세계 온라인 도박시장 규모가 86

억달러에 달할 것이라는 전망이 나올 정도로 폭발적인 성장세를 보이고 있다.

현재 전세계적으로 운영되는 인터넷 카지노는 100여개로 추산된다. 종류도 포커나 바카라 같은 카드게임에서 슬롯머신, 경마, 경륜 등으로 다양하다. 대금결제는 주로 신용카드로 이루어진다. 인기사이트의 경우 한달 접속건수가 40,000건을 웃돌 정도로 인기를 누리고 있다.

인터넷카지노가 인기를 얻는 이유는 일반 카지노보다 승률이 높기 때문인데, 이는 시설비용이나 인건비 등이 상대적으로 적게 들기 때문이라고 한다.

인터넷 카지노는 많은 나라에서 불법으로 간주하여 규제하고 있지만, 인터넷 카지노는 막을 수 없는 대세라는 것이 일반적인 여론이다. 따라서 가까운 장래에 합법화된 사업으로 급속한 성장을 할 것으로 보인다.

⑤ 기타 관광업체

현재 인터넷상에서 많은 방문자를 보유하고 있는 사이트 중 하나가 호텔예약 서비스를 제공하는 웹사이트들이다. 1997년 1억달러 규모에 불과하던 인터넷을 통한 호텔 예약규모가 2002년에는 31억달러에 이르러 웹 예약을 통한 호텔수입이 온라인상에서 이루어지는 전체 여행관련 매출의 4분의 1정도에 이를 것이라고 전망되고 있다.

항공사들도 인터넷을 도입하고 있다. 컴퓨터와 통신기술의 발전으로 전자티켓(Electronic Ticket)의 보급과 인터넷을 통한 항공권 판매가 늘어나고 있다. 심지어 미국의 델타항공은 인터넷을 이용하여 항공권을 예약하지 않는 고객에게는 정규요금 외에 2달러의 요금을 더 받고 있다.

3. 미래의 유망 관광상품

세계관광기구(WTO)는 21세기에는 여행을 즐기는 사람은 증가하지만, 여행에 소비할 수 있는 여가시간은 감소하게 될 것이라고 전망했다. 즉 21세기의 여행자는 돈은 풍족하나 시간은 부족하여 결과적으로 최단시간에 최대의 흥분을 느낄 수 있는 여행상품을 찾게 될 것이다. 따라서 한번의 짧은 여행을 통해 여러 지역을 방문할 수 있는 주제공원, 크루즈 등이 최고의 관광상품으로 부상하게 될 것이라고 전망했다.

한편, 단기휴가나 주말여행이 증가하는 반면, 매년 주요 휴가여행기간은 단축될 것이며, 여행자들이 업무에서 오는 스트레스를 풀기 위해 의사결정, 세금계산 등이 필요 없는 완벽한 휴식을 추구하게 됨에 따라 포괄적 리조트(all inclusive resort)가 인기를 얻게 될 것이라고 밝혔다(관광연구원, 1998).

이러한 전망들을 고려하여 미래에 유망한 관광상품을 예측해보면 다음과 같다.

(1) 모험관광

세계 각 지역을 두루 여행해서 이젠 더 이상 개척할 곳이 없어진 여행자들은 높은 산의 정상이나 해저, 양극지방으로 탐험을 떠나게 될 것이다. 이미 세계 최고봉을 오르기 위한 단체여행예약도 이루어지고 있어 높은 산의 등정을 즐기는 모험여행이 더욱더 확산될 전망이다.

남극대륙은 차세대 가장 각광받는 관광지가 될 전망이다. 1997년 11만명의 관광객이 얼음으로 덮인 남극대륙을 여행했으며, 일인당 여행경비로 9,000~16,000달러를 지출하였다. 오스트리아는 이미 남극대륙에 있는 세 개의 연구소중 두 곳을 모험관광객을 위한 여름기지로 전환할 계획이며, 영국, 뉴질랜드, 러시아는 이미 선박을 통한 관광을 허용하고 있다.

(2) 크루즈관광

'생의 최고의 낭만'이라고 불리며 관광의 극치로 소수의 부유한 사람들이 이용하던 크루즈관광은 수요의 증가로 더욱 확산될 전망이다.

크루즈 관광은 여행의 일정 및 목적지를 다양화하고 상품을 부분적으로 판매함으로써 경제적 여유와 시간적 여유가 없던 사람들도 이용할 수 있게 되어 대중적인 관광으로 인기를 얻을 것이며, 선박의 대형화·고속화로 쾌적성이 증가되어 실버상품으로도 각광을 받게 될 것이다.

1997년 700만명이던 크루즈 여행객은 2004년에 1,335만명으로 증가하였다. 이렇듯 크루즈관광의 수요가 증가할 것으로 예측됨에 따라 현재 42개의 크루즈선이

건조되고 있으며, 그 규모도 이전보다 커져서 건조되고 있는 크루즈 중 하나는 8층, 25만톤급의 6,200명을 수용할 수 있는 규모로 만들어지고 있다.

우리나라도 한국, 중국, 일본의 문화 및 경관자원을 주요 관광코스로 설정(주제 : 동양의 신비 등)하여, 한국 · 중국 · 일본의 관광객뿐만 아니라 유럽 및 구미주의 관광객 수요에 부응하는 오리엔트 크루즈를 개발 중에 있다.

(3) 생태관광

사이버관광의 등장과 반대로 자연의 소중함을 느끼고 인간과의 관계를 고귀하게 생각하는 관광의 복고적이자 근본적으로 흐름으로 돌아가려는 움직임도 늘어날 것이다. 즉 환경을 소중히 하는 생태관광이 성장하게 될 것이다.

이미 여행지로 잘 알려지지 않은 오지탐험, 탐조여행 등이 각광을 받고 있다. 온갖 거북이들이 모여 있는 말레이시아 터틀아일랜드는 이제 명소가 됐으며, 뉴질랜드에서는 헬기로 고래를 따라가는 상품이 불티나게 팔리고 있다. 영화 쥬라기공원의 촬영장소인 코스타리카는 생태관광지로 인기를 끌고 있다.

(4) 문화관광

관광객들의 관광욕구가 물리적 · 양적 선호에서 정신적 · 심리적 · 문화적 욕구의 충족을 추구하는 방향으로 전환되고 있어, 타지역의 문화를 이해하고 이질적이면서도 색다른 문화를 직접 접하는 문화관광이 인기를 얻을 것으로 전망된다.

최근 가장 인기있는 문화관광목적지는 유럽, 중동, 아시아지역이며, 문화관광 참가자들은 소규모 수학여행집단에서 대중 휴가여행자에 이르기까지 그 유형이 다양하게 나타나고 있다.

이러한 문화관광에 대한 욕구는 교육수준이 높고, 여행경험이 많을수록 증가하는 것으로 나타나 관광부문에서 차지하는 비중이 점차 증가할 것으로 전망된다.

(5) 테마체험형 관광

개별여행객의 증가로 인해 체험을 즐길 시간적 여유가 생김에 따라, 패키지관광시대가 물러가고 테마체험형 관광이 활성화될 것이다.

미국 애리조나 사막에서의 말타기, 싱가포르와 이탈리아에서 요리만들기, 일본에서 일일 스튜디어스체험 등도 인기있는 체험형 관광상품이다. 우리나라의 경우 도자기빚기, 차만들기, 밤줍기, 된장담그기, 김치담그기 등에 많은 관광객들이 몰리고 있다.

레포츠체험으로는 동남아 관광객들이 한국에서 즐기는 스키투어가 대표적인 상품으로 꼽힌다. 태국, 필리핀 등지로 가는 골프투어도 비슷한 유형의 상품이다. 미국에서는 메이저리그 프로야구팀의 춘계캠프에 특별참가, 특별히 만든 유니폼을 입고, 메이저리그 선수들과 함께 트레이닝을 받으며 연습시합까지 하는 여행이 인기를 끌고 있다.

(6) 실버형 상품

인구구성의 고령화에 따라 실버형 레저와 관광상품도 크게 늘어나고 있다. 노인층은 손자돌보기를 거부하고 탄탄한 구매력을 바탕으로 레저향유의 주요 계층으로 등장하고 있다.

실버형 서구에서는 장기체류형 레저시설에서 여유를 즐기는 여행패턴이 자리잡아가고 있다. 의료시설과 휴양시설, 노인전용 헬스클럽 등을 갖춘 경우가 많다. 여행지로는 기후변화가 적고 온화한 곳을 많이 찾는다.

(7) 쇼핑관광

쇼핑이 더 이상 관광의 부수적 행위가 아니라 관광의 주요 활동 중 하나가 될 것이다. 이러한 쇼핑관광은 교통과 통신이 급격히 발달하면서 활성화될 것이다.

이미 쇼핑을 목적으로 나라와 나라를 오가는 관광객이 크게 늘어나는 추세이다. 싱가포르 창이공항이나 홍콩 첵랍콕공항, 영국 히드로공항 면세점에는 주말에 쇼핑관광객이 몰려들고 있다. 이들 공항은 허브(중추)공항을 중심으로 쇼핑관광이 활성화되는 추세를 보이고 있다. 공항면세점 외에도 서울 남대문시장, 동대문시장 등 재래시장에는 옷을 사기 위해, 도쿄 요도바시 등 전자제품상가에는 카메라를 사기 위해 찾아오는 여행객들이 늘고 있다.

참고 우주여행비 급등, 2009년엔 4,000만달러

우주여행 가격이 급등하고 있다. 러시아우주선 소유스호를 타고 우주정거장(ISS)에 가는 비용은 올초 2500만달러(230억원)였으나 2008년에는 3000만달러, 2009년에는 4000만달러로 오를 것이라고 보인다.

에릭 앤더슨 스페이스어드벤처(SA) 관계자는 우주여행 가격급등 현상에 대해 "달러가치가 떨어졌기 때문"이라고 진단했다. 1달러 가치는 2002년 32루블에 달했으나 현재는 25.5루블에 불과하다. SA는 2001년 미국의 억만장자 데니스 티토를 시작으로 5명의 우주관광객을 배출했다. 올 4월 우주여행에 참가한 억만장자 찰스 시모니와는 2500만달러에 우주여행을 계약했고 나머지 4명과는 약 2000만달러 수준에서 계약한 것으로 알려졌다. 이어 SA사는 18일 미국인 1명, 아시아인 1명과 우주여행을 계약했다. 이들은 원금의 20%를 보증금으로 지급해야 하며, 신체검사를 통과하고 러시아의 우주비행사 훈련센터에서 훈련도 받아야 한다. 한편 현재 미우주항공국(NASA)이 보유한 우주왕복선들이 2010년까지 모두 퇴역함에 따라 달 탐사 기능을 갖춘 차세대 우주왕복선 오리온이 운항하는 2015년까지 NASA의 우주비행사 이송은 소유스호가 담당할 예정이다. (한국경제 2007. 7. 20)

참고문헌

강신겸, 농촌관광, 대왕사, 2007.
김광근 외 6인, 최신관광학, 백산출판사, 2007.
김성혁, 관광사업론, 백산출판사, 2013.
김영우 외, 글로벌 컨벤션산업론, 두남, 2007.
김창수, 테마파크의 이해, 대왕사, 2007.
김천중, 크루즈사업론, 학문사, 1999
김향자, 휴양콘도미니엄제도 개선방안, 한국관광연구원, 1997.
김홍운, 관광자원론, 일신사, 1997.
나정기, 외식산업의 이해, 백산출판사, 1998.
류광훈, 외국의 카지노 관련 법 · 제도 연구, 한국관광연구원, 2001.
류선무, 관광농업연구, 백산출판사, 1997
______, 관광농업의 개발과 경영, 형설출판사, 1995.
문찬호 외, 카지노게임과 경영론, 한올출판사, 2000.
문화체육관광부, 2009년 기준 관광동향에 관한 연차보고서, 2010.
____________, 2009년 기준 관광동향에 관한 연차보고서, 2010.
____________, 2009년 기준 관광동향에 관한 연차보고서, 2010~2012.
____________, 2012년 기준 관광동향에 관한 연차보고서
____________, 2012년 기준 관광동향에 관한 연차보고서
____________, 2012년 기준 관광동향에 관한 연차보고서, 2009.
____________, 2012년 기준 관광동향에 관한 연차보고서, 2009.
____________, 2012년 기준 관광동향에 관한 연차보고서, 2010.
____________, 2012년기준 관광동향에 관한 연차보고서
서천범, 2000년대의 레저산업, 기아경제연구소, 1997.
______, 레저백서 2005, 한국레저산업연구소, 2005.
______, 레저백서 2006, 한국레저산업연구소, 2006.
서태양 외, 국제관광쇼핑론, 백산출판사, 2006.
신재영 · 박기용, 외식산업개론, 대왕사, 1999.
유도재, 리조트경영론, 백산출판사, 2006.
이경모 · 김창수, 관광교통론, 대왕사, 2004.
이봉석외 7, 관광사업론, 대왕사, 1998.
이상우, 카지노 실무개론, 학문사, 2000.
이정화, 김준기, 테마의 시대, 세진사, 1995.
이종규, 리조트의 개발과 경영, 부연사, 1998.
이지호 · 임봉영, 외식산업경영론, 형설출판사, 1996.

전효재 · 이기동, 국민생활관광시대의 국내여행업 발전방향, 한국문화관광정책연구원, 2006.
조진호 외 3인 공저, 관광법규론, 현학사, 2013.
통계청, 사업체 기초통계정리, 2003.
하동현 · 조문식, 관광사업론, 대왕사, 2004.
한국관광공사, 「동아시아 · 태평양 관광비전 2020」, 관광시장정보, 가을호, 1999.
__________, 농업관광의 발전방향, 관광정보 1997년 11월호.
__________, 농촌관광지원체계개선 및 상품선진화를 위한 해외사례연구, 2006.
__________, 동북아 4개국 연계 크루즈관광상품 개발, 1999.
__________, 방한 외국인 쇼핑실태조사, 2005.
__________, 쇼핑관광활성화방안, 1999.
__________, 우리나라 외래객 대상 농촌 연수시장 활성화 방안, 2006.
__________, 환경적으로 지속가능한 관광개발, 1997.
__________, 환경적으로 지속가능한 관광개발, 1997.
__________, 「2000년대의 관광산업」, 관광정보, 1994.
한국관광연구원, 국제회의산업육성 기본계획(안), 1998.
____________, 폐광지역카지노설치 및 운영에 관한 연구, 1997.
____________, 한국여행업발전방안, 1997.
한국관광협회중앙회 홈페이지 http://www.koreatravel.or.kr/
한국외식산업연감, 2005.
(사)한국종합유원시설협회 www.kaapa.or.kr
홍성인, 크루즈선의 시장현황과 한국의 진출전략, 산업경제분석, 2006년 3월호.

저자소개

김상무
계명대학교 관광경영학과 명예교수
영국 University of Surrey 관광경영학박사

서철현
대구대학교 관광학부 교수
대구대학교 경영학박사(관광경영전공)

김인호
상지대학교 관광학부 교수
광운대학교 경영학박사(마케팅전공)

신정식
수성대학교 호텔관광계열 교수
대구대학교 행정학과박사과정

장경수
상지대학교 관광학부 교수
대구대학교 경영학박사(관광경영전공)

박순영
계명대학교 관광경영학과 강사
계명대학교 관광경영학박사수료

신판 관광사업경영론

2008년 3월 15일 초　판 1쇄 발행
2015년 9월 10일 개정2판 2쇄 발행

지은이 김상무 · 서철현 · 김인호 · 신정식 · 장경수 · 박순영
펴낸이 진욱상 · 진성원
펴낸곳 백산출판사
교　정 편집부
본문디자인 편집부
표지디자인 오정은

저자와의 합의하에 인지첩부 생략

등　록 1974년 1월 9일 제1-72호
주　소 경기도 파주시 회동길 370(백산빌딩 3층)
전　화 02-914-1621(代)
팩　스 031-955-9911
이메일 editbsp@naver.com
홈페이지 www.ibaeksan.kr

ISBN 978-89-6183-457-5
값 25,000원